普通高等教育土建学科专业“十五”规划教材

古建筑测绘

天津大学 王其亨 主编
吴 葱
白成军 编著

中国建筑工业出版社

图书在版编目（CIP）数据

古建筑测绘/王其亨主编；吴葱，白成军编著．—北京：中国建筑工业出版社，2006（2022.6重印）
普通高等教育土建学科专业“十五”规划教材
ISBN 978-7-112-08545-3

Ⅰ．古…　Ⅱ．①王…②吴…③白…　Ⅲ．古建筑-建筑测量-高等学校-教材　Ⅳ．TU198

中国版本图书馆CIP数据核字（2006）第104173号

本教材内容包括建筑测绘简史，建筑遗产测绘记录相关问题和古建筑测绘的基本理论、测量学基本知识及其应用、测绘准备工作、单体建筑测绘（包括徒手草图、测量、摄影等外业及测稿整理、仪器草图、计算机制图等内业工作），以及古建筑总图测绘和古建筑变形测量等内容。本书还简要介绍了测绘新技术在古建筑测绘中的应用，如数字近景摄影测量、全球定位系统（GPS）、三维激光扫描和地理信息系统（GIS）等。书中还附录了大量范图和经典作品以及相关的文物保护法规等内容，一定程度弥补了建筑教育中文物保护内容的不足。

本书在力求理论严密、完整的同时，也注重实用性，可作为现场工作手册使用。尽可能兼顾严谨精确的方法和简易实用的方法，以适应不同教学课时和教学条件。另外，正误辨析的讲解方式，还能使初学者印象深刻，少走弯路。

本教材适用于建筑学、城市规划、风景园林等专业本科生教学，也可用于文物保护工程技术人员的培训及古建筑爱好者自学参考。

本书附课件素材，可发送邮件至 lalalawh@sina.cn 索取。

*　*　*

责任编辑：王玉容　陈　桦
责任设计：董建平
责任校对：张树梅　张　虹

普通高等教育土建学科专业“十五”规划教材
古建筑测绘
天津大学　王其亨　主编
吴　葱　白成军　编著
*
中国建筑工业出版社出版、发行（北京西郊百万庄）
各地新华书店、建筑书店经销
霸州市顺浩图文科技发展有限公司制版
北京建筑工业印刷厂印刷
*
开本：787×1092毫米　1/16　印张：15¼　插页：16　字数：480千字
2006年11月第一版　2022年6月第二十一次印刷
定价：**36.00**元（含光盘）
ISBN 978-7-112-08545-3
（15209）

版权所有　翻印必究
如有印装质量问题，可寄本社退换
（邮政编码 100037）
本社网址：http://www.cabp.com.cn
网上书店：http://www.china-building.com.cn

前　言

传统建筑教育中，古建筑测绘一直占有重要位置。文艺复兴大师阿尔伯蒂就鼓吹，测绘经典建筑就是向古代大师学习。巴黎美术学院中则专设“罗马大奖”，资助那些表现优异的学生到罗马考察、测绘古迹遗址，这一传统在欧美国家一直延续到20世纪初。我国的建筑教育也承袭了古建筑测绘的传统，只不过测绘对象是我们自己民族的瑰宝。1952年院系调整以后，几所高校的建筑系几乎同时开设了古建筑测绘实习，结合教学，测绘记录了大量古代建筑文化的优秀遗产，为建筑教育、建筑史研究和建筑遗产保护做出了重要贡献。至今在许多院校中仍是重要的必修课程，且发展前景良好。虽然直接从古代建筑中学习形式语汇的作用已经削弱，但在认识体验建筑，基本技能训练等方面，特别是在拉近学生与民族文化遗产距离，培养感情，增强保护和传承文化遗产的意识，克服文化虚无主义等方面未失任何价值。在党和政府及社会各界越来越重视文化遗产保护的今天，其现实意义反而更加巨大。

但是，作为建筑教育中的实践环节，这门课程因各种原因一直没有正规的教材。为弥补这一缺憾，天津大学建筑学院组织编写了本书，希望能对本课程教学的规范、良性发展起到一定的积极作用。但由于作者水平有限，时间仓促，错漏之处在所难免，敬祈读者批评指正。

本书的重要资源，来自天津大学建筑学院50多年来组织古建筑测绘的丰富教学经验，这里首先向开创了本课程的卢绳、冯建逵、童鹤龄、胡德君等先生表示诚挚敬意和衷心感谢，也向历代、历届参加古建筑测绘的所有师生员工表示谢意。另外，本课程的发展与天津大学建筑工程学院土木系测量教研室大力协助也是密不可分的，感谢郭传镇、岳树信等先生长久以来的支持。

本教材是本课程教学组集体智慧的产物，主要成员包括：王其亨教授、王蔚教授、吴葱副教授、张威副教授及曹鹏、丁垚、白成军老师等。20世纪90年代以来，教学组在王其亨教授的主持下对课程进行了改革，被纳入本教材的现行教学模式、教学要求、教学组织及测绘规程等核心内容都是在改革中逐步规范化、系统化的，凝结着王教授的才智、经验和心血。

本书由王其亨主编并统稿，

吴葱负责第一、三、四、五、六、七、十章；

白成军负责第二、八、九章。

其他教师在书稿讨论修订、教学经验交流、测绘方法总结、实例素材的积累和甄选方面都做了大量工作，无法一一列举。

感谢张备、王晶、朱蕾、唐栩、闫凯、白晨、吴琛等同学在游戏制作方面的贡献。

感谢清华大学、北京大学、天津大学、东南大学、同济大学五校相关院系组织了2004年“历史建筑五校联展”，为本书提供更加多元化的素材和范例。感谢清华大学王贵祥教授提供了应县木塔的部分测绘资料。感谢岳树信教授和熊春宝教授在变形测量方面提供的技术资料。感谢温玉清博士在中国现代时期古建筑测绘方面提供的研究成果。感谢张凤梧、张宇、邓宇宁、梁哲、郭华瞻等同学在部分插图绘制方面提供的帮助。感谢畅源、刘思达、从振、李峥、阴帅可等同学，他们的测绘成果为本书的重要范图提供了基础资料。还要感谢所有本书引用的测绘图作者和他们的指导教师，他们的姓名因故未能一一列举，感激之余也请见谅。

编者

2006年8月

目　录

第一章 绪 论

第一节 古建筑测绘的概念、意义和目的

一、古建筑测绘的概念

如果按字面意思简单笼统地描述古建筑测绘，可理解为测量建筑物的形状、大小和空间位置，并在此基础上绘制相应的平、立、剖面图纸。这也是传统古建筑测绘概念和实践的主要内容。但是，随着文化遗产保护理论和实践的发展以及测绘技术的革命性变革，这种简单理解已无法完全满足实践的要求，也不符合未来发展的趋势。

应当看到，古建筑测绘是测绘学在文化遗产保护领域中建筑遗产记录、监测以及保护工程实施等方面的直接应用。测绘学是研究地球上各种与地理空间分布有关的几何、物理和人文信息的采集、测量、处理、管理、更新和利用的科学与技术。研究内容包括地球坐标系统的建立、大地测量、地图编制、工程测量、海洋测量和测量误差处理等。

古建筑测绘从技术上可归入测绘学科分支中的工程测量，是对古建筑的相关几何、物理和人文信息及其随时间变化的信息适时进行采集、测量、处理、显示、管理、更新和利用的技术和活动，是建立建筑遗产记录档案工作的重要组成部分。其成果主要用于建筑遗产的研究评估、管理维护、保护规划与设计、保护工程实施、周边环境的建设控制以及教育、展示和宣传等诸多方面。

然而，测量技术只是手段，并非古建筑测绘的全部。作为对历史建筑的记录，古建筑测绘又不同于一般的工程测量。它包含着对建筑遗产在科学与人文、技术与艺术方面的体验、认知、理解乃至探究、甄别、发现和评价，包含着对建筑实体、空间及其精神意蕴的理解、再现和表达。它不是完全被动的描摹，而是融会着价值判断和信息取舍，因此，仅仅掌握测量技术实际是无法完全胜任这项工作的。它更要求测绘者具有一定的建筑学综合素养，熟悉测绘对象的相关形式特征、语汇和历史、结构及构造知识；反过来，它又能使参与者得到各方面的综合训练，在认知、技能和综合修养上得到提升。意大利文艺复兴时期的建筑大师阿尔伯蒂认为，古代珍贵的建筑遗存就如同优秀的大师，亲身测绘则大有裨益。因此，测绘既是记录建筑遗产的活动，也可以成为引领建筑学子踏入门径的教育手段。

与传统做法相比，当前的古建筑测绘除计算机辅助成图等方面的进步之外，正在发生着更深刻的变革，尤其是计算机技术和信息技术使其内涵更加丰富。比

如，除常规的测量和制图外，还包括建立测绘数据和信息的数据库、地理信息管理系统等内容；由于3S技术❶、数字摄影测量、三维激光扫描技术等测量技术以及计算机技术、信息技术和网络通信的发展和运用（详见第二章），使古建筑测绘成果形式更为丰富多样，凸显出综合性、跨专业的特点，学科边界更为模糊；测绘工作中更应注重系统性、动态性、多样性和规范化（详见第三章）。应当看到，在本课程的教学过程中，学生所能接触的工作仅仅是其中的一部分而已。

二、古建筑测绘的社会意义

1. 保护、发掘、整理和利用古代建筑遗产的基础环节

文化遗产的保护工作大致包括调查、研究评估、确定级别、建立记录档案、制定保护规划、日常管理维护、实施保护工程和控制周边环境等内容和程序。其中很多工作，包括建立记录档案，在我国《文物保护法》及配套法规中都有明文规定，属于法定要求。可以看出，作为建立记录档案的核心内容之一，测绘可获得古建筑的具体数据和相关信息，本身是保护工作的最基本环节，是开展其他工作的前提条件。如果没有测绘记录，研究评估、规划设计和保护工程实施都是不可想像的，而科学有效地管理也无从谈起。可以说，测绘是文化遗产保护基础工作的重中之重，没有科学记录档案的建筑遗产就不可能得到真正保护。

我国幅员辽阔，历史悠久，建筑文化遗产的总体资源十分丰富；然而与此形成鲜明对照的是，由于建筑遗产保护专业人员严重匮乏，对全部建筑遗产实物遗存来说，相应的基础工作（如获得测绘数据及图纸、建立记录档案的工作）还相对薄弱。文物保护单位建档工作即使在最高级别的全国重点文物保护单位中开展得也不够理想。因此，目前亟须大力加强古建筑测绘工作，并逐步系统化、规范化。古建筑测绘工作任重道远，大有可为。

2. 为建筑历史与理论研究、建筑史教学提供翔实的基础资料

从20世纪30年代梁思成、刘敦桢先生主持下的中国营造学社开创中国建筑史学以来，坚持古代文献和实地调查测绘相结合，曾长期作为基本路线，并由此奠定了中国建筑史研究的坚实基础。今天，在建筑史教科书中习见的诸多经典建筑的实测图，更凝聚了数代建筑史家、文物保护工作者以至青年学生的劳动成果。

另一方面，如果没有相关测绘成果，或者仅有不准确、规范性差的测绘图，也会给研究带来困扰。著名古建筑专家陈明达先生一生致力于中国古代木结构技术研究，成就卓著，但他只完成了战国至北宋部分，南宋以后的相关研究则由于缺乏精确的实测资料而未能完成❷。而傅熹年院士在研究古代城市规划、建筑组群的设计方法时，也因为“我国目前尚无按统一要求精测的古代建筑图纸和数据”，

---

❶ 3S技术指：全球定位系统（GPS）、遥感（RS）和地理信息系统（GIS）。
❷ 陈明达. 中国古代木结构建筑技术（战国至北宋）. 北京：文物出版社，1990. 2页。

不得不声明允许他引用的数据有一定误差❶。感慨于大量实测资料未能得到规范系统整理，他呼吁相关部门“及时订立一套严格的规范化的测绘要求，尽可能取得完整准确精密的图纸”❷。实测资料对相关研究工作的重要影响，由此可见一斑。

3. 为继承发扬传统建筑文化、探索有中国特色的现代建筑创作提供借鉴

保护、继承和发扬民族优秀的传统建筑文化，探索既符合时代要求又有中国特色的现代建筑创作，应当是每位中国建筑师的责任。多元包容、丰富多样的艺术形式，大规模建筑组群的外部空间设计，建筑组群与环境整体的结合，功能、结构和艺术的统一，独特的结构体系等，是中国古代建筑的显著特色，至今并未失去借鉴价值，值得深入挖掘、研究和弘扬。这些精髓可以通过测绘成果及相关研究揭示出来，而若克服浮躁心理，直接参与测绘实践，亲身体验，深入研究，则更有收获。中国古代有严谨的设计程序和科学的设计方法，也有发达的辩证思维。中国人是创造了大量世界文化遗产的民族，没有必要等待外人构建某种理论体系，然后亦步亦趋地学习；只要立足自身，借鉴传统，吸收所有文化的积极因素，完全可以在世界上构筑中国自己的全新建筑理论。

三、古建筑测绘的教学目的

古建筑测绘课程接续前此的建筑专业教育，尤其是中国建筑史的教学，承上启下，学生经过这一实践环节，可优化知识结构，提高专业技能，思想情感领域的综合素质也得到全面发展。

（1）古代优秀建筑遗产蕴涵了古人的思想和智慧，学生直接与之接触和“对话”，认识、体验、发现它，用建筑师的图学语言描绘它，可刻骨铭心地深化感性认识。同时也为树立遗产保护意识、克服历史虚无主义，以及发展理论思维能力奠定了基础。

（2）传统建筑复杂的形式与构造，是训练学生对形体和空间的理解和表达的极好教材，可有效提高学生对建筑的洞察力、尺度感及形式敏感度，提高空间认知、审美及图学语言的表达能力（包括计算机制图），为后续课程打下坚实基础。

（3）作为综合性的实践环节，古建筑测绘要求学生能灵活运用建筑史、测量学、画法几何、建筑设计初步、计算机制图等已学课程获得的基本知识与技能，掌握建筑测绘方法，为学生提高动手能力、应变能力、知识技能的迁移能力和创造力提供了良机。

（4）古建筑测绘可潜移默化地培养学生爱国主义、团队协作、严谨求实以及艰苦奋斗精神，成为生动的社会性德育课堂。

（5）最后，学生参加古建筑测绘有机会参与文物保护工作，直接为社会做出

---

❶ 傅熹年. 关于唐宋时期建筑物平面尺度用“分”还是用尺来表示的问题. 古建园林技术，2004（3）：34～38页

❷ 傅熹年. 中国古代城市规划、建筑群布局及建筑设计方法研究. 北京：中国建筑工业出版社，2001. 208页。

贡献，是高校学生参与社会实践十分理想的方式。

> 为适应文化遗产保护社会需求变化以及建筑教育的深刻改革，本课程教学中还应注意以下问题：
>
> （1）与文物保护相关技术要求接轨。除巩固传统建筑教育中制图技巧和形式美训练的优势外，更应从技术上从严要求，提高质量，使测绘成果达到国家文物保护相关技术要求。“中看不中用”的测绘图是没有生命力的。
>
> （2）从认知和体验到探索和发现。大学生不仅要学习前人已经总结出来的科学理论，还应当学会探索发现，促进科学的发展。测绘实践是提高对古建筑感性认识、验证书本知识的机会，更应是探索发现之旅。每位同学都有机会发现以往研究中忽略的问题或者错误结论，他们也有责任通过测绘为建筑历史研究贡献自己的智慧。
>
> （3）从注重实际技能到重视理论提高。测绘实习作为中国建筑史课的直接延伸，不能仅满足于让学生完成测量、制图技能的训练，必须通过撰写调查报告、图解分析等手段把对建筑作品的感性认识上升到理性认识，从而提高自身的建筑学理论素养。

四、本教材特点和使用方法

（1）我国的建筑遗产资源极为丰富，涵盖古代不同时期的各类木、石、砖、竹及混合结构建筑、石窟寺和近现代建筑等。虽然本教材更多针对典型的北方传统木构建筑的测绘，但各类建筑的测绘在理论、方法和技术上并无实质区别，在遇到不同类型建筑时完全可以举一反三，变通使用。

（2）本教材力图兼顾理论性和实用性。基本内容包括古建筑测绘的历史沿革，建筑遗产记录档案相关问题，测量学的基本理论、方法和技术及其应用，测绘准备工作，单体建筑测绘外业（包括徒手草图、测量、摄影等）及内业（包括测稿整理、仪器草图、计算机制图等）工作，建筑总图测绘和建筑变形测量等。同时，本书汲取了编者几十年的技术经验和教学经验，实用性较强，可作为现场工作指导手册。本教材还尽可能兼顾严谨精确的方法和简易实用的方法，以适应不同的教学课时和教学条件。另外，正误辨析的讲解方式，还能使初学者印象深刻，少走弯路。

（3）学习本教材之前必须先修中国建筑史课程，掌握一定的古建筑基本知识。有条件的还应当选修土建类测量学课程。

第二节 建筑测绘简要回顾和发展动态

一、中国古代的建筑测绘

日常生活中常听到“规矩”、“准绳”这两个词。其实，规、矩、准、绳正是我国远古时期就已开始普及运用的四种测绘工具。例如，汉代许多图像资料中就有伏羲、女娲手执规、矩的形象（图 1-1）。按《史记》记载，传说大禹治水时，即是“左准绳”，“右规矩”❶。“绳”是测定直线的工具，“规”是画圆的工具；“准”则应当是一种测定水平的工具，从先秦大量文献记载可知，我国很早就掌握了水准测量；“矩”则是直角曲尺，用于画直线，定直角，也可进行测量距离，并能利用直角相似三角形原理进行间接测量。同时，我国古代数学与测量学从一开始就有着不可分割的联系。按《周髀算经》记载，勾股定理的发现就与测量工具——矩的使用直接相关。

图 1-1 武梁祠汉画像石中的规、矩形象

从远古的河姆渡建筑遗址中规整的木桩、榫卯和竖井，到河南偃师、小屯等商周遗址反映出来的精确定向、定水平的技术，可以看出当时的测量技术已经达到了很高水平。周代还专有设测量管理机构和人员，即《周礼·夏官》中记载的“量人”，主要从事工程测量和军事测量❷。公元前 3 世纪前，我国就有了某种形式的磁罗盘。文献中记载先秦时期有诸如“鲁作楚宫”、“晋作周室”、“秦写放六国宫室”等仿建工程，当时建筑测绘水平应当为此提供了良好的技术保障。战国到秦汉时期，许多大型土木工程如都江堰、灵渠、龙首渠的建设也体现了当时的工程测量水平。

三国时期的刘徽在注释《九章算术注》（263 年）时，丰富发展了被称为“重差”术的间接测量理论和计算方法，其中包括测量建筑物高度的方法。这些测量理论和方法直到 17 世纪初西方测量术传入我国时仍不失其先进性。西晋裴秀（224～271 年）提出了著名的“制图六体”，即六条地图制图原则，为古代的地图测绘奠定了科学技术，并对后世产生极大影响。与此相关，以假设大地水平为前提，以六体之一“比率”，即比例尺为原则，中国古代在地图、城市和建筑的规划设计等相关领域形成了“计里画方”的制图传统。

北魏迁都洛阳前，蒋少游（？—501 年）借出使南齐建康之机“摹写宫掖”，

---

❶ 《史记·夏本纪》。

❷ 《周礼·夏官》：“量人，下士二人，府一人，史四人，徒八人。”量人“掌建国之法，以分国为九州。营国城郭，营后宫，量市朝道巷门渠，造都邑亦如之。营军之垒舍，量其市朝州涂，军社之所里，国之地，与天下之涂数，皆书而藏之”。

并"图画而归"，这不啻为一次建筑测绘活动❶。在洛阳城规划时，蒋还曾到洛阳测绘魏晋宫室遗址。东魏孝静帝天平元年（534年）皇室迁邺都，邺城规划和设计程序也是先进行同类建筑的测绘，借鉴古制，经推敲研究做出新的设计。到隋代，宇文恺在论证礼制建筑明堂的形制时也曾测绘过南朝刘宋的太极殿遗址❷。后来"测绘—借鉴—设计"的做法常为惯例，直到清代"样式雷"❸皇家建筑图档中仍能看到为数众多的测绘图（图1-13、图1-14、图1-15）。

唐代李筌的军事著作《太白阴经》（759年）中记载了一种设计完备的古代水准仪，称"水平"❹。其后在唐代杜佑《通典》以及北宋的许洞《虎钤经》、曾公亮《武经总要》和李诫《营造法式》都有介绍。其中《武经总要》中还附插图加以详解（图1-2）。这套仪器除没有加装望远镜外，其工作原理和测量方法与今天的光学水准仪完全一致。这一水准测量技术沿用至后代，并得到改进，可以说，欧洲17、18世纪的水准测量水平与我国唐宋时期的水准测量技术相比，也只是程度大小不同的重复❺。

五代时期凿修的敦煌莫高窟第72窟壁画中，描绘了工匠摹绘塑像时进行测量的情景❻，成为反映古代测绘活动的宝贵图像资料（图1-3）。

宋代建筑专著《营造法式》除介绍水平外，还介绍瞭望筒、景表、真尺（水平尺）等测量工具（图1-4）及相关的建筑工程测设方法（测设是将设计的或具体的物体根据已知数据安置在现实空间中的相应位置），体现了当时定向和水准测量的先进水平。

金中都模仿宋都城汴京兴建。当时金国专派画工测绘汴京的宫室制度，"阔

---

❶ 《南齐书·魏虏传略》卷五七："（北魏）……议迁都洛京。永明九年遣使李道固、蒋少游报使。少游有机巧，密令观京师宫殿楷式。清河崔元祖启世祖曰：'少游臣之外甥，持有公输之思，宋世陷虏，处以大匠之官，今为副使，必却模范宫阙；岂可令毡乡之鄙取象天宫，臣谓且留少游，令主使反命。'世祖以非和通意，不许。少游，乐安人；虏宫室制度皆从此出。"另《南史·崔祖思传》："永明七年，魏使李道周及蒋少游至。崔元祖（祖思子）言：'臣甥少游有班垂之巧，今来必令摹写宫掖，未可令反。'上不从，果图画而归"。

❷ 《隋书·列传第三十三》（卷六十八）引宇文恺《明堂议表》："……梁武即位之后，移宋时太极殿以为明堂。无室，十二间。……平陈之后，臣得目观，遂量步数，记其尺丈。犹见基内有焚烧残柱，毁斫之余，入地一丈，俨然如旧。柱下以樟木为跗，长丈余，阔四尺许，两两相并。瓦安数重。宫城处所，乃在郭内。虽湫隘卑陋，未合规摹，祖宗之灵，得崇严祀。周、齐二代，阙而不修，大飨之典，于焉靡托"。

❸ 清代皇家建筑如都城、宫苑、坛庙、陵寝、衙署等，向例由专门机构"样式房"的专职匠师即"样子匠"设计，康熙朝以来，曾有雷氏世家先后共八代效力皇家建筑设计，并长期主持样式房事务，被世人美誉为"样式雷"。

❹ （唐）李筌《太白阴经》卷四《战具·水攻具篇第三十七》："水平槽长二尺四寸，两头中间凿为三池，池横阔一寸八分，纵阔一寸深一寸三分，池间相去一尺四寸，中间有通水渠，阔三分深一寸三分，池各置浮木，木阔狭微小，於池空三分，上建立齿，高八分，阔一寸七分，厚一分。槽下为转关脚，高下与眼等，以水注之，三地浮木齐起，眇目视之，三齿齐平，以为天下准。或十步，或一里，乃至十数里，目力所及，随置照板度竿，亦以白绳计其尺寸，则高下丈尺分寸可知也。照板形如方扇，长四尺，下二尺，黑上二尺，白阔三尺，柄长一尺，大可握度，竿长二丈，刻作二百寸二千分，每寸内刻小分，其分随向远近高下立竿，以照版映之，眇目视之，三浮木齿及照板黑映齐平，则召主板人，以度竿上分寸为高下，递相往来，尺寸相乘，则水源高下，可以分寸度也"。

❺ 冯立升．中国古代的水准测量技术．自然科学史研究，1990，9（2）：190～196页

❻ 马德编著．敦煌工匠史料．兰州：甘肃人民出版社出版，1997．25页。

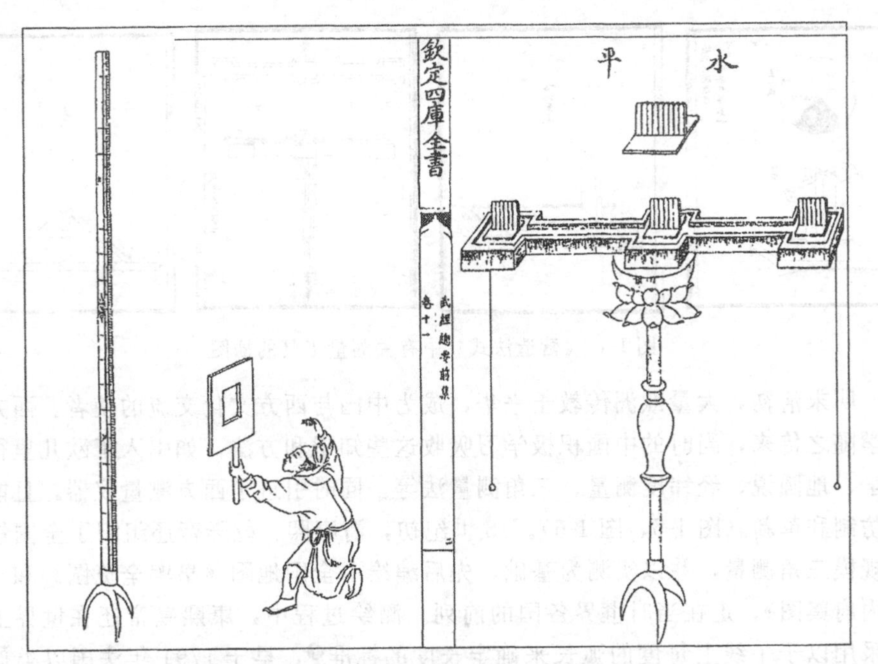

（原书插图中水平槽池内浮木方向有误，改正图参见图 1-4）

图 1-2 《武经总要》插图：水平

图 1-3　敦煌莫高窟第 72 窟壁画，画大佛，五代

狭修短，尺以授之"，参考这些测绘图纸，中都才得以建成❶。

---

❶ 清代朱彝尊《日下旧闻考》引无名氏《金图考》记载："亮欲都燕，遣画工写京师宫室制度，阔狭修短，尺以授之。左丞相张浩辈按图修之"。

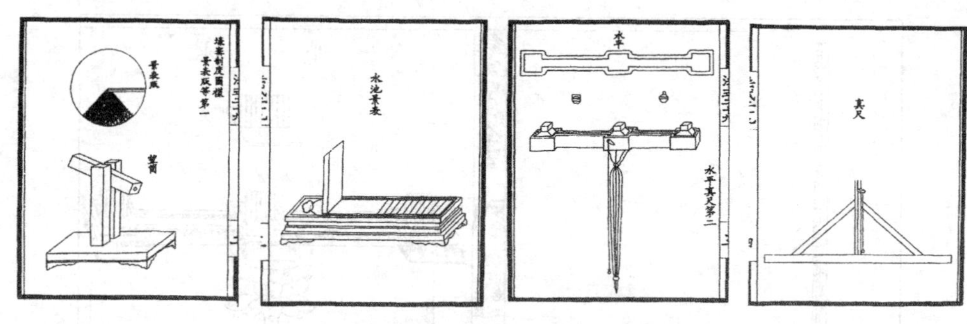

图 1-4 《营造法式》中有关测量工具的插图

明末清初，大量欧洲传教士来华，成为中国与西方文化交流的使者。西方测量学随之传来，当时的中国积极学习吸收这些知识和方法，如引入了欧几里得几何学、地圆说、经纬度测量、三角测量法等，同时引进了西方测量仪器，且能加以仿制和革新（图 1-5、图 1-6）。18 世纪初，清康熙、乾隆帝还组织了全国性的大规模三角测量，并以实测为基础，先后编绘了全国地图《皇舆全览图》和《乾隆内府舆图》，走在当时世界各国的前列。测绘过程中，康熙皇帝还在世界上首次采用以子午线上每度的弧长来确定长度的标准❶，早于 1791 年法国以类似方

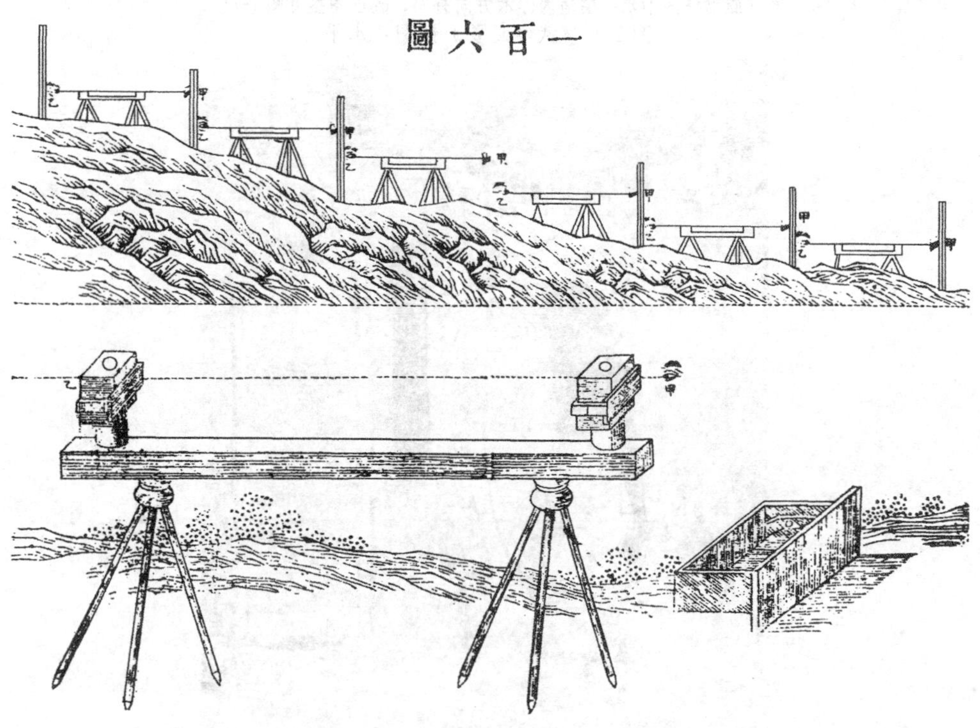

图 1-5 《灵台仪象志》一书中记载的西方水准测量仪器和方法

（采自《古今图书集成·历象汇编·历法典》九十五卷仪象部汇考十三）

❶ 康熙以前，长度单位规定很不一致，为实施全国测量须先规定统一的尺度标准，康熙帝亲自裁定经线长度 1 度以 200 里计，确定每尺为经度百分一秒。

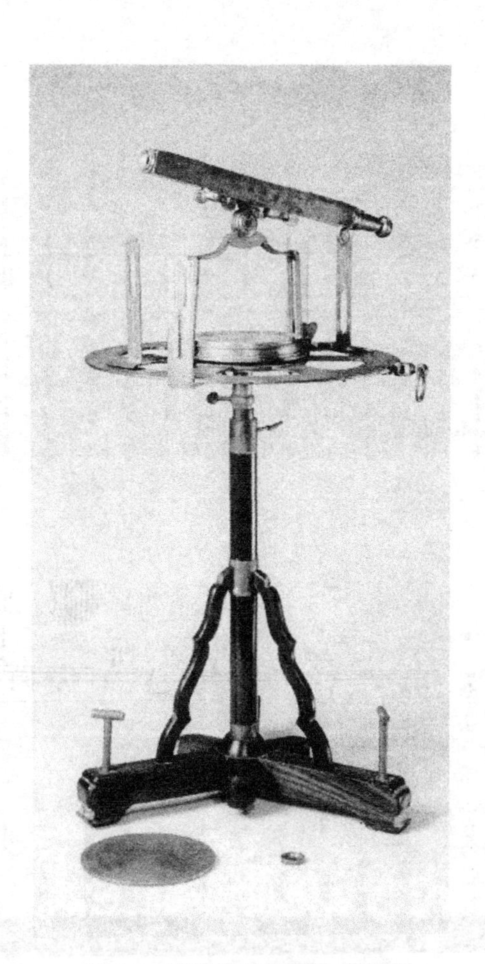

图 1-6　清代宫廷所藏的全圆仪

（采自《清宫西洋仪器》）

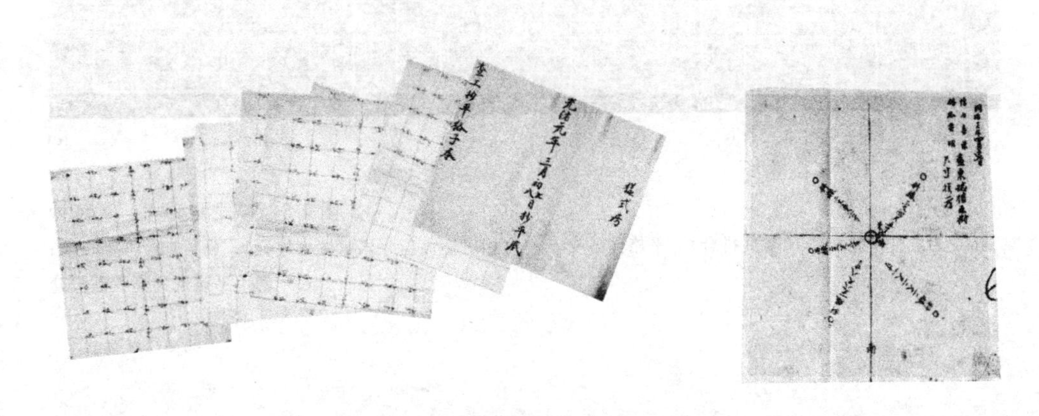

图 1-7　样式雷画样中的抄平格子本和碎部数据

（国家图书馆藏）

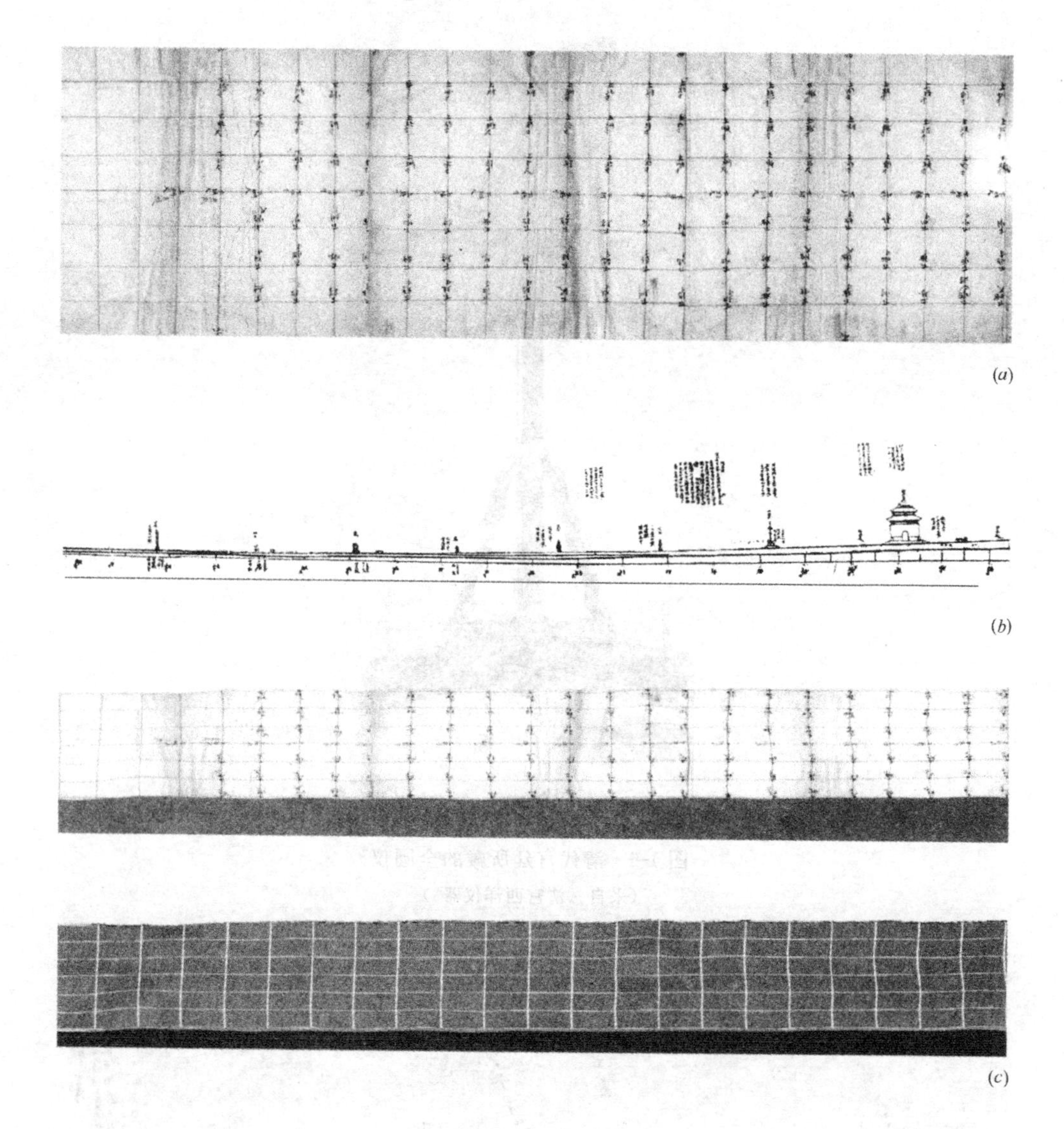

图 1-8 样式雷画样：惠陵抄

（a）惠陵抄平格子本（多页拼合），平格网各交点注有相对标高值（国家图书馆藏）；（b）惠陵抄平合溜；（c）利用平格网的高程数据建

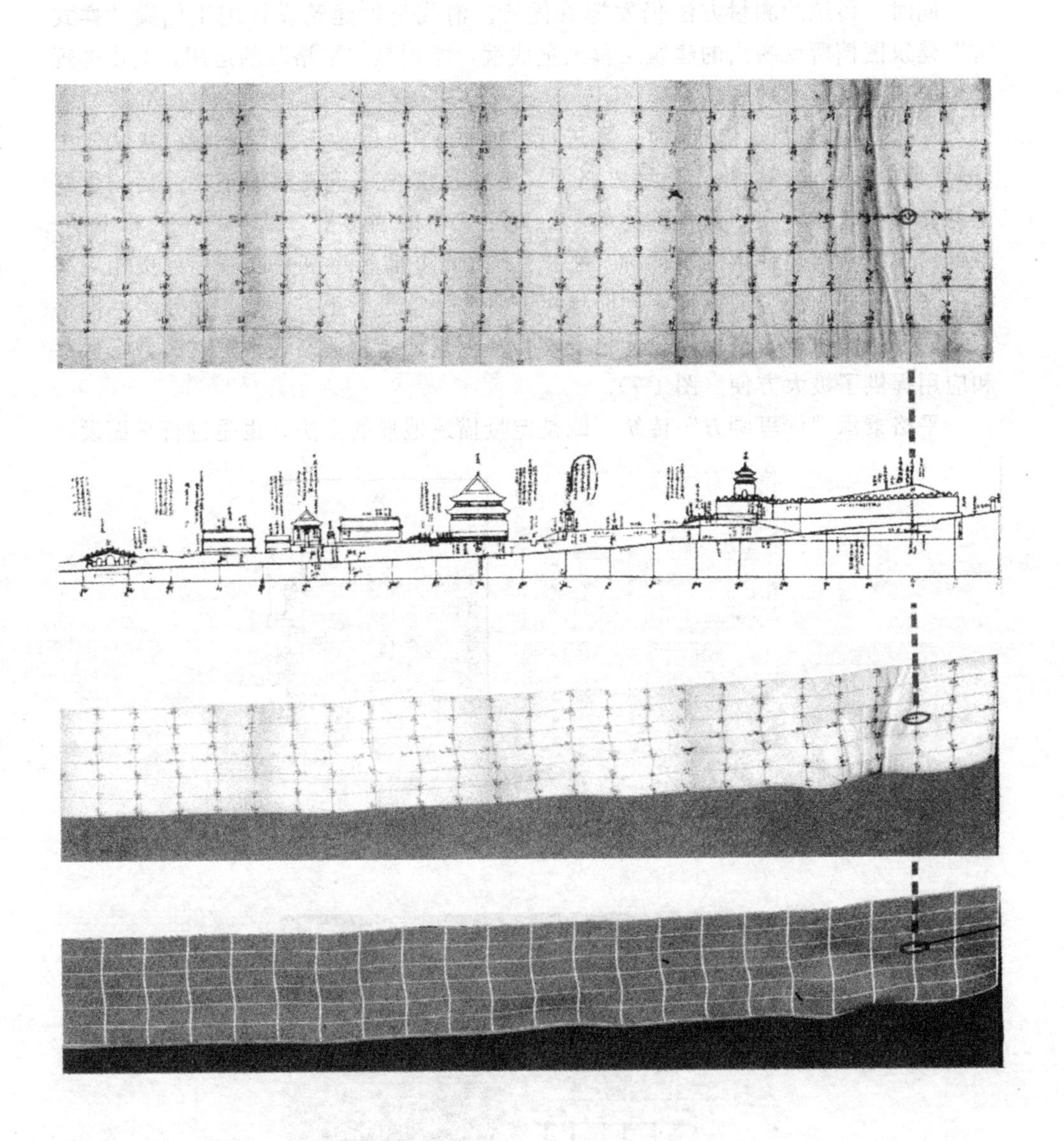

平格子本、抄平合溜地势立样

地势跨空垫土中一路立样（相当于中轴线上的总剖面图），粗实线表示中路原始地平（国家图书馆藏）；

立的计算机三维地形模型

法确定 1m 长度的做法。这些不仅大大改变了中国传统测量技术的面貌，弥补了传统测量学的不足，而且使中国的测量学在 18 世纪时仍保持世界先进水平。

同时，传统的测量方法仍发挥着优势。清代皇家建筑设计施工档案“样式雷”建筑图档所反映出的建筑工程测量成就，特别是“平格”的运用，突出体现了传统工程测量术的精髓。

在选址和酌拟设计方案时，要进行“抄平子”，即地形测量，用白灰从穴中（即基址中心）向四面划出经纬方格网，方格尺度视建筑规模而定；然后测量网格各交点的高程，穴中高程称为出平，高于穴中的为上平，低于穴中的称下平；最终形成定量描述地形的图样称“平格”。由此可推敲建筑平面布局或按相应高程图“平子样”做竖向设计，同时也可非常方便地进行土方计算。由于经纬网格采用确定的模数，平格可简化为格子本，甚至仅记录相关高程数据，为数据保存和应用提供了极大方便（图 1-7）。

平格秉承“计里画方”传统，既是定量描述地形的方法，也是进行平面设计

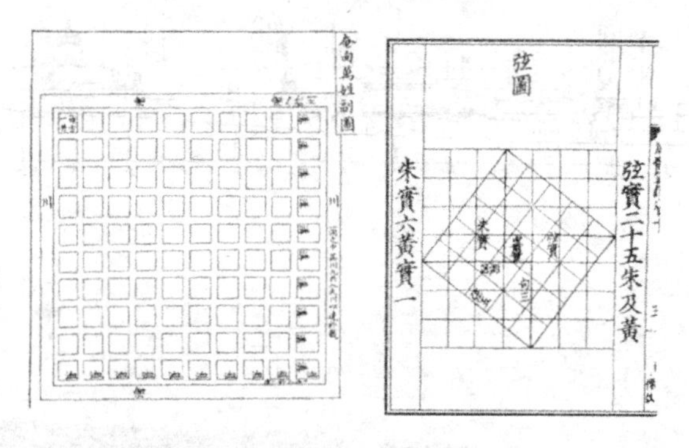

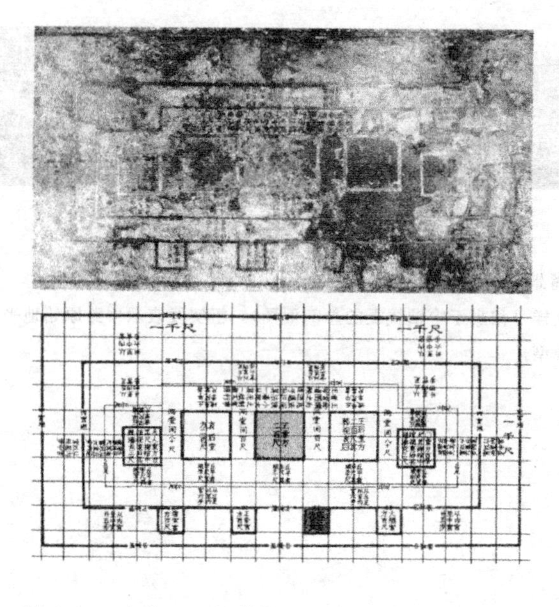

图 1-10 隐含了平格模数方法的战国中山王兆域图

和竖向设计（包括土方计算）的方法，还是施工测设的控制手段。它与当代地形测绘中数字高程模型（DEM）的方格网结构在原理上完全契合，凸显了中国古代哲匠的卓绝智慧（图 1-8）。

事实上，计里画方有着深厚的文化底蕴和技术渊源。周代营国制度，就借鉴运用了井田规划的基本观念和方法，尤其是“画井为田”的井字形或九宫形经纬坐标方格网系统的方法（图 1-9）。战国时期的中山王兆域图中就隐含了网格模数的方法（图 1-10）。后这一方法在实践中得以发展和广泛运用，甚至被奉为经典性的制度予以诠释和贯彻实施，并逐渐形成了中国古代地图学中饮誉世界科技史的计里画方，而且在古代天文图、军阵图、书法、绘画、博弈、数学证明（图 1-9）乃至占式之类的“数术”中也不难发现其影响。这些方法也传播到日本、韩国等周边国家，形成东方传统特色的测量制图体系（图 1-11）。

建筑测绘也是设计重要环节，可据以完成原有建筑的修缮设计，或供新建筑设计参考，样式雷就有大量测绘图传世。样式雷的测绘图经历草图、标注测量数

画面生动地再现了 948 年日本藤原光弘兴建竹林殿的情景，可清楚地看到经纬网格的使用和曲尺、墨斗、墨线、墨刺（墨笔）、铅坠和水准等测绘工具

图 1-11 《春日权现验记绘》，1390 年，日本宫内厅藏（采自《地图的文化史》）

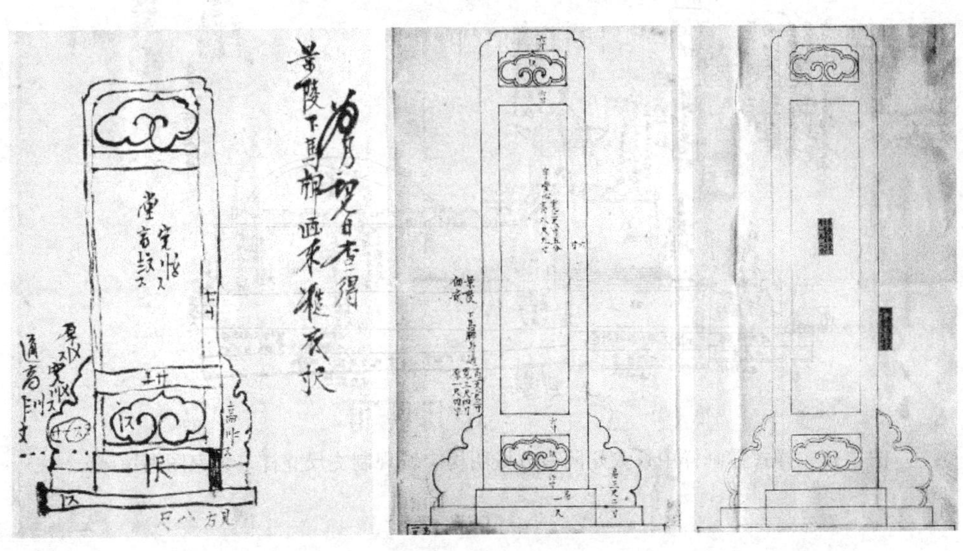

图 1-12　样式雷画样：景陵下马牌各阶段测绘画样（国家图书馆藏）

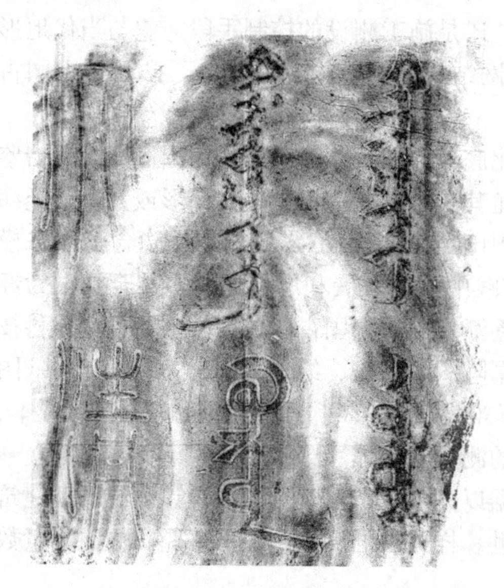

图 1-13 样式雷画样中的拓样（国家图书馆藏）

据、仪器草图至正式图等阶段，与现代建筑测绘程序基本类同（图 1-12），复杂纹样也采用拓样方法（图 1-13）。以测绘成果作为设计资料或依据，典型如惠陵妃园寝（同治皇帝妃子墓），曾拟添修宝城及方城明楼，因相关档案缺失而系统测绘了乾隆朝兴建的景陵双妃园寝，并据以完成设计（图 1-14、图 1-15）。

丈杆是中国古代建筑大木施工中特有的工具，既是一种图学语言形式，又是一种测设工具；既发挥施工图作用，又可将构件按设计数据安置到相应位置。例如，在清官式建筑大木制作之前，先将重要数据如柱高、面阔、进深、出檐尺寸、榫卯位置等足尺刻画在丈杆上，然后按其刻度进行大木制作；大木安装时也用丈杆来校核构件安装的位置是否准确（图 1-16）。这种方法以其准确可靠、简便实用而沿用至今。❶

二、西方古代和近代的建筑测绘

1. 西方古代至近代工程测量技术的发展

西方语言中的"几何学"（geometry）一词即源于希腊文 γεωμετρία，原义为"测量土地"。但实际上希腊几何又源自古代埃及，这里的"测量土地"指的是古

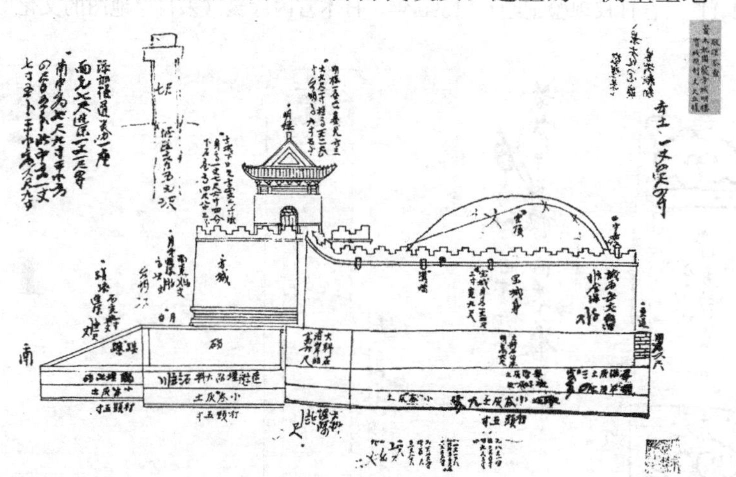

图 1-14 样式雷画样中景太妃园寝方城明楼宝城规制丈尺立样（国家图书馆藏）

❶ 马炳坚. 中国古建筑木作营造技术. 科学出版社，1991。

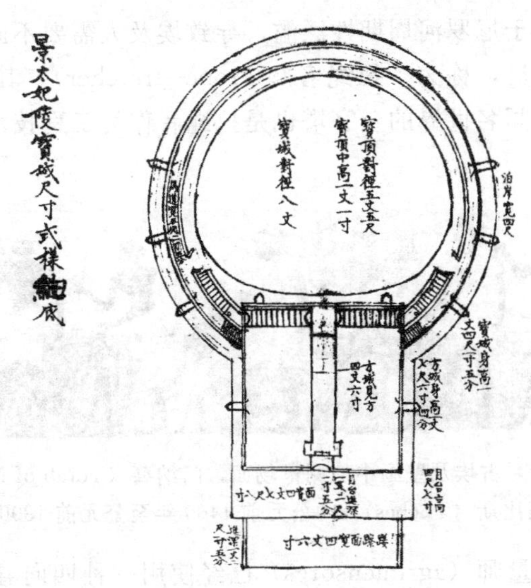

图 1-15　样式雷画样中景太妃陵宝城尺寸式样准底（国家图书馆藏）

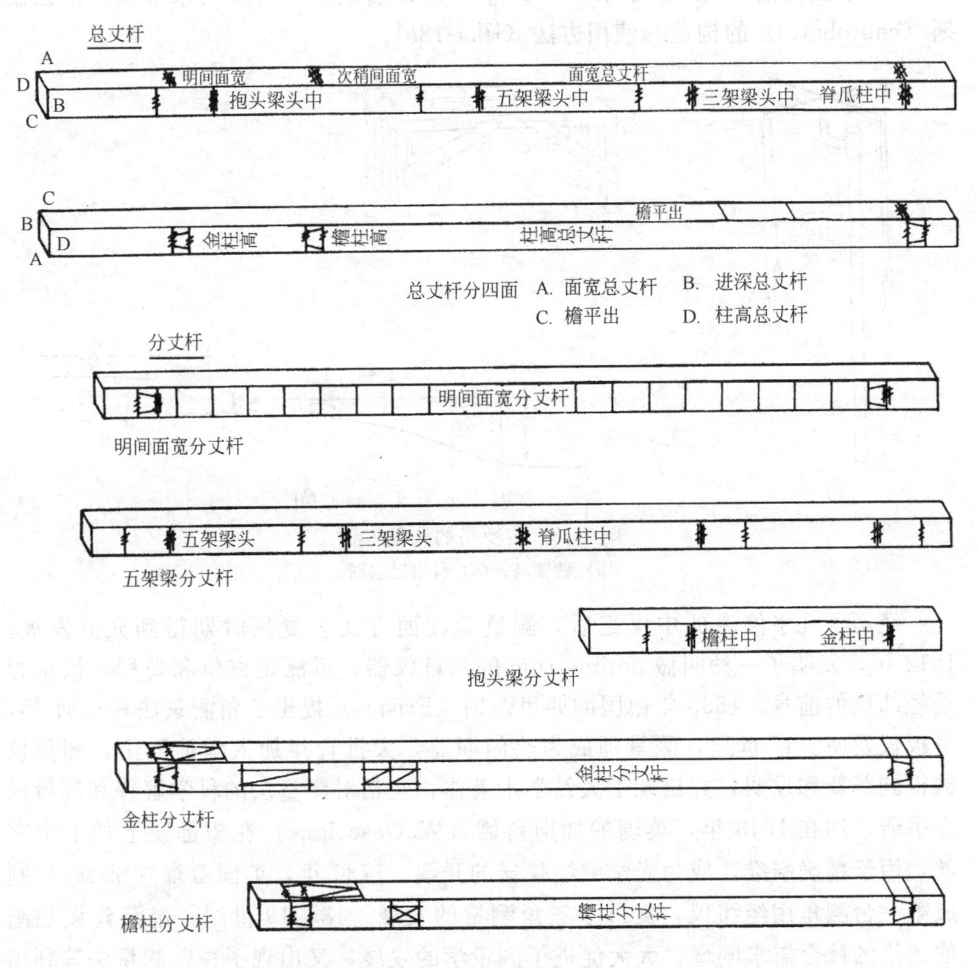

图 1-16　北京地区使用的大木杖杆（采自《中国古建筑木作营造技术》）

埃及人的活动。由于尼罗河周期性泛滥，导致埃及人需要不断重新测量土地，并出现了专职测量人员，称为“拉绳者”（rope-stretcher）。其主要测量工具是打结的绳子。据说，闻名世界的金字塔也是拉绳者作为工程技术人员参与创造的奇迹（图 1-17）。

图 1-17 古埃及壁画中的测量场面，门纳墓（Tomb of Menna），底比斯（Thebes），约公元前 1400 年至公元前 1390 年

古罗马时期测量师（agrimensores）已经使用一种四向悬坠式的水平仪“轱辘马”（groma）来确定铅垂线和水平线（图 1-18*a*）。在维特鲁威《建筑十书》（约成书于公元前 32 至公元前 22 年）中，则详细记载了古罗马水准仪科洛巴忒斯（chorobates）的构造和使用方法（图 1-18*b*）。

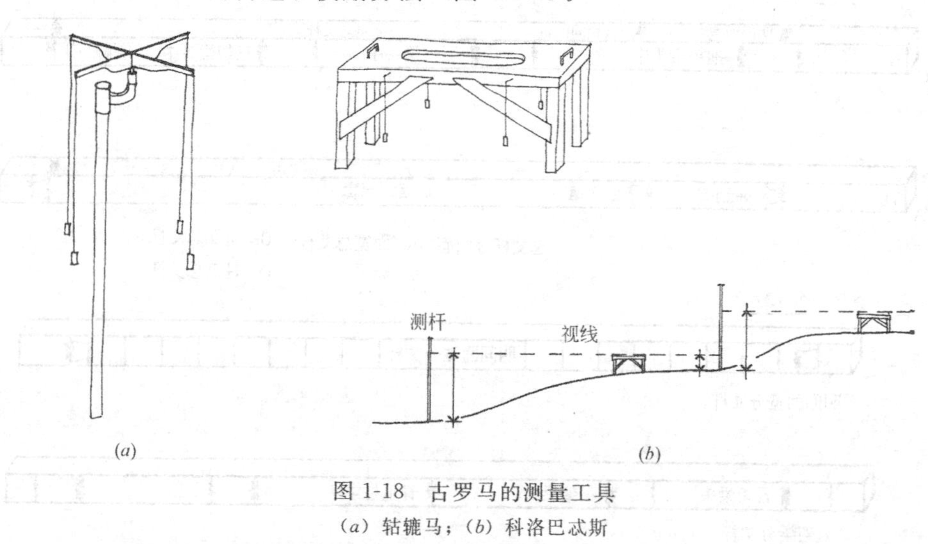

图 1-18 古罗马的测量工具
（*a*）轱辘马；（*b*）科洛巴忒斯

经历了几乎停滞的中世纪后，测量学在西方文艺复兴时期得到充分发展。1512 年，发明了一种叫做 potimetrum 的测量仪器，可测定方位和高程，被认为是经纬仪的前身。1533 年德国的弗里西斯（Frisius）提出三角测量法；1551 年，平板仪发明。17 世纪，测量师成为热门职业，大批青年加入学徒队伍，测量仪器得到革新和发明，并出现了大量学术著作，包括对测量法的科学解释和测量操作手册。约在 1640 年，英国的加斯科因（W. Gascoigne）在望远镜上加上十字丝，用于精确瞄准，成为光学测绘仪器的开端。1730 年，英国西森（Sissen）制成第一台测角用经纬仪，促进了三角测量的发展。18、19 世纪，经济建设热潮使测绘的社会需求剧增，大大促进了测量学的发展，又出现了视距测量法等利用光学仪器间接测量的方法。19 世纪 50 年代，法国的洛斯达（A. Laussedat）首

创摄影测量方法，到20世纪初形成地面立体摄影测量技术。从17世纪末到20世纪初，主要是光学测绘仪器的发展，测绘学的传统理论和方法也发展成熟。

2. 文艺复兴以来的建筑测绘活动

文艺复兴是14～16世纪欧洲伟大的思想文化运动，欧洲古典的学术和艺术得以“复兴”。建筑上的创新和理论总结也植根在对古典建筑的研习之上，这一时期的建筑大师如伯鲁乃列斯基、阿尔伯蒂、伯拉孟特及帕拉第奥等人均对当时遗存的古希腊、罗马建筑遗迹进行过系统测绘和研究，并亲自画过许多测绘图（图1-19）。古建筑测绘图在许多出版物中也大量登载，得到广泛传播。

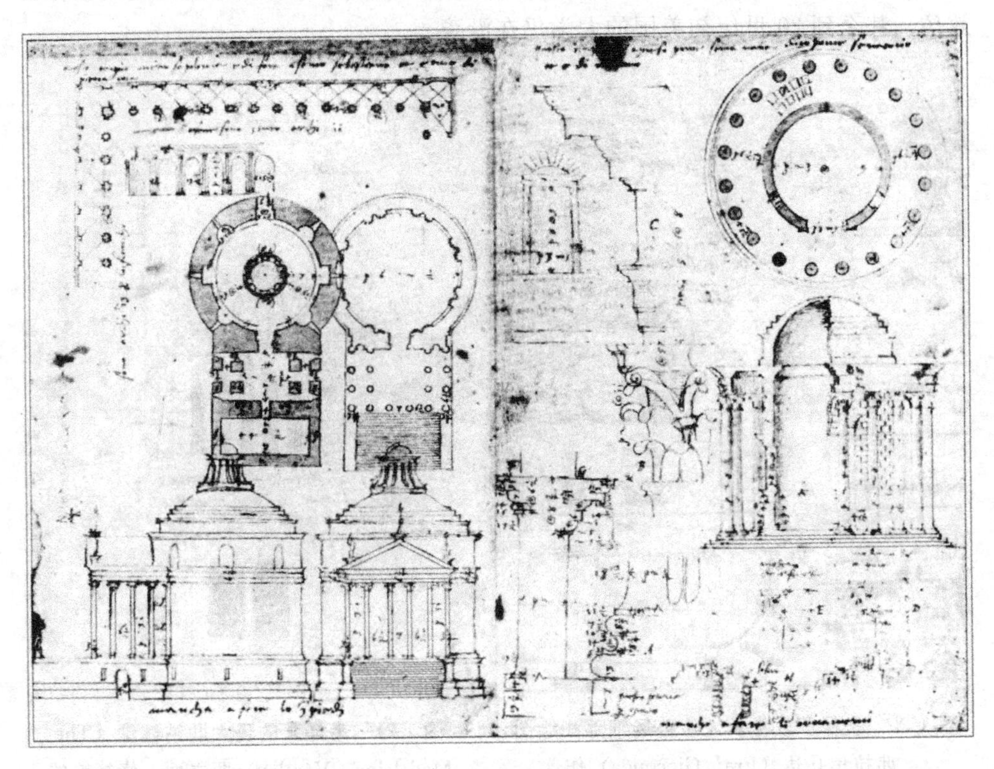

图1-19 帕拉第奥在测绘图基础上对古代庙宇进行复原研究的草图［左图为罗慕洛庙（Temple of Romulus），右图维斯塔庙（Temple of Vesta）
（采自 *Masterpieces of Architectural Drawing*）

阿尔伯蒂认为，古代建筑是历代智慧的积淀，如同最优秀的大师，从中学习必定收益良多。他认为，建筑师一旦发现普遍称道的建筑佳作，都应认真测绘，研究其比例和建造范式，尤其遇到大家名作就更应如此❶。1432年阿尔伯蒂来到罗马，开始对古代建筑进行测绘研究。他掌握了利用极坐标进行测量的方法，并以卡比多山（Capitol Hill）作为中心，测量整个罗马城。

弗朗切斯科·迪乔其奥（Francesco di Giorgio，1439～1501年）希望将现存古典建筑的比例和尺寸与维特鲁威的相应记载加以核对，为了抢在古迹被拆毁

❶ Jokilehto J. A history of Architectural Conservation. ［D. Phil Thesis］ The University of York, England, 1986.

前做好记录，他从1478年起进行了大量测绘调查工作，后将这些成果收入其著作中，包括罗马及其周边各式各样建筑的平面、立面、细部大样和轴测图。16世纪初，拉斐尔师从伯拉孟特学习建筑，其间也曾调集全国的艺术家进行古建筑测绘工作（图1-20、图1-21）。

17世纪，处于古典主义时期的法国崇拜古罗马建筑，并于1666年在罗马设立了法国学院（Académie de France à Rome），在竞赛中夺得“罗马大奖”（Prix de Rome）的青年学生可受资助前往该学院研习古典艺术，包括对古罗马古迹进行测绘研究。这一制度后成为巴黎美术学院的传统，并为各国学院派建筑教育所效仿，甚至到20世纪初美国的大学仍在沿袭。

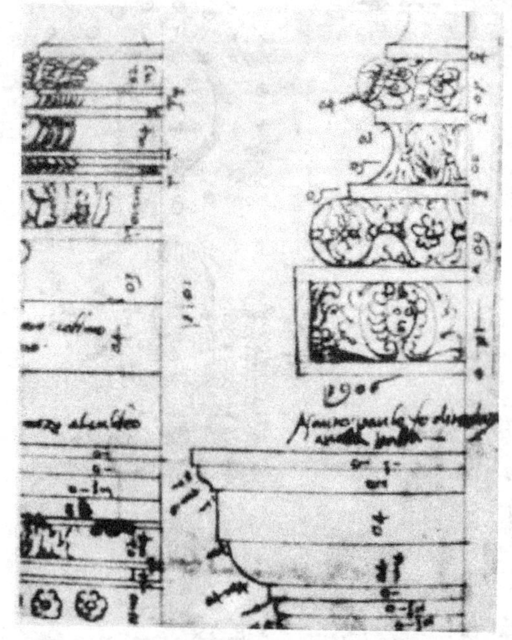

图1-20 圣保罗教堂及大斗兽场细部测绘图，弗拉焦孔达（Fra' Gioconda）作
（采自 *A history of Architectural Conservation*）

图1-21 韦泽莱的玛大肋纳教堂（The Madeleine，Vézelay）西立面，修复前的测绘图，维奥莱·勒·迪克（Viollet-le-Duc）作
（采自 *A history of Architectural Conservation*）

但古典主义恪守柱式、比例和构图的死板教条，难免令人生厌。18世纪中叶，在启蒙运动和科学思想推动下，欧洲掀起新一轮考古热，古罗马、古希腊时期的大批古城和建筑遗迹先后得以发掘、测绘。这些考古和实测成果使学院派古典主义教条与真正古典作品的差异得到曝光，使建筑师眼界更开阔，思想更解放了❶。英国建筑师罗伯特·亚当（Robert Adam）则通过18世纪50年代在意大利的游历和对古罗马建筑的大量测绘研究，逐渐形成了自己的新古典主义（Neoclassicism）风格。

❶ 陈志华. 外国建筑史（19世纪末叶以前），2版. 北京：中国建筑工业出版社，1997。

从文艺复兴到20世纪初，古建筑修复和保护工作一直进行着。且不论几百年来修复理念如何变化，但重视古建筑测绘的做法未曾改变。19世纪法国著名建筑师梅里美（Mérimée，1803～1870年）就特别强调在修复之前应对建筑进行详细的考古调查和测绘，要求建筑师细心画出现状水彩渲染图和必要的细部大样（图1-22）。

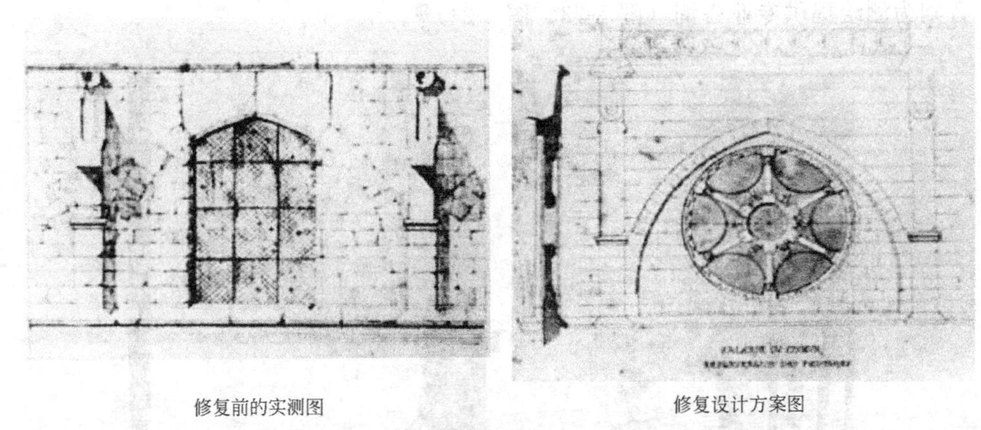

修复前的实测图　　修复设计方案图

图1-22　巴黎圣母院玫瑰窗的实测和修复图样，拉叙斯（Lassus）、维奥莱·勒·迪克作

（采自 *A history of Architectural Conservation*）

美国大规模历史建筑测绘活动相对较晚，开始于20世纪30年代。1933年，为保护美国境内具有历史价值的建筑遗产，美国内政部国家公园管理局实施了

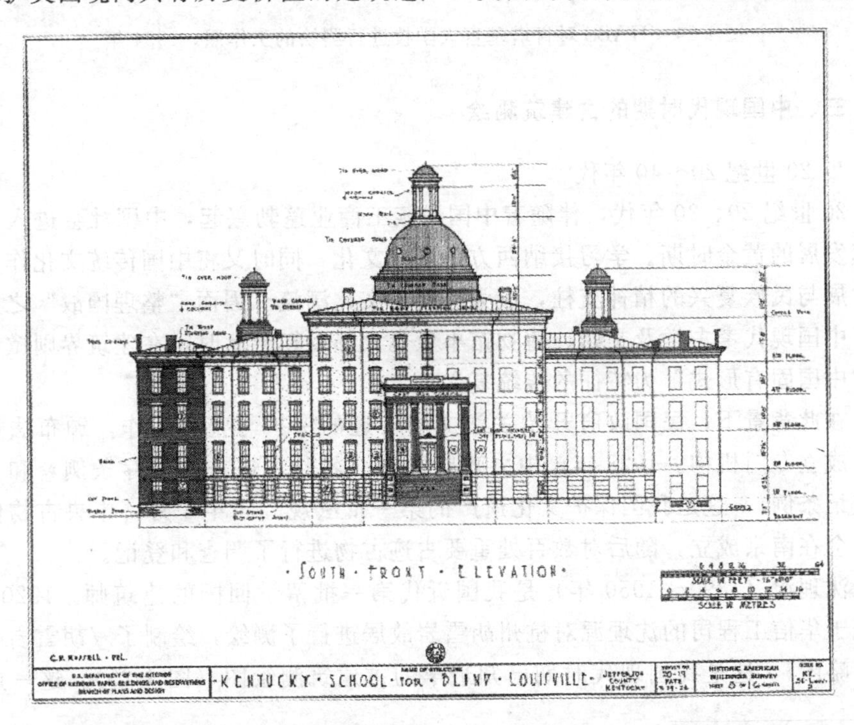

图1-23　美国肯塔基盲人学校（Kentucky School for the Blind，1867）立面图，HABS测绘，1934年

“美国历史建筑测绘”计划（Historic American Building Survey，简称 HABS)。这一计划涵盖各类建筑物，小到实用性构筑物，大到重要的纪念性建筑。对建筑的所有描述方式也都包括在内，用以全面记录建筑所反映出的历史文化信息。1934 年，美国国会图书馆、美国建筑师学会（AIA）作为协办成员加入该项计划，前者登记、保存测绘图纸及各项记录档案，并向公众提供借阅复制服务，后者则为测绘提供专业咨询（图 1-23、图 1-24)❶。

图 1-24　HABS 对肯塔基盲人学校进行测绘的工作照，1934 年

三、中国现代时期的古建筑测绘

1. 20 世纪 20～40 年代

20 世纪 20、30 年代，伴随着中国民族工商业蓬勃兴起，中国社会进入相对快速发展的黄金时期。学习接纳西方的现代文化，同时又将中国传统文化作为国家发展与民族复兴的精神支柱，成为当时的文化潮流。因而“整理国故”之风勃发，中国现代考古学及文物、博物馆事业也大都发轫于此时，在建筑界则掀起了以“中国固有形式”为特征的传统复兴。

在此背景下，民国政府开始关注文物古迹的保护与整理工作，颁布法规条例，成立专门机构。1928 年，中央政府颁布《名胜古迹古物保存条例》和《寺庙登记条例》，这是我国保护文化遗产的第一批法规。同年 3 月，中央古物保管委员会在南京成立，随后对数百处重要古迹古物进行了调查和登记。

沈理源（1890～1950 年）是我国近代第一批留学回国的建筑师。1920 年，任职于华信工程司的沈理源对杭州胡雪岩故居进行了测绘，绘制了《胡雪岩故宅平面略图》，这是我国现代时期已知最早的古建筑测绘图（图 1-25)。这一成果

❶ HABS. Program history and mission [EB/OL]. [2006-01-08]. http://www.cr.nps.gov/habshaer/habs/habshist.htm.

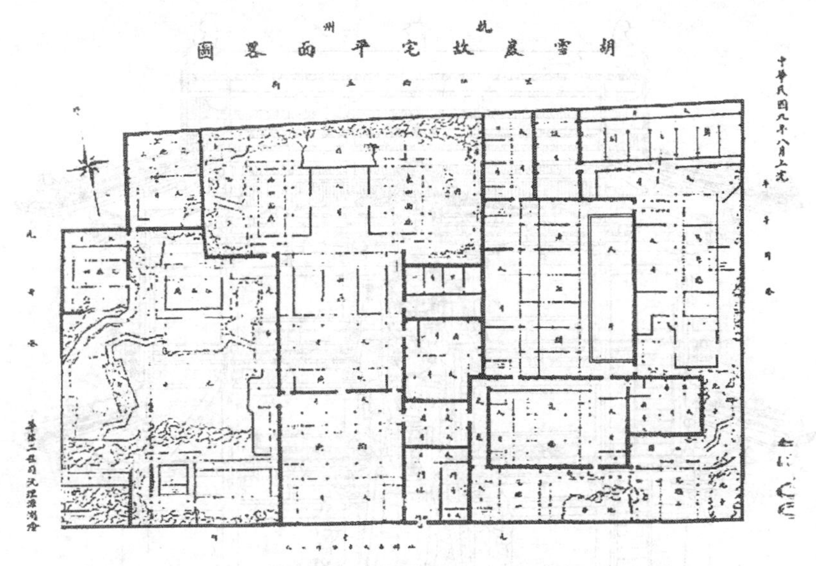

图 1-25　杭州胡雪岩故宅平面略图，沈理源测绘，1920 年

后来成为修复该全国重点文物保护单位的重要依据。1928～1931 年，北平研究院为编修《北平志》的庙宇志部分，调查了北平几百座寺院，也绘制了一批庙宇总平面测绘简图。

从现代学术意义上说，中国人自己的中国建筑史研究肇始于朱启钤（1871～1964 年）创立的中国营造学社，尤其在梁思成（1901～1972 年）、刘敦桢（1897～1968 年）先后于 1931 年和 1932 年加入后更开创了建筑史学的崭新局

图 1-26　蓟县独乐寺观音阁立面图，水彩渲染，营造学社测绘，1932 年
（采自《中国营造学社汇刊》第三卷第二期）

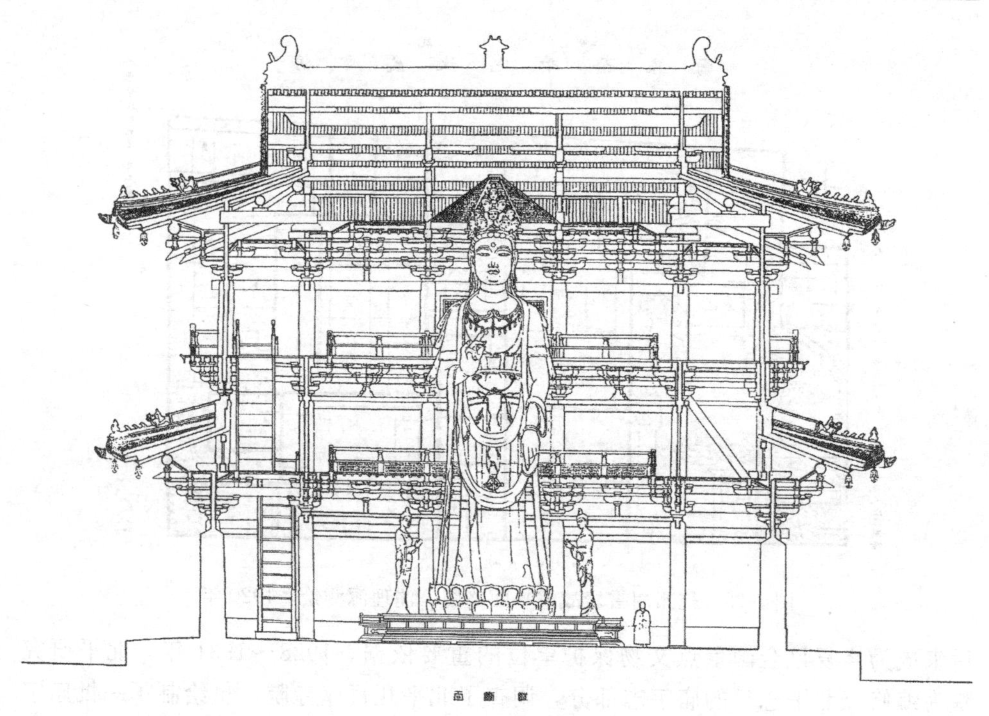

图 1-27 蓟县独乐寺观音阁剖面图，营造学社测绘，1932 年

（采自《中国营造学社汇刊》第三卷第二期）

图 1-28 梁思成（上）和刘敦桢（下）测绘北平正觉寺金刚宝座塔，1936 年

（采自《叩开鲁班的大门》）

图 1-29 营造学社测绘佛光寺大殿，1937 年

（采自《叩开鲁班的大门》）

面。除既有的文献研究外，学社以主要力量投入到中国古代建筑遗构的实地调查和测绘中。至 1937 年抗战爆发前夕，学社已经调查测绘了山西、河北、河南、山东、江苏、浙江诸省的唐、辽、宋、金等时期中国古代木结构建筑数百处，以及北朝以来的砖石塔、各类桥梁和摩崖石窟等。这些第一手研究资料对今天的学术研究仍是不可或缺的（图 1-26～图 1-29）。抗战期间，营造学社转移到西南地区，在十分艰难的条件下仍坚持着古建筑的测绘及研究，并参与了一些重要考古工作。除学术上的累累硕果外，学社还培养了诸多古建筑研究人才，为建国后古建筑测绘的全面开展奠定了基础。

1935 年，北平的旧都文物整理委员会（后改称“北平文物整理委员会”，简称“文整会”）成立，旨在整理、保护和修缮北平的明清建筑遗产。自成立时起，陆续实施了长陵、故宫、天坛、碧云寺、中南海等多处重要古建筑的修缮保护工程，这也是我国最早开展的现代意义上的建筑遗产保护工程（图 1-30）。这些工程通常由杨廷宝主持的基泰工程司承担设计，前期均需进行详细测绘。文整会与营造学社保持着紧密合作，学社为其提供技术咨询，并审核设计图纸。

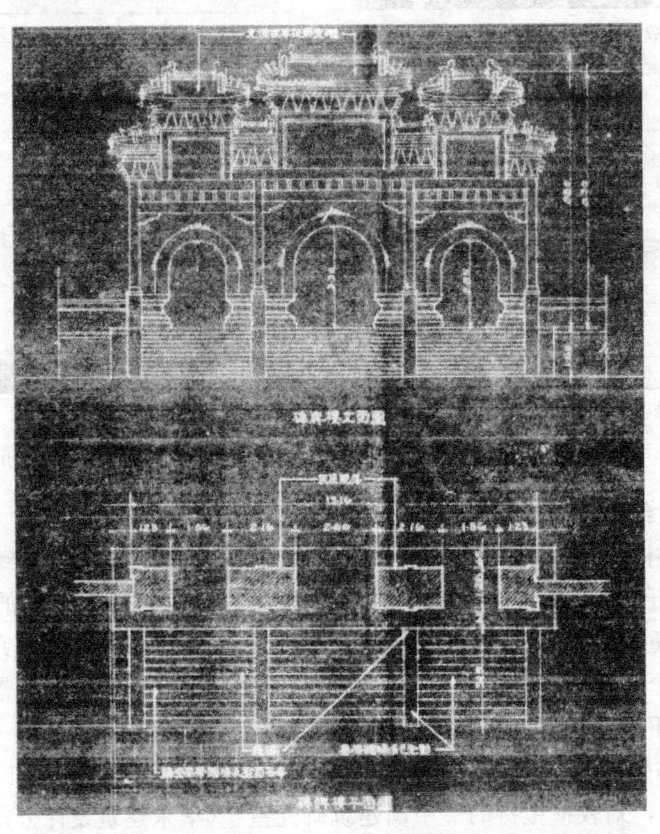

图 1-30　香山碧云寺金刚宝座塔（孙中山先生衣冠塚）修缮设计图，砖牌楼，蓝图，基泰工程司，1935 年（中国文物研究所藏）

1937 年“七七事变”后，北平失陷于日寇铁蹄，但在这段特殊历史时期，对北平古建筑的测绘活动并未中止。朱启钤担心故宫等重要古建筑毁于兵燹，力主及时进行精确测绘，并于 1941 年设法促成了规模浩大的测绘项目。从 1941 年初至1944年末，在基泰工程司建筑师张镈（1911～1999年）的主持下，先后测绘了故宫中轴线以及外围的太庙、社稷坛、天坛、先农坛、鼓楼、钟楼等主要古建筑。因张镈兼任天津工商学院建筑系教授，所以测绘主力多来自天津工商学院建筑系、土木工程系师生，后又有北京大学工学院师生加入。最终绘制大幅图纸680余张，另附大量古建筑照片及测量数据记录手稿（图1-31）。这批在特殊环境中艰难获得的宝贵实测资料，至今仍享誉文物界和建筑界。

故宫三大殿彩色图

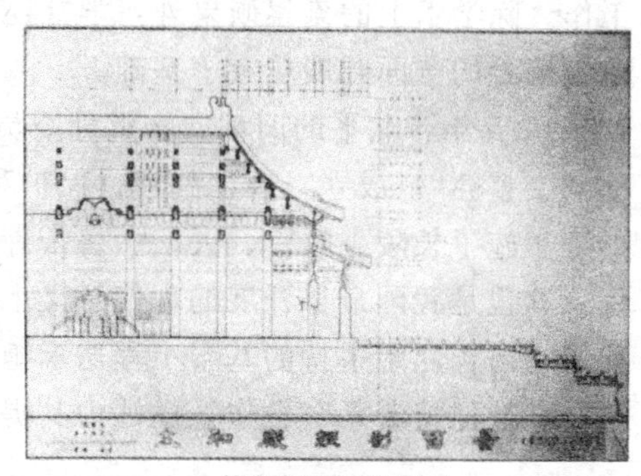
故宫太和殿纵剖面图

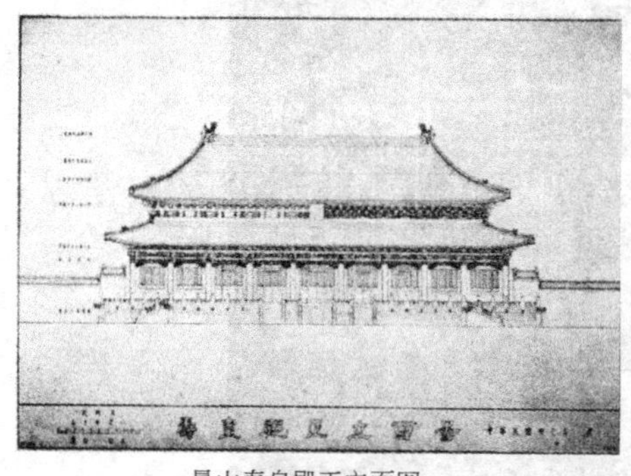
景山寿皇殿正立面图

太庙后殿彩色图

图1-31 1941年初至1944年末，基泰工程司对北京重要古建筑进行的测绘

2. 20世纪50～60年代

1949年中华人民共和国成立，社会制度的巨大变革深刻影响到社会发展的各个方面，开启了一个崭新时代。50年代以来，涉及古建筑测绘的教学和研究机构各有侧重，主要可分为建筑科学研究机构、文物保护及考古研究机构以及高等院校等几个方面。各类机构中的学术带头人多少都有营造学社背景或渊源，可以说当初播下的火种此时在全国渐成燎原之势。

随着新中国第一批建筑科研机构的成立，建筑历史专业学术机构相继出现。自1953年起，刘敦桢主持的“中国建筑研究室”（华东建筑设计公司与南京工学院合办）以古典园林及传统民居为重点，结合高校教学进行调查测绘和专题研究。梁思成主持的“建筑历史与理论研究室”（中国科学院土木建筑研究所与清华大学建筑系合办）则在1957年组织测绘了北京部分近代建筑实例，同时也对部分地区的古建筑及传统民居进行了测绘调查。1958年，两单位并入建工部建筑科学研究院，继续开展工作，并延续至今（现中国建筑设计研究院建筑历史与理论研究所)。值得注意的是，限于人员数量，这些机构的测绘工作多是紧密结合高校的教学完成的。

1952年高校“院系调整”后，清华大学、南京工学院（今东南大学）、天津大学、同济大学、重庆建筑工程学院（今重庆大学建筑城规学院）、华南工学院（今华南理工大学）等设有建筑系的院校，均开设中国建筑史课程，并按学院派建筑教育传统组织古建筑测绘实习，依其所处的地理位置和研究条件而各有侧重。

自此，融教学、科研和社会实践为一体的高校古建筑测绘活动蓬勃发展，除“文革”期间中断外，一直延续至今。50多年来，不仅夯实了建筑教育的基础，取得了丰硕的科研成果，还在建筑遗产记录测绘方面形成了一支实力雄厚的力量。高校的古建筑测绘内容丰富，表达形式包括铅笔、钢笔墨线、水墨渲染、水彩渲染、国画、计算机制图和模型制作等多种媒介手段，测绘对象涵盖宫殿园林、伽兰石窟、坛庙祠堂、浮屠经幢、村落民居、石梁道藏、高楼洋房等各类建筑遗产，足迹遍及全国各省、市、自治区，甚至还远涉重洋，踏足海外。

我国各级文物行政主管部门及其下属的管理机构，设有专门的设计研究单位承担文物保护单位的测绘、研究和保护工程设计工作。建国伊始，在专业人才极端缺乏的情况下，文化部社会文化事业管理局责成北京文物整理委员会于1952年10月举办了第一期全国古建筑培训班，并特邀梁思成进行专题讲座。其后1954年、1964年、1980年又举办了三期，受训学员参加实际工作，构成中国文物及古建筑保护研究、设计的骨干力量。当时的培训除一般理论课程外，特别增加了古建筑测绘实习。尤其是第三期正值第一批全国重点文物保护单位公布之后，为适应建立文物科学记录档案的需要，索性将培训班定名为测绘训练班。

50～60年代，大量的实测和调查积累了丰富的第一手资料，成为中国建筑史学研究的雄厚基础，测绘成果也每每见诸重要学术成果之中，如《中国古代建筑简史》、《中国近代建筑简史》、《中国古代建筑史》、《中国古代建筑技术史》、《苏州古典园林》、《应县木塔》、《承德古建筑》等。同时，这些实测资料为相应文物保护工作也提供了基本条件。

四、当代建筑遗产测绘记录的发展动态

18世纪中叶起，文化遗产的修复与保护工作在经历了自身的完善和科学化，经历了与建设性破坏的种种矛盾冲突后，其基本概念、理论和原则终于在第二次世界大战后逐渐形成国际共识，其标志就是1964年第二届历史古迹建筑师及技师国际会议通过的《威尼斯宪章》。《宪章》第16条明确规定，对古迹进行保护、修复和发掘之前及过程中，都应有翔实记录。大会同时发起成立了国际古迹遗址理事会（ICOMOS)。理事会下设若干专业的国际科学委员会（international scientific committees)，其中建筑摄影测量国际委员会（CIPA)，为1968年国际古迹遗址理事会与国际摄影测量与遥感学会（ISPRS）联合创建，致力于将测量相关学科的方法和技术移植应用于文化遗产的测绘和档案记录，发展至今，已经涵盖了所有技术和方法，名称也改为“CIPA Heritage Documentation”，即对遗产

进行测绘和建立记录档案的科学委员会。该委员会每两年召开一次学术研讨会，并通过常设的工作组（Work Group）和短期的任务小组（Task Group）组织相关的遗产测绘、技术攻关、交流研讨和培训等活动。

美国政府继美国历史建筑测绘（HABS）后又分别于1969年和2000年启动了类似的“美国历史工程记录”（Historic American Engineering Record，简称HAER）和“美国历史景观测绘”（Historic American Landscape Survey，简称HALS），使遗产记录建档工作更加全面完整。值得注意的是，1950年，HABS发起了“夏季行动”，征召建筑、土木和历史等相关专业的在校大学生与研究生组成夏季团队，在专业人员的指导下开展历史建筑遗产的测绘和记录工作，积累了大量的记录档案。这一传统一直延续至今。

1996年10月，在保加利亚索菲亚第11届国际古迹遗址理事会大会上通过了《记录古迹、建筑组群和遗址的准则》（*Principles for the Recording of Monuments, Groups of Buildings and Sites*），对古迹遗址记录的定义、意义、责任、策划、内容、管理、发布和共享等进行了原则规定，成为各会员国家和地区共同遵守的原则（参见附录一）。

我国于1961年颁布的《文物保护管理暂行条例》也规定，“对于已经公布的文物保护单位，应当……建立科学的记录档案”。从此，文物建档在我国成为法定要求，并与划定保护范围、作出标志说明、设置管理机构，合称“四有”工作。这些相关要求在2002年新修订的《文物保护法》及《中国文物古迹保护准则》等相关法律及行业规范中均有所体现，并得到加强。

在测绘技术方面，20世纪后半叶随着空间技术、计算机技术、信息技术以及通信技术的发展，测绘学从理论到手段都发生了根本性的变化。新的测绘技术层出不穷，如合称为“3S”技术的全球定位系统（GPS）、遥感（RS）和地理信息系统（GIS），以及数字摄影测量、三维激光扫描和CAD技术等。测绘工作和测绘行业正向着信息采集、数据处理和成果应用的自动化、数字化、网络化、实时化和可视化方向发展。在我国，这些技术已经或者正在逐步运用到建筑遗产的测绘记录工作中，相信不久的将来，必将改变古建筑测绘中以手工操作为主的落后局面。

第二章　基本测量知识及其应用

如前文所述，古建筑测绘是测绘学在建筑遗产记录中的直接应用，因此，在进一步学习古建筑测绘知识之前，需要先掌握最基本的测量知识。

第一节　地面点位的确定

一、地球的形状和大小

测量的基本工作是确定地面点的空间位置，实质是确定点在空间坐标系中的三维坐标。由于测量工作是在地球表面上进行的，所以需要先从地球的形状和大小谈起。地球表面极不规则，高低起伏较大。但这些相对于地球的半径来讲变化很小，忽略这些对地球的形状和大小的影响，可认为地球是一个南北极稍扁，赤道稍长，平均半径约为 6371km 的椭球。

地球表面 2/3 为海水面，假想某个时刻静止的海水面向内陆延伸穿过陆地，包围整个地球，形成一个封闭的曲面，这个封闭曲面称为**水准面**。水准面与铅垂线处处垂直相交。测量学上将经过长期观测得到的平均水准面称为**大地水准面**（图 2-1*a*）。由于地球内部质量分布不均匀，引起铅垂线不规则变化，所以大地水准面是一个极不规则的复杂曲面。为此，测量学上选用一个和大地水准面吻合较好、同时能够用一个简单的数学式表达的理想曲面来表示地球的形状和大小（图 2-1*b*、*c*），作为测量工作的基准面。这一理想曲面是由一椭圆绕其长轴旋转得到的椭球面，称为**参考椭球面**。参考椭球面包围的部分称为**大地体**。

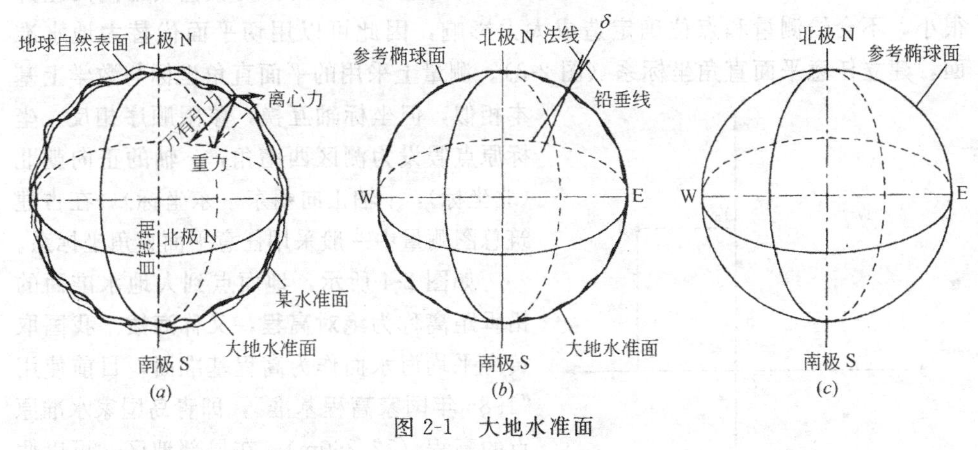

图 2-1　大地水准面

二、点位的确定和测量坐标系

确定空间点的位置，通常转化为：(1) 确定空间点在参考椭球面上的投影位置，即坐标；（2）确定空间点到大地水准面的铅垂距离，即高程。因此，实际应用中，我们通常将点放到一个二维坐标系和一个高程系中来分别确定点位的平面坐标和高程，进而研究其状态和变化规律。

根据不同的用途，点的平面位置可采用地理坐标、高斯平面直角坐标和任意直角坐标来表示。古建筑测绘中通常使用高斯平面直角坐标和任意直角坐标来表示点的位置。

测量计算需要在平面上进行，但地球是一个不可展的曲面，必须首先通过地图投影的方法将地球表面上的点投影到平面上。我国采用的是高斯投影：事先将地球表面进行分带，设想用一个空心椭圆柱横套在参考椭球外面，使椭圆柱与投影带的中央子午线相切，圆柱体的母线和地球赤道线相切。将椭球面上投影带内的点位按等角投影的原理投影到圆柱体面上，然后将圆柱体沿着过南北极的母线切开，展开成为平面，将中央子午线的投影作为高斯平面直角坐标系的 x 轴，将赤道线的投影作为高斯平面直角坐标系的 y 轴，这样定义的坐标系称为高斯平面直角坐标系（图 2-2）。

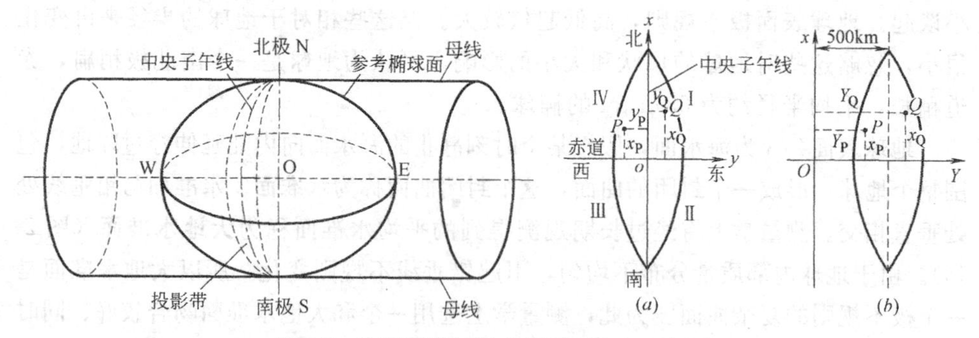

图 2-2　高斯投影法及高斯平面直角坐标系

在高斯投影中，地球表面上距离中央子午线不同的点投影后存在着不同大小的变形，在半径为 10km 的范围内进行距离测量时，弧线长度和直线距离的差异很小，不会给测量和点位确定造成太大影响，因此可以用切平面代替大地水准面，建立任意平面直角坐标系（图 2-3）。测量上采用的平面直角坐标与数学上基本相似，但坐标轴互换，象限顺序相反，坐标原点假设为测区西南角，x 轴的正向朝北（北坐标），y 轴正向朝东（东坐标）。在古建筑总图测量中一般采用任意平面直角坐标系。

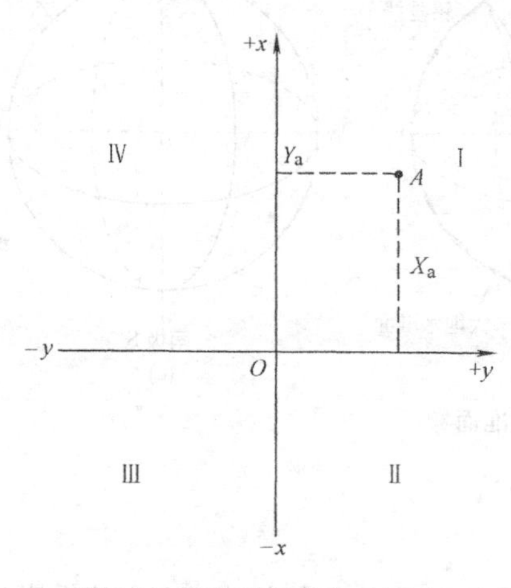

图 2-3　任意平面直角坐标系

如图 2-4 所示，地面点到大地水准面的铅垂距离称为**绝对高程**，又称**海拔**。我国取黄海平均海水面作为高程基准面，目前使用“1985 年国家高程基准”，即青岛国家水准原点的高程（72.260m）。在局部地区，可以假设一个高程基准面作为高程的起算面，地面点到假设高程基准面的铅垂距离称为**假定高程**或**相对高程**。两点高程之差称为**高差**。

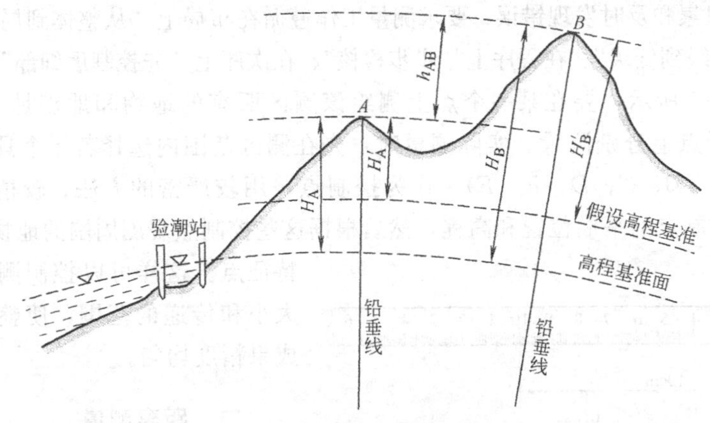

图 2-4　绝对高程和相对高程

A、B 两点的绝对高程分别为 H_A、H_B；

相对高程分别为 H'_A、H'_B；h_{AB}为两点高差

第二节　测量的基本原则和基本工作

测量的基本工作就是在不同情况下根据需要进行距离、高程和角度的测量，分别称为**距离测量**、**高程测量**和**角度测量**。在组织和实施这些工作时，必须遵循相应的基本原则。每项测量工作又包括**外业**部分和**内业**部分，外业工作的主要任务是数据采集，内业工作的主要任务则是数据处理。

一、测量工作的基本原则

不论采用何种手段、使用何种仪器，测量值与实际值都存在差异。为了防止

图 2-5　控制测量示意图

测量误差积累和及时发现错误，要求测量工作遵循在布局上“从整体到局部”、在精度上“由高级到低级”、在程序上“步步检核”、在次序上“先控制后细部”的原则。

如图 2-5 所示，要在某一个点上测绘该测区所有的地物和地貌是不可能的，需要在若干点上分别测量。实际测量时，先在测区范围内选择若干个具有控制意义的点（*A*、*B*、*C*、*D*、*E*、*F*），作为控制点，用较严密的方法、较精密的仪器测定这些控制点的平面位置和高程，然后根据这些控制点观测周围的地物和地貌的特征点。这样可以控制测量误差的大小和传递的范围，使整个测区的成果精度均匀。

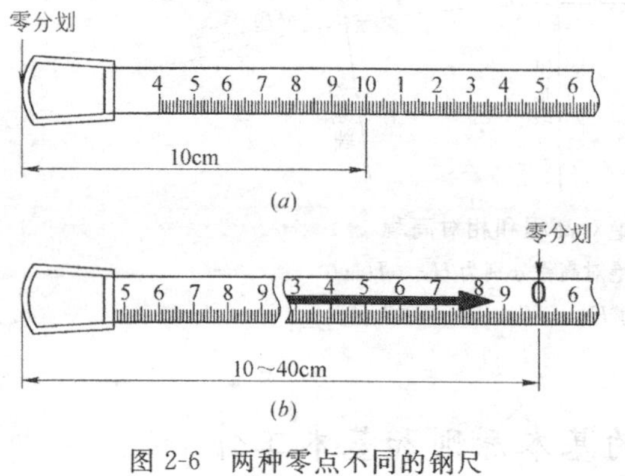

图 2-6　两种零点不同的钢尺

(*a*) 端点尺；(*b*) 刻线尺

二、距离测量

距离测量（确定两点间的距离）方法有钢尺量距、视距测量、电磁波测距和 GPS 测量等。

1. 钢尺量距

钢尺量距是用钢卷尺沿地面直接丈量距离。若距离超出钢卷尺的总长度，则先进行直线定线（在直线上确定直线的分段点），然后进行分段测量求和（图 2-6、图 2-7）。

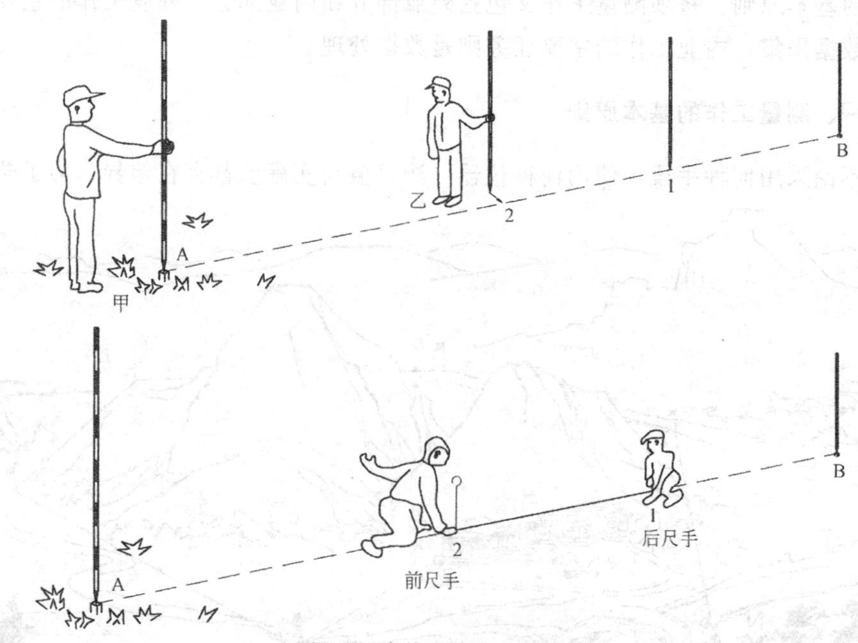

图 2-7　直线定线和分段测量

钢尺量距时，应事先对钢尺进行比长，找出钢尺名义长度和实际长度的关系，必要时对距离测量值进行尺长改正。

当地面坡度较小时，采用平量法，逐段抬平钢尺量后求和。如果精度要求不高，抬平钢尺时水平状态可以目估。若地面坡度较大，可采用斜量法，沿倾斜地面测量后进行高差改算（图 2-8）。

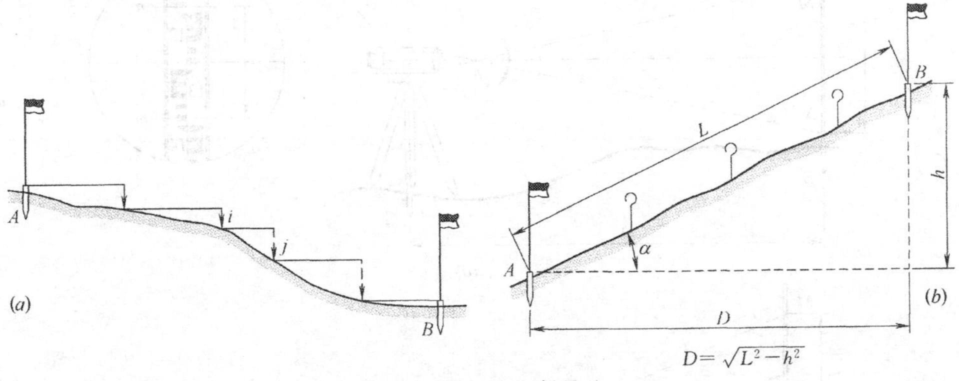

图 2-8　平量法和斜量法

（a）平量法；（b）斜量法

2. 电磁波测距

电磁波测距（简称 EDM）是用电磁波（光波或微波）作为载波传输测距信号，以测量两点间距离的一种方法。电磁波测距仪按其所采用的载波可分为微波测距仪、激光测距仪、红外测距仪。后两者又统称为光电测距仪。用光电测距仪发射并接收通过目标点反射棱镜反射回来的电磁波，通过测量电磁波在待测距离上往返传播的时间和相位差计算出两点间的距离（图 2-9）。

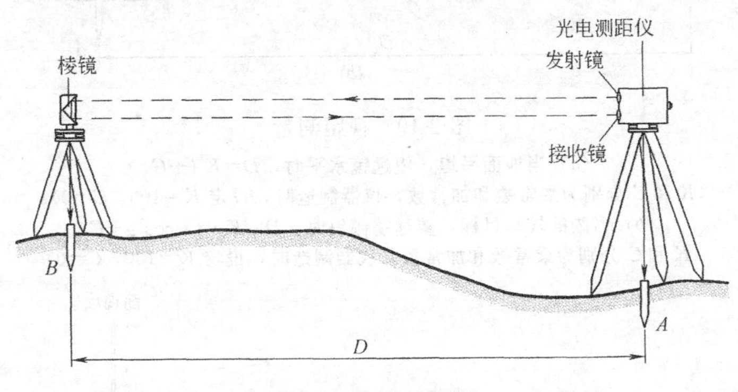

图 2-9　电磁波测距

3. 视距测量法

利用经纬仪或水准仪望远镜中的视距丝及视距尺（水准尺）按几何光学原理进行测距（图 2-10）。

4. GPS 基线测量

利用两台 GPS 接收机接收空间轨道上至少 4 颗卫星发射的精密测距信号，通过距离空间交会的方法解算出两台 GPS 接收机之间的距离（见相关资料）。

三、高程测量

高程测量是通过测量已知点和待定点间的高差测得待定点的高程。根据所用的仪器和方法不同，常用的有水准测量和三角高程测量等。

1. 水准测量

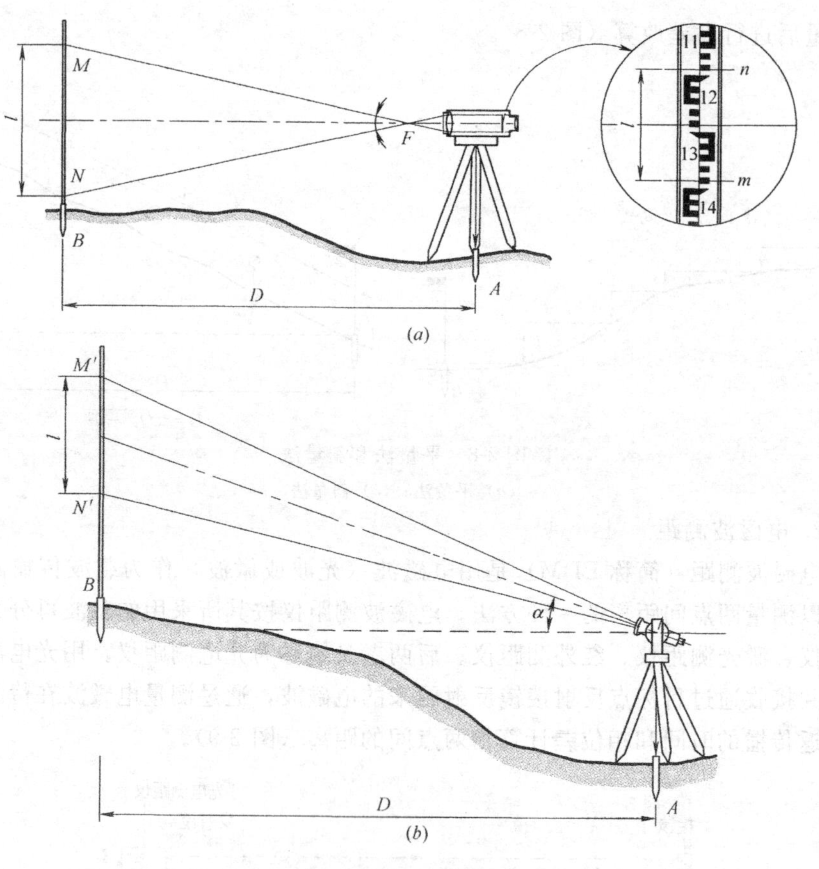

图 2-10 视距测量

(*a*) 当地面平坦，望远镜水平时，$D=Kl+C$

(K 和 C 分别为乘常数和加常数，仪器制造时，设定 $K=100$，$C=0$)；

(*b*) 当瞄准较高目标，望远镜倾斜时，$D=K\cdot l\cdot \cos^2\alpha+C$

(K 和 C 分别为乘常数和加常数，仪器制造时，设定 $K=100$，$C=0$)

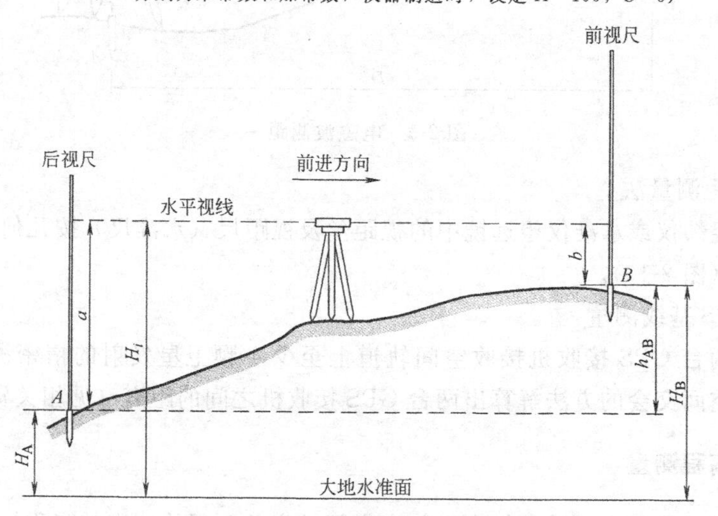

图 2-11 水准仪的测量原理

点 A、B 的高差 $h_{AB}=a-b$，点 B 的高程

$H_B=H_A+h_{AB}=H_A+a-b$，视线高程 $H_i=H_A+a=H_B+b$

水准测量是利用水准仪提供的水平视线，读取竖立于两个点上的水准尺上的读数，来测定两点间的高差，再根据已知点高程计算待定点高程（图 2-11）。图中大地水准面可以是假定水准面。

2. 三角高程测量

在地面高低起伏较大或不便于水准测量的地区，可采用三角高程测量法。根据由测站向照准点所观测的竖直角和两点间水平距离，计算测站点与照准点之间的高差（图 2-12）。此法简便灵活，受地形条件的限制较少。

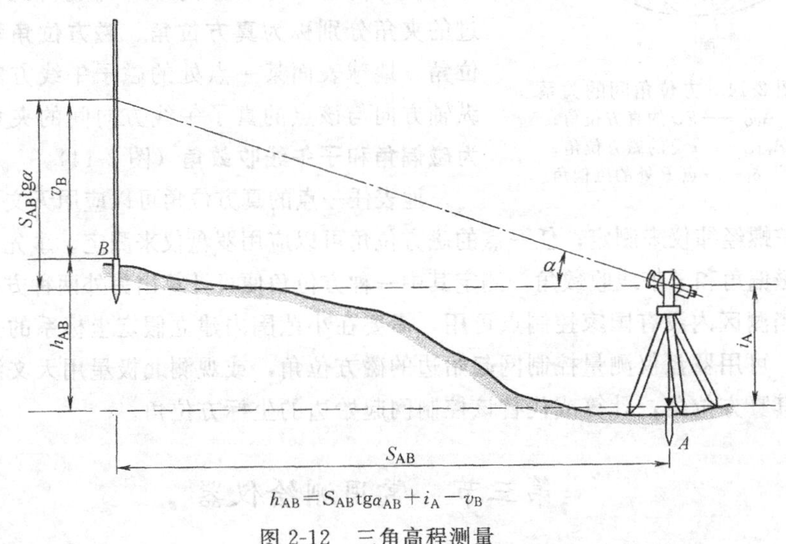

图 2-12 三角高程测量

四、角度测量

角度测量是测量地面点连线在水平面上的夹角及视线方向与水平面的竖直夹角，分别称为**水平角**和**竖直角**（图 2-13）。角度测量所使用的仪器是经纬仪或全站仪。水平角用于求算点的平面位置，竖直角用于测定高差或将倾斜距离换算为水平距离。水平角范围为 0°～360°；竖直角为－90°～90°，其中仰角为正，俯角为负。

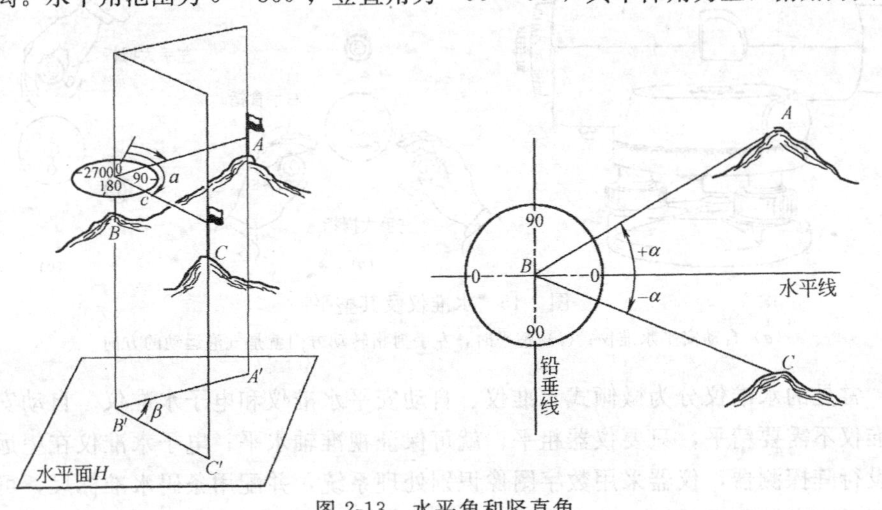

图 2-13 水平角和竖直角

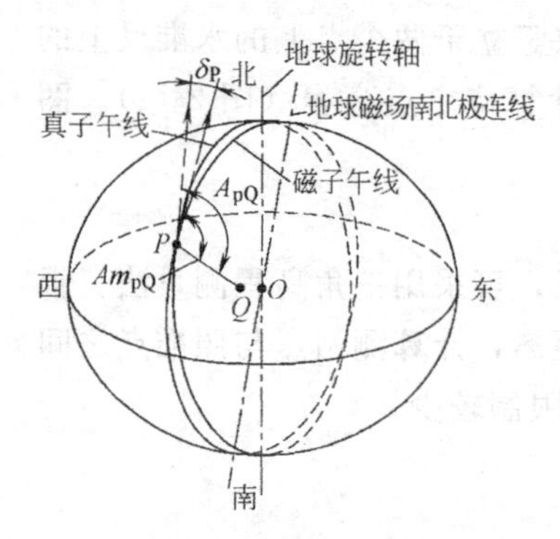

图 2-14 方位角间的关系
A_{PQ}——PQ 的真方位角；
A_{mPQ}——PQ 的磁方位角；
δ_P——点 P 处的磁偏角

五、定向

确定地面上一条直线与标准方向间的水平夹角称为**直线定向**。由此可以知道一条直线或地物、地貌相对于地球的关系。直线定向通常所用的标准方向有**真子午线方向**、**磁子午线方向**和**坐标纵轴方向**。由标准方向顺时针旋转到直线所经过的夹角分别称为**真方位角**、**磁方位角**和**坐标方位角**。地球表面某一点处的磁子午线方向和坐标纵轴方向与该点的真子午线方向间的夹角分别称为**磁偏角**和**子午线收敛角**（图 2-14）。

地表任一点的真方位角可以应用天文测量方法或者陀螺经纬仪来测定；任一点的磁方位角可以应用罗盘仪来测定。事先知道某一点的磁偏角和子午线收敛角，测定其中一种方位角便可计算出另外两种方位角。

当测区内没有国家控制点可用，需要在小范围内建立假定坐标系的平面控制网时，可用罗盘仪测量控制网起始边的磁方位角，或观测北极星用天文测量方法测量其真方位角，计算或代替该控制网起始边的坐标方位角。

第三节 常用测绘仪器

一、水准仪

水准仪是用来进行水准测量的仪器，辅助工具有水准尺、三角架和尺垫等。仪器安置时，须通过整平，保证望远镜的视准轴水平（图 2-15），然后瞄准前后两个水准尺，读前后视读数（图 2-16），计算高差和高程。

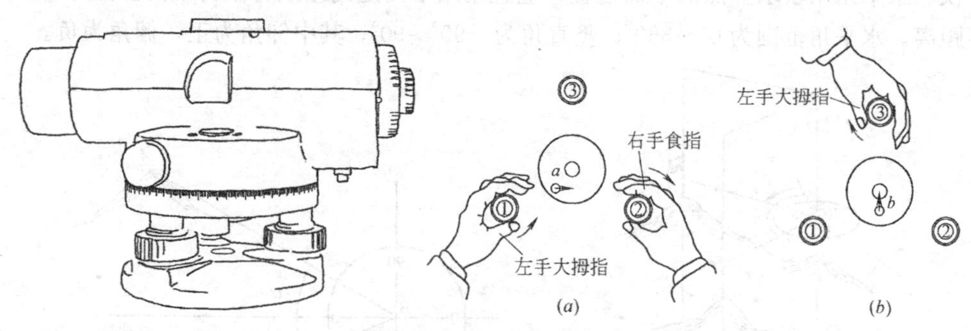

图 2-15 水准仪及其整平
（*a*）自动安平水准仪；（*b*）整平时，左手拇指转动方向就是气泡运动的方向

常见的水准仪分为微倾式水准仪、自动安平水准仪和电子水准仪。自动安平水准仪不需要精平，只要仪器粗平，就可保证视准轴水平；电子水准仪在望远镜中设行阵探测器，仪器采用数字图像识别处理系统，并配用条码水准标尺，可自动记录、存储测量数据，实现水准测量内外业的一体化。

二、经纬仪

经纬仪主要用于测量水平角和竖直角，分为游标经纬仪、光学经纬仪和电子经纬仪。角度测量前，除必须整平外，还需要对中，也就是使测站点标志和仪器的竖轴在同一铅垂线上（图 2-17）。

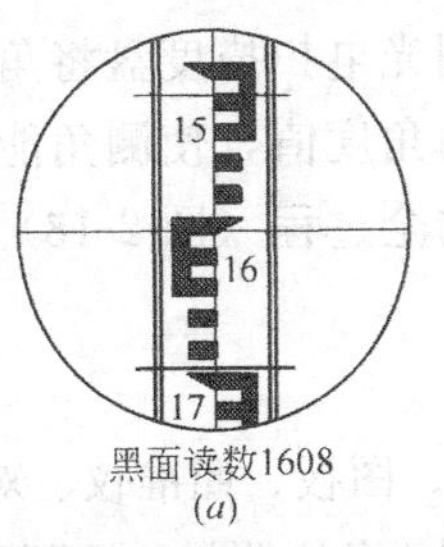

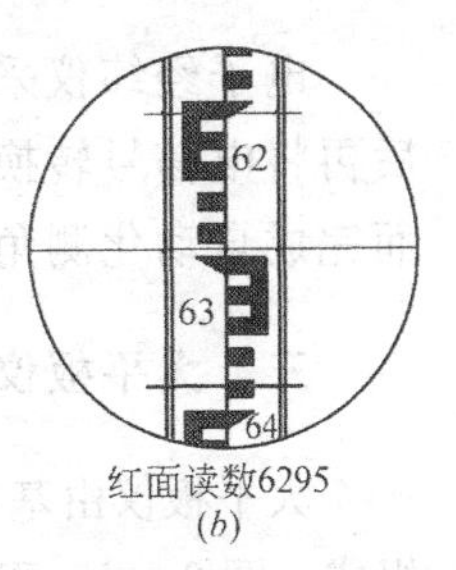

图 2-16 水准仪读数

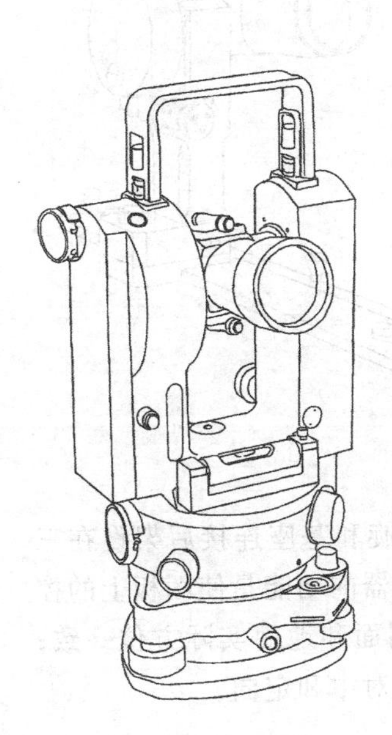

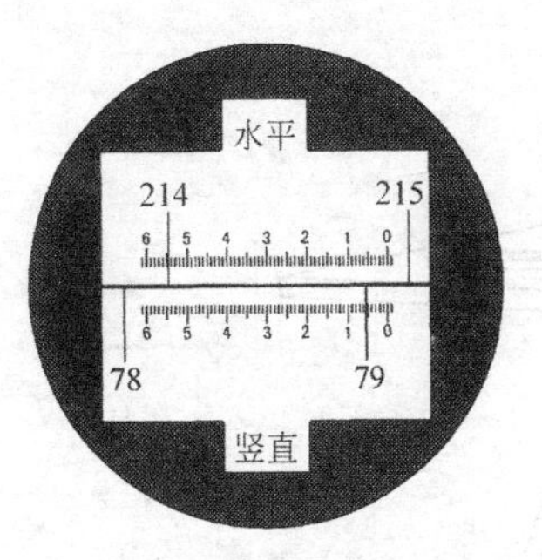

图 2-17 光学经纬仪

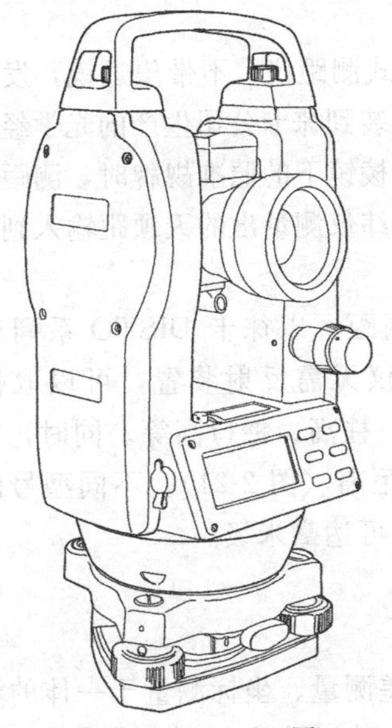

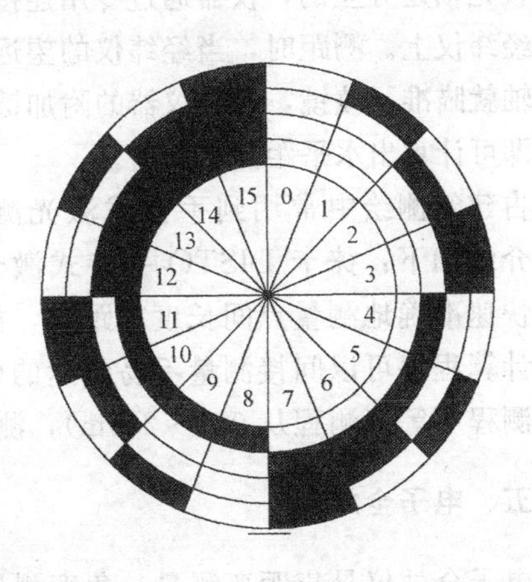

图 2-18 电子经纬仪及光栅度盘

电子经纬仪采用光电扫描度盘将角度值变为电信号，利用电子技术测角，最后再将电信号转换为角度值，使测角能自动显示、自动记录和自动传输数据，从而完成自动化测角的全过程（图 2-18）。

三、大平板仪

大平板仪由基座、图板、照准仪、对点器、圆水准器、定向罗盘和复式比例尺组成（图 2-19），可用于角度测量、视距测量，在精度要求不高的情况下，配合其他仪器进行导线测量。

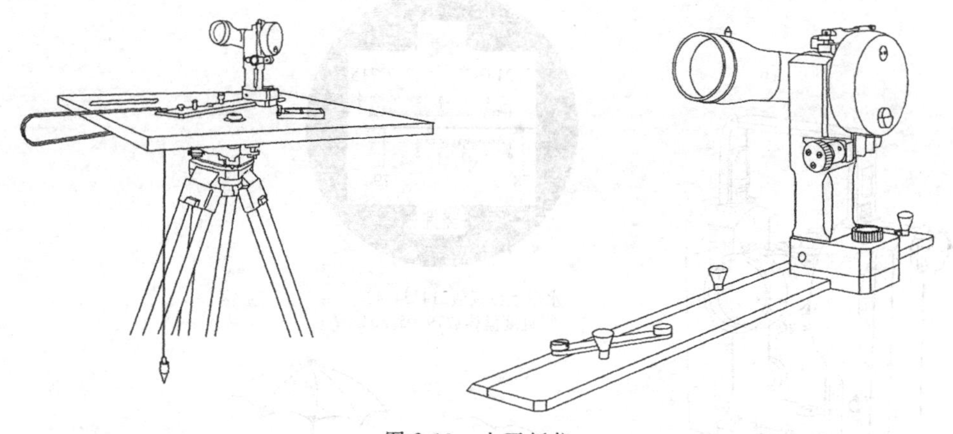

图 2-19　大平板仪

图板一般为边长 60cm 的正方形木板，利用三个螺旋和基座连接后架设在三角架上；圆水准器放置在图板上，用来整平图板；对点器的功能是使图板上的控制点和地面对应点重合；通过定向罗盘旋转图板，使图面和地面实际方位一致；照准仪用来照准被测目标。大平板仪的安置包括整平、对中和定向。

四、电磁波测距仪

图 2-20 是徕卡公司生产的 DI1000 红外相位式测距仪，不带望远镜，发射光轴和接收光轴是分立的，仪器通过专用连接装置安装到徕卡公司生产的光学经纬仪或电子经纬仪上。测距时，当经纬仪的望远镜瞄准棱镜下的照准觇牌时，测距仪的发射光轴就瞄准了棱镜，使用仪器的附加键盘将经纬仪测量出的天顶距输入到测距仪中，即可计算出水平距离和高差。

古建筑测绘中常用到手持式激光测距仪测距。以徕卡 DISTO 系列产品为例，介绍如下：徕卡 DISTO 手持式激光测距仪无需反射装置，可以取代小钢尺，快速准确地测量点间长度或距离，如柱距、柱高、檐口高等。同时，利用内置的计算程序可以间接测量不易到达的两点间距离（图 2-21）。不同型号的测距仪其测程不等（测程从 0.2～200m），测距精度可达毫米级。

五、电子全站仪

电子全站仪是集距离测量、角度测量、高差测量、坐标测量于一体的测量设备（图 2-22）。全站仪的基本功能是测量水平角、竖直角和斜距，借助于机内固化

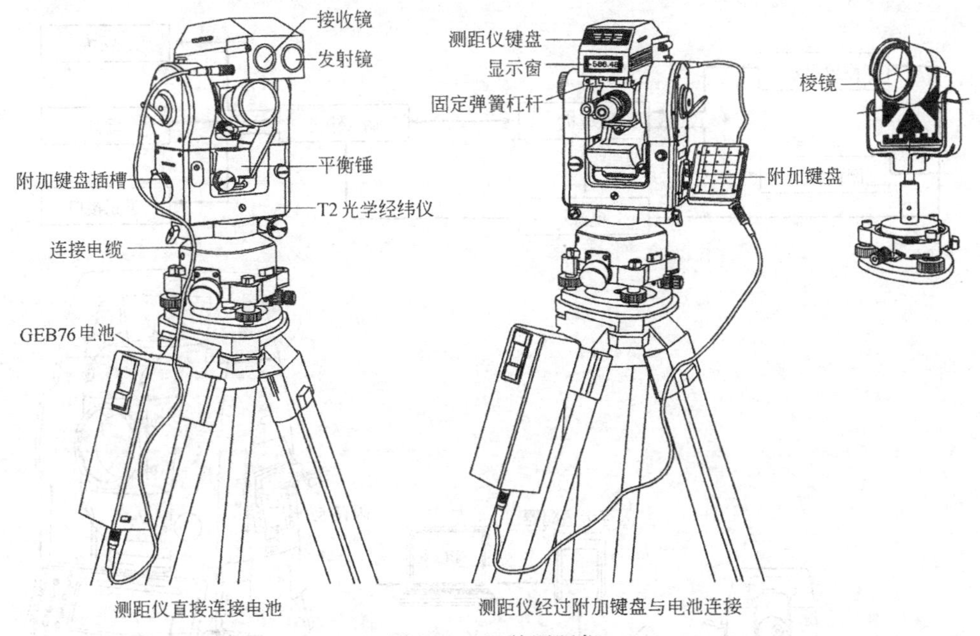

图 2-20 红外测距仪

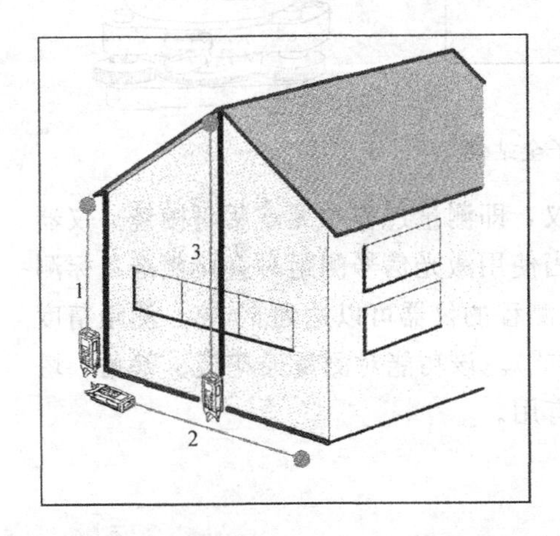

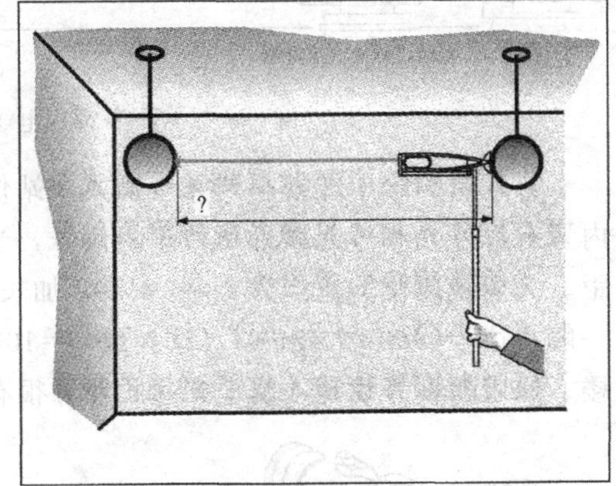

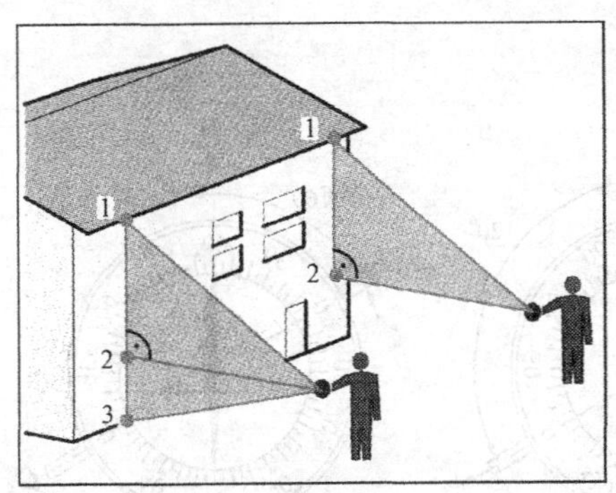

图 2-21 手持式激光测距仪

的软件，可以组成多种测量功能，如可以计算并显示平距、高差以及镜站点的三维坐标，进行偏心测量、悬高测量、对边测量、面积计算等。

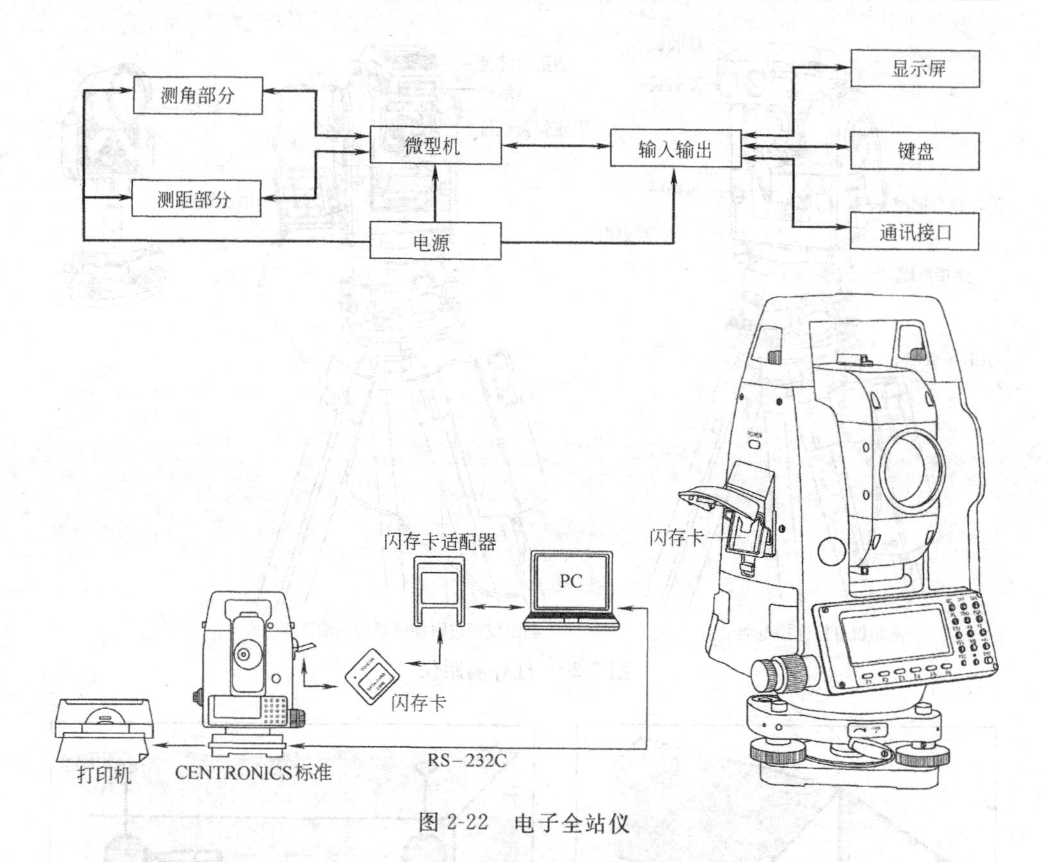

图 2-22 电子全站仪

古建筑测绘中经常用到无接触式全站仪，即测量过程中无需反射棱镜。仪器内置有红外光和可见激光两种测距信号，当使用激光信号测距时直接照准目标测距。无棱镜测距的范围为1.5～80m，加长测程的仪器可以达到600m，测距精度一般可达±(3mm＋2ppm)（注：ppm＝10^{-6}）。该功能对测量天花板、壁角、塔楼、隧道断面等棱镜不便于到达的地方很有用。

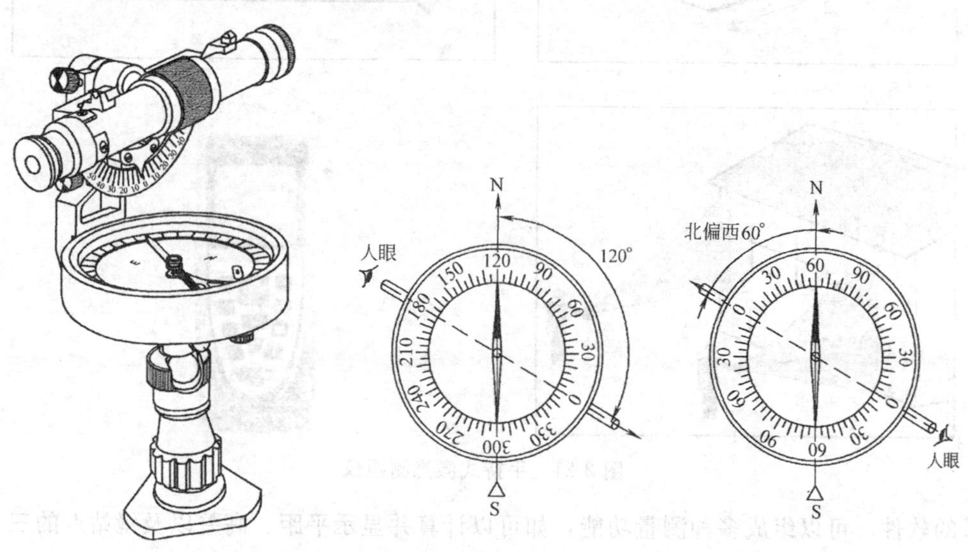

图 2-23 罗盘仪

六、罗盘仪

罗盘仪是测定直线磁方位角的仪器，构造简单，使用方便，但精度不高，外界环境对仪器的影响较大，如钢铁建筑和高压电线都会影响其精度。罗盘仪的主要部件有磁针、刻度盘、望远镜和基座。测直线磁方位角时，仪器对中测站点，用罗盘仪上的望远镜瞄准直线另一端点，水平刻度盘上磁针所指的读数即为该直线的磁方位角（图 2-23）。

第四节 点 位 测 定

一、平面位置的测定

古建筑测绘更多的是在局部范围内测定一个点的相对位置，即相对坐标。测量前必须选两点作为假定已知点（如图 2-24 中的点 A、点 B）。

1. 直角坐标法

如图 2-24，如果能确定两条水平的正交直线 AB、AC，则分别测量待测点 P 到直线 AB、AC 的垂直距离，就可确定其相对的平面位置。这一方法相当于通过测量待测点到两条直角坐标轴的距离来直接得到点的坐标。例如，在古建筑测绘中，矩形台基的相邻两边经常可作为两条正交直线使用，不过一定要注意检验两者是否真正垂直。

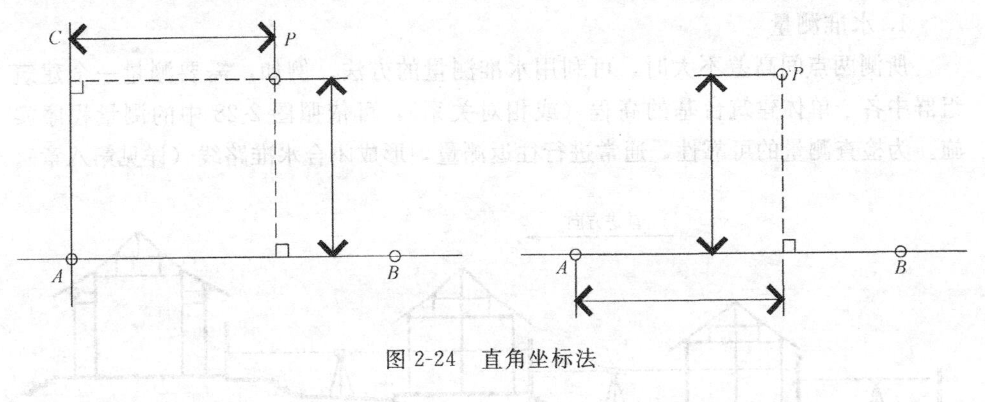

图 2-24 直角坐标法

2. 距离交会法

如图 2-25，分别测量已知点 A、B 间的距离以及待测点 P 到点 A、点 B 的距离，由平面几何知识可知，点 P 位置就可惟一确定。古建筑测绘中，若无正交直线作为参照时，这一方法极为常用。

3. 角度距离交会法（极坐标法）

如图 2-26，测量待测点 P 与点 A 的距离，以及直线 AP 与 AB 的夹角 α，也可以确定点 P 的平面位置。这一方法相当于测量待测点的极坐标值。

4. 角度交会法

如图 2-27，在待测点 P 与已知点 A、B 间无法直接或不便于测量距离的条件

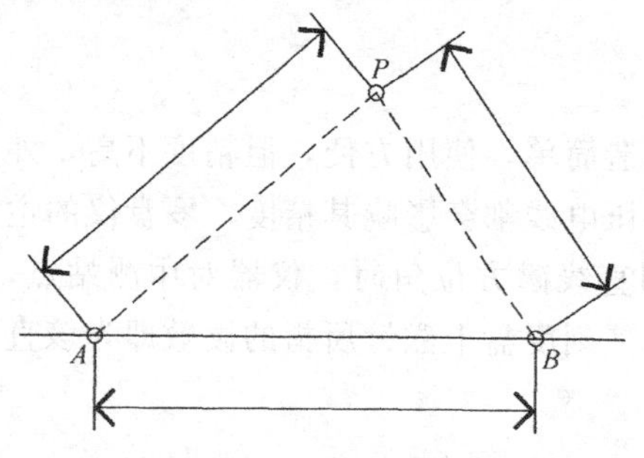

图 2-25 距离交会法

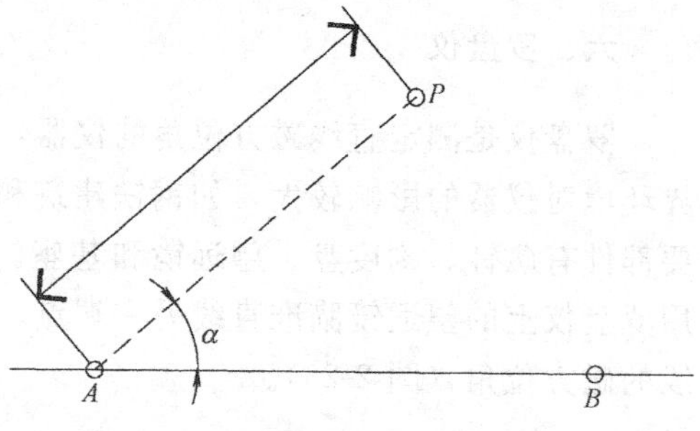

图 2-26 角度距离交会（极坐标）法

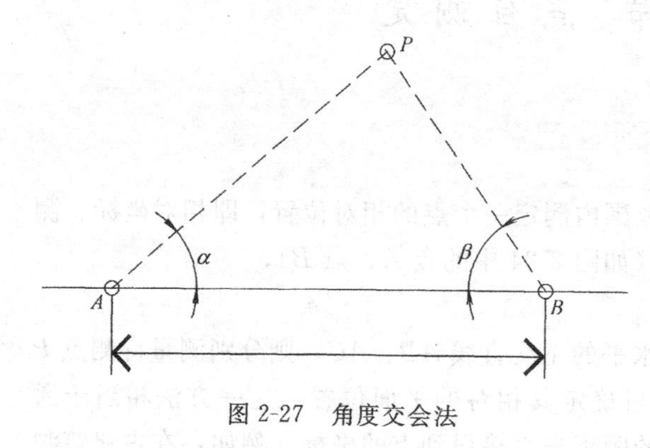

图 2-27 角度交会法

下，可通过间接方法得到点 P 的坐标。分别测量点 A、B 间距离以及相应的水平角 α 和 β，利用三角函数来解算点 P 的位置。角度交会法还适用于高程的间接测量。

5. 全站仪坐标法

使用全站仪的坐标测量功能可以快速获得待测点的三维坐标。

二、高程的测定

1. 水准测量

所测两点间高差不大时，可利用水准测量的方法。例如，需要测量一个建筑组群中各个单体建筑台基的高程（或相对关系），可依照图 2-28 中的测量程序实施。为检查测量的可靠性，通常进行往返测量，形成闭合水准路线（详见第八章）。

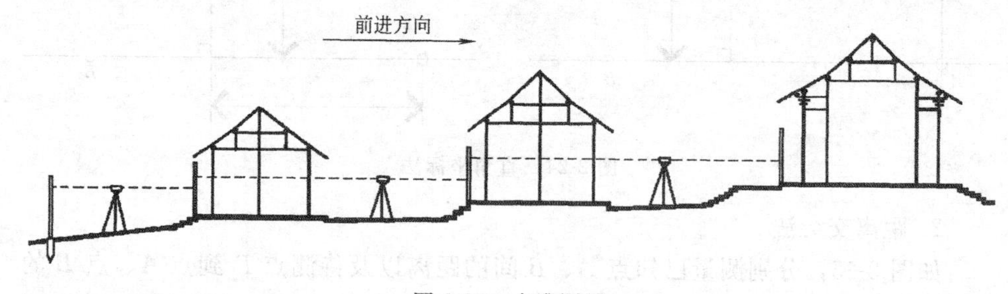

图 2-28 水准测量

当需要测定的两点间高差较大时，可用垂吊的钢尺代替水准尺来测量（图 2-29）。

2. 高程测量的简易方法

(1) 直接测量竖向距离

在一般建筑的尺度范围内，若两点或一系列点均位于同一条铅垂线上，则测量其高差的最简便方法是用钢尺、皮尺或手持式激光测距仪直接测量它们之间的距离（图 2-30）。

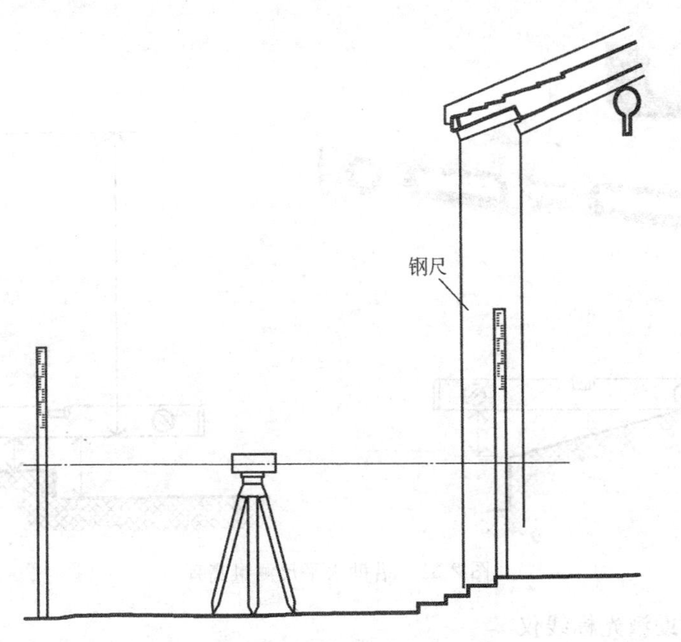

图 2-29　用垂吊钢尺法进行水准测量

用钢尺、皮尺测量竖向距离时，应保证尺带基本竖直。具体方法如下：

A. 尽量沿着基本竖直的构件或部位进行测量，如墙面、柱子、门窗抱框等。

B. 若远离上述部位，则可通过目估技巧实现。尺头固定在高处待测点，在地面上用手拉紧尺带，大致在两个互相垂直的方向上，比照远处竖直标志物（如柱子、墙体、门窗上的竖直轮廓或线脚）观察，适当调整尺带的“终点”位置，直至拉紧的尺带与远处竖直标志物大致平行即可。另外，因点到平面的竖向距离最短，也可在调整终点位置过程中，通过最小的读数大致确定其竖直状态。

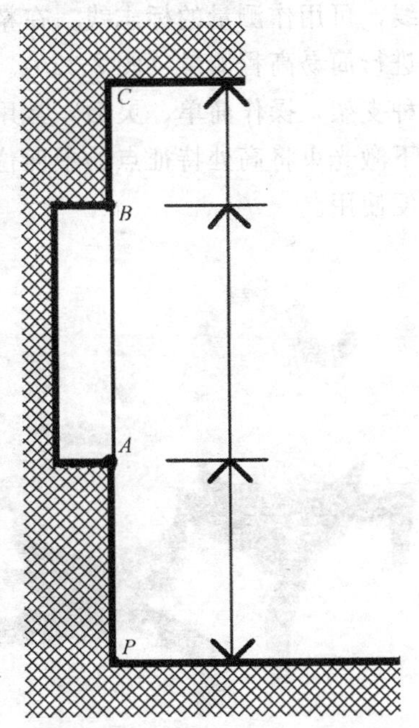

图 2-30　直接测量竖向距离

从地面点 P 拉钢尺至顶棚上的点 C（或者从 C 到 P），分别读出各点刻度，即可得到各点与点 P 的高差

但是，在建筑不同部位测得的数据，起算点不同，必须找出这些起算点的关系，使之统一到同一个高程起算面上。可先在地面点上作临时标志，然后用水准仪测出这些标志点的高差，再对原测量值进行修正即可。

（2）借助水平尺

很多情况下，一组待测点并不在同一铅垂线上，但若其平面位置偏差不大，可借助水平尺进行竖向距离的测量（图 2-31）。水平尺是一种带有水准器的直尺。利用水准器，可使尺身达到水平、竖直或倾斜为 45°的状态。有些还带有刻度，可进行距离测量。

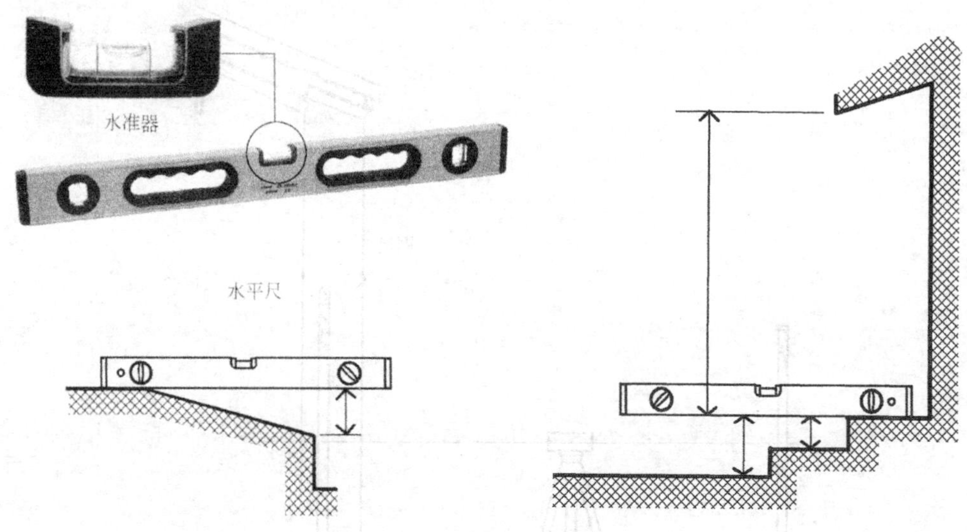

图 2-31　借助水平尺测量高程

（3）借助激光标线仪

激光标线仪是一种能够提供水平或铅直激光面的仪器（图 2-32*a*）。在室内安置激光标线仪后，在墙面、地面等物体与激光面相交处就能显示出清晰的红线，可用作测量的标志线。在精度要求不高时，可利用其激光水平面，配合钢尺进行简易高程测量（图 2-32*b*）。一般激光标线仪小巧轻便，可自动安平，并附多种支架，操作简单、灵活，常用于室内装修工程中的测设。有些型号还可通过上下激光束将高处特征点的平面位置投射到地面上。其局限在于室外光线较强时不便使用。

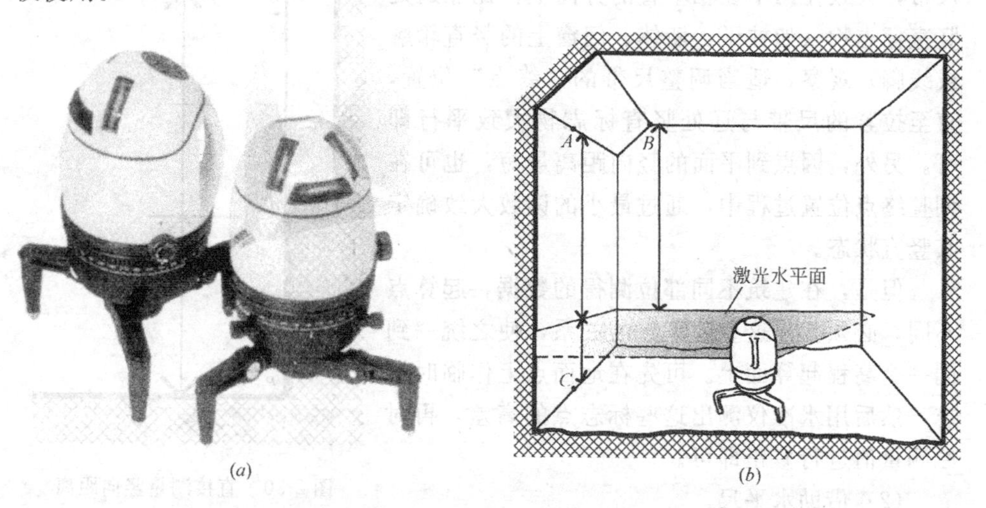

图 2-32　利用激光标线仪测量高程

（4）借助注水的透明水管

将水注入一段透明软管中，根据连通器原理，水管两端液面的高程将始终相等。固定其中一端，适当移动另一端，测量待测点至其液面的距离，即可得到相对高程值（图 2-33）。

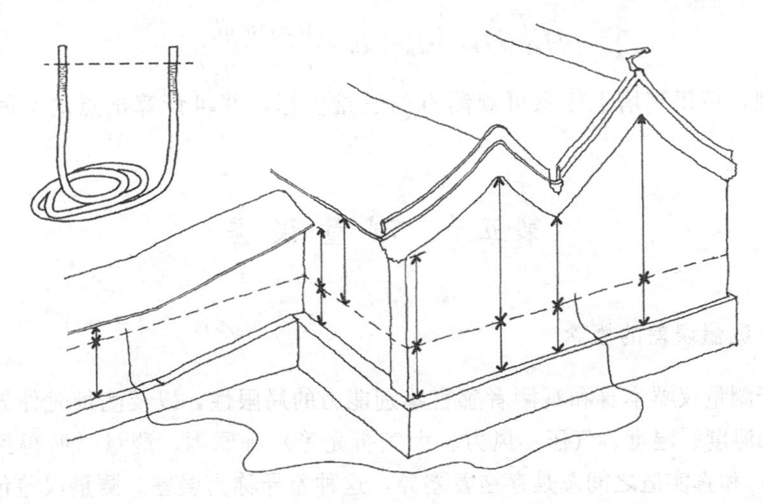

图 2-33　利用透明水管测量高程

三、解析法间接测定空间点的位置

在古建筑测绘中，经常会遇到人不能到达所测部位，而只能在地面上测量一些特征点的坐标、高程和距离的情况，这就需要利用解析法间接测量。

如图 2-34 所示，需测定塔尖点 M 的空间位置。首先在塔周围较空旷的平坦场地选择点 A 和点 B，测量点 A、B 间距离 B_0 作为基线长，然后在点 A 和点 B 架设经纬仪，分别瞄准点 A 或点 B 和点 M 测得相应水平角和竖直角，于是可得到点 M 在图中所示坐标系下的坐标：

$$x_M = B_0 \cdot \frac{\sin\alpha_1 \sin\alpha_2}{\sin(\alpha_1 + \alpha_2)}$$

$$y_M = B_0 \cdot \frac{\cos\alpha_1 \sin\alpha_2}{\sin(\alpha_1 + \alpha_2)}$$

若已知点 A 高程为 H_A，则点 M 的高程

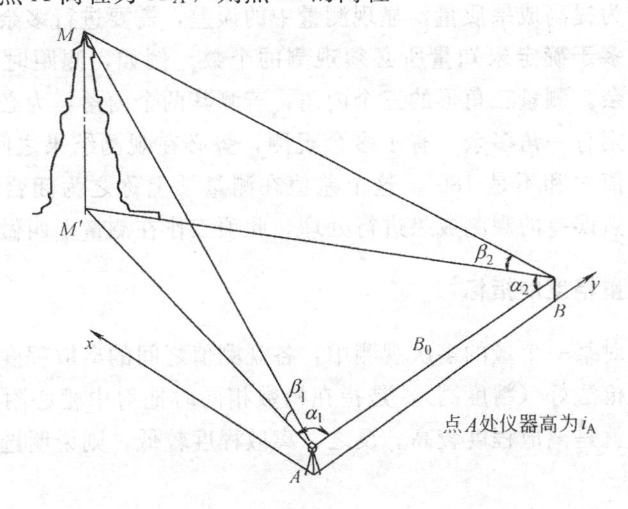

图 2-34　解析法间接测定空间点的位置

$$H_M = H_A + i_A + B_0 \frac{\sin\alpha_2 \tan\beta_1}{\sin(\alpha_1 + \alpha_2)}$$

同理，可得到塔上任意可观测点的三维坐标，并可计算出点的空间距离和高差。

第五节　测量误差

一、测量误差的概念

由于测量仪器本身和观测者感官鉴别能力的局限性，以及测量时外界条件的变化（如温度、湿度、气压、风力、大气折光等）等原因，测量时所得到的数据（观测值）和真实值之间总是存在着差异，这种差异称为**误差**。测量误差包括**系统误差**和**偶然误差**。

偶然误差是指在相同测量条件下的测量序列中，数值和符号不定，但服从于一定统计规律的测量误差。比如在厘米分划的尺子上估读毫米读数时，读数有时偏大有时偏小；测量水平角时，大气折光使得瞄准目标有时偏左有时偏右。

系统误差是指在相同测量条件下的测量序列中，数值和符号保持不变，或按某确定规律变化的测量误差。比如所用钢尺的名义长度比实际长度要长，这种差异对每个尺段造成的影响都是相同的（使测量值比实际值大），因而属于系统误差。系统误差可以采用对观测值加改正数的方法消除或减小。

另外，测量中还会出现错误，称为**粗差**，多由作业人员操作不当或粗心大意、测错、读错、记错造成，在测量成果中应剔除。

测量值中同时包含有上述三项误差。一般认为，当严格按照测量规程进行测量时，系统误差和粗差是可以消除的。即使不能消除，也能将其影响削弱到最小，此时可认为测量值中系统误差和粗差为零。因此，测量误差主要考虑偶然误差，通常提到的误差都指偶然误差。

实际工作中为提高成果质量，显现测量中的误差，需要进行多余观测，也就是观测值的个数多于确定未知量所必须观测的个数。例如，测距时往返各测一次，则有一次多余。测量三角形的三个内角，若测其两个内角，为必要观测；但若三内角均测，则有一角多余。有了多余观测，势必在观测结果之间产生矛盾，比如三内角观测值之和不是180°，这个差值在测量学上称之为**闭合差**。因此必须对这些带有偶然误差的观测成果进行处理，此项工作在测量上叫做**测量平差**。

二、表征测量精度的指标

精度系指在对某一个量的多次观测中，各观测值之间的离散程度。以射击为例，说一名选手枪法好（精度高），是指在枪数相同时他射中靶心附近的次数比其他人要高，也就是离散程度较高。反之，离散程度较低，则说明选手的枪法必然较差。

依据相关统计学规律，测量上通常用**中误差**（统计学上又称“方差”）来表示测量的精度。中误差绝对值越小，则说明离散程度越高，精度亦越高；反之，中误差绝对值越大，则精度越低。

在某些测量工作中，对观测值的精度仅用中误差来衡量还不能正确反映出观测的质量。例如，用钢尺丈量 200m 和 40m 两段距离，量距的中误差都是 ±2cm，但不能认为两者的精度是相同的，因为量距的误差与其长度有关。为此，用观测值的中误差与观测值之比的形式描述观测的质量，称为**相对误差**。上述例子中，前者的相对中误差为 1/10000，而后者则为 1/2000，前者的量距精度高于后者。

三、测量误差的容许值

为了剔除粗差，提高观测的质量，任何一项观测都规定了误差的容许值，超出容许值的观测值被认为是含有大量系统误差或粗差的观测值，应剔除或重测。

根据测量误差的特性，经大量实验后发现：对一个观测值进行无限多次观测时，大于 2 倍或 3 倍中误差的误差出现的几率几乎为零。因此，就以 2 倍或 3 倍中误差作为测量误差的容许值。同时，衡量与距离有关的观测质量时，按照同样的道理引入相对误差的容许值。比如：图根导线角度测量中，要求水平角测量的测回间互差值小于 40″；普通水准测量中，要求高差闭和差小于 $\pm 12\sqrt{n}$mm（n 为测站数）；距离测量中，往返测量的相对误差小于 1/2000 等。

四、测量误差的传播方式

测量工作中并不是所有的值都可以直接测量，某些未知量往往需要借助于观测若干个独立观测值，然后按照一定的函数关系间接计算出来。换言之，这些量是直接观测值的函数。阐述观测值中误差与观测值函数的中误差之间关系的定律，称为**误差传播定律**。可利用误差传播定律根据观测值中误差求得观测值函数的中误差。

从误差传播律可以知道，对一个值进行 n 次测量取其平均值可将精度提高 $\sqrt{n}$ 倍。因此，在测量过程中可以利用多次测量取均值来提高测量精度。

五、减小误差的途径

对于系统误差，一是计算改正数。例如，钢尺量距时，对观测结果进行尺长改正可以减小由于钢尺名义长度与实际长度不符对量距结果造成的影响。其次是采用特定的观测方法。例如，在水准测量中，可用前后视距离相等的方法来消除水准仪视准轴和管水准器轴不平行对观测高差的影响。

偶然误差是不可避免的。例如用经纬仪测角时的照准误差和对中误差，各种测量工作中读数时估读误差。对于偶然误差，只能根据不同测量工作的误差特点来减小它。

粗差是由于作业人员的疏忽大意造成的错误。只要观测者按照规程操作，认真负责，细心作业，粗差是可以避免的。

第六节 测量新技术简介

一、全球定位系统（GPS）简介

全球定位系统的英文全称为“Navigation by Satellite Timing And Ranging/Global Positioning System”，其中文意思是“用卫星定时和测距进行导航/全球定位系统”，简称 GPS。系统包括三大部分：（1）空间部分：GPS 卫星星座；（2）地面控制部分：地面监控系统；（3）用户设备部分：GPS 信号接收机。

GPS 卫星的分布，可保证在地球上任何地点、任何时刻，在高度角 15°以上的天空同时能观测到 4 颗以上卫星。卫星上安装了精度很高的原子钟，能在全球

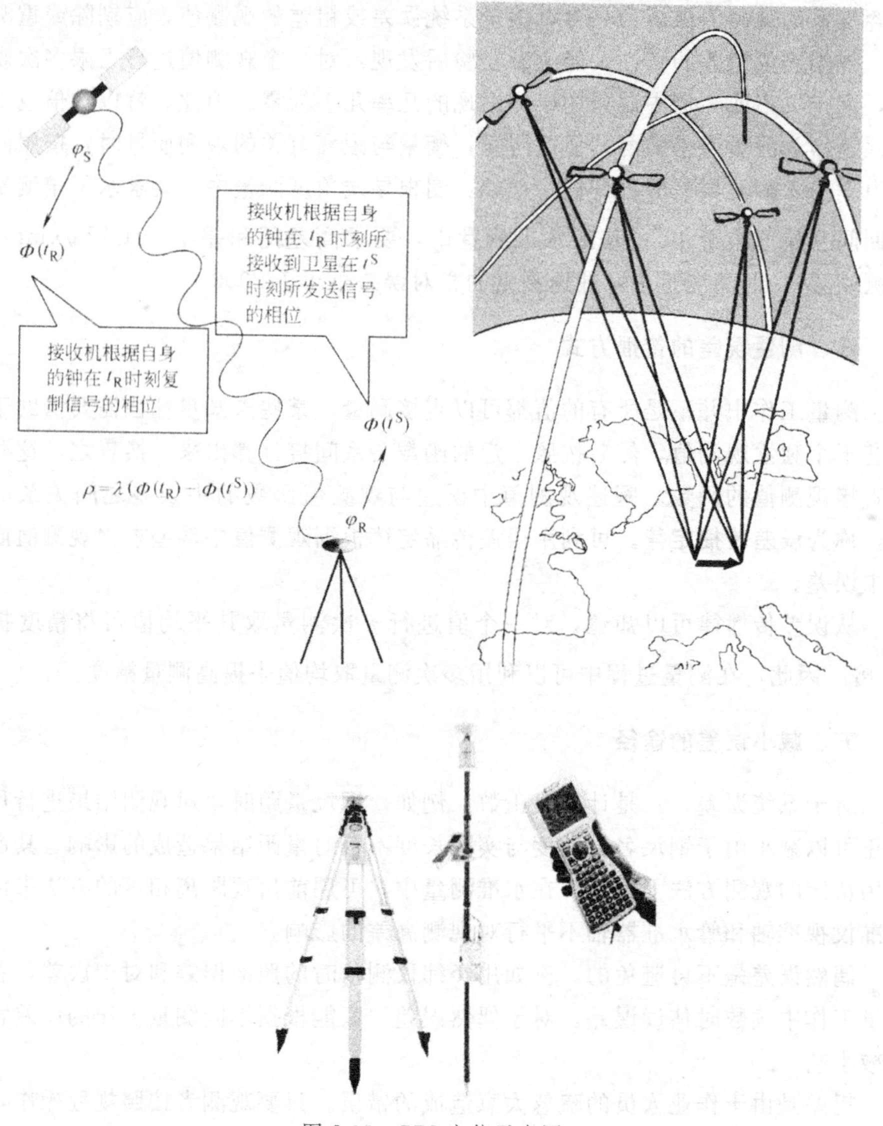

图 2-35 GPS 定位示意图

范围内向任意多用户提供高精度、全天候、连续、实时的三维测速、三维定位和授时信息。

GPS定位原理，类似于传统的后方交会（后方交会，就是在未知点上观测几个已知点来求未知点的位置）。若在需要的位置某点P架设GPS接收机，在某一时刻t同时接收4颗以上GPS卫星所发射的信号，即测得卫星到测站点的几何距离，就可根据后方交会原理确定出测站点的三维坐标（图2-35）。

GPS技术以其连续性、实时性和自动化程度高等优点，在古建筑调查、测绘、变形监测和修缮工程等方面越来越发挥着传统测量无法比拟的作用。

古建筑测绘中主要是用GPS的静态测量来完成控制测量，用RTK（实时动态差分定位方法）来完成碎部测量工作，得到点的WGS-84坐标（一种GPS专用的协议坐标系）后通过点校正（点校正，就是通过已知点找出两种坐标系的关系）求得点的平面直角三维坐标。RTK可以不布设各级控制网，仅依据一定数量的基准控制点，便可以高精度并快速地测定地形点、地物点的坐标，利用测图软件可以在野外测绘成电子地图，然后通过计算机和绘图仪、打印机输出各种比例尺的图件。

二、数字近景摄影测量简介

摄影测量是利用摄影影像信息测定目标物的形状、大小、空间位置的一种测量技术。伴随着摄影技术和计算机技术的发展，摄影测量从模拟摄影测量阶段经过解析摄影测量阶段，现在已经进入到数字摄影测量阶段，完成了信息处理从人工操作到半自动化、自动化处理的发展历程。

数字摄影测量是以数字影像为基础，通过计算机分析和处理，获取数字图形和数字影像信息的摄影测量技术。具体地说，它是以立体数字影像为基础，由计算机自动识别相应像点及坐标，运用解析摄影测量的方法确定所摄物体的三维坐

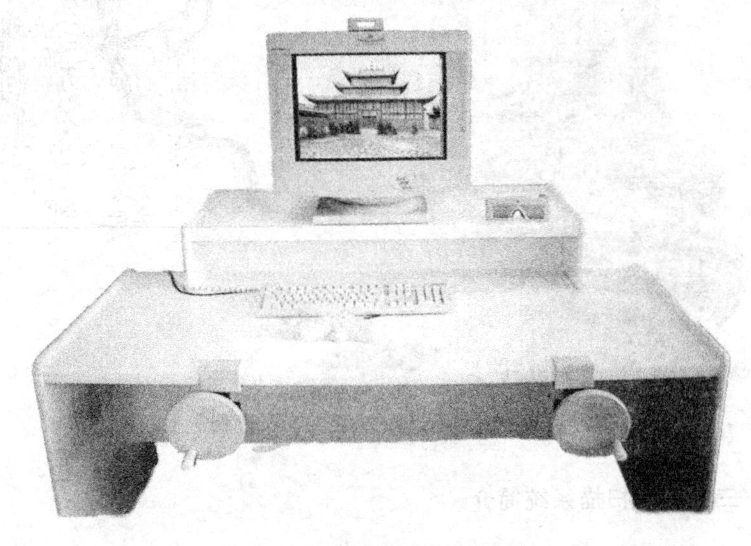

图2-36　数字摄影测量工作站

标，并输出数字高程模型和正射数字影像，或图解得到线划等高线图和正射影像图等（图 2-36、图 2-37）。

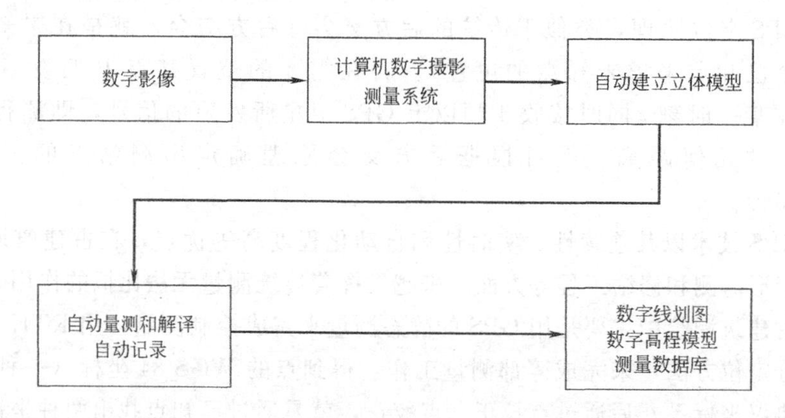

图 2-37　数字摄影测量工作流程

近景摄影测量是摄影测量的一个分支，是指在近距离（一般指 300m 以内）拍摄目标图像，经过加工处理，确定目标大小、形状和几何位置的技术。近景摄影测量包括近景摄影和图像处理两个过程。

古建筑摄影测量是近景摄影测量在古建筑文物调查中的应用，包括文物测量、考古测量和古遗址测量，其主要内容是古建筑和文物立面图、平面图、等值线图、影像图的测绘，以及古建筑物主要结构数据的测定（图 2-38）。

图 2-38　利用摄影测量的方法绘制的塑像等值线图

三、三维激光扫描系统简介

随着激光技术的快速发展，三维激光扫描技术已广泛运用于各个领域，如医学临床诊断治疗、机器人三维可视化、工业的模具设计和制造等。近年来，随着长距离三维激光扫描技术在获得多目标空间点阵数据方面的突破，三维激光扫描系统已在机载激光测量和城市三维影像模型建立等方面得到应用。目前，三维激光扫描系统在获取空间信息方面提供了一种全新的技术手段，使传统的单点采集数据变为连续自动获取数据，从而提高了测量的效率。

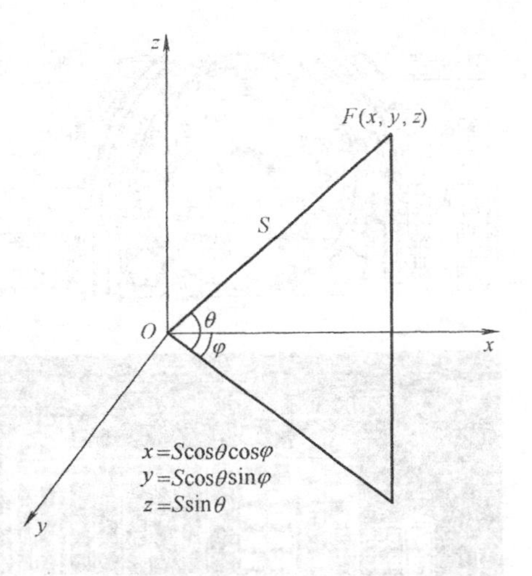

图 2-39 三维激光扫描系统测量原理

三维激光扫描系统的核心部分是三维激光扫描仪。如图 2-39，三维激光扫描仪通过数据采集，可获得点 F 的测距观测值 S，精密时钟控制编码器同步测得激光脉冲横向扫描角度观测值 θ 和纵向扫描角度观测值 φ，依此可得到点 F 的三维坐标。

用三维激光扫描仪扫描目标体，可获得大量的点数据，称之为“点云”。扫描所得到的点云是由带有三维坐标的点所组成的，把不同角度的点云资料拼接成为立体的点云图形。点云是一种类影像的向量数据，再经模型化处理，可以获得很高的点位精度。可以直接在点云中进行空间量测，也可利用点云建立立体模型，然后对建筑物的任意点进行量测。同时，利用仪器中固有的 CCD 相机还可采集到扫描目标体的纹理（图 2-40、图2-41）。

图 2-40 三维激光扫描仪

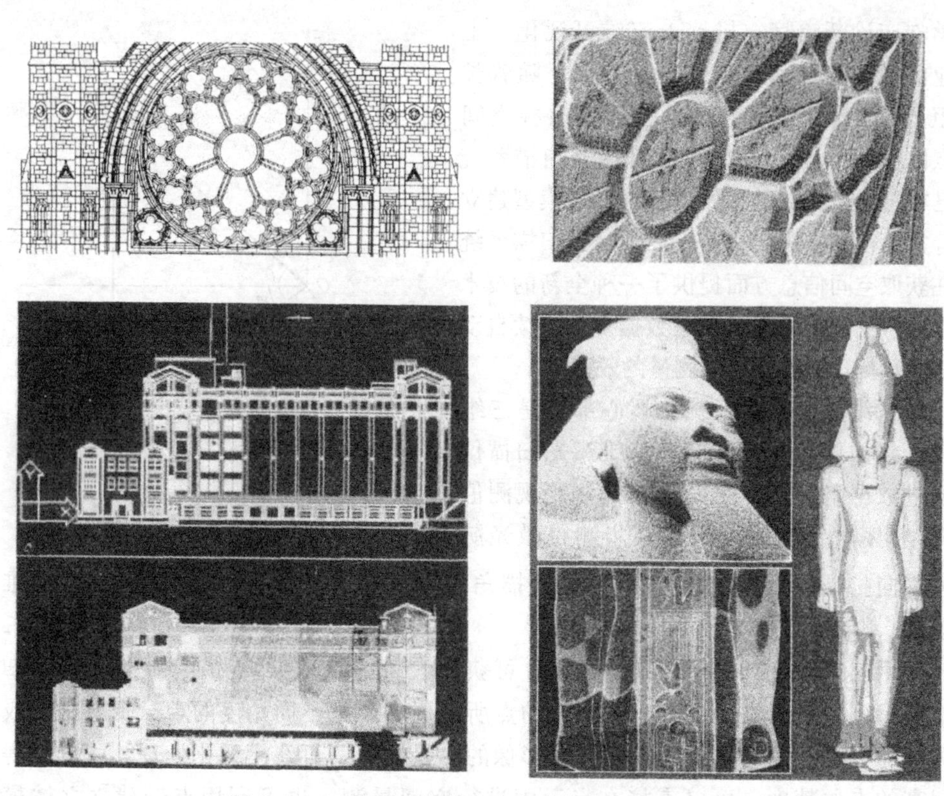

图 2-41 三维激光扫描仪在古建筑测绘中的运用

第三章　古建筑测绘基本知识

古建筑测绘是测绘学基本原理和方法与建筑遗产保护的实际需求结合的产物，并受到一定物质条件制约，因而较一般的测量工作也有其特殊性，形成了自身的分类体系、测量手段、工作流程和组织方式等。

第一节　古建筑测绘的工作深度和分级

测绘的工作深度主要体现在测量对象范围的大小和图纸深度。比例尺大小是反映图纸深度的重要指标。

一、比例尺选择

与当代常见的多层民用建筑或公共建筑相比，中国古代建筑单体一般体量较小，除少数之外，最大轮廓尺寸（指通面宽、通进深或通高）多在35m以内；同时，细部、装修等又较为复杂，因此测绘图所采用的比例尺通常不宜小于1：50。

根据《房屋建筑制图统一标准》（GB/T 50001—2001）所列“常用比例”和“可用比例”，古建筑测绘图的比例尺应从表3-1中选用。这里，平面图、立面图和剖面图所选用的比例，实际相当于一般民用建筑设计图的“局部放大图”（参见《建筑制图标准》GB/T 50104—2001）。这也说明古建筑测绘图的图纸深度，远远超出通常在建筑方案设计中所采用1：200比例尺，有些内容甚至超出一般施工图的要求。比如，一般建筑图中门窗是用图例表示的，而在古建筑测绘中，因比例尺较大，一般要求门窗按实际投影绘制。

古建筑测绘常用比例尺　　表3-1

比例尺	适用范围
1：200、1：250、1：300、**1：500**、**1：1000**	建筑总平面图
1：20、1：25、1：30、1：40、**1：50**（1：60、1：80、**1：100**）	建筑平面图、立面图、剖面图。平面图（包括屋顶平面图、梁架仰视平面图）图面过大时可酌情选用1：60、1：80、1：100
1：1、**1：2**、**1：5**、**1：10**、1：15、**1：20**	构造详图

注：1. 加粗字体为《房屋建筑制图统一标准》规定的常用比例，不加粗字体为可用比例。
2. 测绘近现代建筑遗产时，如其体量接近一般民用建筑，所用比例尺可比照一般民用建筑设计图比例。

在绘制平面图、立面图或剖面图时，根据图纸幅面尺寸和比例尺，不难推算出建筑最大轮廓尺寸与比例尺选用的一般规律。表3-2为采用A1幅面时选用比例尺的参考表。

采用 A1 幅面时比例尺选用参考表　　表 3-2

图纸幅面	建筑最大轮廓尺寸 A(m)	可选比例尺
A1	A＞40	1∶60，1∶80，1∶100
	40≥A＞32	1∶50
	32≥A＞24	1∶40
	24≥A＞16	1∶30
	16≥A	1∶20

注：此表仅供参考，实际制图时应根据建筑体形比例灵活选择图纸幅面和比例尺。

实际上，表 3-2 中比例尺的选用实际还考虑了测量的相关要求，因为比例尺也反映测量时的允许误差。人眼对细小对象的分辨能力是存在极限的，当图上两点距离小于 0.1mm 时人眼就无法分辨了。如比例尺为 1∶50，则图上 0.1mm 代表实际长度 5mm，5mm 以下的距离即使测量出来也是画不出来的。因此，相当于图上 0.1mm 的实际长度代表了测量的准确程度，称为**比例尺精度**（表 3-3）。简单的理解就是：如果绘制 1∶50 测绘图，就要求图上应表示出的最小距离为 5mm，测量读数时至少也要精确到 5mm。

但是，在古建筑测绘中，为减小误差，考虑到操作上的简便和可行性，要求测距读数时统一精确到 1mm。即使所用尺具刻度最小不到 1mm 也应估读到 1mm。

几种比例尺的比例尺精度　　表 3-3

比例尺	比例尺精度(mm)	比例尺	比例尺精度(mm)
1∶500	50	1∶30	3
1∶200	20	1∶20	2
1∶100	10	1∶10	1
1∶50	5		

当前，古建筑测绘领域中计算机辅助制图已十分普及。这里需要特别指出的是，虽然计算机矢量图形可随意缩放而不失精确，但这并不意味着可以无限提高图样的比例尺精度。图样的比例尺，仍然代表了测量时所控制的精度。无限追求精度在测量中既不可行，也没有实际意义。

二、古建筑测绘的分级

分级的目的在于提供一个评估测绘工作深度的粗线条框架。测绘者在提交的测绘成果中应声明测绘的等级，以便真实地向测绘成果使用者传递信息。

1. 测绘等级

在对单体建筑的测量中，按测量对象的范围，即测量工作涉及的部位或构件范围大致可分为全面测绘、典型测绘和简略测绘三个等级。

(1) 全面测绘

从工作深度和范围而言，这是最高级别的测绘。要求对古建筑进行整体控制测量，并测量所有不同类别构件及其空间位置关系，尤其是对结构性的大木构件如柱、梁、檩、枋等，要进行全面而详细的勘查和测量。除暂时无法探测的部位和构件外，测量范围应尽量全面覆盖，不可遗漏。同时按类别和数量分别予以编号，制表，一一填写清楚，以便在进行修缮设计、施工和研究时利用。

实施重要古建筑的修缮、迁建工程时，都必须进行全面测绘。当经济技术条件允许时，基于记录建档和科学研究目的，凡重要古建筑也都应尽量进行全面测绘。

需要说明的是，用于保护工程的全面勘测，除对建筑的几何属性，包括沉降、歪闪等变形情况进行测量外，还要进行诸如工程地质勘察、木构件糟朽程度探测、结构可靠性验算、壁画彩画病害探测分析等物理化学属性的勘测，这些内容超出本教材讨论范围，不再赘述。

(2) 典型测绘

这一级测量在对古建筑进行控制测量上与全面测绘要求基本相同，但测量范围并不覆盖到所有构件或部位。古建筑中，同一类构件往往不止一个，如斗栱中的斗、昂、枋乃至大木构件中的柱、梁等。对这些重复的构件或部位，可不必逐个测量，而只选测其中一个或几个“典型构件（部位）”。不过测量范围要覆盖所有类别的构件或部位，不能有类别上的遗漏。这里的类别是按构件的样式和设计尺寸来划分的。只有样式和原始设计尺寸均相同者方可归为同类构件，若仅样式相同而原始设计尺寸不同，仍不属同一类构件。所谓典型构件，是指那些最能反映特定的形式、构造、工艺特征及风格的原始构件。甄选典型构件时，应细心观察，反复比对和分析判断，尽可能挑选其中保存较好的构件作为测量对象。

应当指出，虽然典型测绘的测量范围较全面测绘要小，但是关键的控制性尺寸和典型构件在测量时与全面测绘的要求完全一致。

一般情况下，建立文物保护单位记录档案、实施简单的文物修缮工程或出于研究目的进行测绘，都至少应达到这一级测绘的要求。

(3) 简略测绘

测量工作深度如未能达到典型测绘的标准，都应属于简略测绘。有时进行古建筑调查时，限于时间和人力、物力条件不足，可临时采用这一等级的测绘。但这种测绘成果不能作为正式的测绘记录档案，一旦条件具备应立刻进行更高级别的测绘工作。测绘要在尽量减少对古建筑扰动的同时获取更多、更准确的数据，因此，原则上不应对较高级别的文物保护单位的建筑采用这一级别测绘。

2. 根据测绘目的确定测绘级别

一座建筑的设计尺寸是由设计建造者事先确定的，工程竣工时形成了建筑初始状态❶。由于施工误差的存在，初始状态与设计的理想状态尺寸往往存在差异。随着岁月的推移，建筑从初始状态经历各种变形的积累而达到当前状态，还会进一步发生变化。这里初始状态最为关键，从中可得到变形信息，为修缮提供依据；也可推断设计尺寸，进而找到法式特征和设计规律。

一般情况下，初始状态可在外业或内业时加以甄别确定。外业甄别就是上述典型测绘中提到的现场通过观察、比对和分析确定典型构件的方法，基本上以所测典型构件的尺寸和空间位置作为初始状态。此法优点是测量针对性强，单刀直入，省时省力；但缺点则是依赖于测绘者的经验和观察力，一旦选择失误，则准确性就大打折扣。内业甄别是先按现状进行测量，在内业中根据数据和图样进行

---

❶ 初始状态也可能是经过历史上有意义的修缮和改造后的状态，应根据对建筑的调查、研究和评估后确认。暂时无法判定的部分，以现状记录为主。

对比分析，确认其初始状态。此法优点是根据充分，准确度高，但实际操作中十分繁琐，费时费力，工作量远远大于前者。实际工作中往往是两者结合使用。

因而，古建筑测绘的直接目的和需求大致可归为下述两种情况：

(1) 获取建筑的初始状态，进而分析推断建筑的设计尺寸和法式特征，并为变形观测提供一个比对的理想模型。

(2) 了解建筑的初始状态，同时获取变形信息，从而得到在当前状态下比较全面的信息，为修缮工程提供依据。

限于经济技术条件，不可能对所有古建筑都进行最高级别的全面测绘，因此应当根据测绘目的和实际需要灵活确定测绘级别。例如，在建筑遗产保护实践中，需要展开建筑构造做法或设计原理等方面的研究，这时就更关注建筑的初始状态，因而多数情况下可采用典型测绘。如果研究的目标暂时不涉及精确的细部尺寸，也可实施简略测绘。又如，建筑的修缮工程更关注建筑的变形信息，因而需要进行全面测绘。但是，如果建筑变形相对微弱、修缮工程并不涉及变形纠正，则采用典型测绘也是可以接受的。

三、古建筑测绘的体系化、完整性和动态性

实际上，对一座处于常态下的古建筑是很难进行所谓“全面”测量的。这是因为建筑在非解体的情况下，有很多部位或构件是不可见的，如基础、墙体内部、望板厚度、飞椽后尾、角梁上部、榫卯交接乃至柱梁是否为拼镶做法等等；有时一些特殊的部位因空间狭小，人无法接近而难以探测。因此，对古建筑的测绘记录不能毕其功于一役，而应形成一个体系化的、完整的、动态的链条。至少应包括以下三个环节：

(1) 常态下用于记录建档的研究性测绘；

(2) 保护工程实施前的变形测量；

(3) 保护工程施工期间对隐蔽部分的跟踪测绘。

三者的关联和区别参见图 3-1 及表 3-4。

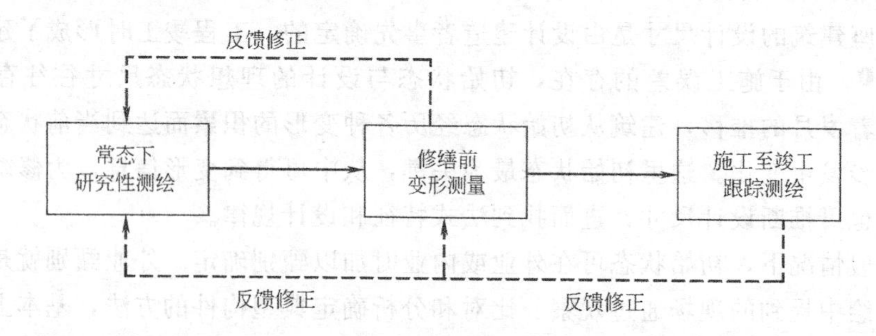

图 3-1　研究性测绘、变形观测和跟踪测绘三者关联

研究性测绘、变形测量和跟踪测绘三者比较　　表 3-4

	研究性测绘	变形测量	跟踪测绘	备注
实施时机	常态下	保护工程实施前	保护工程实施中直至竣工	
测绘目标	初始状态	变形信息	隐蔽部分的初始状态和变形信息	
生命周期	长期	短期	长期	

以上三种测绘一般至少应达到典型测绘的要求，必要时应达到全面测绘的级别。

在有些特殊情况下，客观上无法全部实现这三个环节。例如，对未核定为文物保护单位，但又有较高价值的古建筑，如因各种原因将要拆除时，只能进行一次“遗像式”测绘，测绘要求可比照研究性测绘。

另外，除上述动态体系中本身要求不断补充或重复测绘外，在一些特定条件下也需要重新测绘，例如：(1) 原有测绘成果质量不高，无法满足实际需要时；(2) 新测绘手段可获得质量更高的测绘成果时；(3) 建筑变形持续发展时等。

四、常态下的研究性测绘

建筑院校组织学生参加的古建筑测绘，一般定位在研究性测绘上，至少达到典型测绘等级要求。以下是研究性典型测绘中必须做到的几点要求：

(1) 必须进行整体的控制测量。

(2) 按不同类别构件（部位）样样俱到的原则确定测量范围，对重复部分只选择典型构件测量。典型测绘尽量排除建筑变形的干扰，侧重于从外业开始就还原建筑的初始状态。

(3) 选测的典型构件必须在成果图上标明测量位置。由于选测的构件或部位不同，取得的数据会有差异。而典型构件的尺寸又是被推广到其他同类构件上的重要尺寸，因此必须标明测量位置，为将来的使用者利用、复核数据提供方便。特别是梁架、翼角、斗栱等重要部位的测量位置必须标明。

(4) 制图时按初始理想状态绘图。古建筑因各种原因，有时会改变原有用途，如原来的戏台改作教室，连带产生了一些不合理变动。这些改动部分应尽量通过现状分析，查阅档案，访问知情者恢复原貌，在依据充分的情况下，按理想的复原状态绘制出来。但应注意的是，凡图纸与现状不符者，必须在图上明确注明缘由；必要时在计算机制图时进行“分层”处理，将复原状态和现状部分放在不同图层上，以供比较参考。

(5) 未探明部分在测绘成果中作“留白”处理，而不能推测杜撰。首先，测绘成果必须真实传递建筑的信息，杜撰推测有违真实性，不可取。其次，研究性测绘只是完整测绘体系上的一个环节，留白是为了等待有条件测量时加以补充修正。再次，不作留白，而倾向于把图画全，是受到一般建筑设计图的影响。但测绘图不完全等同设计图，对主要针对设计图的现行制图标准不能生搬硬套。总之，测绘者只能提供探测到的信息和数据，只对已探测部分负责。

具体来说，留白处理体现在：

A. 对飞椽后尾、望板厚度、角梁上部等隐蔽部分进行留白处理（图 3-2）。

B. 除非确切探明了其具体材料，在平面图、剖面图中，对剖断部分可不画材料图例（图 3-2）。

需要说明的是，这里“未探明部分”是指那些将来能够探明而当前无法探明的部分。如建筑进行挑顶维修、更换椽子时，飞椽后尾就很容易通过跟踪测绘测得。

五、测绘成果

传统意识上，测绘成果主要就是测绘图。但随着测绘技术的进步和遗产保护

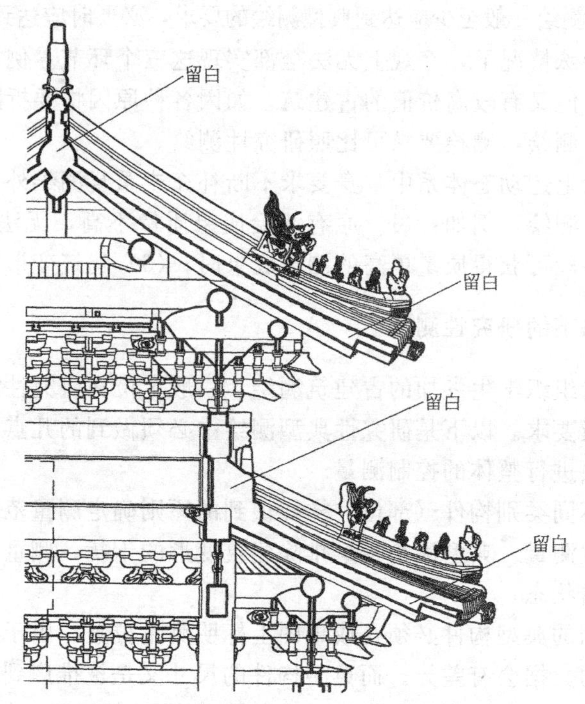

图 3-2 未探明部分“留白”处理

工作的发展，测绘成果早已超出测绘图的范畴，而向多媒体形式发展。结合具体的技术、设备条件，至少应包括以下几种形式：

• 测绘图（线划图）：即按投影原理和建筑制图规范和惯例绘制的图样，现在多用计算机制图。

• 照片：记录测量对象基本特征的和测量工作方法的摄影资料，内容涉及建筑的环境、空间、造型、色彩、结构、装饰、附属文物等信息，手段包括传统摄影和数字摄影。

• 数据图表：测量成果数据列表、曲线图表、统计图表等。

• 文字报告：对测量对象的历史沿革、现状情况、规划布局、法式特征、形式语汇、尺度比例、历史文脉、装饰装修等相关方面进行调查和研究的报告。另应包括测绘的实施方案和技术指标方面的报告。

在条件允许的情况下，还应逐步形成以下成果：

• 录像：记录内容与照片类似，但形式上是以动态视频的方式呈现的摄像资料。

• 表现图：采用阴影或不同色彩绘制的建筑立面图、透视图等，可生动再现测量对象的外形、光影、色彩和气氛等。

• 实物模型：根据测量对象的形式和结构按比例用适当的材料制作。

• 点云数据：用三维激光扫描技术获取的向量影像数据，可以直接进行空间量测，也可利用点云建立立体模型。

• 计算机模型：根据测量对象的形式和结构按测量数据建立的计算机虚拟三维模型。

• 数据库、地理信息系统：依据测量数据、图纸和其他信息建立的数据库和信息管理系统。

第二节　常用测绘工具和仪器

测绘工具和仪器大致可分为测量工具、测量仪器、辅助工具和设备以及绘图工具等。测量时可酌情选用。

一、测量工具

常用手工测量工具包括以下几种（图 3-3）：

• 皮卷尺、钢卷尺、小钢尺：距离测量最常用的工具。

• 水平尺、垂球和细线：在测量中找水平线（面）及铅垂线（面）时的工具。

• 角尺。

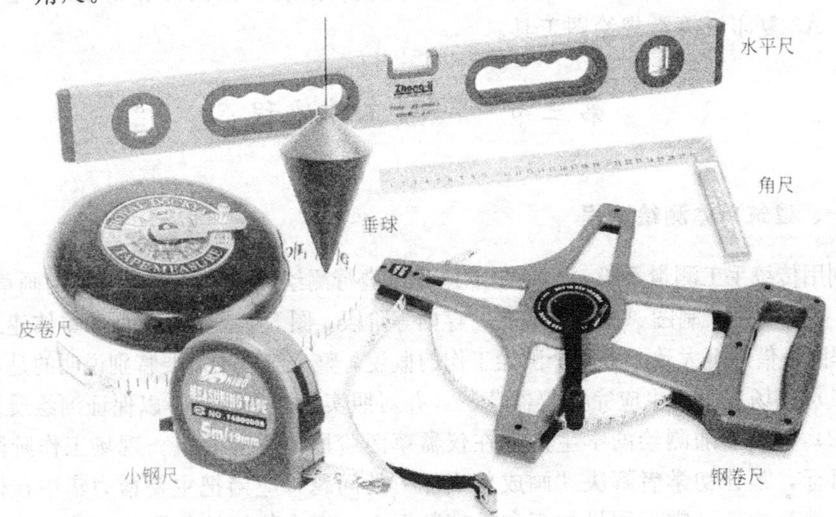

图 3-3　皮卷尺、钢卷尺、小钢尺、角尺、水平尺和垂球

二、测量仪器

• 手持式激光测距仪。

• 激光标线仪。

• 水准仪、经纬仪、平板仪、全站仪、罗盘仪等常规测量仪器，用于总图测量和单体建筑控制性测量。

• 全站仪、数字相机、数字化近景摄影测量工作站等组成近景摄影测量系统。

• 三维激光扫描仪，可快速获取测量对象的空间坐标数据，生成点云模型，据此可形成三维模型和正射影像和线划图等成果。

关于以上测量仪器的介绍参见第二章。

三、测量辅助工具和设备

• 摄影摄像器材

• 梯子、脚手架：为测量建筑较高部位提供工作平台的辅助设施。

• 安全帽、保险绳、保险带等安全装备。

• 便携式照明灯具：如手提式探照灯、头灯等，用于天花以上等光线不足之处的测量。

• 竹竿：用于建筑较高部位测量的辅助工具。

• 复写纸和宣纸：用于拓取某些构件的纹样。

• 细软钢丝：用于复制某些线脚。

• 粉笔、记号笔、斧子、木桩、钉子、细线：制作或标画所需的临时标志点、标志线。

• 对讲机。

四、绘图工具和设备

• 计算机及打印机、扫描仪等相关外围设备及CAD软件。

• 铅笔、橡皮、丁字尺、一字尺、三角板、圆规、裁图刀、胶带纸、图板、画夹、A3复印纸等常规绘图工具。

第三节 一般工作流程

一、建筑单体测绘流程

利用传统手工测量手段，对一座单体建筑进行测绘，大体经历准备、勾画草图、测量、整理数据、制图、校核、成图、存档等阶段。图3-4是一个典型的单体建筑测绘流程图，借此可大致了解整个测绘工作的概貌。整个流程中需要特别说明的是：

（1）现场工作至少应完成仪器草图，并对照实物严格校核，以保证测绘质量。

（2）初次参加测绘的学生禁止在仪器草图阶段使用计算机。现场工作阶段的制图目标，是让初学者解决“画成什么样”的问题，应当把主要精力集中在体验建筑、熟悉构造、掌握测量技巧和处理数据上，要求能够按投影法正确表达所测对象。实现这一目标，无论从工作量还是难度上来说，都基本上达到了一般学生能力、体力和精力的极限，不宜再增加负担。而与简单易行的铅笔尺规作图相比，古建筑的计算机辅助成图，要求较高，即使对有一定上机经验的学生来说，仍有一定难度，应当将这类“如何画”的问题，列为下一阶段的目标，最终完成一套较为完善的图纸。实践证明，分阶段实现上述两个目标，有利于分解难度，减少干扰，提高整体效率。另外，仪器草图阶段也不宜手绘和机绘混用，以免造成彼此量取数据和对照图纸的障碍。

⚠ 典型错误：初学者在仪器草图阶段使用计算机。

二、关于总图测绘流程

由2～3人组成单独的总图组，使用水准仪、经纬仪、平板仪、全站仪或全球定位系统等测量仪器，对建筑组群进行测绘，一般包括总平面图和总剖面图，有时需绘制群体立面表现图或鸟瞰透视图等。测绘一般经过踏勘选点、控制测量、碎部测量、制图、核对等环节，详见第八章。

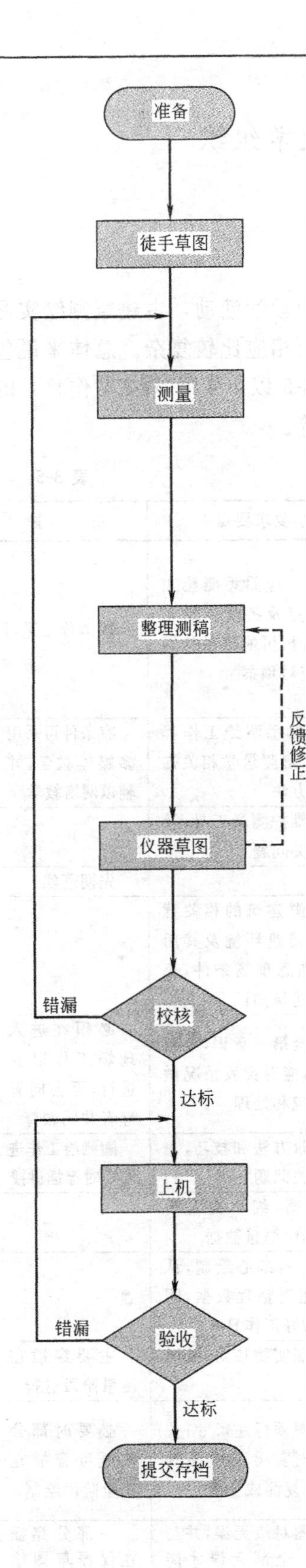

了解所测对象历史背景及法式特征，查阅相关档案文献和图纸，踏勘现场，确认工作条件，制定测量方案，包括工作期限、进度、人数、设备、分工等。

通过现场观察，徒手勾画建筑的平面、立面、剖面和细部详图。全部草图应能清楚反映和展示建筑各部位的形式、结构、构造以及大致比例。草图为测量时标注尺寸之用。测量并标注尺寸后的草图称为"测稿"。

测量一般由2～3人配合进行，同时在草图上标注尺寸。对于一些带异形轮廓和复杂纹样的构件要拓样或拍照。另外，建筑的整体环境、外观造型、梁架结构、细部纹样等均应拍照，有条件亦可录像。

每次测绘难免出现遗漏和错误，因此所测数据应在测量当天进行核对、整理，及时发现问题。对测稿上交代不清、勾画失准或标注混乱之处应重新整理、描绘，以增强可读性。对于一些总尺寸和分尺寸、主要尺寸和次要尺寸等，应及时核对、修正，并填写数据表格。

通过用尺规工具依数据按比例制图，可进一步交代细节，肯定交接关系，验证所获数据是否正确，并进行必要的修正，因而成为保证测绘质量的重要环节。同时可初步确定正式图的比例尺及构图，练习轮廓线加粗及尺寸标注等内容。仪器草图应尽量在现场绘制，以便随画随校，及时修正错漏处，减少反复。

仪器草图完成后要比照实物核对，发现遗漏、错误的地方，要分析原因，及时补测或复测，修正数据后改正图上错误。

根据测稿、仪器草图上的数据，用计算机完成正式成果图。要求掌握相关的AutoCAD高级技巧，符合建筑制图规范和测绘图要求。

成果图应经过校对、审核、审定三级复核，发现错误及时改正。

将测稿、数据表格、仪器草图、电子文件、文字报告等编目提交有关部门并存档。

图3-4 单体建筑测绘流程

第四节 古建筑测绘的教学组织

一、古建筑测绘教学环节

上节介绍了古建筑测绘的一般工作流程，但作为教学活动，古建筑测绘实习还有很多教学、后勤、管理等诸多问题，教学环节上相应比较复杂。总体来说包括前期准备、现场工作、上机作图等三个阶段。表3-5以3.5周（25工作日）的教学计划为例，概略介绍各教学环节的内容、要求等。

教学计划举例（3.5周） 表3-5

教学环节		工作内容	教学要求要点	备注
预备期（2工作日）	教师准备	了解所测对象历史背景及法式特征，搜集相关文献和图纸；踏勘现场，确认工作条件，制定测量方案，明确工作重点、所需人数、设备、分工等；培训辅导教师和助教研究生	所有教师应熟悉测绘工作整体特点及各阶段的工作重点，分析可能出现的问题，准备应对预案	教师分工进行
	课堂讲授	讲解测绘基本知识及测量学知识的运用，观看教学录像；讲授调研报告撰写方法、学习范文	学生应熟悉测绘工作程序，初步了解测量学相关知识及操作方法	有条件可采用多媒体教学，并辅以网络教学
	测绘设备准备	准备测量工具及仪器	检查及维护测量工具，及时处理相关问题	
	后勤保障	落实现场作业期间的生活保障		先期落实
现场操作（14工作日）	现场调研1天	在教师引导下实地参观拟测建筑，了解其历史背景及周围环境，采访当地相关专家和故老	充分了解建筑的相关背景及周边建筑环境及其历史变迁，熟悉现场条件，充实中国古建筑知识	
	安全教育	对学生进行安全教育，明确安全规程和责任	树立安全第一意识，牢记安全守则，能对突发情况做出正确反应和处理	必须在进入现场工作以前进行，可会同管理者共同教育
	现场集中授课	讲解测绘操作各环节的方法和技巧	掌握测量方法和技巧，正确处理相关问题	随测绘工作进度及时穿插讲授
	勾画草图2～3天	在教师指导下分组绘制草图	投影正确，细节交代清楚，便于标注测量数据	
	测量操作5天	在教师指导下分组测量，记录数据；总图组进行总图测绘及单体建筑控制测量	安全第一，细心绘制，认真测量，随时整理数据，团结协作，做好工作日志	
	数据整理	在教师指导下分组对数据进行分析和整理，填写数据表格	随时对照实物核对，及时复测	主要穿插在测量阶段进行
	仪器草图绘制3～4天	在教师指导下依据数据整理结果绘制仪器草图，验证数据，修正数据表格；总图如用全站仪测绘，则可直接将数据导入计算机处理	仪器草图须标注尺寸；并应随时核对实物，及时发现问题，随时复测或补测	必要时部分图纸可穿插在测量阶段绘制
	仪器草图校核及改正2～3天	教师现场比照实物校核，发现错误，发回改正	不同视图对应无误，并与实物核对，全部无误才能结束	一部分穿插在仪器草图绘制阶段进行

续表

教学环节		工作内容	教学要求要点	备注
现场操作（14工作日）	摄影摄像	拍摄照片、录像，以记录测量对象	全面反映建筑环境、空间、造型、色彩、结构、装饰、附属文物等信息	与测量工作同步进行
	工作日志	记录工作状态及重大事件、相关发现等	具体到每个工作日；强调现场发现的有关传统建筑艺术与技术问题	
	教学参观	专家指导下参观考察优秀古建筑组群或单体；参观历史环境下的新建筑佳作	结合中国建筑历史教学，邀请专家讲授，在测绘中全面体验中国传统建筑优秀遗产	
计算机绘图（9工作日）	课堂讲授 0.5天	讲授图纸要求，培训计算机制图高级技巧	明确计算机绘图中古建筑制图的特殊要求	返回学校进行，有条件可采用多媒体教学
	上机制图 8.5天	在教师指导下，据现场工作相关成果上机制图	严谨认真，符合制图规范和要求，保证组内协调一致	
	图纸成果整理	打印制作		穿插在上机制图中进行
	图纸校核验收	教师验收	发现问题及时调整，修正制图错误，直至达标	穿插在上机制图中进行
	成果存档	包括最终图纸及测稿、数据表的存档	加强管理	
撰写调查报告	撰写报告	结合工作日志，注意总结提高，突出学术性		
	讲评、分析、交流	教师评议后，以讲座方式师生总结交流		

二、分工协作

1. 分组

组织良好的测绘活动必须合理分配人力，并委派与之相符的任务。如果对学生各自技能水平和状态不太了解，可通过让他们对简单建筑进行写生的方法进行测试。一般分组按以下原则：

（1）每小组一般以2～3人为宜，负责1～2个单体建筑，规模较大的建筑人数可增至5～6人。

（2）就制图工作量来说，欲在教学周期内完成任务，一般硬山或悬山建筑无斗栱者需1人，有斗栱需2人；歇山、庑殿建筑无斗栱需2人，有斗栱3人。可以此为参照，依建筑复杂程度增减人数。

（3）分组尽量形成优势互补、男女生合作的形式。

（4）总图测量单设1组，如工作量不大，可分派简单建筑单体交总图组测绘。

当然，分组也不可能一成不变，教师会根据工作需要适时调整分组，以平衡工作量和工作进度。各组之间应当注意以下问题：

（1）各组之间应经常主动沟通，交流经验，互相提醒，使大家少走弯路，提高效率。必要时要互相支援。

(2) 当两组所测建筑互相邻接时，应在教师指导下明确约定工作界限，不能互相推诿，导致建筑信息记录遗漏。

2. 组内分工

高效优质地完成测量工作，要求小组内部合理分工，积极配合，团结协作。小组应设组长 1 名，协助辅导教师安排工作，包括组内分工。组内分工协作的原则和方法是：

(1) 按所绘视图分工并负责到底。如学生甲负责绘制横剖面图和侧立面图，则在勾画草图、测量记录直至完成计算机图样均由其本人负责。对初学者来说，如中途易人，极易造成混乱。

> 典型错误：测量开始时组内成员彼此之间分工不明确，导致制图阶段有些视图无人负责，或中途易人，造成混乱。

(2) 联系紧密的视图内容应由同一人完成，尽量减少中间环节，如横剖面图和侧立面图、正立面图和梁架仰视图、同一系列斗栱大样图等。理想的情况是 3 人负责 3 座建筑，每人完成 1 套完整的图纸（测量环节仍需互相配合完成）。

(3) 保证工作量大体平均。

(4) 原则上能使小组成员能对建筑有比较全面的了解和掌握。

> 典型错误：出现一人包揽所有平面图、另一人又负责所有立面图、而第三人负责所有剖面图等类似情形，既造成工作量不平均，又极易形成对建筑的片面印象。

(5) 在测量、数据整理和制图阶段，小组成员都必须通力合作，特别是不同视图由不同学生完成时，投影关系必须一致。

> 典型错误：作图时互不交流，不同视图由不同组员完成时，投影关系不一致。
>
> 典型错误：组员之间画地为牢，出现负责平面的同学不积极参与梁架、屋面测量工作等类似现象。

(6) 如果测量对象为楼房，推荐按楼层分工的方法，即每层的平、立、剖面图均由1～2 人负责，这样只要上下柱网等重要控制性尺寸一致，就可在后期拼合成完整的图样。其他分工方法均会因每个人牵涉其他组员所记数据过多而造成相互扯皮，效率低下。

三、古建筑测绘教学的成果要求

1. 测绘图

根据教学课时和测绘对象酌情确定每人完成的工作量。一般 3.5 周的测绘实习每人应达到相当于 A1 图纸 2～4 张的工作量，图纸包括：

• 经整理后的完整测稿；

• 仪器草图；

• 正式图 CAD 文件。

典型错误：只把正式图纸当成测绘成果。

2. 文本

文本形式的测绘成果包括：

• 古建筑调查报告；

• 所测建筑重要数据列表；

• 小组工作日志。

以上要求仅是本课程对学生的基本要求。实际测绘项目中，除这些工作成果外，还须完成图纸打印制作、刻录光盘、整理存档、数据库录入等相关工作，不再一一赘述。

第四章　测绘前的准备

为达到古建筑测绘的预定目的，安全、顺利地完成测绘任务，测绘参与者在进入现场测绘之前，必须在物质、知识技能、思想和心理上的做好充分准备。

一、物质方面的准备

物质方面的准备除后勤保障外，这里把重点放在是资料、技术和设备方面的准备。

1. 搜集资料和图纸

为了解所测对象的历史、艺术和科学价值，了解其历史沿革和当前的整体情况，测绘前应尽可能地搜集测绘对象的相关档案和图文资料，内容包括：

• 测绘对象所在地的地图、地形图（1：2500 至 1：500）等；

• 测绘对象所在地的工程地质、水文、气象资料等；

• 测绘对象的老照片、航拍照片及其他相关图像资料等；

• 测绘对象原有测绘图、修缮工程设计图、竣工图等；

• 测绘对象的管理档案和研究文献。

一般来说，这些资料均包括在文物保护单位记录档案中，可到相关文物主管部门、规划建设部门、图书馆、档案馆查阅。如果能找到旧有测绘图，应该持正确态度，独立完成新的测绘，杜绝抄袭旧图现象。这样才能保证测绘的精确度，修正原图错误，并在可能的条件下获得新的发现。

2. 踏勘现场，确认工作条件

测绘前应派有经验的教师提前到达现场详细踏勘，并与测绘对象的管理者接洽，确认必要的工作条件。内容包括：

• 确认测绘的工作范围，如总图的测量范围，哪些建筑列入测绘项目等；

• 了解建筑的复杂程度，确认每个单体建筑所需人数和总的工作期限；

• 确认测绘时是否能安全到达所有应该到达的部位，以准备相应的脚手架、梯子、安全设施和照明设备等；

• 了解测绘现场可能存在的安全隐患，制定相应防范措施和预案；

• 与管理方协商测绘期间的管理方式和作息时间；

• 如有第三方参与，确定与第三方合作的方式和时限等。

3. 制定测绘计划

根据建筑复杂程度、工作条件确定人数及工作总体时限，除对方另有要求者外，一般按照研究性准全面测量的深度要求，制定详细测绘计划，包括：

• 根据总图和各单体建筑测绘的工作量进行人员分工，包括学生分组（可参考第三章第四节）以及辅导教师、研究生的分工；

• 确定总体工作时限和各个工作环节的进度安排（可参考第三章第四节）；

• 制定脚手架搭建方案、梯子调配计划；
• 制定测量仪器的调配使用计划；
• 安排落实后勤保障。

4. 准备工具和仪器

根据测绘工作计划，准备相应的测绘工具和仪器（参见第二章、第三章）

二、知识技能方面的准备

为使初学者在测绘时尽快进入角色，顺利开展测绘工作，测绘者在知识和技能方面应当有充分的准备。内容包括：

• 了解掌握古建筑测绘的基本原理和方法；
• 了解古建筑的结构、构造和材料等方面的知识，尽可能多地了解所测对象的法式特征；
• 尽量了解所测对象的背景、历史沿革、价值和其他相关信息；
• 熟记安全操作规程，最好能掌握一定的野外急救知识和技能。

三、思想和心理方面的准备

如前所述，古建筑测绘是培养学生综合素质的良机，除知识技能方面取得进步外，在思想感情领域也将得到磨炼和提高。

1. 安全第一

“安全第一”是古建筑测绘贯彻始终的法则，全体测绘人员都必须牢固树立安全意识。安全问题包括人员安全和文物安全，进入测绘现场工作之前必须进行必要的安全教育。一般的安全注意事项包括：

• 一切行动听从指导教师统一指挥和调度；
• 一切高空作业必须系牢保险绳；
• 合理支架梯子，上下时必须有人保护；
• 工作现场严禁吸烟或使用明火；
• 衣着得体，不穿拖鞋、凉鞋、高跟鞋爬高作业，不穿裙子进行外业；
• 钻天花等作业时，要充分注意各种危险因素，严禁踩踏天花板或支条；
• 上下交叉作业时，下方人员必须戴安全帽，注意避开上空坠物；
• 注意用电安全，现场有明线时必须停电或采取必要安全措施方可作业；
• 严禁雨天时室外爬高作业；
• 严禁酒后作业；
• 未经允许不得私自登高观景、拍照或进行其他与测绘无关的活动；
• 现场应设置护栏、警告标志等，随时提醒游客注意安全；
• 严禁故意破坏或偷盗文物，严格保护技术机密，确保文物安全。

除工作中的安全问题外，在旅行途中和外地住宿期间，也要充分注意个人人身安全，遵守实习纪律和作息制度，避免意外事故和治安、刑事事件的发生。

2. 迎接挑战，战胜困难

实际的测绘工作往往会遭遇很多困难，必须在思想和心理上做好充分准备。

测绘的外业工作条件艰苦，内容相对枯燥，体力和精力消耗较大。若在夏季测绘，不仅是挥汗如雨，酷热难当，而且还有蚊虫叮咬，甚至偶尔面临马蜂、蝎子的威胁。闷热的天花里，接触到的常常是污浊的粉尘、鸟粪、蝙蝠，甚至刺鼻的异味。不可回避的高空作业多少带有一定的危险性。这些都要求学生务必做好吃苦的心理准备，克服恐高心理。

测绘工作要严谨求实，要有足够的耐心，认真细致地完成每一环节任务。同时，测绘通常不可能靠一人之力完成，因此要发扬团队精神，密切配合。另外，测绘工期一般比较紧张，但又必须保质保量完成，也会造成很大压力。这些也都要求学生要有相应的思想准备，积极进行心理调适。

现实的测绘对象和工作条件不太可能都与教科书上描述得完全一致，需要学生们发挥主动性，灵活运用书本知识，自主发现、思考和创造性地解决各种实际问题。更重要的是学生们还应当意识到，测绘实践是提高对古建筑感性认识、验证书本知识的机会，但更应成为探索发现之旅。每位同学都应时刻准备着发现以往研究中忽略的问题或者错误结论，为建筑历史研究贡献自己智慧。

所要测绘的古建筑都有使用者或者管理者，还常有游人参观，学生们还要做好社交礼仪方面的准备。做到礼貌待人，主动沟通，互谅互让，处理好人际关系，为顺利完成测绘任务创造条件。个别情况下，对方因暂时不理解测绘的重要意义，可能出现不配合工作现象，这时还要通过正常途径沟通、交涉，争取工作条件，避免发生正面冲突。

第五章　勾画草图

第一节　勾画草图的基本方法和要求

手工测量条件下，因传统建筑形式复杂，获取的数据必须标注在事先画好的草图上，才能一一对应清楚。因此，测绘的第一步是勾画草图。

一、草图概述

勾画草图就是通过现场观察、目测或步量，徒手勾画出建筑的平面、立面、剖面和细部详图，清楚表达出建筑从整体到局部的形式、结构、构造节点、构件数量及大致比例。草图也是测量时标注尺寸的底稿。标注了尺寸的草图称为**测稿**。

古建筑的形式随地域、年代不同而千差万别，因功能、级别不同又有繁简、大小的差异。因此，完整记录古建筑所需的图样不尽相同，但大致应包括：总图、平面图、立面图、剖面图、梁架仰视图以及细部详图等。草图的内容也大致按这个框架进行安排（图 5-1）。

草图（测稿）是测绘成果的重要组成部分，应从以下几个方面加以注意：

（1）草图（测稿）是测量数据的原始记录，不仅是绘制正式图纸的重要依据，而且真实反映了测量方法、测量过程方面的一些具体信息，是进行各种修缮工程设计、施工以及建筑历史科学研究的第一手材料。因此，勾画草图应保持科学、严谨、细致的态度。

> 典型错误：习惯于把最终的正式图纸当作测绘成果，轻视测稿的重要性。

（2）草图（测稿）不是个人专用，而是组内共享，甚至作为档案接受查阅，因此必须具备很强的可读性。对于草图（测稿）上交代不清、勾画失准及数据混乱之处应重新整理，描绘。

> 典型错误：认为草图只是自己的事，别人是否看懂无所谓，因而潦草从事。

（3）草图（测稿）是辛勤劳作的成果，凝结着所有参与者的心血，因此要用专门的文件夹或档案袋妥善保管，在测量或制图时不要乱丢乱放，避免造成丢失或污损。

（4）勾画草图可根据客观需要和实际条件灵活掌握，一时没有条件到达或看到的部位，可暂时留白，测量过程中有条件时可随时补画清楚。

二、草图（测稿）的要求

1. 测绘草图（测稿）格式

草图格式虽然没有什么标准样式，但同一次测绘的所有草图的格式应该是相同的。本教材推荐以下格式：

（1）使用A3幅面，横式，左侧装订，右下角为图签栏（图5-2）。

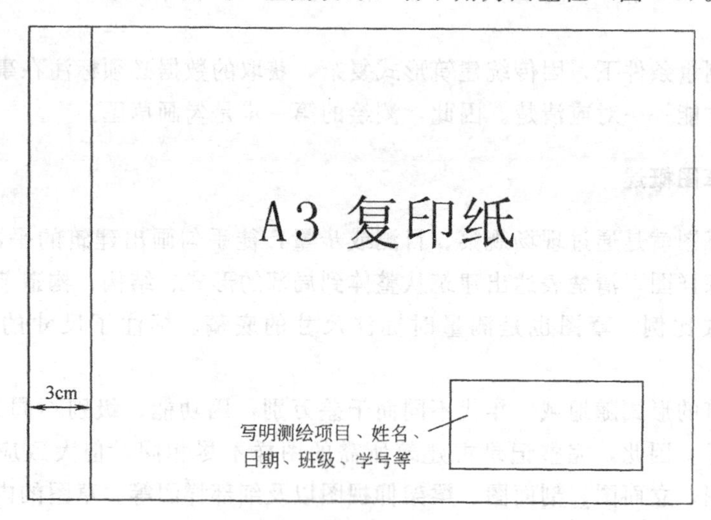

图5-2 草图的一般格式

（2）务必在每一页测稿上注写测绘项目、图名、日期、测绘者姓名、班级和学号等信息，以便整理存档。万一丢失，在查找时也容易辨识。须知短时记忆是不可靠的，即使草图是自己亲笔所画，若不注写图签则难逃“失忆”痛苦。

（3）在天花内、屋面上等特殊条件下测量时，可使用更易携带的小开本速写本，但草图必须重新整理到A3纸上，可用剪贴、复印等方法。

（4）测稿上应在需要拓样或拍照的部位注明“拓”字或“照”字，避免遗漏。所有用于描画纹样的拓样和照片应做索引。

（5）测稿包括所有拓样，拓样应当编号（图5-3）。

（6）所有测稿整理完毕应制作封面，并编制页码、目录。

2. 勾画草图的工具、一般方法和要求

勾画草图的工具包括：A3纸、铅笔、橡皮、画夹、画板、速写本等。铅笔一般应选择HB，软硬适中。纸张也可选用底线很浅的坐标纸，但幅面以A3为宜。

绘制草图的基本方法和一般要求：

（1）测绘者应当主动观察、理解和分析建筑各部分的形体和空间关系，意在

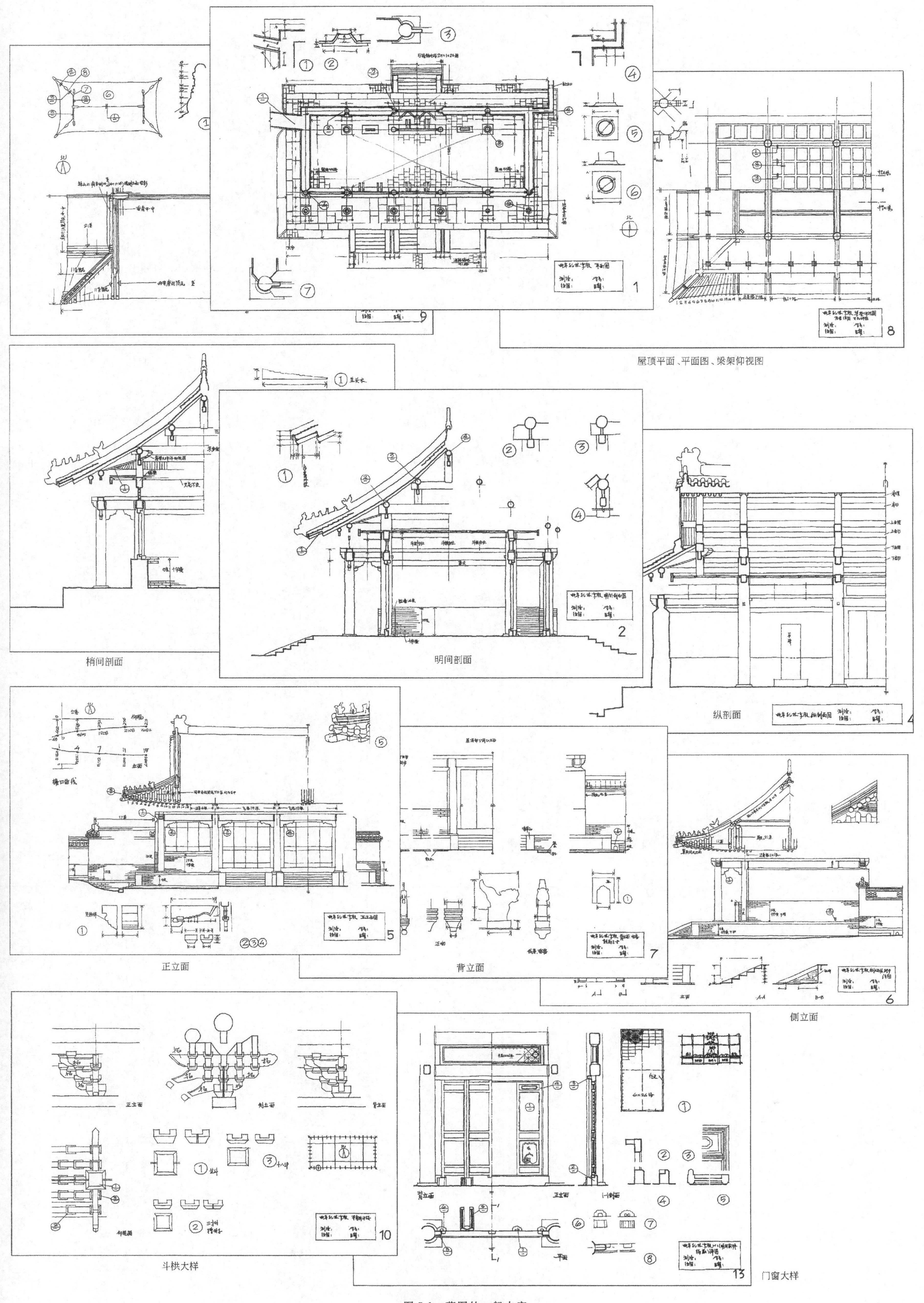

图 5-1　草图的一般内容

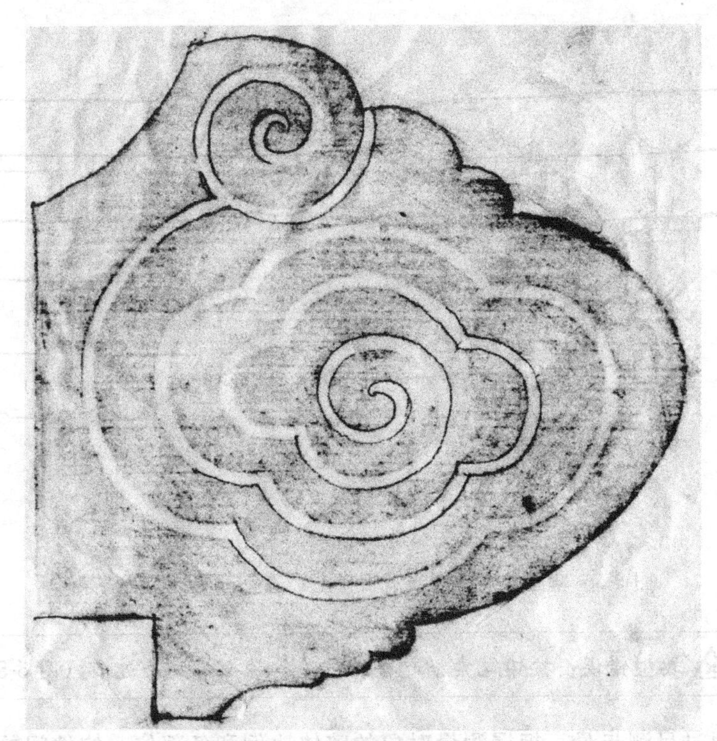

图 5-3　拓样是测稿的一部分

笔先，主动记录。不能看一眼，画一笔，被动描摹。

(2) 草图一般采用正投影法绘制（图 5-4）。宜从所测对象向后退远，并通过左右移动尽量正对各个局部观察，以克服“透视变形”带来的困扰。对翼角等复杂的局部，要仔细分析其形体投影画法。较复杂的关系有时也可以用轴测图表示。

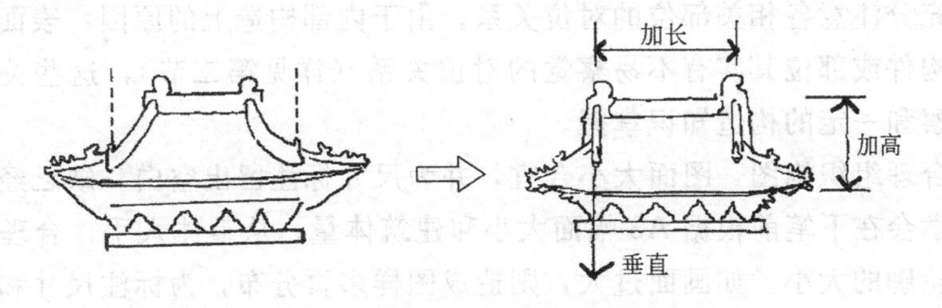

图 5-4　草图一般采用正投影法

> 典型错误：将立面图画成“透视”效果（图 5-4 左图）
>
> 典型错误：在参阅范图时，不管范图所画的对象是否与当前对象相同，直接抄袭。

(3) 勾画草图所用线条要清晰、肯定。尽量减少橡皮擦拭，保持图面干净（图 5-5）。这要求测绘者有一定的绘画基本功，初学者可从整体出发，先用较硬的铅笔轻轻画出结构线，然后再用清晰的线条肯定下来。

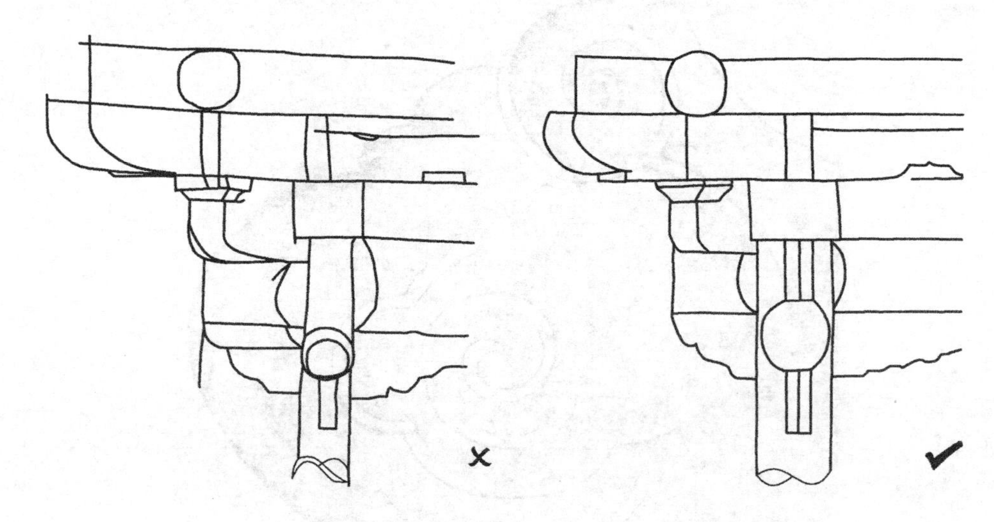

图 5-5　草图的线条应当清晰肯定，避免过多试探性线条

> ⚠ 典型错误：按铅笔素描起稿的方法，试探性线条过多（图 5-5）。

（4）通过目测步量，把握测量对象的整体比例和各部位、构件间的相互比例关系。画立面图时，如初学者感到判断比例的“眼力”不够，可手持直尺或铅笔，伸直手臂，通过移动拇指的位置，用尺端和拇指瞄准目标，帮助估计立面上的开间、门窗等部位的高宽比。画平面图时，则可通过步测，大致估测建筑各间面阔、进深尺寸。

（5）笔下形象要与实物基本相似，符合对象的基本特征，尤其是构造做法的时代特点和地域风格。

（6）充分注意各相关部位的对位关系。由于内部构造上的原因，表面似乎没有关联的构件或部位其实有不易察觉的对位关系（详见第二节），这些关系要通过仔细观察和一定的构造知识掌握。

（7）合理组织构图，图面大小合宜，并为尺寸标注留出空白。缺乏经验的初学者应当学会在下笔前根据 A3 幅面大小和建筑体量，从整体入手，合理控制画面上建筑轮廓的大小。如画面过大，则造成图样多页分布，为标注尺寸和查阅数据徒增不便；反之，画面过小，则各种构件的外形轮廓及其交接关系难以表达得清爽醒目，标注尺寸也无法从容有序，为以后数据整理和绘图造成困扰。另外，一定要为尺寸标注留出必要的空白。

（8）建筑的一些细部要另画详图，使草图的表达粗精结合、繁简得当（图 5-6）。A3 幅面毕竟较小，一般情况下想要把建筑画全，就必然损失一些细节。这就需要分化出细部详图，并用索引符号标引，俗称“吹泡”。全图用于标注总尺寸和定位尺寸，详图用于标注细部尺寸。请注意：不用详图的草图几乎没有，所以掌握这一技巧非常重要。

（9）勾画草图的工作包括清点建筑上重复构件的数量，并标注在草图上，如

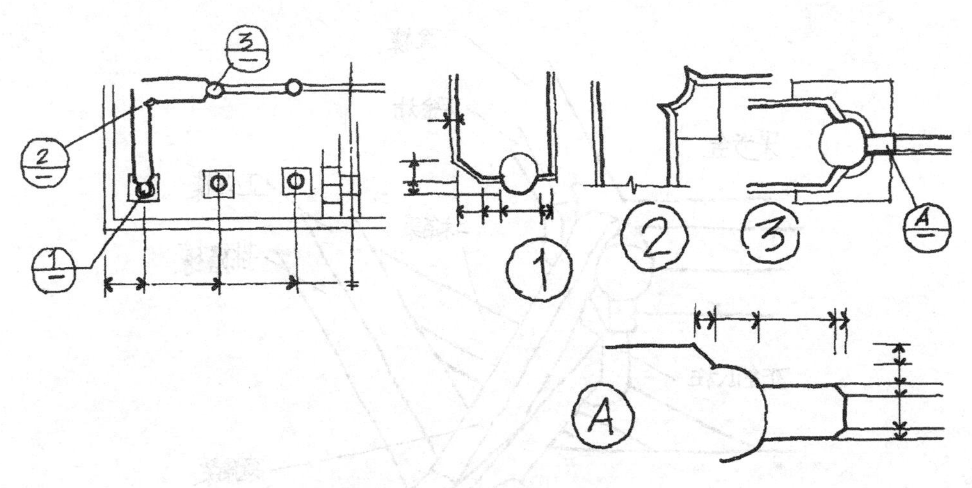

图 5-6　详图及索引举例

铺地砖的数量、砖墙的层数、瓦垄及椽子的数量等。

(10) 不可见部分留白，不推测杜撰（参见第三章第一节）。

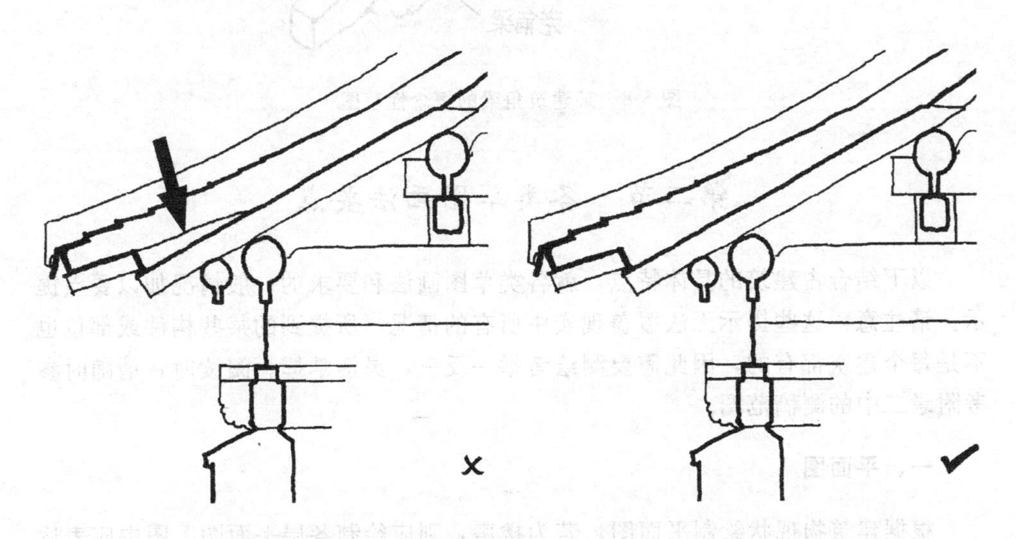

图 5-7　不可见部分留白，不推测杜撰

典型错误：在飞椽后尾未探明的情况下推测杜撰（图 5-7）。

(11) 雕刻纹样及构件的异形轮廓尽可能实拓，勾草图时只需简略概括，画清轮廓即可。

作为训练手段，草图阶段还可以完成以下练习：

(1) 写生性地勾画艺术构件草图，以体会白描手法如何表达复杂形体和纹样，为后期上机描画做准备。

(2) 对结构复杂的部位，可勾画三维概念草图，以强化对空间结构的理解（图 5-8）。如歇山建筑的正身梁架、角梁、歇山各部等。

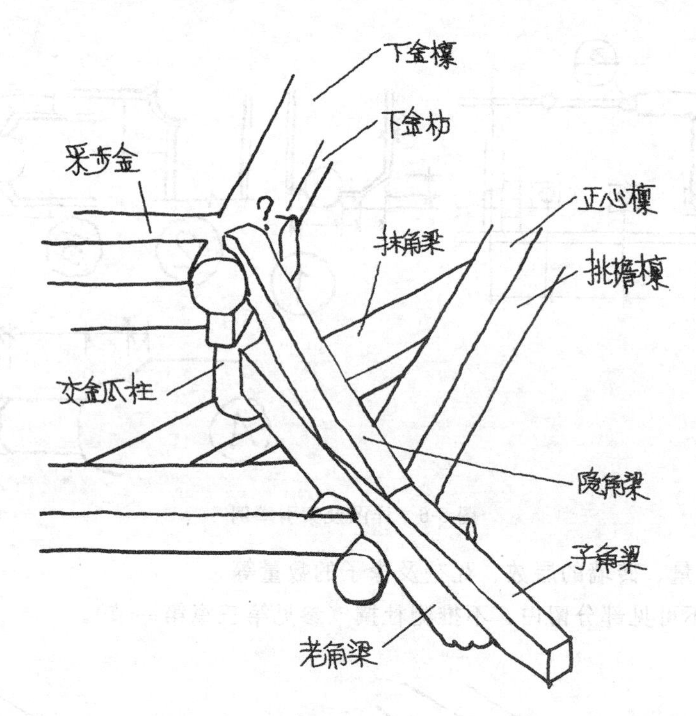

图 5-8　某建筑角梁的概念性草图

第二节　各类草图画法要点

以下结合古建筑的具体特点，就各类草图画法和要求的一般情况加以要点提示。请注意：这些提示无法覆盖现实中所有的情况，所提到的某些构件或部位也不是每个建筑都有的，因此需要测绘者举一反三，灵活掌握。阅读时，请随时参考附录二中的测稿范图。

一、平面图

根据建筑物现状绘制平面图，若为楼房，则应绘制各层平面图。图中应表达清楚柱、墙、门窗、台基等基本内容。铺地、散水以及台基石活要反映出铺装规律。一般宜从定位轴线入手，然后定柱子、画墙、开门窗，再深入细部。

◆需要绘制详图的部位

•墙体中特殊的转角、尽端处理以及墙体；柱子与门窗交接的部分可入门窗大样。

•各式柱础：除平面外，同时画出另两个方向的视图。

•有雕饰的门枕石、角石等：除平面外，同时画出另两个方向的视图。

•必要的铺地、散水以及台基石活局部。

◆必须数清并标明数量的构件

•台明、室内地面及散水的铺地砖或木地板；

•阶条石、土衬石等。

◆其他注意事项

• 平面图中应“关窗开门”。

• 平面图中的柱子断面按柱根尺寸画。

• 墙体一般剖切在槛墙和下碱以上，即剖上身，看下碱。剖断部分的墙厚为墙上身根部尺寸。

• 门窗、槅扇、花罩、楼梯以及其他不可能在平面图中表达清楚的部位和构件，均需专门画出完整详图，参见测稿范图（附录二）。

• 踏跺、栏杆等详图可归入立面草图。

• 平面图务必要画出建筑与道路、院墙或其他建筑的交接关系。

二、立面图

立面图反映建筑的外观形式，一般包括正立面、侧立面和背立面图等。某些异形平面的建筑，如曲尺形、凹字形廊子，无所谓正、背，可按其方位称“南立面”、“东立面”等。当不同建筑交接在一起时，比如正房两山接廊子或耳房时，其侧立面其实是廊子或耳房的相应剖面图，其他情况类同。

观察建筑整体外观的时候，有条件时应当退得稍远一些，并通过左右移动，

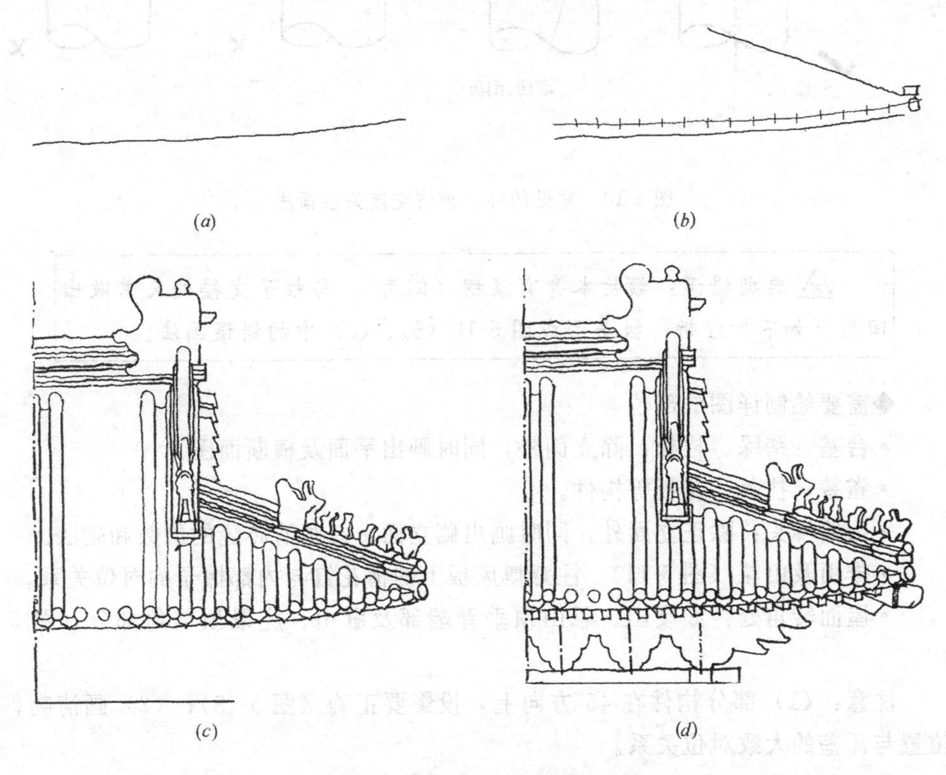

图 5-9　翼角部分草图画法示意

(a) 画连檐线；(b) 向上分瓦垄，并画出戗脊走向；(c) 详画瓦顶，翼角部分画出每一垄瓦，注意其与吻兽的对位关系；(d) 向下分椽子，并画出角梁，斗栱分位等

尽量正对建筑各个局部观察，以克服“透视变形”带来的困扰。退远观察还可有助于更好把握建筑整体的高宽比例。此外，立面草图还应当正确反映每一间的高宽比、柱子细长比等主要特征。一般从檐口（大连檐上皮）或者额枋（檐枋）起笔，再确定地面位置，然后每间按比例分好。翼角部位也以大连檐为骨架，向上画出瓦垄，向下划分椽子（图 5-9）。

另外，注意柱子与额枋（檐枋）交接处的正确画法（图 5-10）。其他类似节点同此。

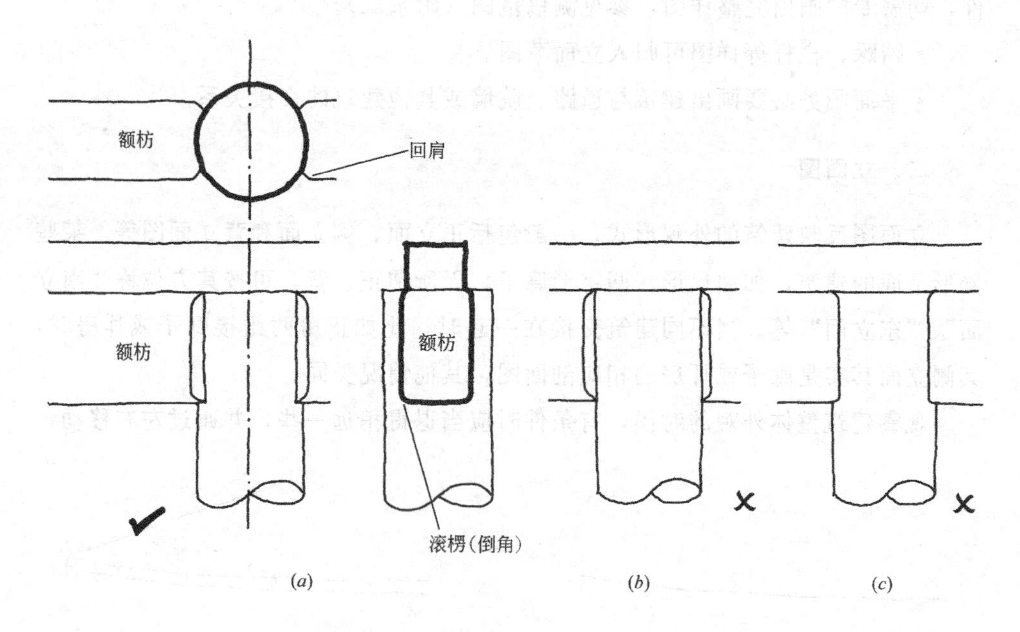

图 5-10 常见的柱、额枋交接关系画法

> **典型错误**：额枋本身有滚楞（倒角），与柱子交接处又需做出回肩。如不加分析，极易形成图 5-10（*b*）、（*c*）中的错误画法。

◆需要绘制详图的部位

• 台基、踏跺、栏板：除立面外，同时画出平面及横断面图。

• 雀替、挂落、花板等构件。

• 山墙墀头：除正立面外，同时画出侧立面，并画清砖缝的层数和砌法。

• 排山及山花（图 5-11）。注意搏风板上的梅花钉与内部檩子的对位关系。

• 屋面转角处：如硬山、悬山顶垂脊端部及歇山、庑殿顶翼角部分（图 5-12）。

注意：（1）部分构件在 45°方向上，投影要正确（图 5-13）；（2）画清吻兽位置与瓦垄的大致对位关系。

> **典型错误**：受透视现象迷惑，画出的 45°戗脊上的筒瓦比正常尺寸小（图 5-12*a*）。

> 典型错误：受透视现象迷惑，将水平线脚在立面上的投影画成倾斜的（图 5-13*a*）。

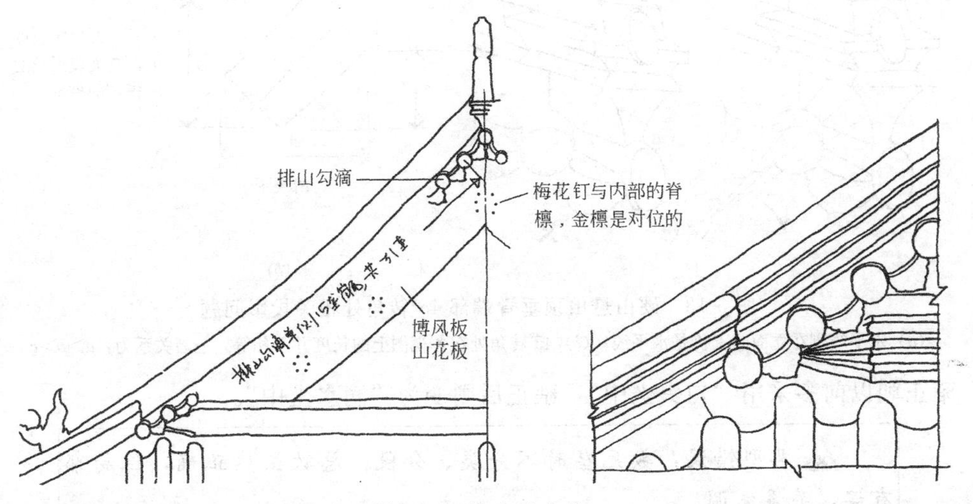

图 5-11　排山及山花

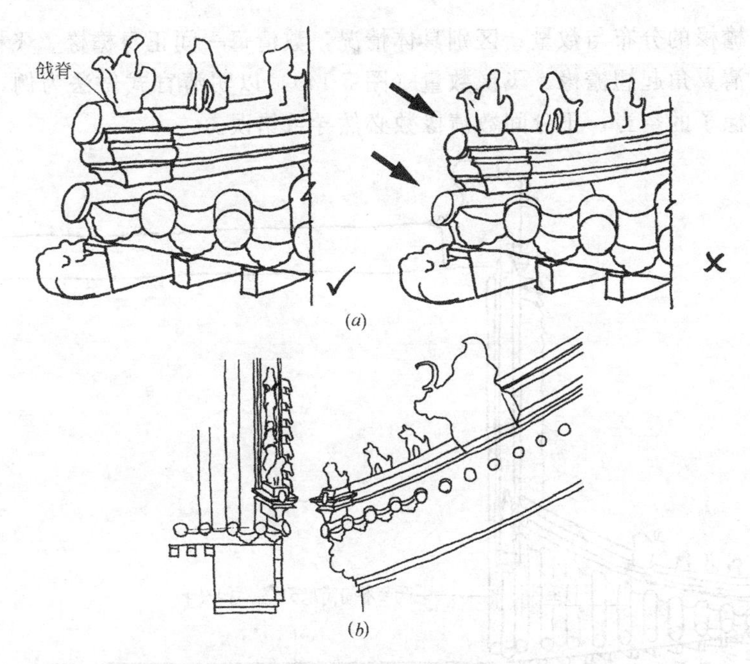

图 5-12　歇山顶翼角详图和硬山顶屋面转角处详图

（*a*）歇山顶翼角处详图：戗脊上的筒瓦与正常筒瓦尺寸一般相同；

（*b*）硬山屋顶屋面垂背端部详图

◆必须数清并标明数量的构件

·瓦垄的排列规律和数量：依屋顶形式不同，分类、分段数清瓦垄，看清“坐中”瓦垄。以筒瓦歇山屋面为例，应分别数清两垂脊以外及两垂脊之间的瓦垄数，判断是“勾头坐中”还是“滴水坐中”（图 5-13）。明清北方官式做法中，

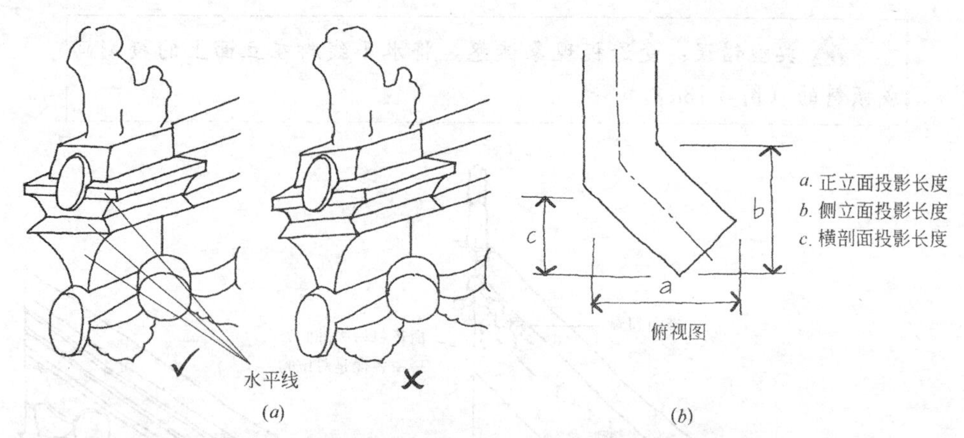

图 5-13 硬山悬山顶垂脊端部 45°转角处相关投影问题

(a) 水平线脚在立面图上仍是水平线；(b) 45°转角处在各视图上的长度并不相等，三者关系为：$a>b>c$

雍正朝以前多采用“勾头坐中”，雍正后则变为“滴水坐中”。

> ⚠ 典型错误：数瓦垄时不分类、分段，总数虽然正确，但局部有误，关系失调。

• 檐椽的分布与数量：区别具体情况，数清每一间正身檐椽、飞椽数量，并单独数清翼角起翘檐椽、飞椽数量（图 5-14）。以明清官式做法为例，柱中线一般正对椽子的空当，不分间数清椽数必然导致错误。

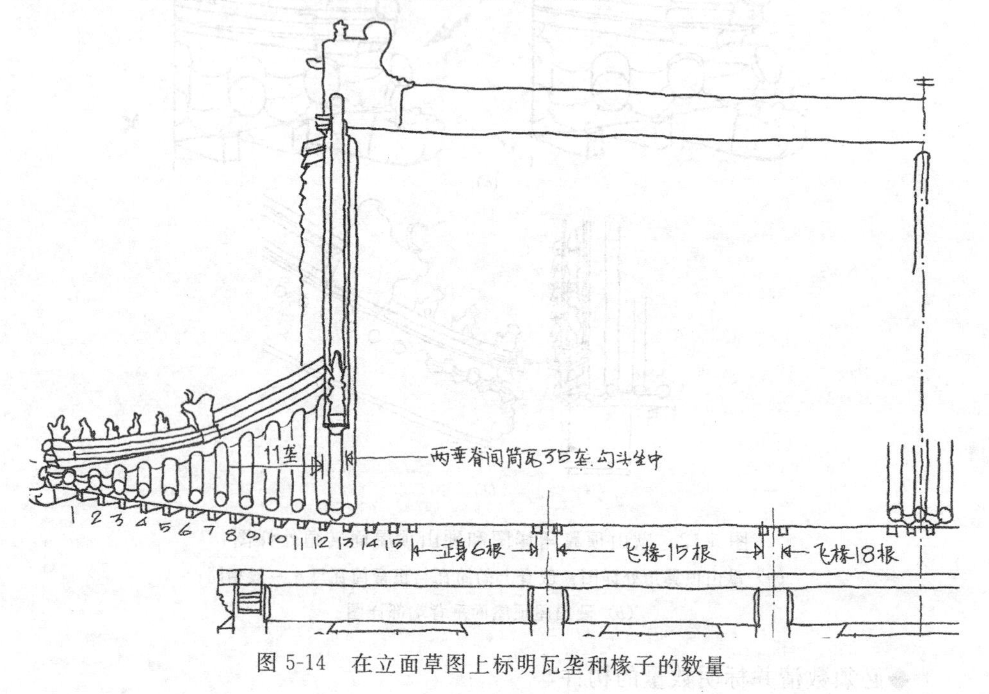

图 5-14 在立面草图上标明瓦垄和椽子的数量

> ⚠ 典型错误：数椽子时不分间，造成椽数不对，椽与柱中（梁头）关系失准。

• 砖墙的排列组筑方式和层数。除数清砖的行数外，必须分清卧砖、陡板等摆砌方式及十字缝、三顺一丁、五顺一丁等砖缝形式，特别要注意画清墙面尽端或转角处的排列方式（图 5-15）。

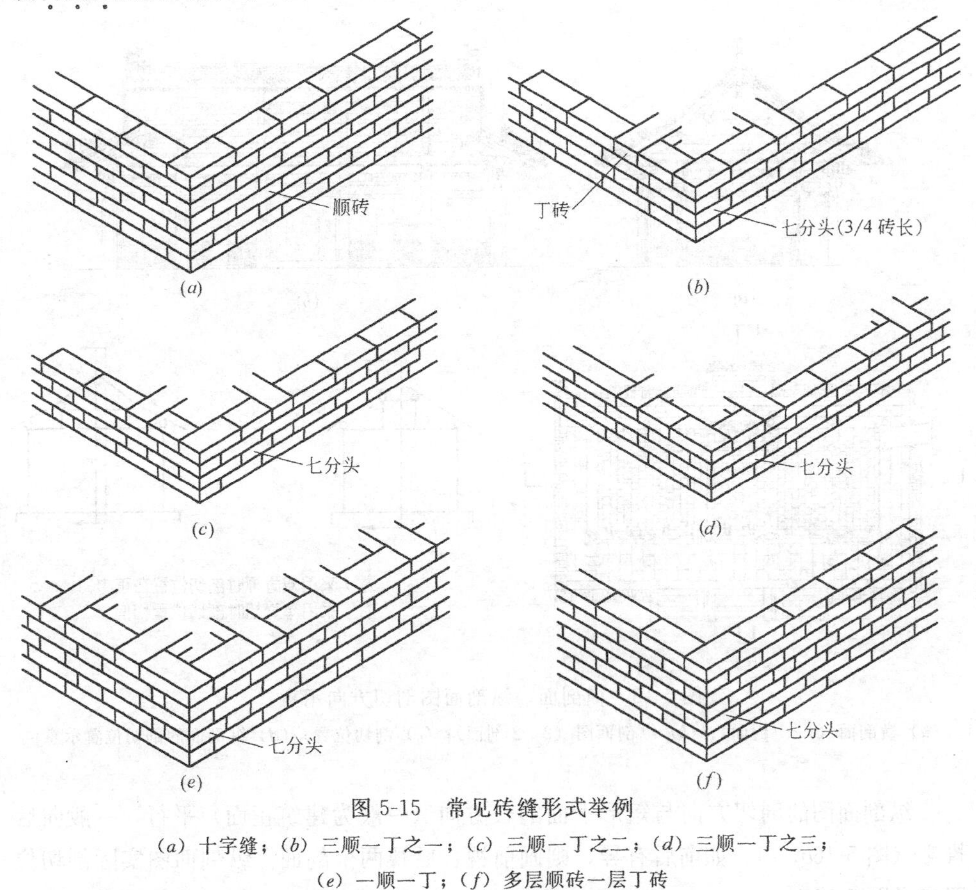

图 5-15　常见砖缝形式举例

(a) 十字缝；(b) 三顺一丁之一；(c) 三顺一丁之二；(d) 三顺一丁之三；
(e) 一顺一丁；(f) 多层顺砖一层丁砖

• 其他砌体如台帮、山花等处的砖缝形式和层数。

• 排山勾滴的分布与数量（图 5-11）。

◆其他注意事项

• 立面图中应“关窗关门”。

• 斗栱、门窗以及其他不易在立面图中表达清楚的部位和构件，均需专门画出完整详图。

• 瓦顶上的吻兽、屋脊等细部可归入屋顶平面草图，留待屋顶测量时补画。

> 典型错误：虽然注意了砖缝的宏观形式，但忽略了转角、尽端的细部处理，导致正式绘图时转角部分失准。

三、剖面图

剖面图主要反映建筑的结构和内部空间，一般包括各间横剖面图及纵剖面图。对典型的矩形平面建筑来说，横剖面、纵剖面是这样区分的：

横剖面图的剖切方向与矩形平面的长方向（一般为建筑正面）垂直，一般向左投影（图 5-16*a*、*c*）。至少应有明间剖面和梢间剖面；如各间有异，每间都应有横剖面图。

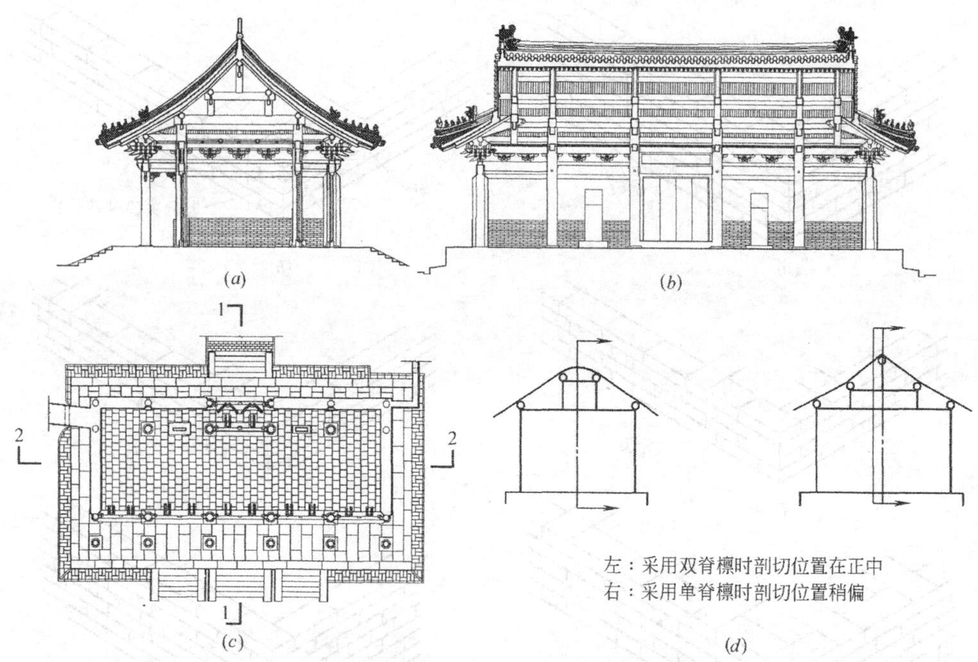

(*a*) (*b*) (*c*) (*d*)

图 5-16 横剖面、纵剖面图剖切方向示意

(*a*) 横剖面（1—1 剖面）；(*b*) 纵剖面图（2—2 剖面）；(*c*) 剖切位置；(*d*) 纵剖面的剖切位置示意

纵剖面图的剖切方向与矩形平面的长方向（一般为建筑正面）平行，一般向后投影（图 5-16*b*、*c*）。如前后有异，则画前视、后视两个剖面。纵剖面图实际剖切位置参见图 5-16*d*。

剖面图也可按一般建筑制图惯例编为 1—1 剖面、2—2 剖面等。尤其当建筑平面和形体比较复杂时，可酌情选定剖切位置和剖面图数量，并不受“横剖”、“纵剖”所限。

◆需要绘制详图的部位

·梁架节点局部放大，以便详细标注梁、枋、檩的断面尺寸及倒角；要注意梁头、梁身的尺寸变化（图 5-17），以及椽子上下搭接方式及脊檩上的椽子搭接方式

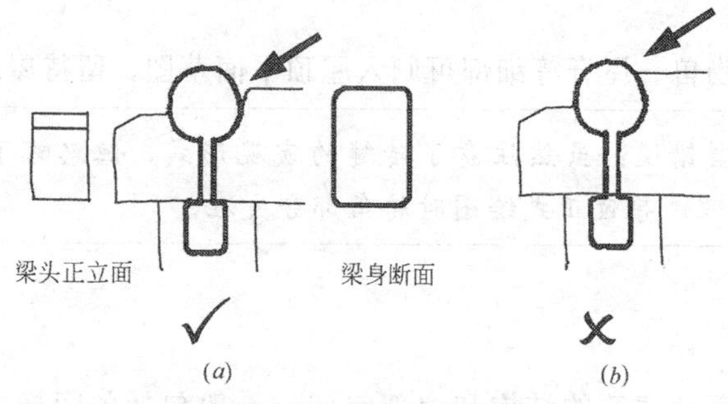

(*a*) (*b*)

图 5-17 梁架节点大样

(*a*) 梁头、梁身的尺寸有变化；(*b*) 所画檩椀尺寸使檩头难以放入

> ⚠ 典型错误：未注意梁头、梁身尺寸上的变化。
>
> ⚠ 典型错误：檩椀形式及尺寸不对，使檩头难以放入（图 5-17*b*）。

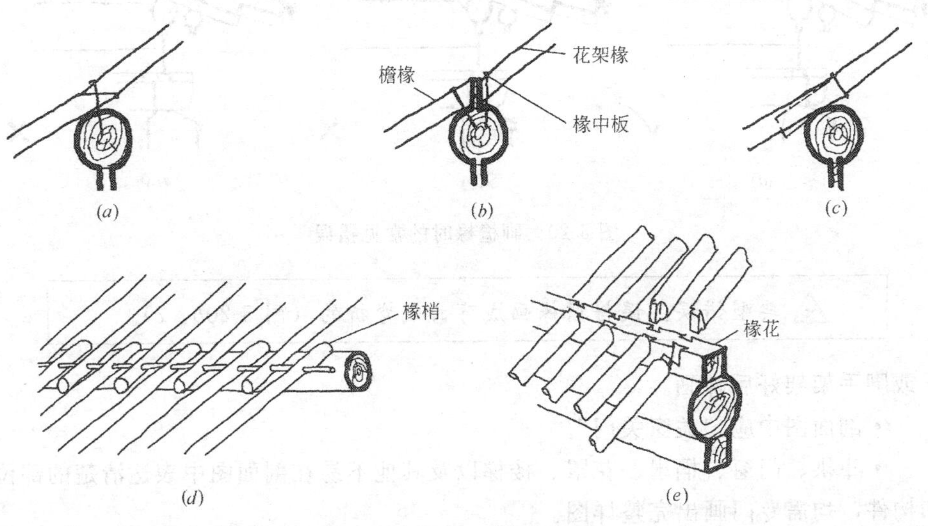

图 5-18　椽子上下搭接常见方式

椽子上下搭接的常见方式有：(*a*) 压掌做法（斜搭掌式）；(*b*) 交掌做法（多用于檐椽与花架椽的连接），以上北京地区多见；(*c*)、(*d*) 乱搭头，有些用椽梢，山西地区常见；(*e*) 椽花，甘、青地区常见等。

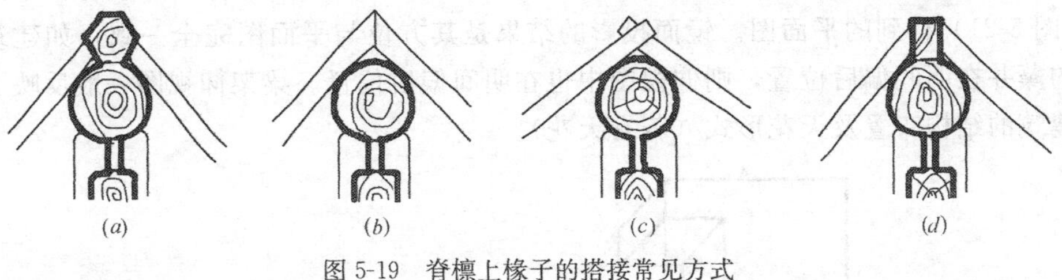

图 5-19　脊檩上椽子的搭接常见方式

(*a*) 扶脊木；(*b*) 无扶脊木；(*c*) 乱搭头；(*d*) 椽花

(图 5-18、图 5-19)。

• 檐出部分局部放大，交待清楚瓦件、瓦口木、连檐、檐椽、飞椽等构件的关系（见测稿范图）。

• 纵剖面图上要详细交待悬山或歇山的出山（出际）部分，包括山花、搏风等（见测稿范图）。

◆必须数清并标明数量的构件

• 出山（出际）部分的椽数。

• 各步架椽子排列不一致的情况下（如采用乱搭头做法）椽子数的变化情况。

◆其他注意事项

• 檐椽是一根直椽，不能画成弯曲或弯折的（图 5-20）。

• 角梁大样可归入梁架仰视草图。

• 在地面勾画草图时，高处的梁架不易看清，这时不应勉强从事，可留待梯

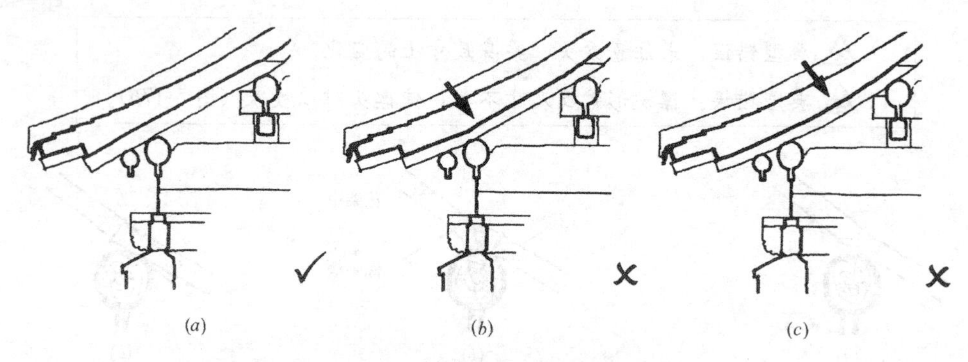

图 5-20　画檐椽时的常见错误

典型错误：误将檐椽画成弯曲或弯折的（图 5-20*b*、*c*）。

子或脚手架架好后补画。

• 剖面图中应“关窗关门”。

• 斗栱、门窗、槅扇、花罩、楼梯以及其他不易在剖面图中表达清楚的部位和构件，均需专门画出完整详图。

四、梁架仰视图

梁架仰视图是在柱头附近位置剖切，然后对剖切面以上部分采用镜像投影法（图 5-21）得到的平面图。镜面投影的结果是其方位与平面图完全一致，如建筑的藻井在明间偏后位置，则仰视图中也在明间偏后位置。梁架仰视图一般反映了建筑的结构布置及天花形式（若有天花）。

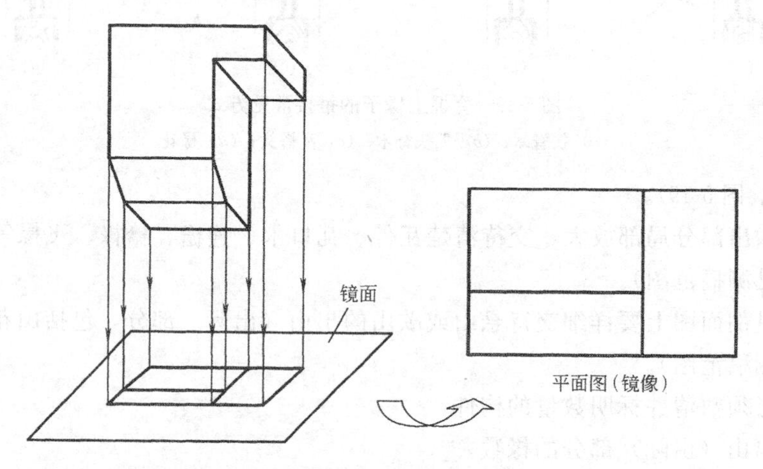

图 5-21　镜像投影法

仰视图的剖切位置：对有斗栱的建筑一般从斗栱坐斗（栌斗）底面剖切，无斗栱则从檐枋或额枋以下剖切（图 5-22）。

◆需要绘制详图的部位

• 角梁大样。按仰视和 45°方向剖切绘制（图 5-23）；必须画清梁头、梁身及后尾露明部分的形态及其与檐檩、金檩的关系，不可见部分留白。

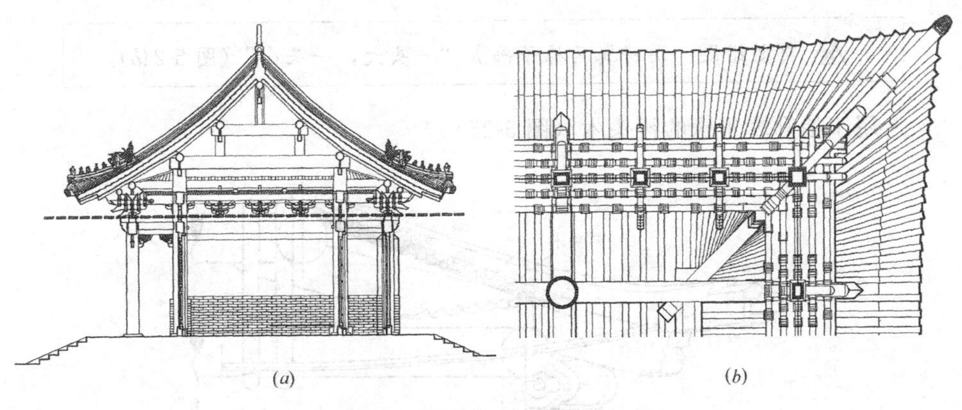

(*a*)　　(*b*)

图 5-22　仰视图剖切位置示意

(*a*) 剖切位置；(*b*) 仰视图（局部）

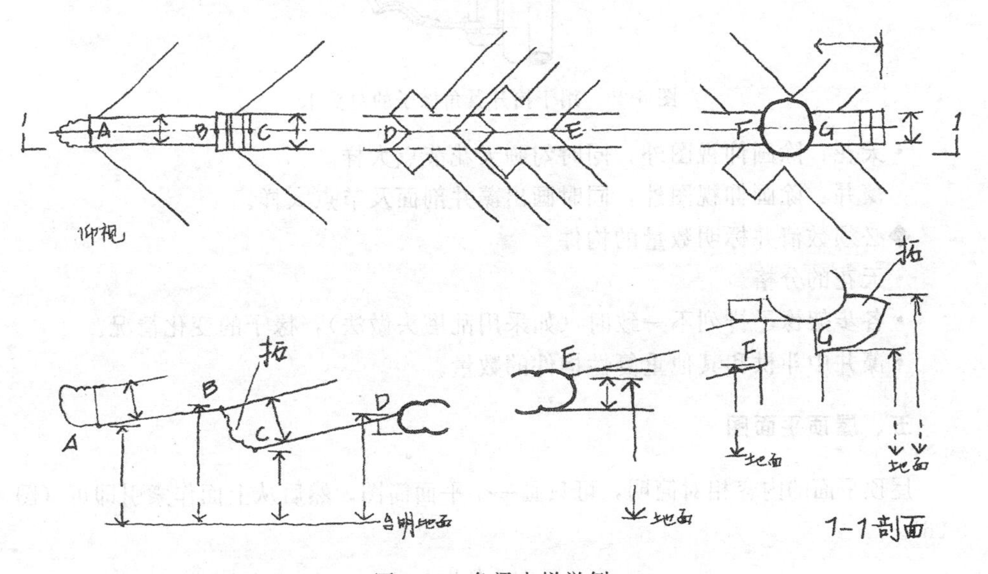

图 5-23　角梁大样举例

常态下，角梁无法完全探明，本图实际上是可探明部位的片段组合

•翼角椽子的排列，包括翼角椽数量，起止分布规律及其与角梁的关系。注意：官式做法中，翼角椽子的椽头部分，断面尺寸基本保持不变，而不是“一头大，一头小”。地方做法中若有此现象，则另当别论（图 5-24）。

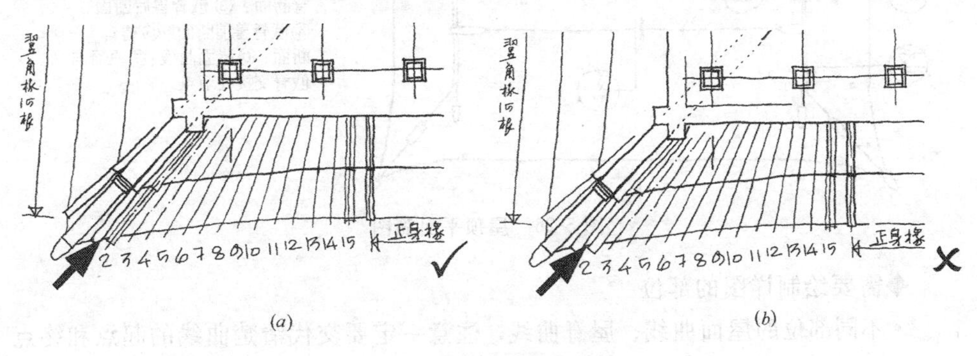

(*a*)　　(*b*)

图 5-24　翼角部分的仰视图

> ⚠ 典型错误：误将翼角椽子画成“一头大，一头小”（图 5-24*b*）。

• 用于抬升翼角椽的衬头木（图 5-25）。

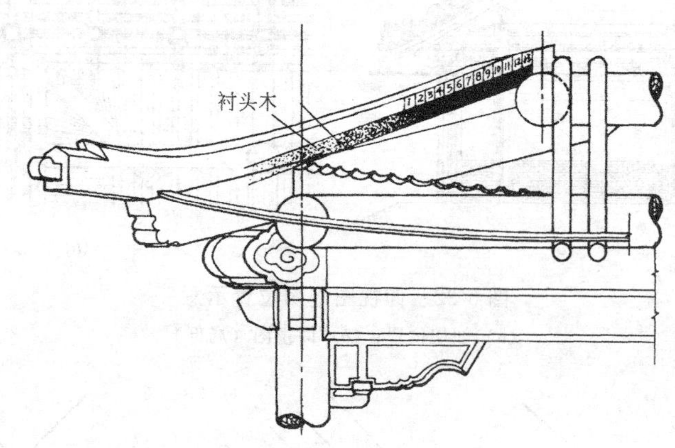

图 5-25　用于抬升翼角椽子的衬头木

• 天花：除画仰视图外，同时勾画天花节点大样。

• 藻井：除画仰视图外，同时画出藻井剖面及节点大样。

◆必须数清并标明数量的构件

• 天花的分格。

• 各步架椽子排列不一致时（如采用乱搭头做法），椽子的变化情况。

• 藻井中斗栱和其他重复性构件的数量。

五、屋顶平面图

屋顶平面的内容相对简明，可只画一个平面简图，然后从上面作索引即可（图 5-26）。

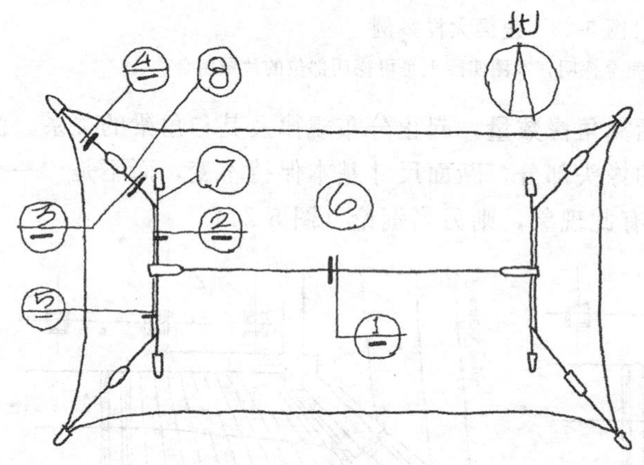

图中可对各种细部进行索引：①正脊断面；②垂脊断面；③戗脊兽后断面；④戗脊兽前断面；⑤搏脊断面；⑥屋面曲线；⑦垂脊与戗脊交接处节点。

图 5-26　屋顶平面简图

◆需要绘制详图的部位

• 不同部位的屋面曲线、屋脊曲线，注意一定要交代清楚曲线的起点和终点（图 5-27）。

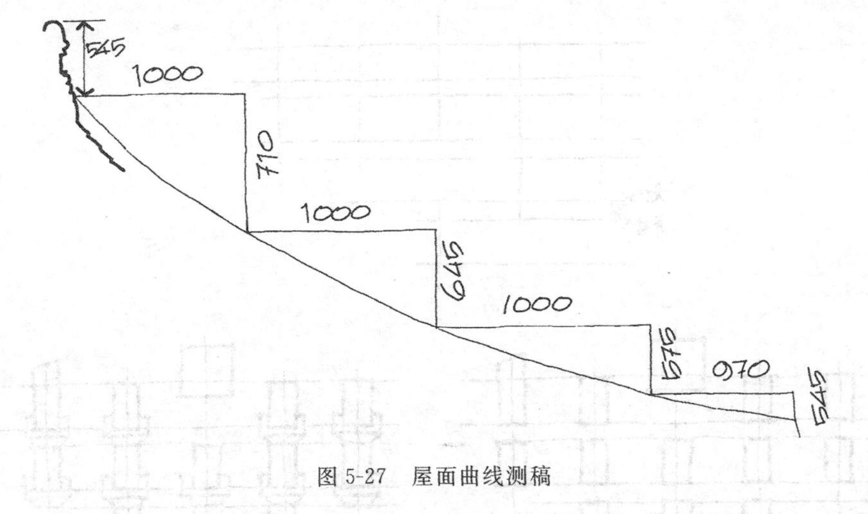

图 5-27　屋面曲线测稿

• 不同屋脊交接的节点，如正脊与垂脊、垂脊与戗脊的交接处。

• 屋面转角处，例如歇山顶翼角，悬山顶垂脊端部。

• 不同屋脊的断面图。如断面有变化，则画全所有断面。例如清官式做法中的戗脊有兽前、兽后之分（图 5-26）。

• 不同吻兽的简图，注意将吻座、兽座画全（图 5-28）。

• 脊饰、勾头、滴水等其他瓦件。

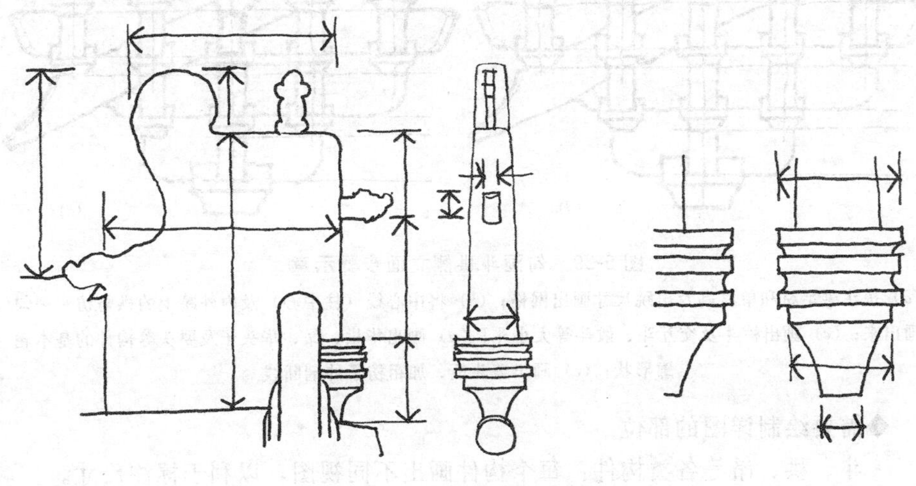

图 5-28　正吻大样举例

六、斗栱大样图

勾画斗栱时最好熟悉斗栱用“材”或“斗口”，以及权衡比例，循其规律勾画，效率可大大提高。勾画时宜从侧立面入手。因为侧立面既形象鲜明，又层次清晰，容易把握；而正立面层次不清，仰视图不是典型形象，直接勾画均较为困难。

以一组（攒、朵）斗栱的侧立面为例，推荐以图 5-29 的步骤进行绘制。

斗栱侧立面画好后，则可按“长对正，高平齐，宽相等”原则，对照侧立面画出仰视平面、正立面、背立面等其他视图。

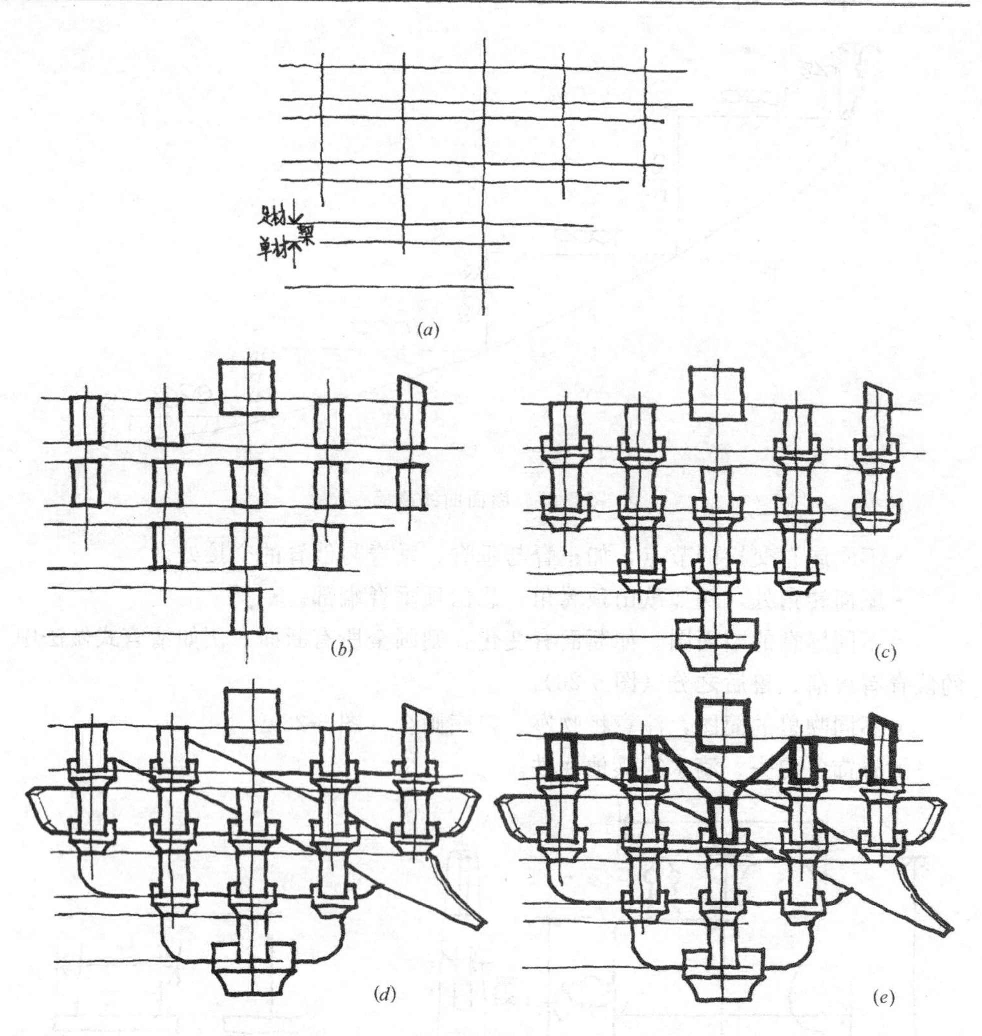

图 5-29 勾画斗栱侧立面步骤示意

(*a*) 按斗栱足材和单材高及出跳尺寸画出网格；(*b*) 将中心线（柱中心）及内外跳上的栱与枋一一勾画出来；(*c*) 画出栌斗及交互斗、散斗等大小斗；(*d*) 画出华栱、昂、华头子及耍头等构件的基本轮廓形状；(*e*) 画出盖斗板、加粗枋子的剖断线

◆需要绘制详图的部位

• 斗、栱、昂等各类构件：每个构件画出不同视图，以利于标注尺寸。

七、门窗大样图

门窗大样图不仅包括门扇、窗扇，而且包括门槛、抱框及与其相连的柱、枋等构件，应将平面、正背立面、剖面若干视图画在一起（参见测稿范图）。

> 典型错误：认为门窗大样就是门扇、窗扇的大样图而忽略了其他部分。

槅扇的槅心部分，可单独画成详图。槅心的图案一般可归纳出经纬网格构成的骨架，然后从一个角上开始画出若干单元即可（图 5-30）。

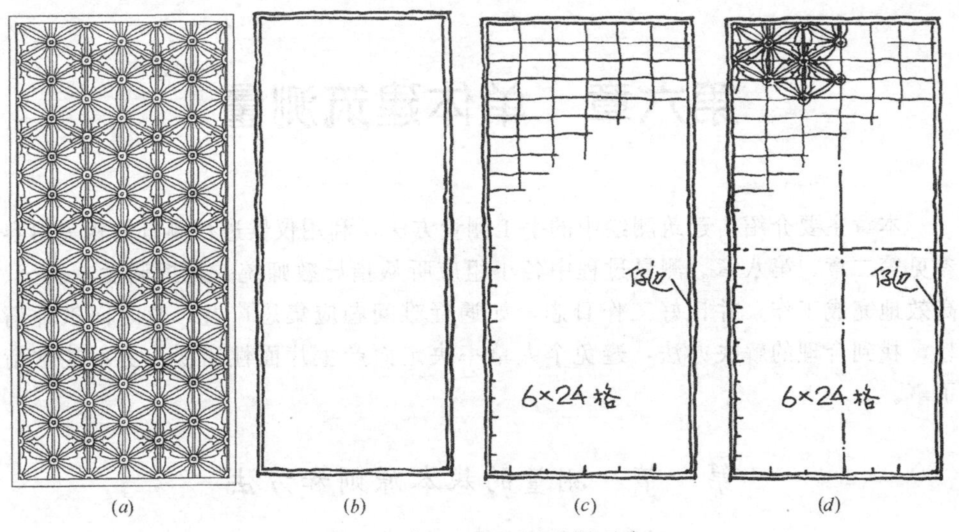

图 5-30 槅心立面画法步骤示意

(a)“三交六椀”槅心；(b) 先画出仔边；(c) 归纳出经纬网格；(d) 从一个角上开始画出若干单元

八、其他大样

除以上部分涉及到的细部大样外，还有诸如丹陛、楼梯、花罩、板壁、博古、彩画等许多建筑细部以及经幢、碑碣、塑像、佛龛、暖阁等附属文物，应根据具体情况单独画出详图，因篇幅所限，不再一一赘述。最后重申：大样图应同时画出三视图或二视图（图 5-31)，切忌分人单画。

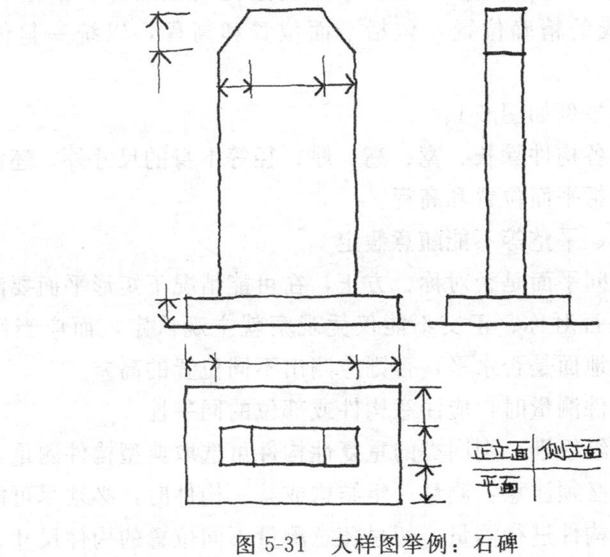

图 5-31 大样图举例：石碑

> 典型错误：将大样图的不同视图割裂，分人单画。如把门窗的平、立、剖面分别分给负责平面、立面和剖面的人，无端增加互相扯皮、数据不合的机会。

第六章　单体建筑测量

本章主要介绍古建筑测绘中的手工测量方法，利用仪器进行测量的相关内容参见第二章、第八章。测量过程中各小组应听从指导教师统一指挥调度，安全、高效地完成工作，并记好工作日志。如遇疑难问题应集思广益，及时向教师请教，找到合理的解决办法，避免个人草率决定而产生片面性错误，更不能敷衍了事。

第一节　测量的基本原则和方法

一、测量基本原则和方法

1. 测量基本原则

一般来说，无论采用何种仪器、何种方法，单体建筑测量时都应遵循以下原则：

(1) 从整体到局部，先控制后细部

这是一条重要的测量学原则，目的是为了限制误差的传播，使不同局部取得的数据能够统一成整体。也就是说，先测量控制性尺寸，确定一些建筑上的控制点和控制线的精确位置，包括平面位置和高程，以统一整体的测量工作。

重要控制性尺寸举例如图 6-1。

建筑的各部位、各构件除长、宽、高、厚、径等本身的尺寸外，还需要测定其空间定位尺寸，包括平面位置和高程。

(2) 方正、对称、平整等不能随意假定

应当充分注意房间平面是否对称、方正，在可能情况下矩形平面要测量对角线验证（图 6-2）。是否对称、正交不能仅凭观察就主观认定，而应当用数据验证。竖向测量应注意地面是否水平，否则应测出不同位置的高差。

(3) 选取典型构件测量时，应注意构件或部位的同一性

如果采用典型测绘级别，则同类的重复性构件可选取典型构件测量，条件允许时应多测几组。但必须注意：测量一组结构或某一构件时，必须尽可能在这组结构内或针对这一组构件进行测量，切忌随意测量不同位置的构件尺寸，“拼凑”成完整的尺寸。

(4) 充分注意一些特定情况

柱的收分、侧脚及生起，翼角起翘，地面合溜（坡度），墙体收分，屋脊生起等特定情况反映了建筑的特征，是不能忽略的，应充分注意，并加以测量（图 6-3）。

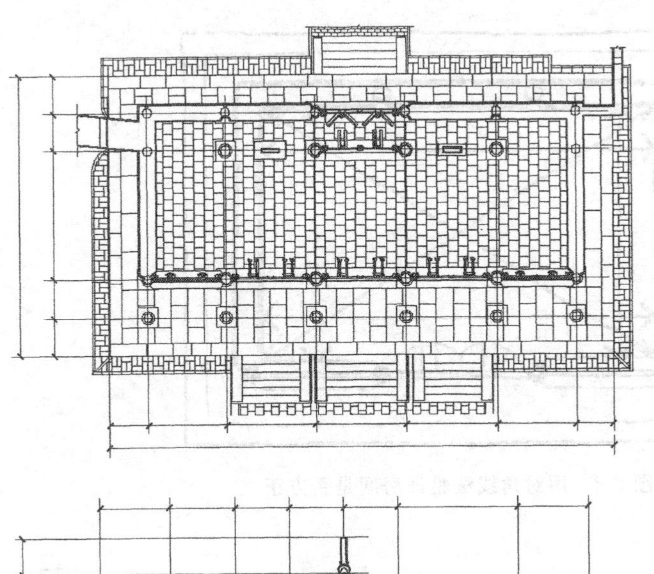

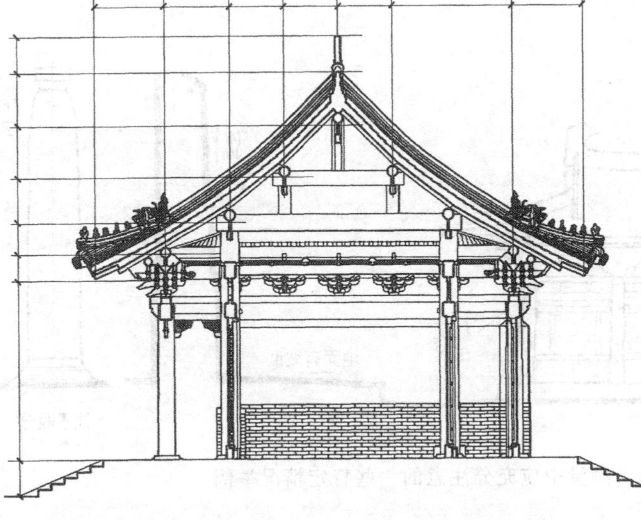

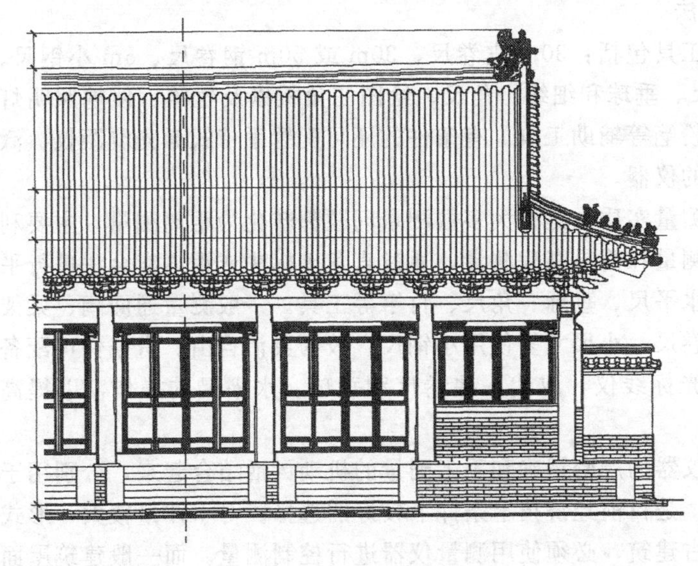

图 6-1　单体建筑上重要控制性尺寸举例

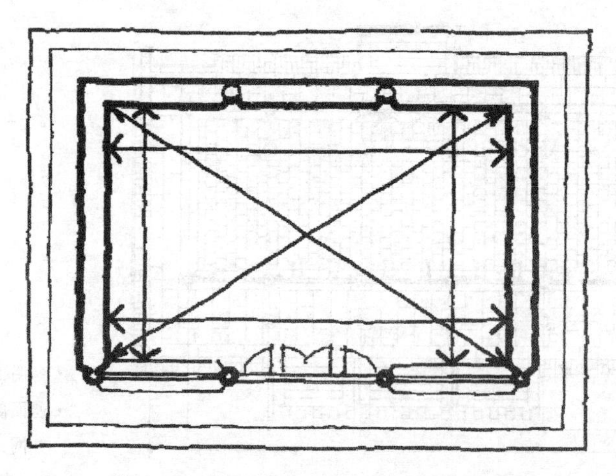

图 6-2　用对角线法验证房间是否方正

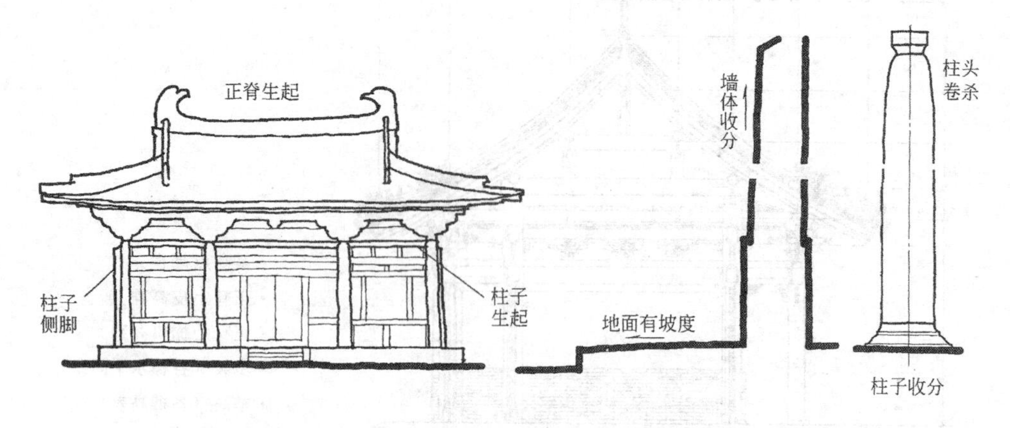

图 6-3　测量中应充分注意的一些特定情况举例

2. 测量的基本方法

手工测量的一般工具包括：30m 皮卷尺、30m 或 50m 钢卷尺、5m 小钢尺、60cm 和 100cm 水平尺、垂球和细线、角尺、绘图三角板以及竹竿、便携照明灯具、复写纸、宣纸、粉笔等辅助工具。有条件的还可配置手持式激光测距仪、激光标线仪等小型轻便的仪器。

限于工具，手工测量实质上是把大多数测量问题都转化为距离测量，主要利用上述尺具进行距离测量和简易高程测量，通过直角坐标法或距离交会法进行平面定位，必要时辅以水平尺、垂球、角尺、竹竿等工具。一般测量通面阔、梁架高度等较大尺寸时用卷尺，小尺寸多使用小钢尺，较为灵活自由。有条件可配备手持激光测距仪和激光标线仪，取代一些卷尺和垂球、水平尺的操作，以提高效率。

事实上，将测量仪器的严密精确和手工测量的机动灵活结合起来，分别用于控制测量和碎部测量，是目前经济技术条件下较好的选择。对于体量较大、形式复杂或者非常重要的古建筑，必须使用测量仪器进行控制测量。而一般建筑屋面上的重要控制性尺寸，使用手工方法也常常力不从心，尤其遇到庑殿、歇山顶及重檐建筑时更是如此，因此，有条件的必须使用仪器测量。

手工测量时应掌握以下基本方法和注意事项：

(1) 测量由 2～3 人配合进行。一般来说，勾画草图者作为记录人，是测量的主导者。当测量较大尺寸时，由前、后尺手操作，后尺手将卷尺的零点固定在起测点上，前尺手拉尺前行并读数，同时向记录人报数，情况较复杂时可适当增加辅助人员；当测量较小尺寸时，由一人持小钢尺测量，并向记录人报数即可。记录人应边记录边出声回报，以减少听错、记错的机会，同时回报也是向对方发出继续读数的信号。

(2) 连续读数。在可能情况下，同一方向的成组数据必须一次连续读数，不能分段测量后叠加（图 6-4）。这样不仅提高效率，而且减少了误差的积累。同理，测量中凡能直接测量的数据必须直接测量，不可分段叠加。

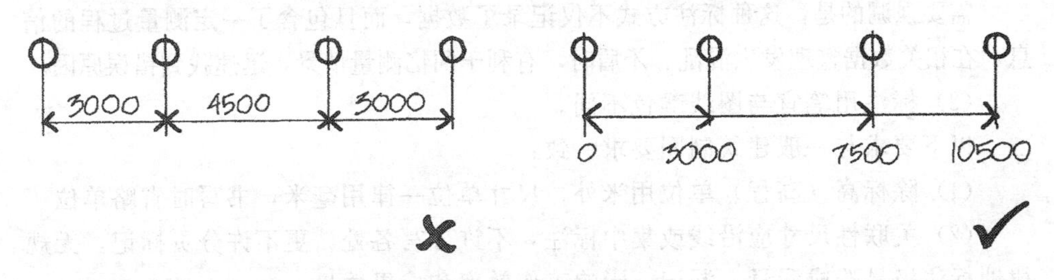

图 6-4　连续读数示意

(3) 测距读数时务必统一以毫米为单位，只报数字，不报单位，以免记录时产生混乱。

(4) 在测量水平距离和垂直距离（高差）时，尺面的水平或垂直状态只需目估即可（参见第二章）。

(5) 所用皮卷尺要注意比长，也就是找出皮尺拉紧后其名义长度与实际长度的关系，必要时将所有皮尺测量值按比例进行尺长改正。

(6) 不能直接量取时，可用间接方法求算，但必须测取同一部位（图 6-5）。

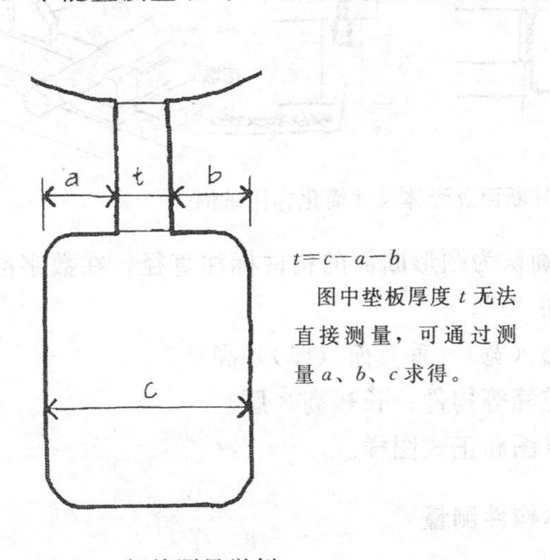

$t=c-a-b$

图中垫板厚度 t 无法直接测量，可通过测量 a、b、c 求得。

图 6-5　间接测量举例

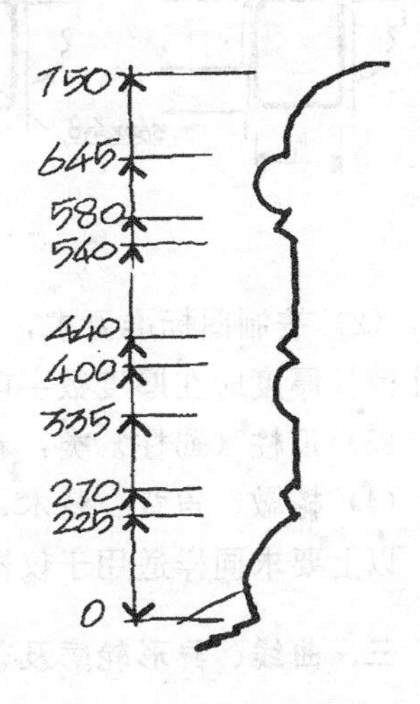

图 6-6　尺寸标注格式

二、尺寸标注

1. 尺寸标注一般格式

测稿上的尺寸标注记录测量数据，格式上与一般建筑图上的标注有很大不同：

(1) 尺寸数字标记在尺寸界线处，表示该点读数，而不是相邻起止点间的长度（图 6-6）。

(2) 尺寸起止点用箭头代替建筑制图中常用的斜杠，表示测量时的起点及连续读数过程中各测量点位置。如图 6-6 所示，尺寸线最下端箭头与其他箭头方向相反，表示测量的起点。若起点为卷尺零点则标“0”；如不是零点则写出相应数字。

需要强调的是，这种标注方式不仅记录了数据，而且包含了一定测量过程的信息，在相关数据整理发生混乱、矛盾时，有利于回忆测量情景，迅速找到错误原因。

(3) 标注用笔宜与图线颜色不同。

以下要求与一般建筑制图要求一致：

(1) 除标高（高程）单位用米外，尺寸单位一律用毫米，书写时省略单位。

(2) 关联性尺寸应沿线或集中标注，不许分写各处，更不许分页标记。无规律地标注极易造成漏量、漏记，影响工作效率和成果质量。

(3) 文字方向一般随尺寸线走向写成向上或向左，不许颠倒歪扭，随心所欲。

2. 构件断面或形体尺寸的标注

可以对一些构件的断面或形体尺寸进行简化标注，本教材对此约定如下：

(1) 梁、枋等构件的断面尺寸：厚×高（图 6-7）

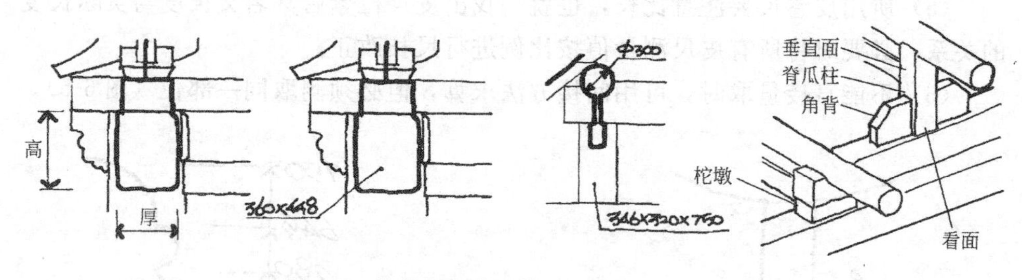

图 6-7 构件断面及形体尺寸简化标注举例

(2) 按制图标准要求，对确认为圆形断面的构件标注直径，在数字前写 Φ；标注薄板厚度时在厚度数字前加“t”。

(3) 瓜柱（蜀柱）类：看面（宽）×垂直面（厚）×高

(4) 柁墩、角背、替木、驼峰等构件：长×高×厚

以上要求同样适用于仪器草图和正式图样。

三、曲线、异形轮廓及艺术构件测量

中国古建筑往往包含许多曲线形式，如屋面曲线、屋脊曲线、山花轮廓，以

及券门、券洞等。这些尺度较大的曲线形式，可采用定点连线方法求得。另有一些相对较小的构件，采用雕、塑或类似方法制作，轮廓复杂或者纹样丰富，习称**艺术构件**，如瓦顶上的吻兽、脊饰，梁架斗栱中的麻叶头、菊花头、昂、驼峰、雀替以及其他带木雕、砖雕、石雕的构件等。这些曲线纹样或者轮廓需要特殊的方法测量。

1. 定点连线

所谓定点连线，就是测定曲线起止点及中间若干特征点的位置，然后利用这些点得到一条光滑曲线，使之尽量接近或通过所测特征点（图 6-8）。屋面、屋脊和檐口曲线及山花轮廓、券洞等均可采用此法。

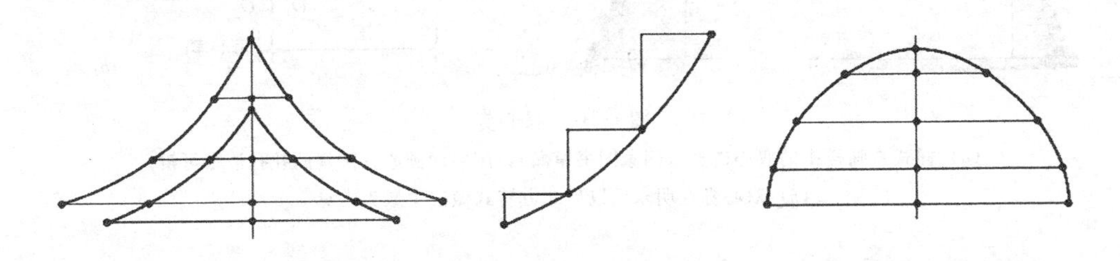

图 6-8　曲线的测量

券门、券洞的拱腹线多为规则曲线，往往是几段弧线的组合，因此在测量时应注意其具体形式。常见的拱券有半圆券、双心券、锅底券（抛物线券）、扁券等形式。在定点连线测得其曲线后，应根据相应拱券的特点，推算各段弧线其圆心和半径（图 6-9、图 6-10、图 6-11）。

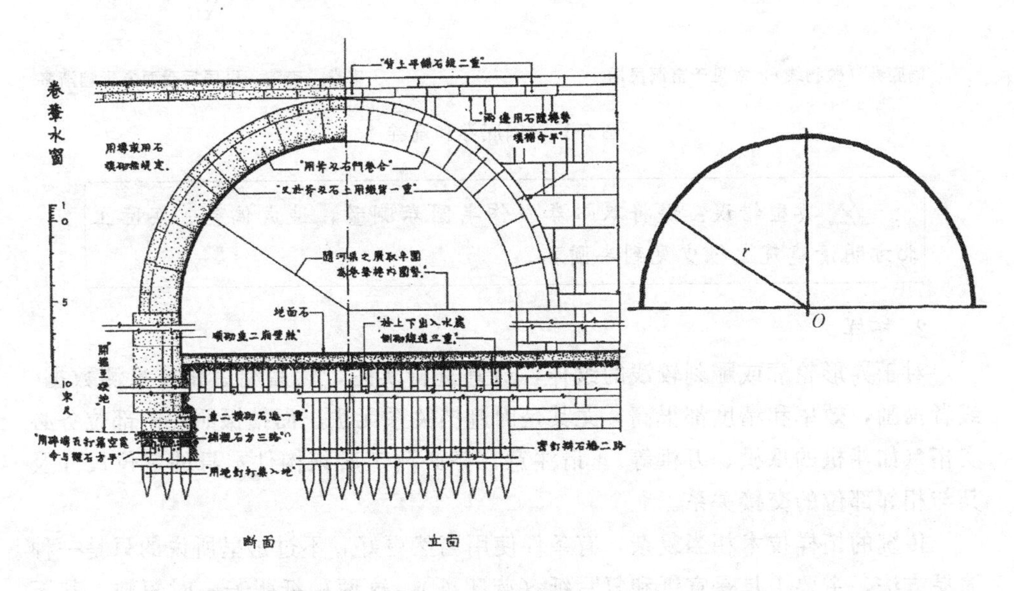

宋《营造法式》中记载的一种半圆拱桥

图 6-9　半圆券

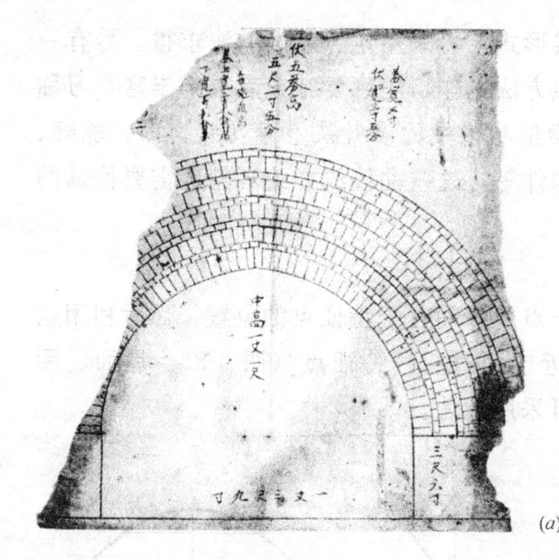

$F=1.1r$

$a=0.105r$

$R=r+a=1.105r\approx1.11r$

$L=3.27r\approx3.3r$

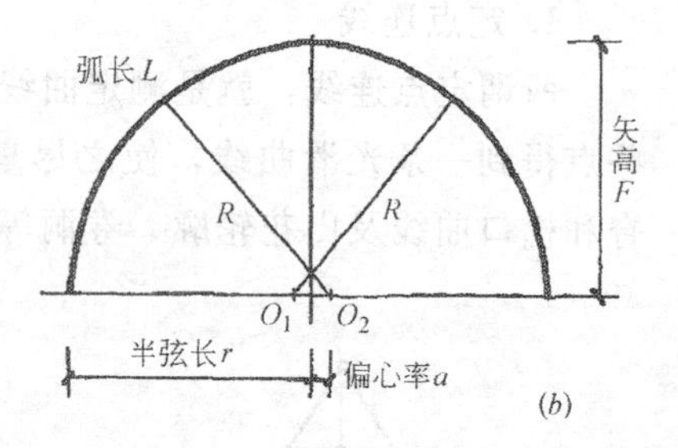

图 6-10 双心券

(*a*) 样式雷画样中的双心砖券（国家图书馆藏），图中两圆心处圆规的扎孔清晰可辨；
(*b*) 双心券在明永乐以后北方官式做法中最为常见

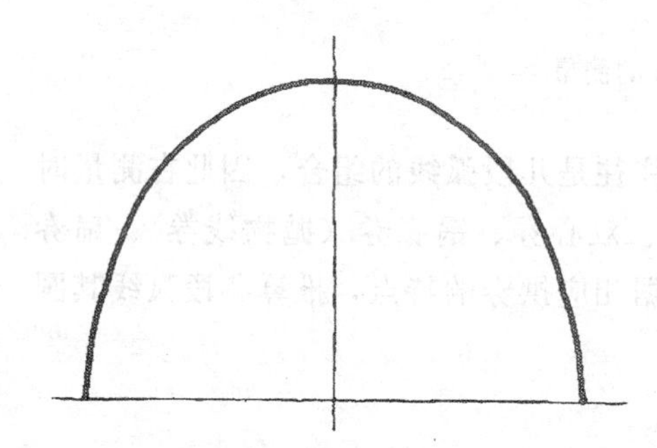

锅底券（抛物线），常见于窑洞民居

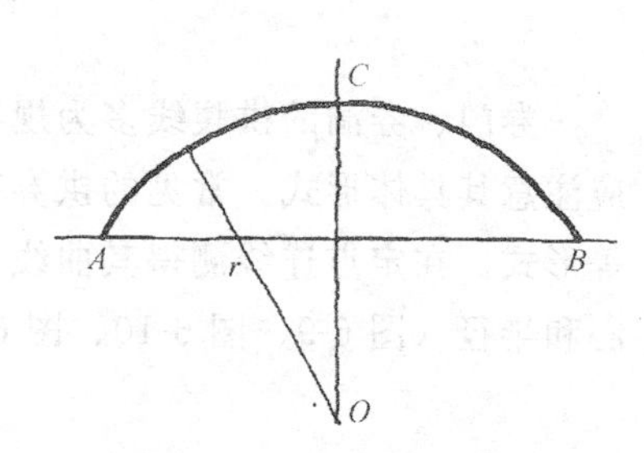

扁券，晚清、民国后受西方影响渐多

图 6-11 锅底券和扁券

> ⚠ 典型错误：误将双心券当作半圆券测量，造成偏差。实际上北方明清建筑上很少见到半圆券。

2. 拓样

对于异形轮廓或雕刻较浅的纹样，最好进行实拓，然后利用拓样量测数据，或者描画，效率和精度都很高，尤其是因遮挡关系无法正面拍摄照片的部位务必实拓（如斗栱的瓜栱、万栱等）。请注意，务必测定所拓构件本身的定位尺寸及其与相邻部位的交接关系。

传统的拓样技术相当复杂，有条件使用当然更好。不过这里所说的只是一种简易方法，主要工具是宣纸和复写纸（蓝印纸）。这两种纸张若一时短缺，甚至可利用旧报纸和尘土替代。

拓制步骤：

（1）将宣纸铺在所拓构件表面，必要时可用胶带纸粘牢固定。

（2）大致按纹路走向，用手摸索着把纸按压在构件表面，使之“服贴”。

（3）取复写纸揉成小团，按轮廓或纹样走向在宣纸表面上轻擦，扪拓取样（图 6-12）。

（4）拓完后，必须当场参照实物用粗软的铅笔或马克笔在拓样上将纹样描画清楚，以避免局部扪拓不清造成的疏漏（图 6-13）。

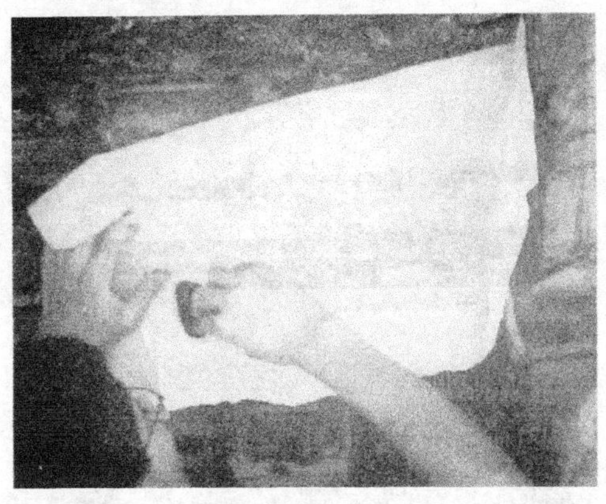

图 6-12 利用宣纸和复写纸拓样

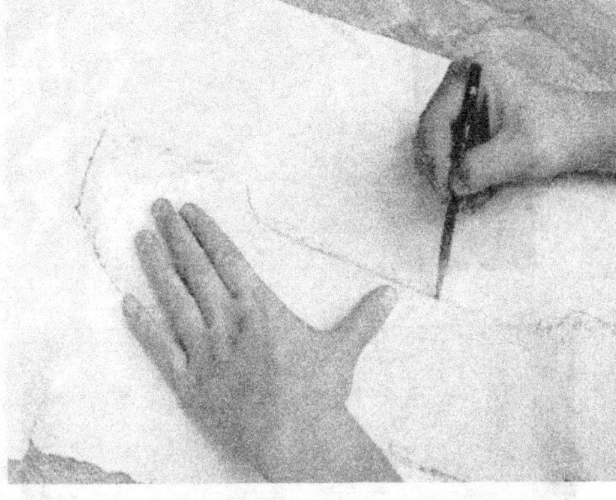

图 6-13 在拓样上将轮廓描画清楚

典型错误：拓样过程中为图省事，省略最后描画的步骤，事后发现局部模糊，悔之已晚。

3. 简易摄影测量

对于带浅浮雕（如吻兽、脊饰上的雕花）或面积大、数量多（如照壁砖雕）的艺术构件，一般采用可“简易摄影测量”的方法。包括摄影和轮廓尺寸测量两部分。

图 6-14 用简易摄影测量绘制的正吻图样

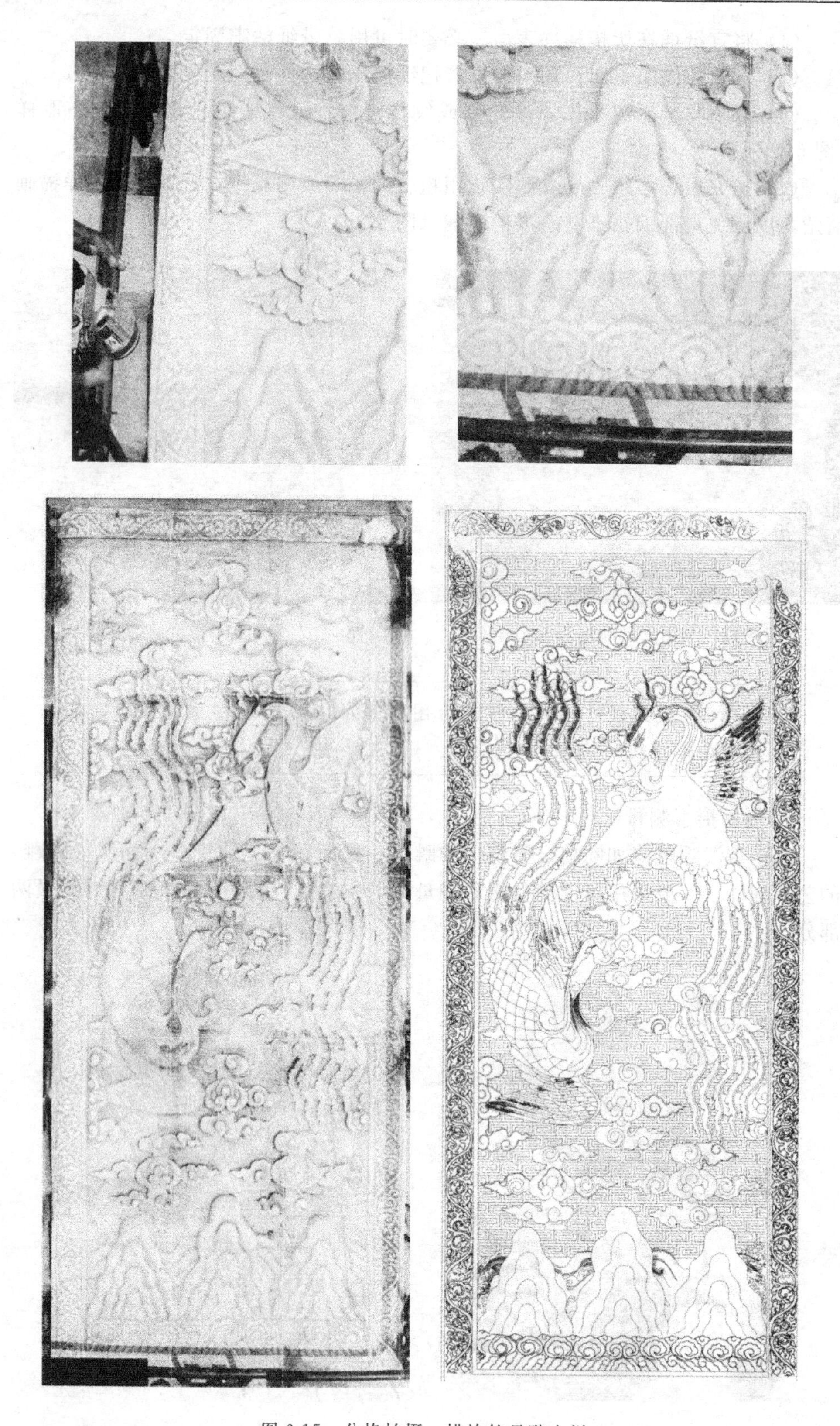

图 6-15　分格拍摄、描绘的丹陛大样

摄影器材可使用传统相机、不低于500万像素的数字相机，以及三脚架等辅助工具。最好使用专业单反数字相机，配置长焦镜头。

拍摄时力图使透视变形减少到最小，要求做到：

(1) 尽量使用长焦镜头。

(2) 尽量正对拍摄对象，即相机光轴与所拍摄的平面尽可能垂直（接近正直摄影）。如果现场条件不允许，也只能在一个方向上有一定倾斜。

另一方面，必须测量所有拍摄对象的控制性轮廓尺寸，如最宽、最高、最厚尺寸，这是摄影本身绝不能代替的。

现场拍摄、测量工作完成后在计算机上进行简单的图像纠偏，可作为图像资料存档，也可依此在CAD软件中画成矢量线划图（图6-14）。

当测量面积较大的部位（如丹陛）时，可利用细线按合理尺寸编织成经纬网格，然后逐格拍摄、描绘即可（图6-15）。

四、其他注意事项

测量过程中除遵守安全操作规程外，一定要随时注意可能的安全隐患。如发现露明的电线应断电后测量。有时打开天花后才发现梁枋已经断裂，就应立刻停止测量，撤出危险地带。

有时建筑已经发生了严重的变形，或遭到不合理的拆改，这就需要在教师指导下，通过现状分析、查阅档案、走访知情者等方式尽量探求其初始状态，找到处于正常状态的部分进行测量。如一时无法定论，则暂按现状测绘。

测绘的过程是提高对古建筑感性认识，并验证书本知识的机会，但更应是探索发现之旅。可贵的是，能以“求异”的眼光，看到实际做法与已有结论的不同之处。只有悉心观察，深入思考，才有可能发现有价值的新问题。

另外，还要随时留意建筑物中可能存在的题记、碑刻或其他标记。这些往往是反映建成或重修年代，以及建筑材料来源、工匠姓名以及其他历史信息的第一手宝贵资料，应当认真记录、拓样或拍照。有条件的，还应走访当地工匠，厘清建筑构件的名词术语等。

第二节　各阶段测量工作要点

手持草图开始测量之时，就涉及到从何入手、如何合理安排工序的问题。虽然草图是按平、立、剖等视图分开绘制的，但测量却不宜按视图内容进行。也就是说，不宜按平面数据、立面数据、剖面数据……这样的顺序测量。因为建筑形体和空间是三维的，在同一个位置往往能够测量到不同方向的尺寸，以视图割裂其内在关系，要么造成重复劳动，要么就会无谓地遗漏数据，效率十分低下。

按常规经验，一般按“工作面”排定工作单元。所谓“工作面”就是测量时主要测量人能够连续自由到达的“表面”——自下而上大体分为地面、架（梯）上及屋面三个工作面（图6-16）。其中中间一层稍微复杂，可能包括梯上、脚手

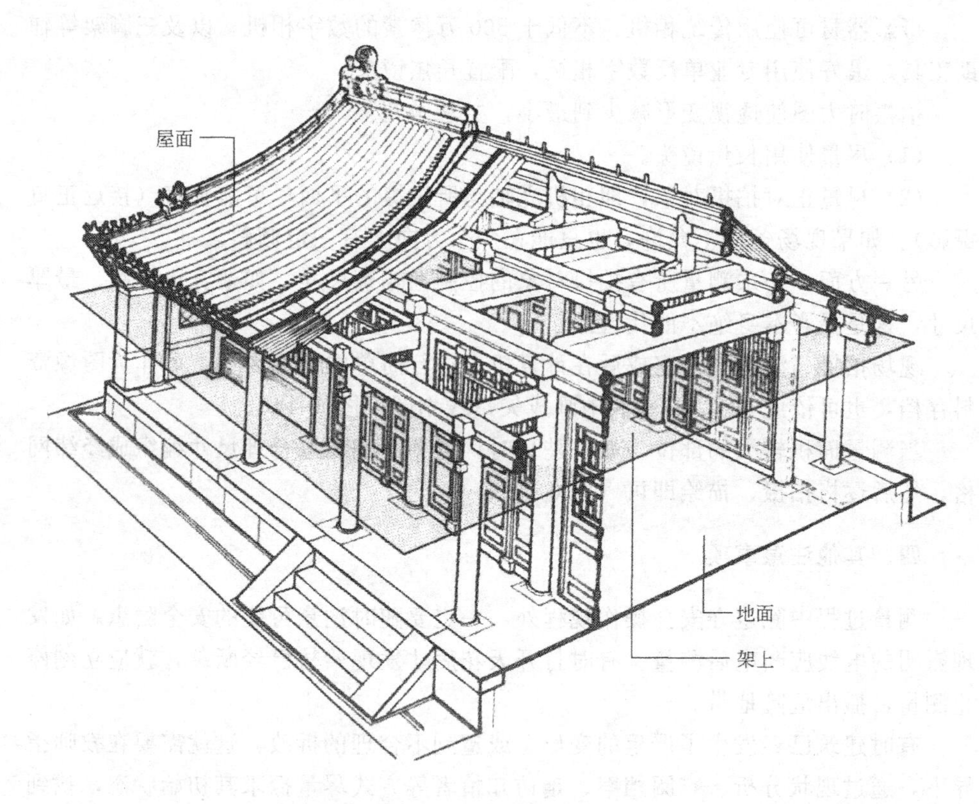

图 6-16　三个工作面示意图

架上或者天花上多种情况。如果所测为楼房，则可形成地面、架上、楼面、架上……屋面等工作面，依此类推。当然，这些工作面仅仅是原则上的划分，实际操作中应因地制宜，注意衔接，切不可生搬硬套。

正常情况下可按“地上—梁上—房上”，即从地面、架上到屋面的顺序自下而上进行测量，但实际工作中往往因为梯子、仪器的调配问题而打乱顺序。按工作面划分单元的意义就在于能够针对上述情况，明确任务，抓住重点，不致产生混乱。

一、工作面一：地面

在地面上不借助梯子或其他设备登高而能直接进行的测量为地面测量。

1. 主要工作内容

地面上的测量内容参见表 6-1。测量时要遵循先控制后细部、从整体到局部的原则，分清先后主次，不可因小失大。

2. 地面测量步骤举例

以下以一座清代的单檐歇山建筑为例，介绍大致步骤。曲阜孔林享殿位于神道末端，重建于清雍正十年。五间九檩，歇山顶，出前后廊，施五踩斗栱。前廊以及殿内设天花，后辟屏门。屋顶黄琉璃瓦，是孔林中级别最高的建筑（图 6-17）。该殿测绘图请参阅附录二。

地面测量工作主要内容举例 表 6-1

控制性尺寸	·台基总尺寸(宽、深、高) ·柱网尺寸、墙体总尺寸 ·出檐尺寸 ·翼角尺寸(如翼角曲线、翼角椽及翘飞椽的规律和尺寸,角梁水平投影尺寸)
细部尺寸	·柱子细部(柱径、柱础、侧脚、收分等) ·墙体细部尺寸(如墙厚、墙体与柱子或门窗的交接部分,如柱门、气孔等) ·门窗尺寸(如槛框、门扇、门轴、楹) ·台基地面细部尺寸(如踏跺、地砖、阶条石、槛垫石、门心石等) ·栏杆、栏板 ·周边道路、散水及与其他建筑交接关系等 ·其他

(a) (b) (c) (d)

图 6-17 山东曲阜孔林享殿

(a) 正立面;(b) 侧立面;(c) 室内;(d) 背立面

第 1 步:台基总尺寸、柱网、墙体的总尺寸、定位尺寸等(图 6-18)。

第 2 步:选择特定部位或典型部位测量墙、柱的细部尺寸。如柱径、柱础的各部尺寸、柱与墙或门窗交接部分、山墙与院墙交接部分的尺寸等(图 6-19)。以上内容均包括在地面是可测量的竖向尺寸,如柱础高度、槛墙高度、山墙及檐墙下碱、透风眼等。

第 3 步:台基、地面的高程和细部,包括踏跺、阶条、角柱石、台帮、铺地砖石、散水,以及与道路的交接关系,附属文物如碑刻等(图 6-20)。

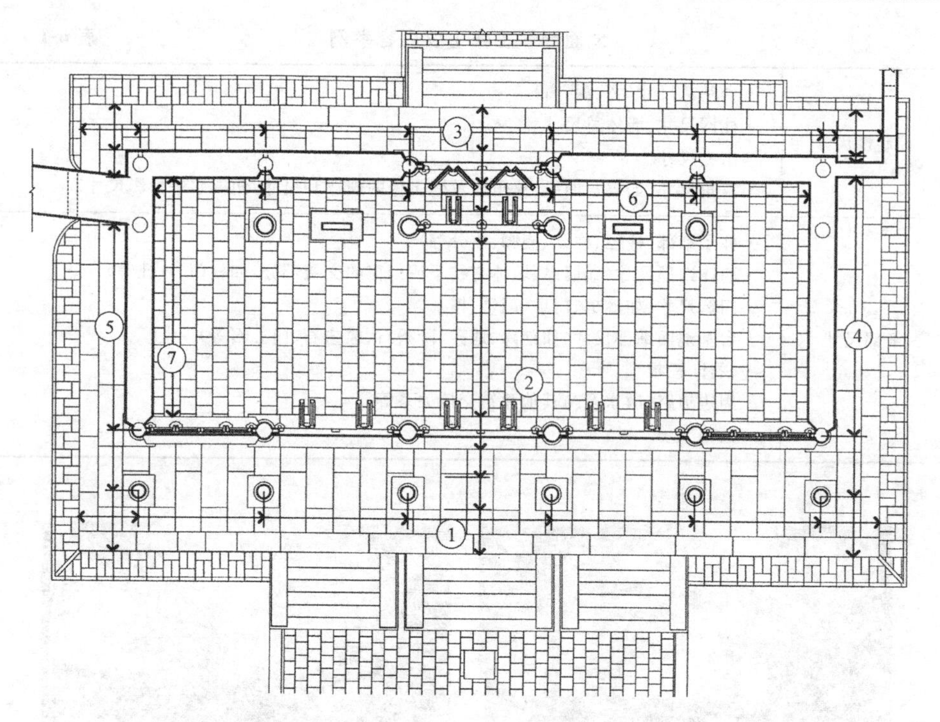

图 6-18　总尺寸和定位尺寸的测量示意图
（图中数字代表测量的大致次序）

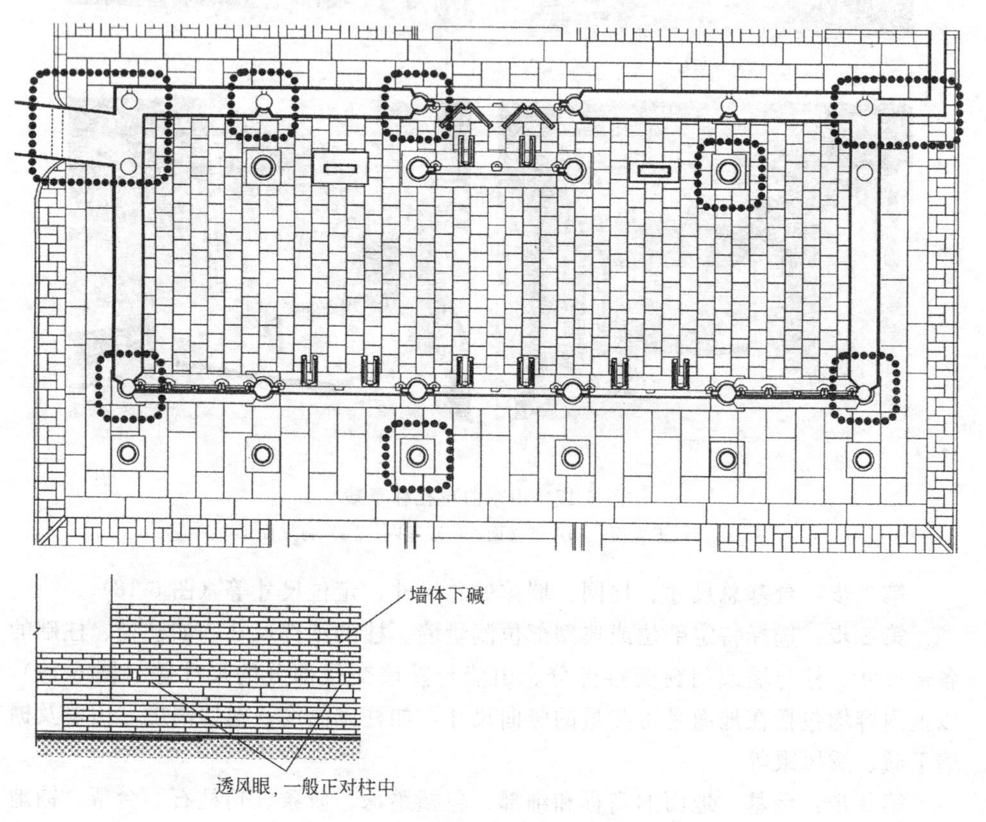

图 6-19　墙体和柱子细部测量示意图

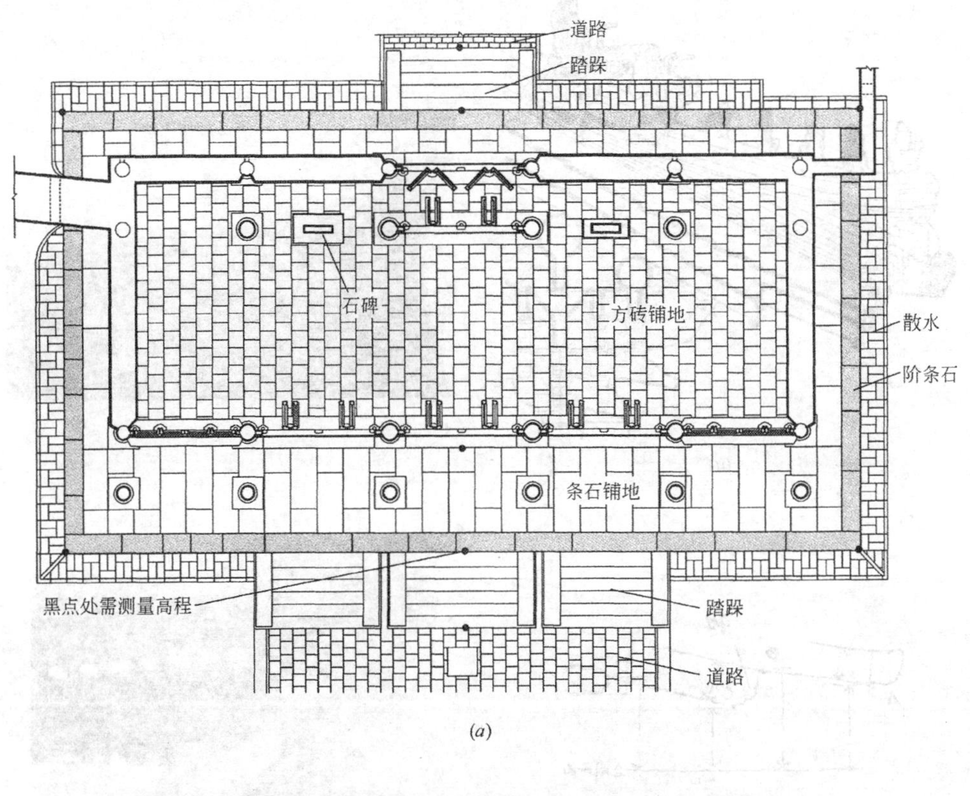

(a)

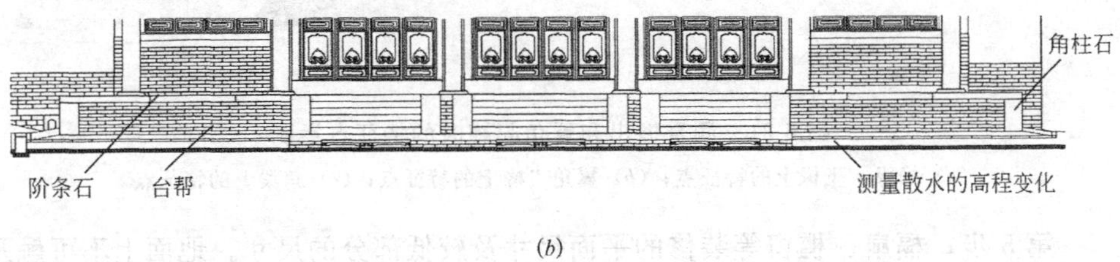

(b)

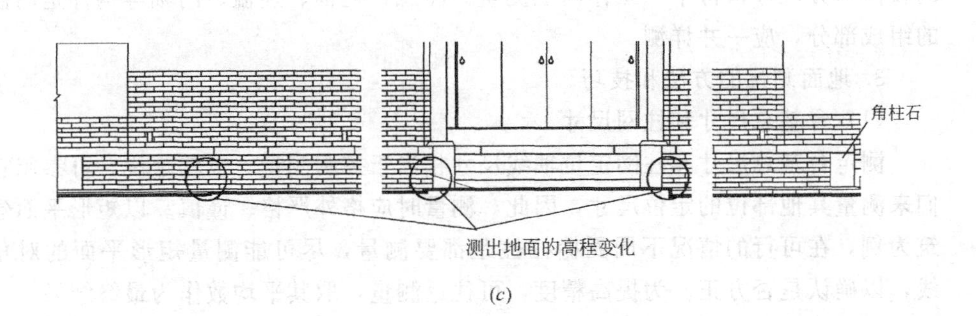

(c)

图 6-20 台基、地面及其细部测量示意图

(a) 平面图；(b) 正立面图（台基部分）；(c) 背立面图（台基部分）

第 4 步：测檐出尺寸和翼角起翘尺寸，主要通过测定檐口上特征点的平面坐标和高程确定（图 6-21）。因需要将特征点投射到地面上测量，故归入地面测量部分。

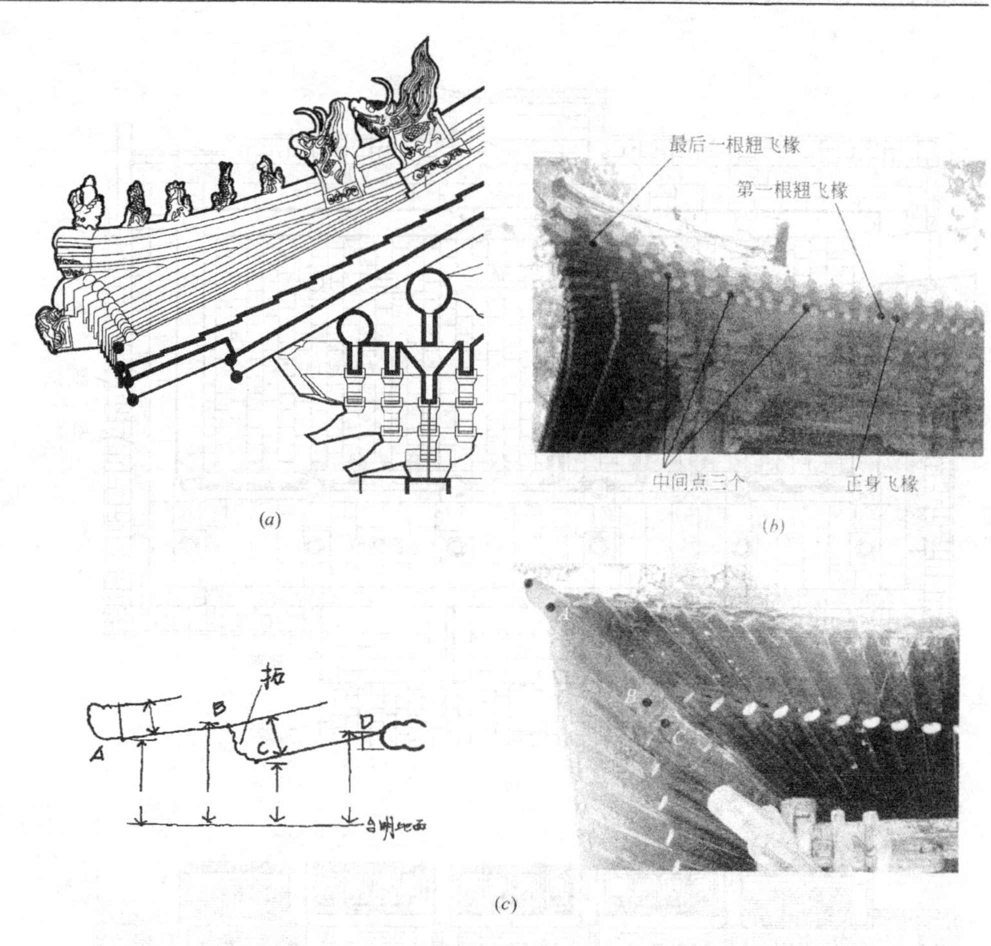

(*a*) (*b*) (*c*)

图 6-21 测量檐出和翼角起翘时的特征点举例

(*a*) 檐椽、飞椽上的特征点；(*b*) 翼角飞椽上的特征点；(*c*) 角梁上的特征点

第 5 步；槅扇、槛窗等装修的平面尺寸及较低部分的尺寸。地面上不可触及的较高部分尺寸留待下一工作面上测量。注意：槛框、连楹、门轴等构件是门窗的组成部分，应一并详测。

3. 地面测量的方法和技巧

(1) 台基总尺寸和柱网尺寸

测定台基总尺寸和柱网定位轴线尺寸相当于控制测量。也就是说，可参照它们来测量其他部位的定位尺寸，因此，测量时应格外严格、谨慎。以矩形平面建筑为例，在可行的情况下周圈檐柱柱距都要测量，尽可能测量矩形平面的对角线，以确认是否方正。为提高精度，可往返测量，取其平均数作为最终结果。

测量之前，应先找到待测柱子的中心线（点），用粉笔标出，选用钢尺沿面宽或进深方向进行测量，按连续读数法读数（图 6-4），测得通面阔、通进深及台基总尺寸，以及各间面阔、进深等定位尺寸。柱网尺寸实际包括柱顶平面的尺寸，有条件的可进行测量，但归入下一工作面的工作内容。

关于柱中的确定首先应当认识到，并不是每根柱子都能找到柱中，一时难以确定的应测量其相关特征点，如与柱子相交接的门窗槛框、柱础、墙体、铺地砖等。

确定柱中大致有以下几种情况：

A. 柱础十分规整，且柱根与柱础中心一致时，可用柱础中线代替柱中线进行测量。而一旦发现柱子和柱础存在偏差，则决不可勉强。

B. 两柱完全露明时，也可用细线在两柱间紧贴柱根拉标志线，再利用角尺和直尺确定柱子两侧四分点在标志线上的投影，从而确定柱中。这种方法可同时测出柱径（图 6-22）。

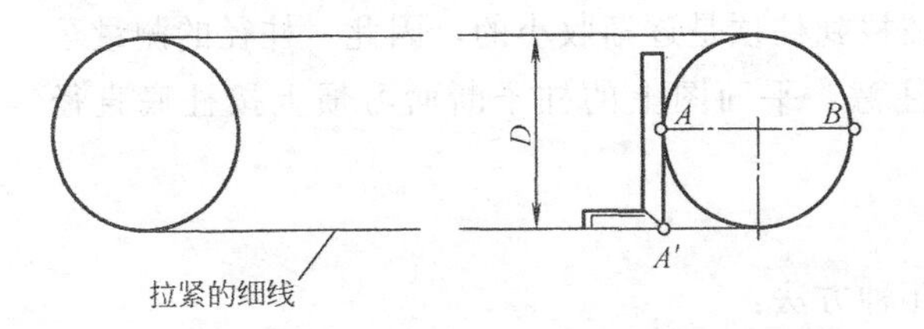

利用角尺将点 A 投影到标志线（柱断面在面宽或进深方向的切线）上，得点 A'。测量柱两侧标志线间距离，即为柱径 D。

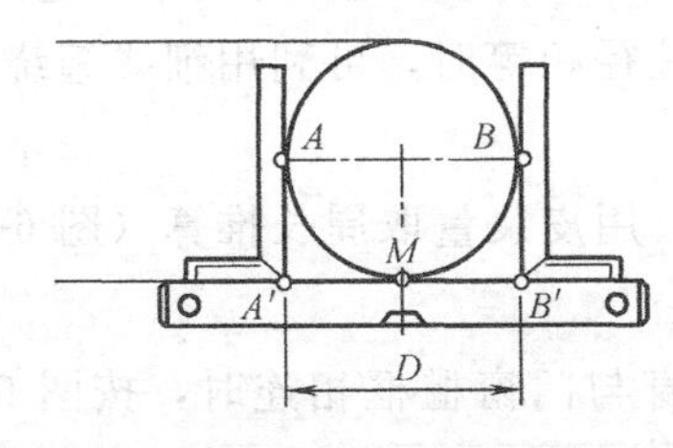

再利用较长的直尺（可用水平尺）和角尺得到点 B 的投影点 B'，测量点 A'、点 B'间距离，即为柱径 D，求出两者中点 M，即为柱中。

图 6-22　确定柱中和柱径图示

C. 如果柱身一部分隐入墙内或安装了门窗，决不能简单根据露明部分确定柱中。可按下列方法确定柱中：

1）柱子两侧完全对称时可大致按露明部分中点确定柱中。

2）柱子未发生倾斜、柱身上半段露明，且两侧对称时，可设法从柱顶中线或柱身中线向下引铅垂线直接确定柱根的柱中；或者从相关特征点向下引铅垂线，在地面上求出中点。但遇有柱子有侧脚或走闪过大，均不宜使用此法。

3）柱子包砌于墙内但留有透风眼时，可先按透风眼大致确定柱中（图 6-23）。所测数据如能与相关数据校核一致时，可采用；若无法校核时，必须在图上特别注明，待有条件直接测量时再进行修正。

图 6-23　按透风眼大致确定柱中

D. 柱身完全包在墙内时，作如下处理：

1）如有金柱（内柱）与檐柱相对应时，可根据金柱柱距推算。

2）无金柱时，可测量柱头之间的中距，再结合已经取得的尺寸（如前檐各间的面阔），并充分考虑柱子的侧脚和生起，经过分析研究后确定。

凡凭推算得到的结果，必须在图上特别注明，待有条件直接测量时再进行修正。

3）根本无从推算时，可只画墙，不画柱子。定位轴线暂按墙中线定，并在图上加以特别说明，待有条件直接测量时再行补测。

（2）柱径

一般情况下，木柱的柱径从柱根到柱顶是逐渐收小的，因此，柱径的测量至少应包括柱底柱径和柱顶柱径。注意：平面图上的柱子断面习惯上按柱底直径画，而不是剖切位置的柱径。

A. 圆柱柱径的测量

根据具体条件，可采用以下几种方法：

1）用卡尺或利用水平尺、角尺（三角板）组成临时卡尺进行测量（图 6-24*a*）。

2）两相邻柱子完全露明且柱径相等时，可利用细线缠绕的办法直接测得柱径（图 6-22）。

3）柱子断面基本是正圆时，用皮尺量取周长推算（图 6-24*b*），此法主要用以校核直接测量的结果。

4）不能直接量得时，如柱身与门窗槛框相连时，按图 6-24（*c*）所示间接量取。

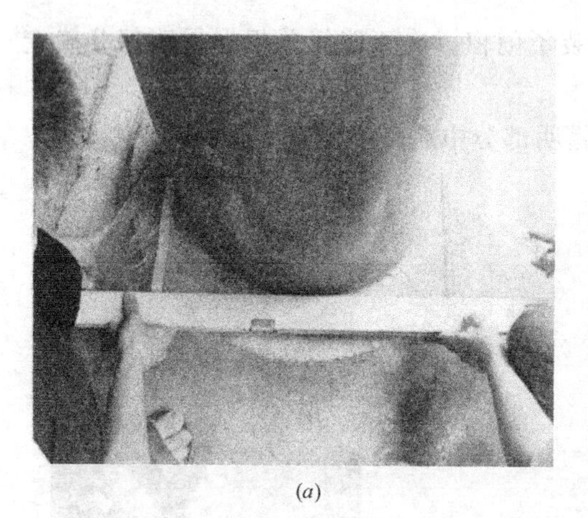

(*a*)

(*b*)

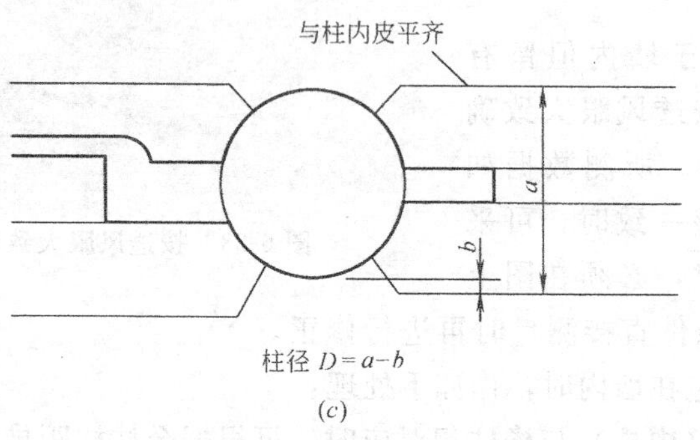

(*c*)

图 6-24 柱径测量方法举例

B. 六角柱、八角柱的测量

六角柱、八角柱应视为方形断面倒角后的结果，因而很有可能并非正六边形或正八边形，因此应用连续读数法测出总尺寸及倒角尺寸（图 6-25）。

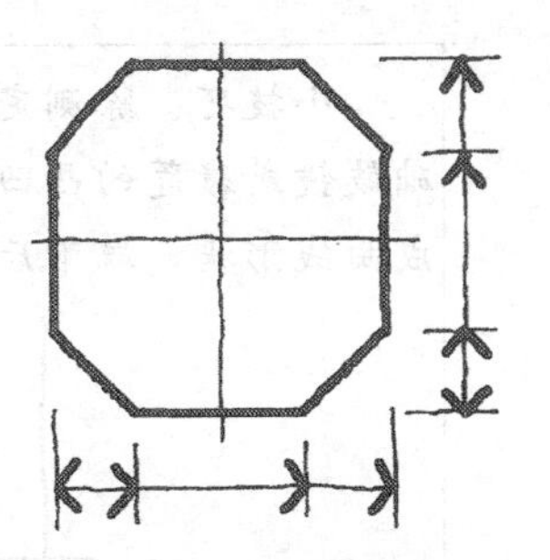

图 6-25 八角柱断面尺寸的测量

（3）柱础

鼓镜（圆形部分）的直径可通过测量其与柱径之差来确定，但前提是鼓镜与柱子较规整，且圆心重合；否则，可依据础方尺寸间接求得（图 6-26*a*、*b*）。柱础高度则辅以水平尺测得（图 6-26*c*）。如柱础是较复杂的几何形体并有莲瓣等各种雕饰时，可利用实拓或摄影方法辅助测量。

> 典型错误：未经测量就假定六角柱、八角柱断面为正六边形、正八边形，只测量一个边长就万事大吉。

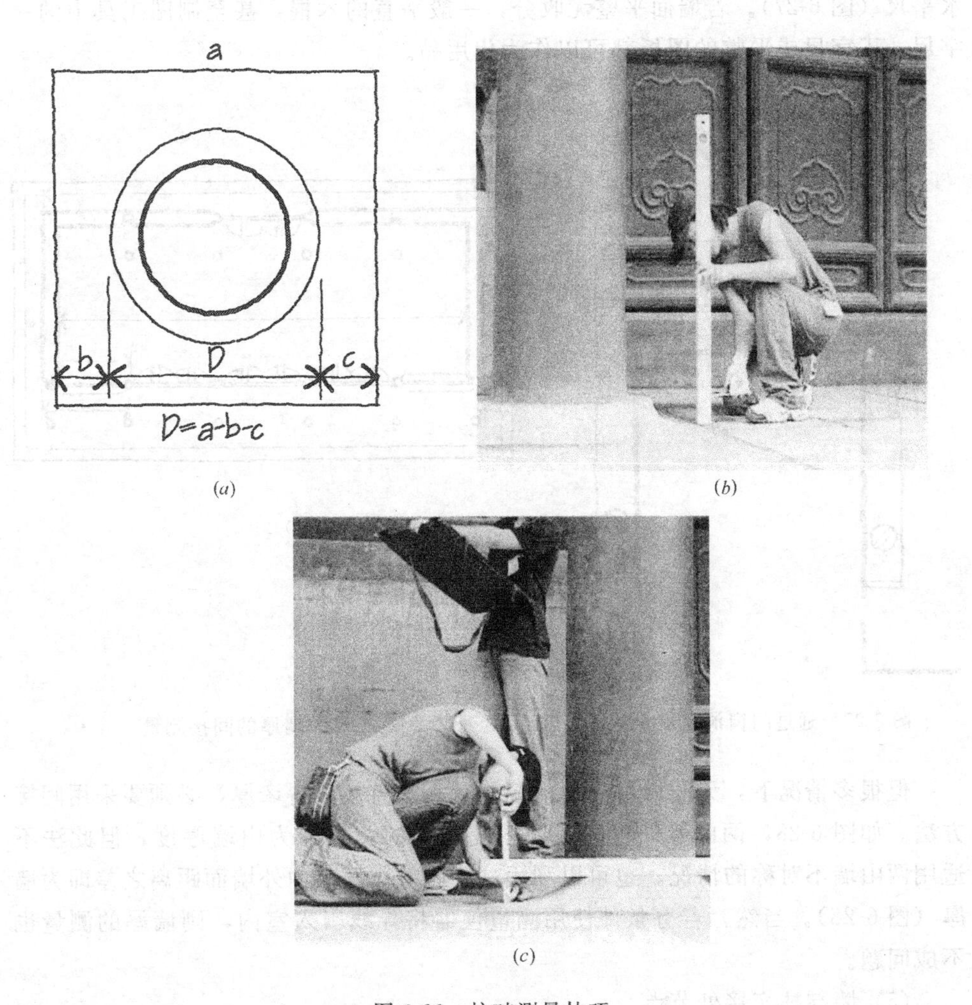

(*a*) (*b*) (*c*)

图 6-26 柱础测量技巧

（*a*）通过础方尺寸推算鼓镜的直径；（*b*）测量鼓镜外缘与础方边缘的距离 *b*、*c*；（*c*）测量柱础高度小技巧：除测定长、宽、径、高等尺寸外还需要用细铁丝测出柱础鼓镜或覆莲的凸凹程度。用细铁丝紧贴柱础鼓镜或覆莲侧面轮廓握成曲线形状，取下后画在纸上。

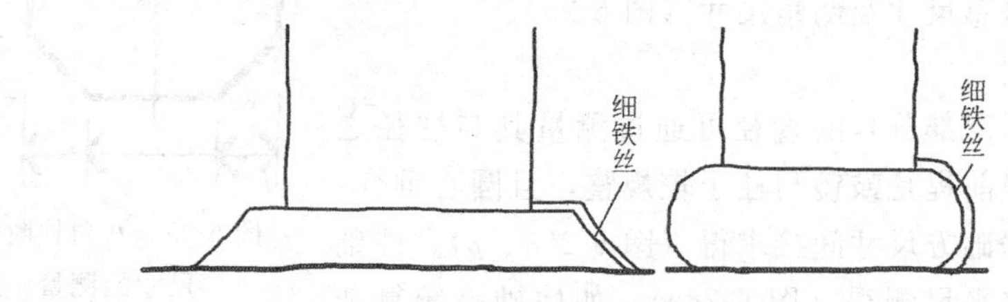

(4) 墙厚

墙厚在古建筑中往往不是一个数字，而是包括墙体下碱厚度、上身厚度及收分尺寸等一组数据。

很多情况下，通过墙上的门窗洞口可直接测得墙体厚度，只是有时必须辅以水平尺（图 6-27）。若墙面平整无收分，一般平直的木棍，甚至制图工具中的一字尺、丁字尺或平整的图板都可以作为代用品。

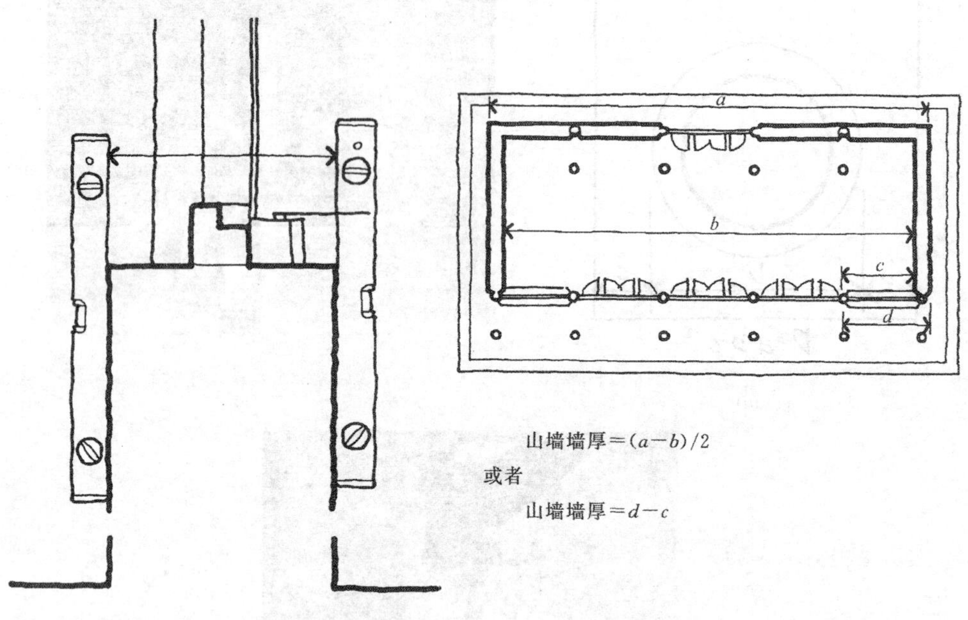

图 6-27　通过门窗洞口测量墙厚

图 6-28　墙厚的间接测量

但很多情况下，无洞口可利用的墙体就无法直接测得墙厚，必须要采用间接方法。如图 6-28，两山墙外皮间距减内皮间距的一半即为山墙厚度，但此法不适用两山墙不对称的情况。也可以利用柱中画线，测出内外墙面距离之差即为墙厚（图 6-28）。当然，若有条件使用测量仪器将导线引入室内，则墙厚的测量也不成问题。

(5) 墙与柱交接处节点

测定墙体转折及柱子露明部分的细部尺寸。可采用直角坐标法，必要时辅以水平尺、角尺（或三角板）等（图 6-29*a*）。也可采用距离交会法，因无需角尺辅助，更显简便（图 6-29*b*）。

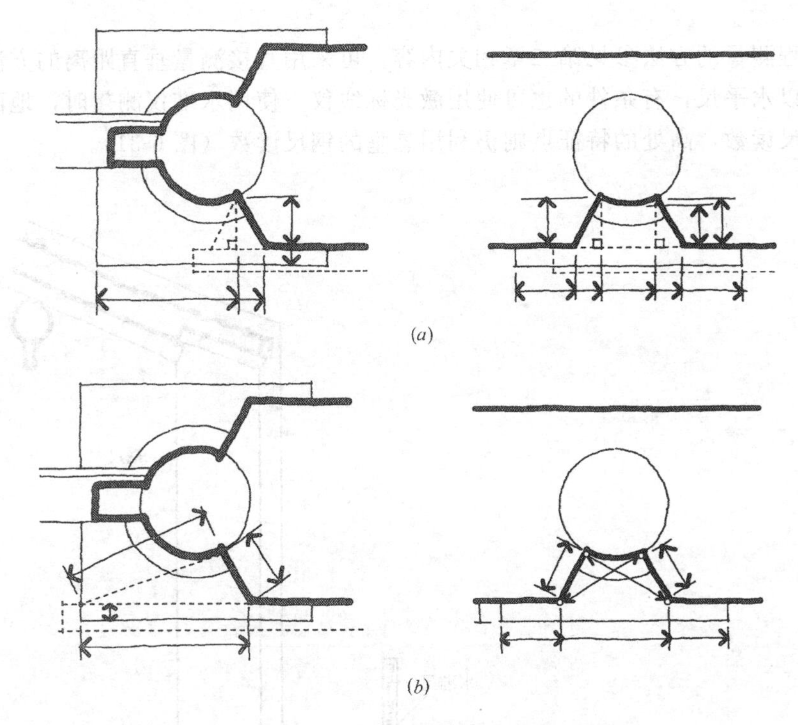

图 6-29　墙柱节点测量举例

说明：为求表达简洁，图中墙体剖切在下碱位置，未画上身。

（*a*）利用直角坐标法测量，必须辅以角尺（或三角板）；（*b*）利用距离交会法测量无需角尺

（6）铺地

对室内、台明和散水范围内及相接甬路上的各式铺地砖和地面石活，除测量本身尺寸外，还应找清规律，测出定位尺寸，必要时还要摄影、拓样。

注意：与按一定规格烧制的砖不同，同类石材的尺寸也会不同，如阶条石的宽基本一致，但长度一般都不相同，务必逐一测量。

（7）踏跺

踏步必须分别测量每步踏跺的宽、高尺寸，不能假定每步尺寸相同，平均取值；同时，务必测量所有踏步的总高和总宽，用总尺寸校核分尺寸（图 6-30）。

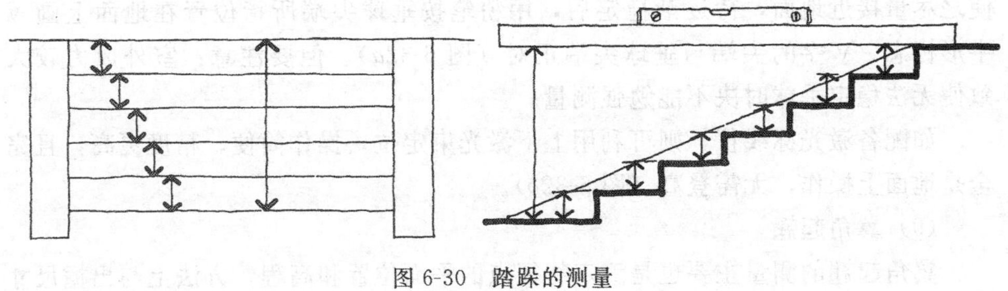

图 6-30　踏跺的测量

(8) 出檐

如图 6-30 (*a*) 所示，出檐部分的尺寸包括这些特征点的高程及其平面位置。

高程测量的方法参见第二章相关内容。可采用直接测量垂直距离的方法，必要时辅以水平尺，有条件的也可使用激光标线仪。使用水准仪测量时，地面点使用水准尺读数，高处的特征点则仍利用悬垂的钢尺读数（图 6-31）。

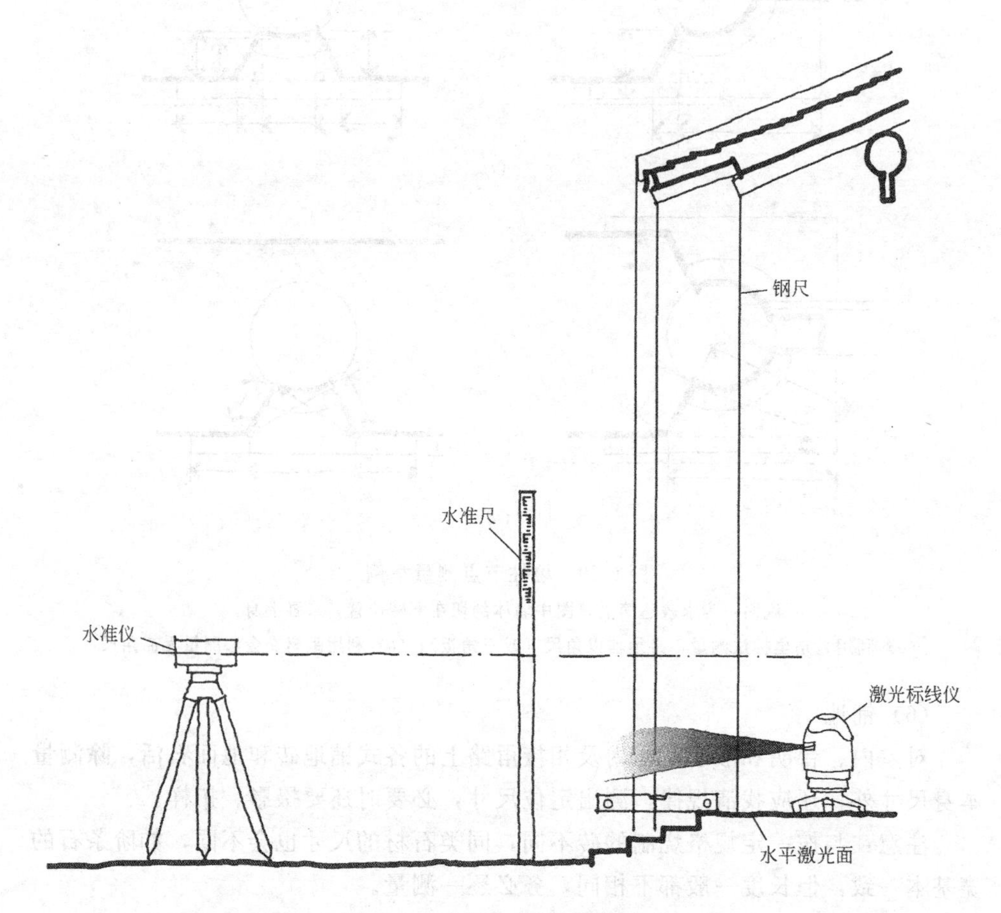

图 6-31 特征点高程测量示意图

测定特征点的水平位置，则需要先将它们投射到地面上，然后测量其相对于台明外缘或者檐柱的水平距离。若上述部位不平整时，可另做标志线。

常用的投射方法是使用垂球。细线上端直接接触特征点，下端悬挂垂球，并使之尽量接近地面，待逐渐稳定后，用粉笔按垂球尖端所指位置在地面上画 V 字形标志。V 字的尖端与垂球尖端正对（图 6-32*a*）。但要注意：室外风力较大致使无法稳定垂球时决不能勉强测量。

如配备激光标线仪，则可利用上下激光束定位，操作简便，精度更高，且完全是地面上操作，无需登高（图 6-32*b*）。

(9) 翼角起翘

翼角起翘的测量主要也是测定特征点的平面位置和高程，方法上与出檐尺寸

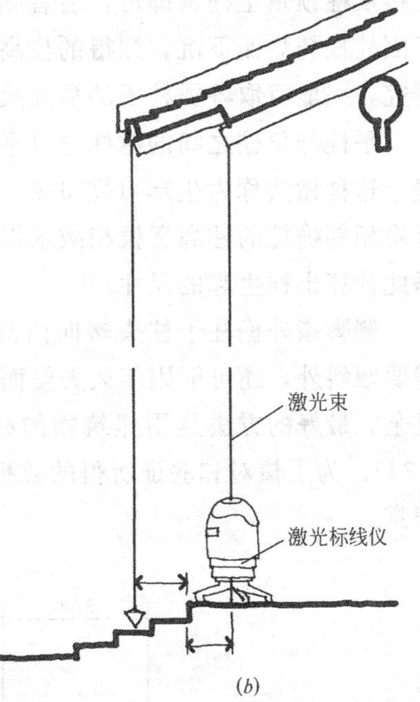

(*a*)　　(*b*)

图 6-32　将特征点向地面投射

(*a*) 使用垂球时在地面标画标志点；(*b*) 垂球或激光标线仪使用示意图

> 小技巧：在没有梯子、脚手架和激光标线仪的情况下，借助竹竿也可以将出檐的测量完全变成地面操作。只要设法将卷尺尺环和垂球的细线固定竹竿端头，通过支挑竹竿使尺头或细线接触到特征点即可，此法相当于用竹竿延长了人的手臂。

类同。一般选取状况良好的典型翼角，以角梁为对称轴，取其中一侧，按图6-21 (*b*) 所示逐一测量各特征点的平面位置和高程；对称的另一侧仍需测量以校核是否对称，可相应减少特征，但一旦发现明显不对称者，所有相对应的特征点都需测量。

注意：特征点投射到地面后，其平面位置需用二维坐标确定，故而要从两个正交方向测量其与台基外缘的距离，如图 6-33。当不能确定是否正交时，可测量“斜边” *OA*、*OB*、*OC* 长度用距离交会法定点。

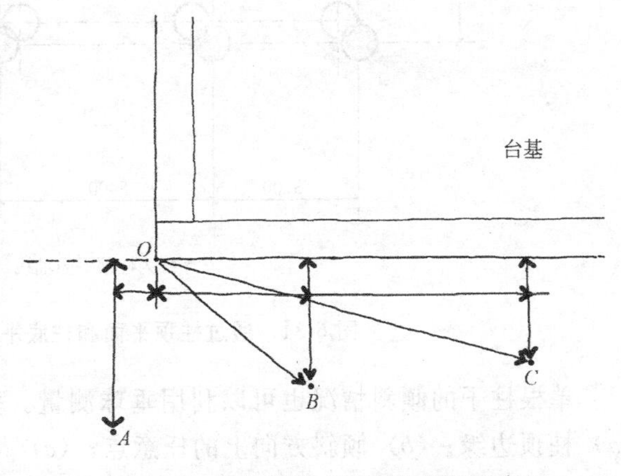

图 6-33　翼角特征点平面位置的测定

(10) 柱高、生起、侧脚

与柱高相关的尺寸有二：一是柱子的自身长度，二是柱顶的实际高程。前者直接从柱顶量至柱根即可，后者则按一般高程测量原则和方法进行测量。如遇柱子因柱根朽烂而下沉，测得的柱高与对应位置其他柱高相差悬殊时，应综合分析研究，一般可取各类柱子的最大尺寸为准。

平柱与角柱之间的檐柱也自平柱向角柱逐渐加高，使檐柱上皮成一缓和的曲线，这种做法称为生起（图 6-3）。正常情况下，如柱子无沉降走闪，生起尺寸可将相邻檐柱的柱高逐根相减求得。若柱子已下沉，须待其准确柱高测得后，再据此计算出柱生起的尺寸。

侧脚指外檐柱子柱头略向内倾斜的现象（图 6-3）。由于柱子本身除设计上需要倾斜外，还可能因年久失修而发生走闪、沉降的变形，因此侧脚的确定较为复杂。最好的方法是用建筑物的柱顶平面和柱根平面综合分析、比较推算（图 6-34）。为了核对和验证所得的数据是否准确可靠，可以单独测量一两根柱子的侧脚。

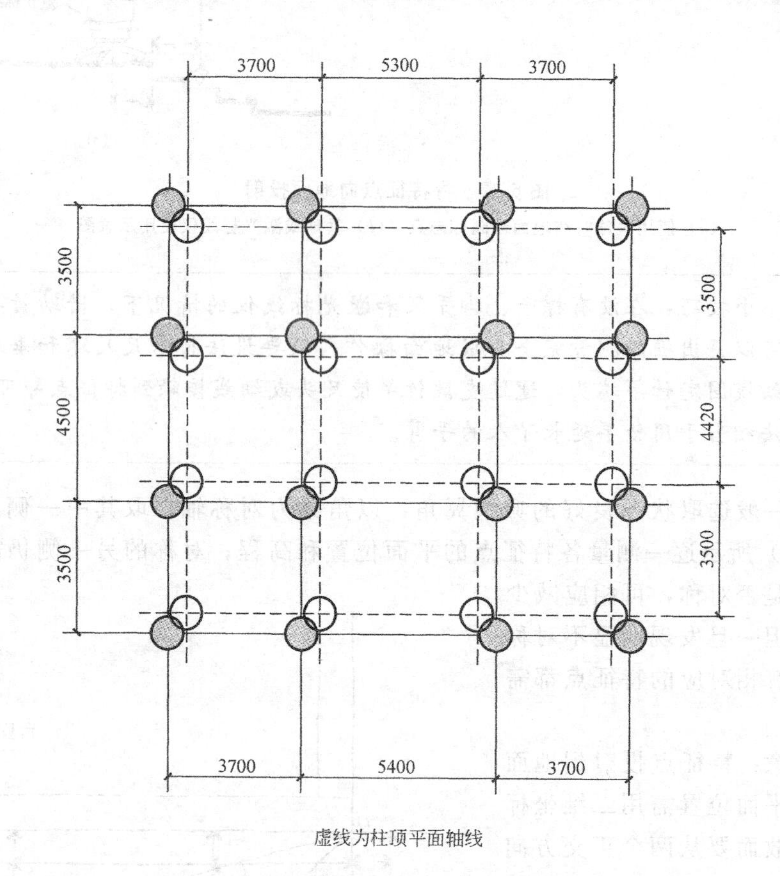

图 6-34 通过柱顶平面和柱底平面确定侧脚

单根柱子的倾斜情况也可以利用垂球测量。垂球细线上端的位置可有若干：（*a*）柱顶边缘；（*b*）倾斜方向上的任意点；（*c*）与柱头相连的额枋中线上。根据不同数据均可得出柱顶相对柱底的偏移量（图 6-35）。另外，这一偏移量也可利用经纬仪测量，详见第九章。

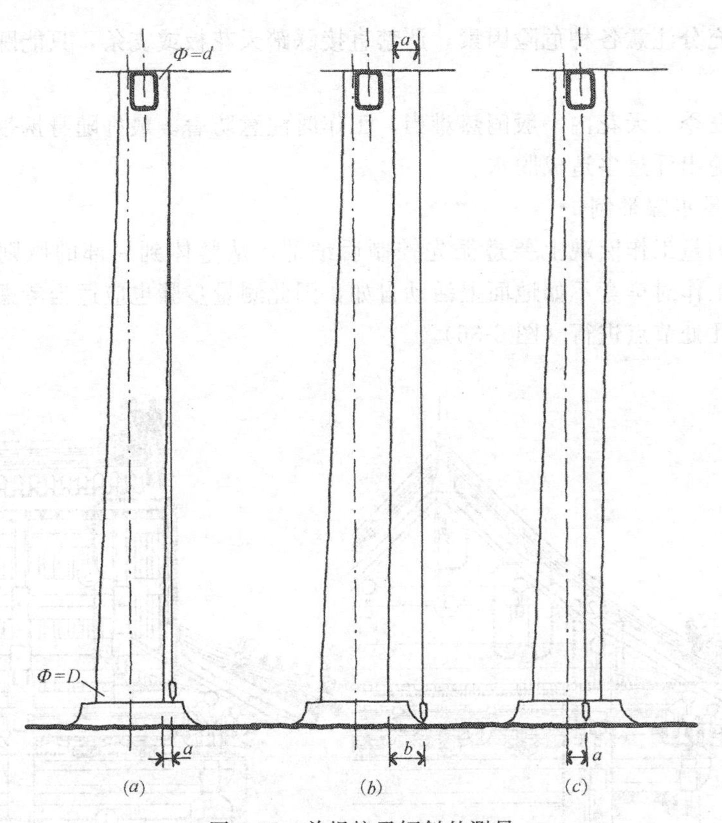

图 6-35 单根柱子倾斜的测量

(a) 偏移量$=a+(D-d)/2$；(b) 偏移量$=b-a+(D-d)/2$；(c) 偏移量$=a$

二、工作面二：梯上、架上、天花上

第二个工作面是梯子上、脚手架上或天花以上部分，测量对象主要是梁架部分。

1. 主要工作内容

本阶段工作内容参见表 6-2。

梯上、架上测量工作主要内容举例　　表 6-2

控制性尺寸	·柱顶平面 ·举架尺寸(包括各檩高程、水平间距) ·梁枋定位尺寸 ·角梁定位尺寸 ·翼角瓦作定位尺寸
细部尺寸	·各梁、枋、檩、椽的断面尺寸，檐口处细部 ·各柱柱顶直径 ·斗栱尺寸 ·歇山细部、悬山出梢等部位 ·屋面檐口、翼角瓦作细部尺寸 ·门窗、墙体的上部尺寸 ·天花尺寸 ·其他

梁架部分的测量相当一部分是在天花以上进行的，应当注意：

（1）充分注意各种危险因素，严禁直接踩踏天花板或支条，只能踩踏天花梁或帽儿梁。

（2）夏季，天花内一般闷热难当，工作时注意防暑。最好随身携带毛巾和饮用水，以免出汗过多造成脱水。

2. 测量步骤举例

虽然测量工作宏观上要遵循先控制后细部、从整体到局部的原则，但在梯上、架上工作时毕竟不如地面上活动自如，因此测量步骤也应适当考虑实际可行性，分为几处节点进行（图 6-36）

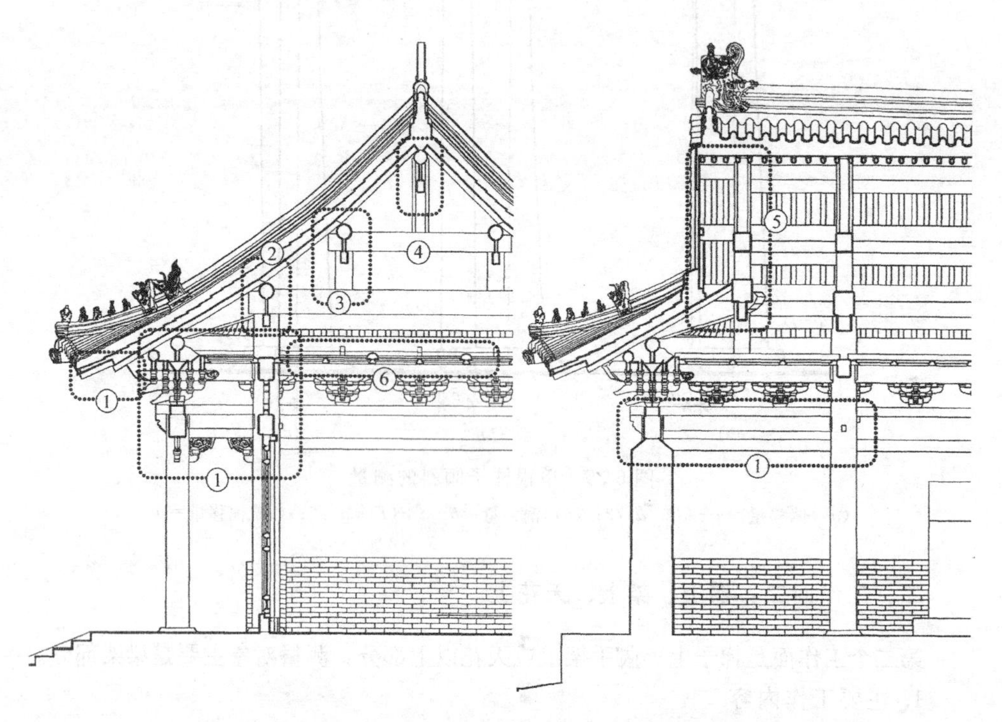

图 6-36　架上、梯上测量步骤示意图

第 1 步：廊内梁架尺寸，包括正心桁、挑檐桁高程及断面尺寸，檐柱柱顶柱径、各梁枋定位、断面及出头部分尺寸，斗栱定位尺寸及细部尺寸，檐出部分椽子及连檐等细部尺寸，雀替、门窗及墙体的上部尺寸等。

第 2 步：下金桁及相关梁枋尺寸，包括下金桁高程及断面尺寸；梁枋、垫板等定位及断面尺寸；金柱上部尺寸等。

第 3 步：上金桁及相关梁枋尺寸，包括脊桁、上金桁、下金桁水平间距（步距），上金桁高程及断面尺寸，梁枋、垫板等定位及断面尺寸，瓜柱尺寸等。

> 典型错误：主观认为各桁（檩）的水平间距是均等的，可从总尺寸上均分得到，因而放弃测量。

第 4 步：脊桁及相关梁枋尺寸，包括脊桁高程及断面尺寸；梁枋、垫板等定位及断面尺寸，瓜柱尺寸等。

第5步：歇山部位的各种数据，包括采步金的定位和断面尺寸，收山、山花板、搏风板、踏脚木、草架柱等尺寸。

第6步：天花及其他较高部位装修的尺寸，如天花、藻井等。

3. 测量技巧

(1) 柱顶平面

如有条件周圈设脚手架，必须测量柱顶平面。其要求与地面柱网测量类同，须四面全量，以便核对。注意事项如下：

A. 柱头部分十分规整、易于找中时，直接按柱中测量。

B. 可以利用斗栱的坐斗或头翘中点为标志，测量柱网尺寸。

C. 如平板枋完整规矩，可测其全长，作为校核面阔尺寸的参考。

D. 正常情况下，同一开间的柱顶柱距不应大于柱底柱距。如有异常，须仔细观察，分析原因，通过复测加以修正。

E. 必须加减因梁架走闪拔榫而造成的误差尺寸。

(2) 举架

凹曲屋面是中国古代建筑的最显著的特征之一，而屋面曲线则取决于一系列椽子所形成的折线，即所谓的举架或举折。而要想描述折线各段的倾斜程度，就必须提供各段的水平长和竖向高差，也就是各桁檩的水平间距（步距）和竖向高差（举高）。因此，步距、举高就成为梁架测量中最关键的数据。

首先，不能主观认为各桁檩的水平间距是均等的，必须逐一测量。测量时可借助垂球将各桁檩的中心位置垂直投影到相应的水平面上测量，如本例中的五架梁（图6-37）。

测量各桁檩的高程时，均应从檩的上皮和下皮直接测量到地面（图6-38），

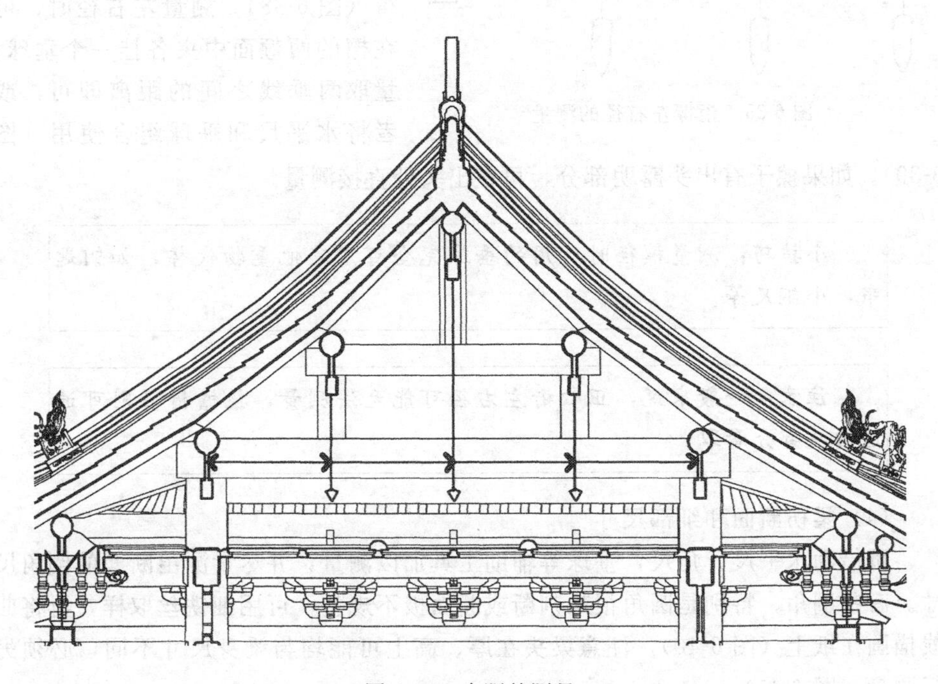

图6-37 步距的测量

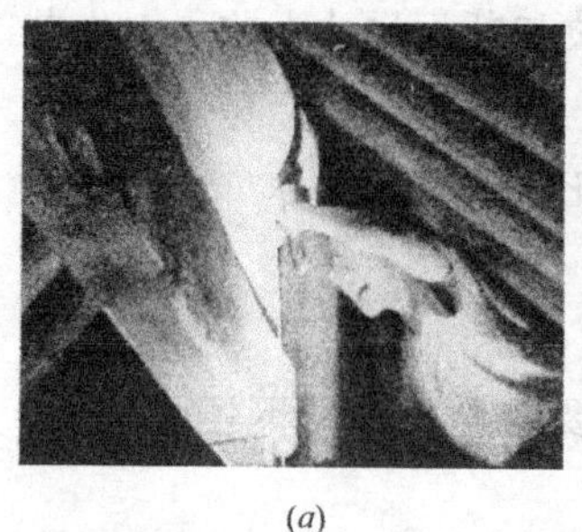

(a) (b) (c)

图 6-38 桁檩高程的测量

(a) 直接测量檩下皮高程；(b) 借助水平尺测檩下皮高程；(c) 借助水平尺测檩上皮高程

并在地面上做好标记，然后用水准仪测出地面各对应点的高差加以修正。或者可将皮尺或钢尺垂下，直接用水准仪或激光标线仪读数。实在无法垂到地面时可分段测量：尽量选取某一方便的位置如五架梁下皮作为基准面，然后测量各点与它的相对高程，再根据五架梁下皮的高程计算其相对于地面的高程。

(3) 桁（檩）径

桁或檩的断面尺寸包括上下径和左右径。一般来说，左右径大于上下径，这是因为如果檩子上、下有构件相叠时，需将上、下皮砍平（形成所谓“金盘”），也有的檩子断面本身就不规整。上下径可通过测量上下皮高程求得（图 6-38）。测量左右径时，可在檩的两颊面中央各挂一个垂球，量取两垂线之间的距离即可，或者将水平尺和垂球组合使用（图 6-39）。如果檩子有出头露明部分，可在出头处直接测量。

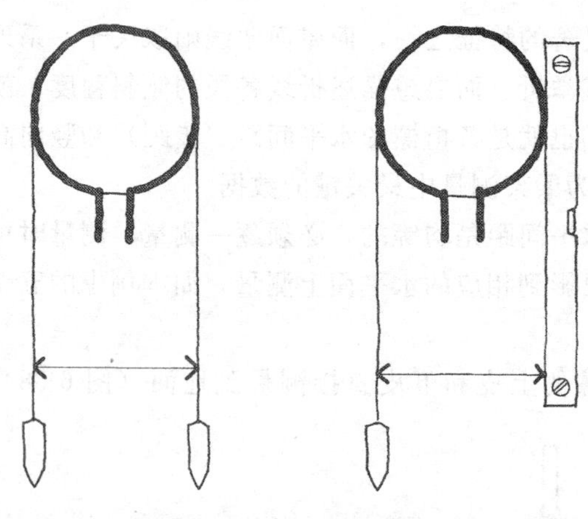

图 6-39 桁檩左右径的测量

> 小技巧：测量檩径时所用的垂球完全可用其他重物代替，如钥匙串，小钢尺等。

> 注意：一般来说，正心桁左右径可能无法测量，挑檐桁径则可通过出头部分量取。

(4) 梁枋断面和细部尺寸

可借助水平尺、角尺，垂球等辅助工具加以测量，并尽量测出断面的倒角尺寸。有些倒角，特别是圆角很难判断或断面极不规整，可用细铁丝取样，再将曲线描画在纸上（图 6-40）。注意梁头在厚、高上可能均与梁身尺寸不同，必须另行测量（图 6-41）。

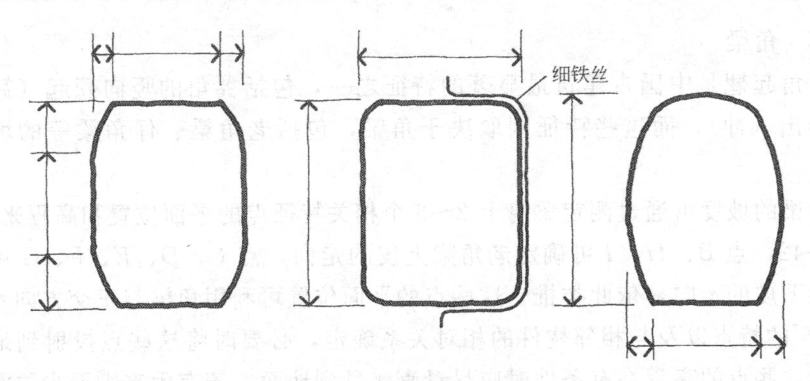

图 6-40　梁枋断面的测量

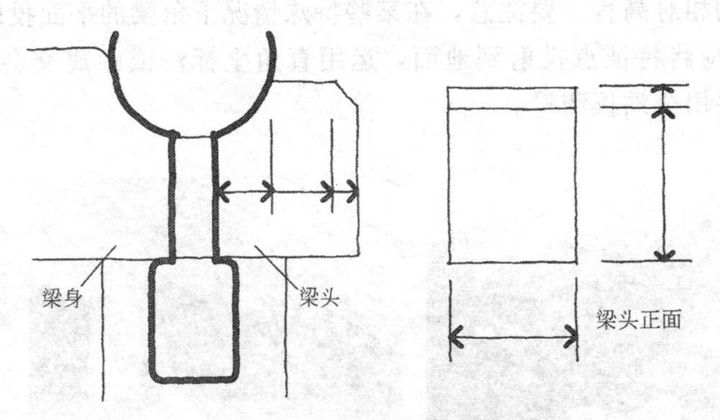

图 6-41　梁头的细部测量

小技巧：可用带刻度的水平尺、三角板和铅笔制成简易的卡尺来测量梁枋断面。

(5) 角梁

翼角起翘是中国古建筑最显著的特征之一，包括翼角的竖向翘起（翘）和水平伸出（冲），而这些特征则取决于角梁，包括老角梁、仔角梁等的坡度和长度。

角梁的坡度可通过测定梁身上2～3个相关特征点的平面位置和高程来确定。如图6-42，点B、H、I可确定老角梁上皮的走向，点C、D、E、F、G可确定老角梁下皮的走向，依此类推。这些点的平面位置可利用角梁与正交方向水平夹角为45°的特点以及与相邻构件的相对关系确定，必要时将这些点投射到地面后测量。这些点的高程在有条件时应尽量直接量到地面，若有困难则至少要测出其与相邻构件的相对高程。要注意，在某些特殊情况下角梁的平面投影与正交方向并非呈45°，应将特征点投射到地面，运用直角坐标法或距离交会法仔细测量，要求严格时要用全站仪测量。

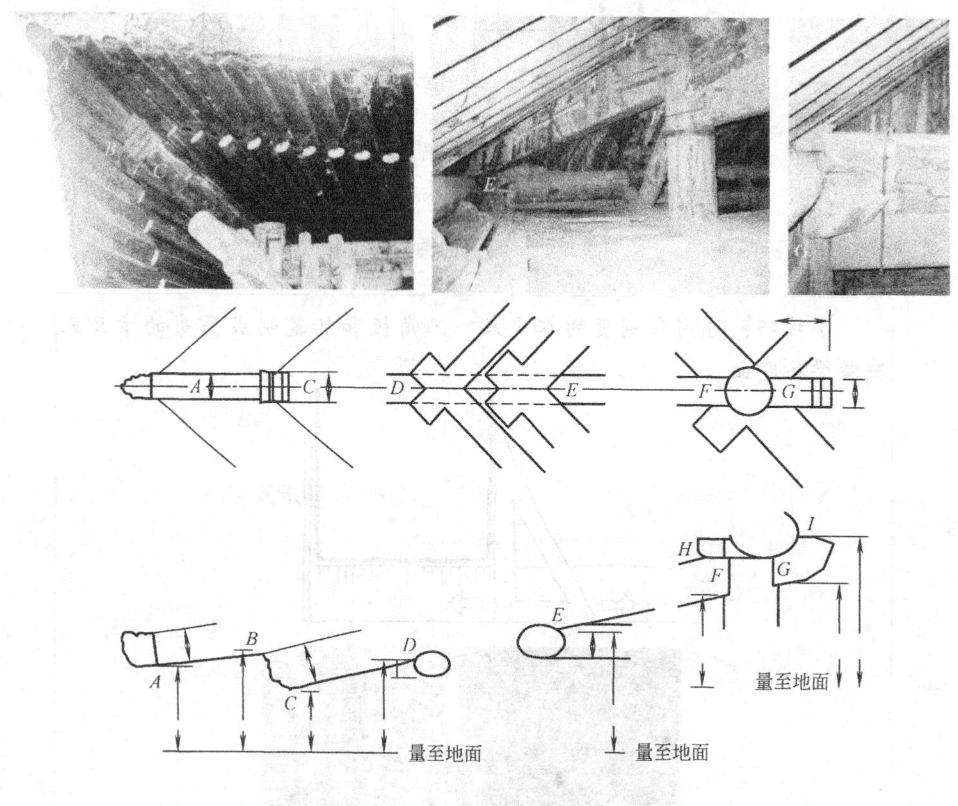

图6-42　角梁的测量

上述测量中包括了对角梁水平投影长度的测量，在允许的情况下可量取其真实长度（斜长）以作校核。

老角梁和仔角梁的高和宽，应在头、腹、尾不同的部位上分别测量。如遇角梁尾有拔榫、移位或梁头糟朽等情况，应分析、核对数据，务求准确可靠。梁头、梁尾如有复杂的轮廓或纹样，应测量其轮廓尺寸，并拓样或摄影。角梁上如有风铎、垂头等构件应单独测量，并测定其定位尺寸。

（6）斗栱测量

斗栱看似复杂，其实规律性非常强。把握住这些规律，测量工作就能事半功倍。在清官式做法中，斗口是斗栱的基本模数，所以首先要测定斗口的尺寸。应量取若干不同位置的斗口，按“少数服从多数”原则确定斗口数值（图6-43*a*），然后从高、深、宽三个方向量取斗栱构件的定位尺寸和细部尺寸。所谓定位尺寸包括材高、拽架、栱长等。

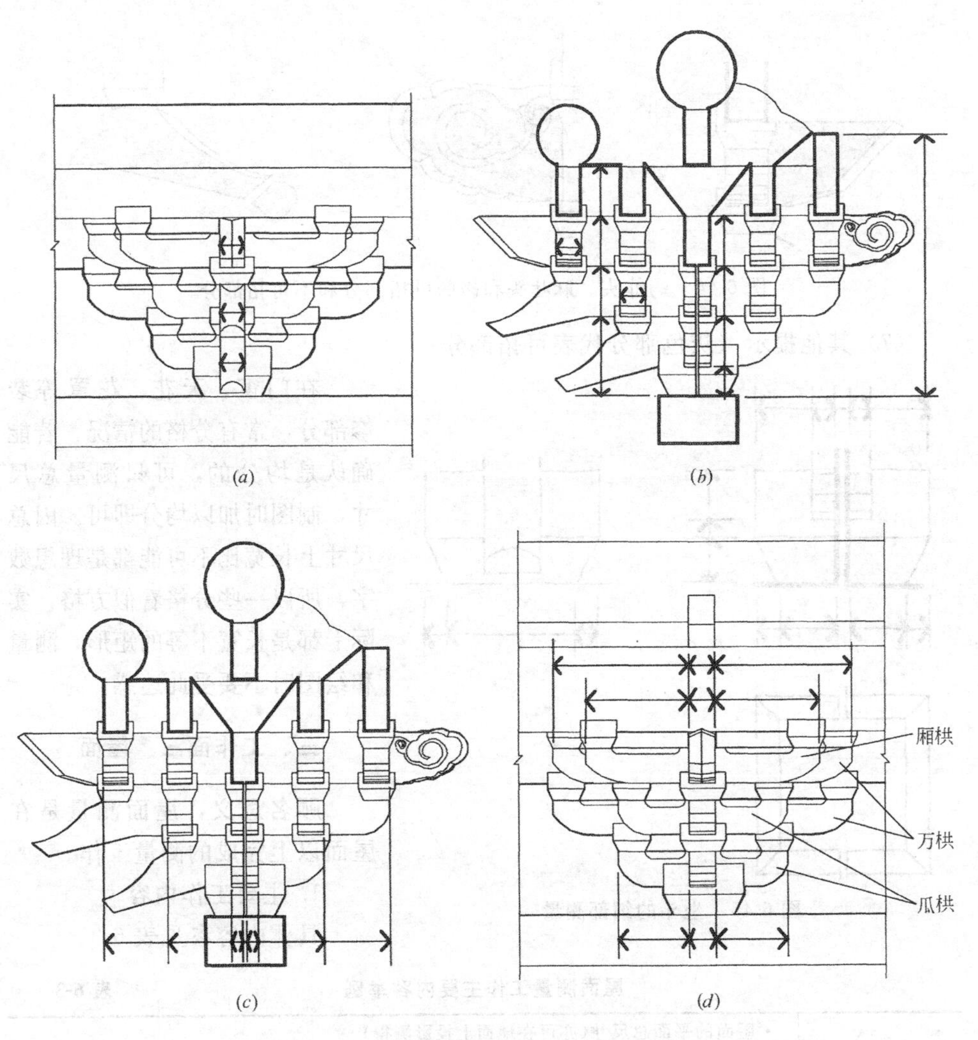

图6-43 斗口、材高、拽架和栱长的测量
（*a*）测量斗口；（*b*）测量材高；（*c*）测量拽架；（*d*）测量栱长

材高（图6-43*b*）：竖向上则应先测出斗栱的总高，然后用连续读数法测出相应翘（昂）、耍头的高度。综合分析这些高度可确定材高。

拽架（图6-43*c*）：利用水平尺或小钢尺读出每一跳的出跳尺寸，可统一测量各跳栱的外皮间距，代替中—中间距。

栱长（图6-43*d*）：逐一测量瓜栱、万栱、厢栱的长度。如果可能应测量栱的全长，但一般情况下只能分别测出栱的左、右长度，再加上斗口尺寸定为栱长。因左右栱长度不一致的情况并不少见，所以两侧均要测量，不允许简单用一侧栱的长度代替另一侧长度。

对轮廓较为复杂的栱、昂、耍头等构件主要利用拓样测量（图 6-12、图 6-13）。但要注意：拓样只是反映了构件平面部分的轮廓和图案，对于蚂蚱头、麻叶头等“出锋”构件，必须分清可拓部分和不可拓部分，后者尺寸必须现场测定（图 6-44）。另外，还要测量坐斗和各类小斗的细部尺寸（图 6-45）。

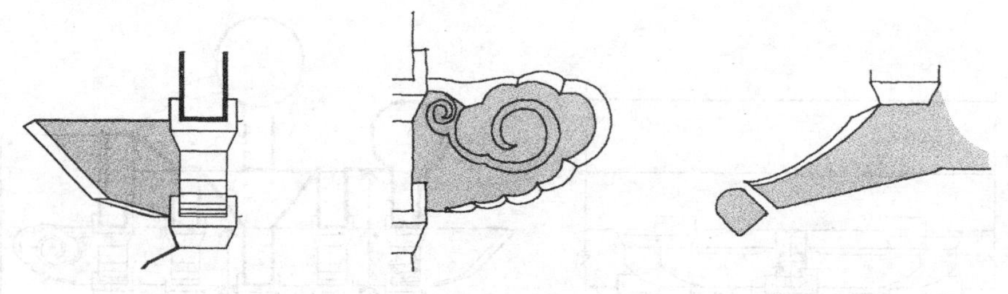

图 6-44　蚂蚱头、麻叶头和昂的可拓部分和不可拓部分

（7）其他提示（灰色部分代表可拓部分）

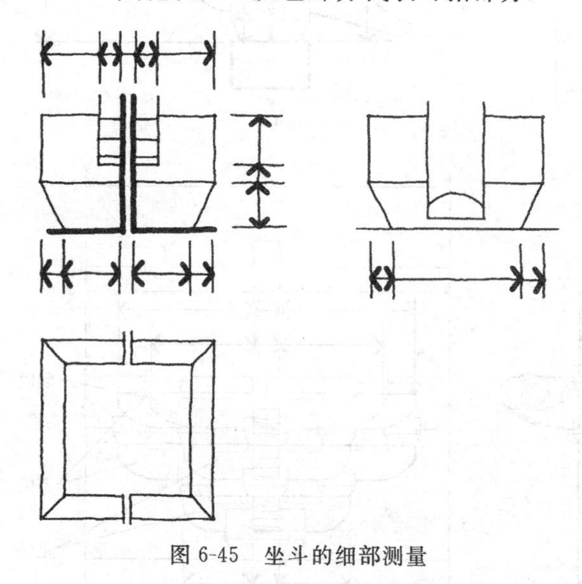

图 6-45　坐斗的细部测量

在门窗、天花、花罩等装修部分，常有分格的情况，若能确认是均分的，可只测量总尺寸，制图时加以均分即可。因总尺寸上长宽比不可能都是理想数字，所以一些分格看似方格，实际上都是长宽不等的矩形，测量和绘图时不要受此迷惑。

三、工作面三：屋面

顾名思义，屋面测量是在屋面以上完成的测量工作。

1. 主要工作内容

具体内容参见表 6-3。

屋面测量工作主要内容举例　　表 6-3

控制性尺寸	·屋面的平面总尺寸（亦可在地面上投影测得） ·重要控制点高程（如最高点、各脊最高点或起止交接处、檐口、翼角等） ·屋面曲线 ·各屋脊的定位尺寸和屋脊曲线 ·各吻兽的定位尺寸
细部尺寸	·各屋脊、天沟断面尺寸 ·吻兽轮廓尺寸（包括吻座详细尺寸） ·山花细部尺寸 ·其他瓦件的细部尺寸 ·与其他建筑的交接关系 ·其他

2. 测量步骤举例

第 1 步　总尺寸、重要定位尺寸及高程。屋面的总尺寸可将特征点投射到地面测量，所以也可归入地面测量工作。定位尺寸包括两垂脊间距、两戗脊起始端间距等（图 6-46）。如图 6-47 上的这些特征点的高程，可使用全站仪测量（同时

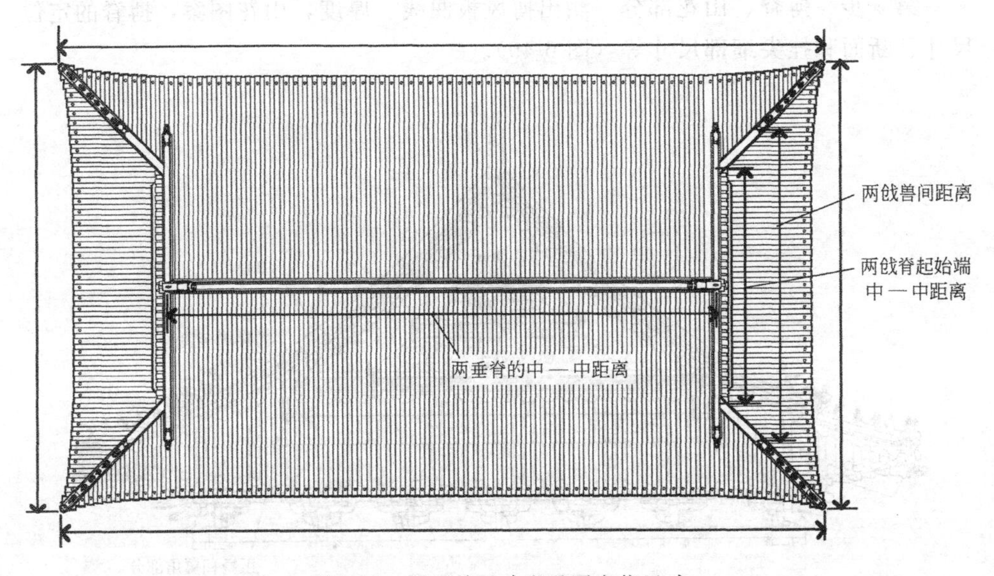

图 6-46　屋面总尺寸和重要定位尺寸

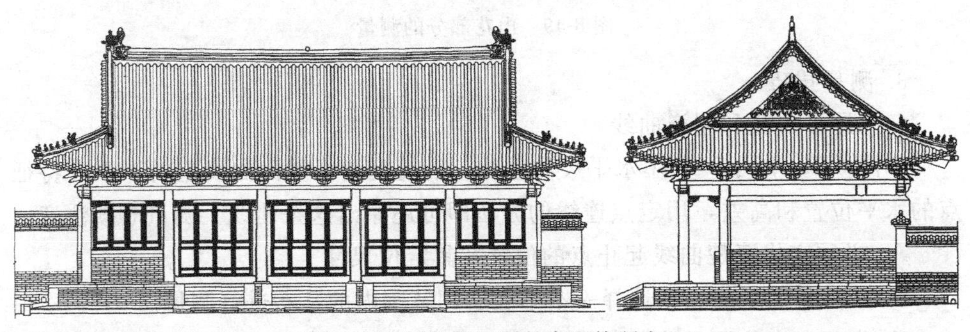

图 6-47　屋面上重要的高程控制点

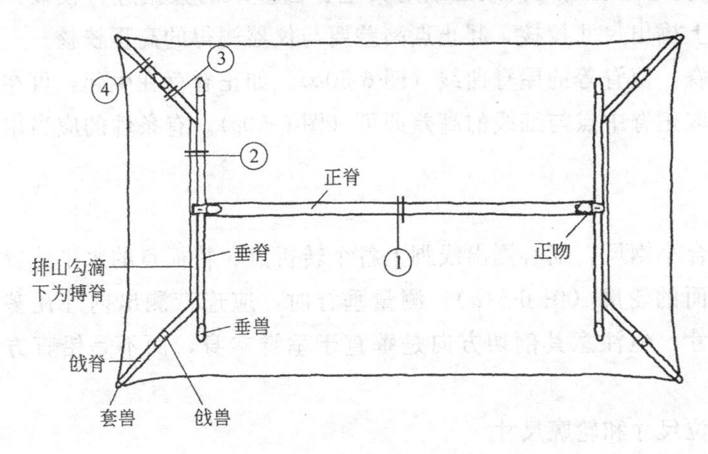

图 6-48　各屋脊及吻兽名称及屋脊剖切位置

可测其平面坐标)，也可以将水准仪安置在屋面上进行测量。

第 2 步　屋面曲线、屋脊曲线。参见测量技巧部分。

第 3 步　各脊断面、吻兽（图 6-48）及各类其他瓦件细部尺寸。注意：屋脊断面有变化的，应分别测量，如本例中的戗脊即分为兽前、兽后两部分。

第 4 步　搏脊、山花部分。测出搏风板曲线、厚度，山花图案，搏脊的定位尺寸、断面和挂尖细部尺寸等（图 6-49）。

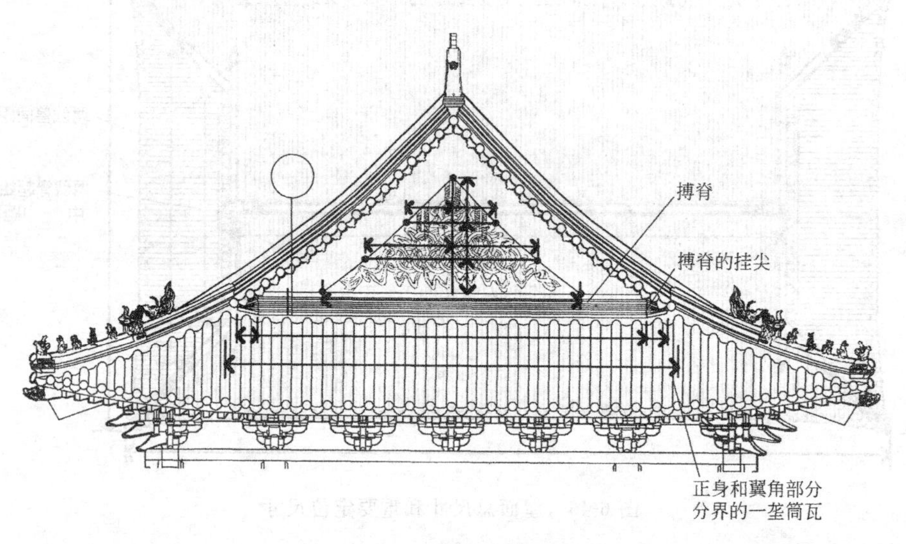

图 6-49　山花部分的测量

3. 测量技巧

(1) 屋面曲线和屋脊曲线

如图 6-50*a* 所示，利用水平尺和垂球，沿筒瓦测得屋面曲线上的一系列特征点的水平位置和高差，用定点连线的方法即可还原出这条曲线。测量时须注意：

A. 必须交代清楚曲线起止点的位置及其定位尺寸。

B. 带翼角的屋面，须选择一垄不在起翘范围内的瓦垄进行测量。

C. 由于各点位置是分段测得，故必须与其他方法量取的数据进行校核：水平总尺寸与柱网及上檐出尺寸校核，起止点高差要与仪器测得的高程校核。

此法也适于垂脊、戗脊等的屋脊曲线（图 6-50*b*）。如正脊存在生起，可在正脊两端拉细线，量取正脊中点与细线的高差即可（图 6-50*c*）。有条件的应当用仪器测量。

(2) 脊的断面

可用水平尺配合小钢尺，细心测出线脚上各个转折点、特征点的水平位置和高差，即可得到断面的轮廓（图 6-51*a*）。测量垂脊时，应连带测出内外瓦垄和排山勾滴的细部尺寸，但注意其剖切方向是垂直于垂脊本身，而不是铅直方向（图 6-51*b*）。

(3) 吻兽的定位尺寸和轮廓尺寸

以正吻为例，如图 6-52 所示，除测出正吻的最大轮廓尺寸外，还应测出其

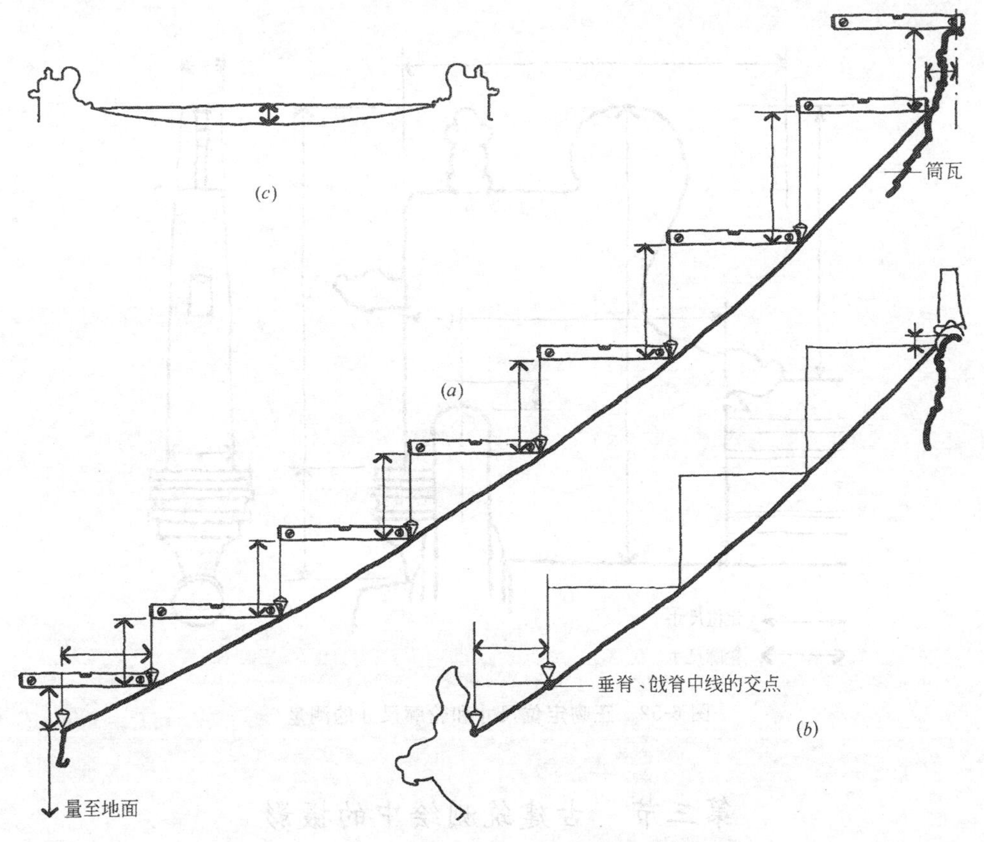

图 6-50 屋面曲线和屋脊曲线的测量

(a) 屋面曲线测量；(b) 垂脊曲线测量；(c) 正脊曲线测量

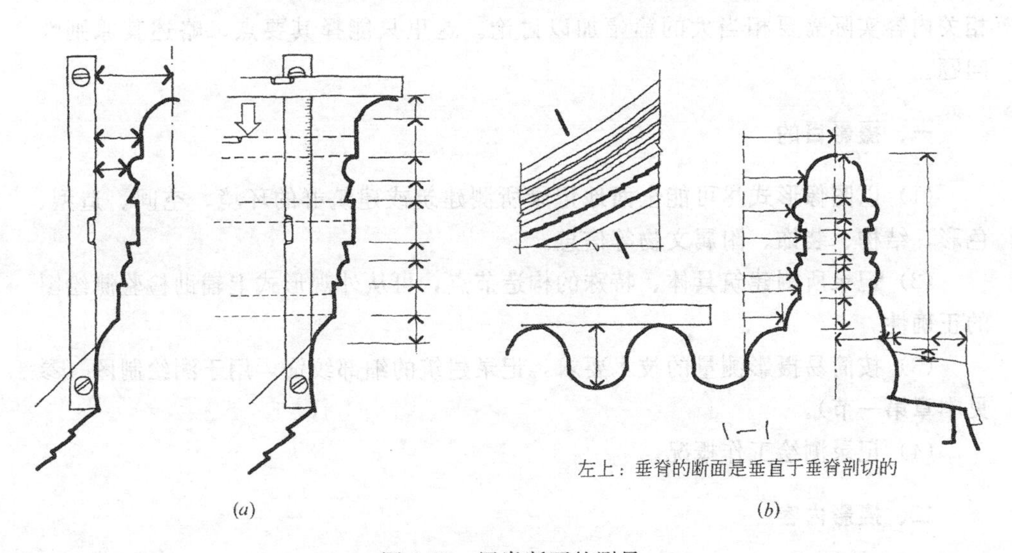

图 6-51 屋脊断面的测量

(a) 正脊断面的测量；(b) 垂脊断面的测量

定位尺寸，如通过与垂脊的关系确定平面位置，通过与正脊的关系确定高程等。另外，所有吻兽都应单独测出其吻座或兽座的尺寸。

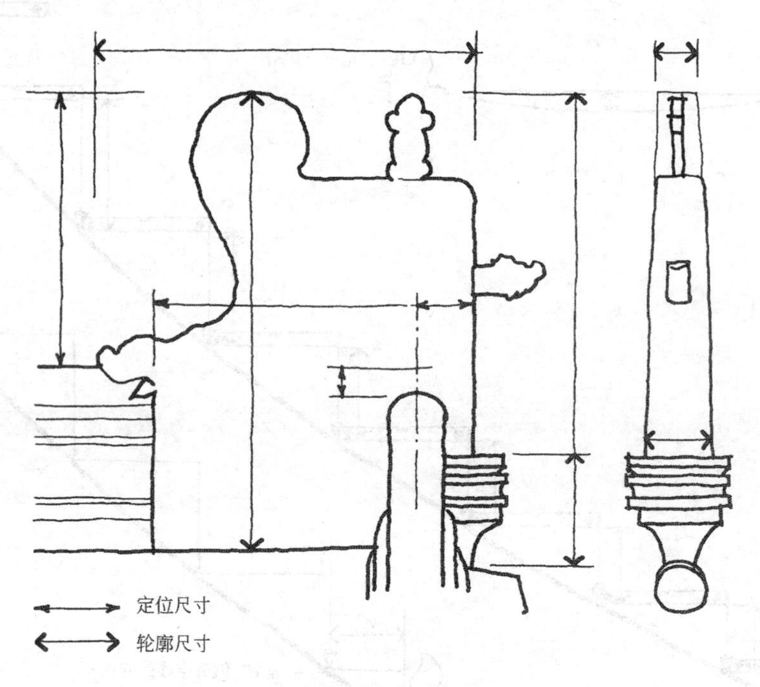

图 6-52　正吻定位尺寸和轮廓尺寸的测量

第三节　古建筑测绘中的摄影

摄影本身是对建筑遗产进行记录的重要方法之一，加上摄影技术的复杂性，相关内容实际需要相当大的篇幅加以讨论。这里只能择其要点，略述其原则性问题。

一、摄影目的

（1）以图像形式尽可能全面地记录所测建筑或建筑群的环境、空间、造型、色彩、结构、装饰、附属文物等信息。

（2）记录所测建筑具体、特殊的构造节点，可从外观形式上辅助检验测绘图的正确性。

（3）按简易摄影测量的技术要求，记录建筑的细部纹饰，用于测绘制图（参见本章第一节）。

（4）记录测绘工作概况。

二、摄影内容

（1）建筑组群及其环境。包括建筑组群四周的自然环境或街区环境，建筑群内部的道路、建筑、院墙、碑刻、绿化、辅助设施及其相互关系，建筑组群形成的空间气氛、场所感和意境等。

（2）建筑外观形式。包括正面、侧面、背面、斜视角度，以及平视、俯视、仰视等所有有意义的视点。

(3) 建筑内部的空间。包括构图中心、内部及内外空间的分隔渗透、家具陈设、隔断、天花、壁画、幔帐及其色彩，以及上述要素所形成的空间气氛、场所感和意境等。

(4) 建筑结构和构造做法。包括整体结构形式和柱、梁、枋、檩、斗栱、墙体、台基、踏跺等各类节点，以及门窗、槅扇、天花、藻井等装修部件及其节点。

(5) 建筑细部和装饰。包括建筑的彩画、木雕、砖雕、石刻、瓦件、脊饰、吻兽等。

(6) 建筑与周围环境。包括建筑与周围建筑、围墙、道路、树木的关系以及建筑排水系统等等。

(7) 有意义的工作照和生活照，生动反映测绘实习生活。

三、技术要求要点

(1) 目的明确、构图合理、曝光正确、焦点清晰。

(2) 拍摄建筑外观时应尽量选择自然光线最佳时段拍摄。

(3) 室内光线不足时应首选利用三脚架在自然光下拍摄。

(4) 采用数字像机拍摄时，尽量采用最大分辨率，至少达到400万像素；禁用数字相机的数字变焦功能。

(5) 照片及时分类存档。

第七章　测稿整理与仪器草图绘制

测量工作告一段落，最早的草图变成了标满数据的测稿。然而，这并不意味着据此就能顺利完成测绘图。因为测量往往有遗漏，数据往往有误差，图线往往有含混之处。若未经核对检查，就离开现场进行所谓的“制图”，成果质量就难以保证。因此，必须特别强调在现场完成测稿整理、仪器草图和比照实物核对这三个必要环节，不能为赶进度、图省事而有任何草率甚至省略。这一阶段决不是一个单纯的成果表达行为，而是一个“表达—验证—纠错—再表达—再验证”的循环过程。而在实际工作中，测稿整理、仪器草图绘制和比照实物检查的过程也一般难以划清界线，往往以绘制仪器草图为工作主导，一边制图，一边整理数据，填表，并随时比对实物，这样更容易及早暴露矛盾，发现问题，以便适时进行必要的补测或复测，使测绘成果中的错误减少到最少。

第一节　整理测稿

测量过程中完成的测稿，应当用正确的投影清晰地表达出建筑的总体关系和微小细节，数据记录尽量完整无误。由于初学者缺乏经验，难免出现遗漏和错误，甚至要经过多次反复才能达到要求。因此，测量获得的数据应在测量当天进行核对整理，及时发现问题，以便进行针对性的复测，补测。请注意：开始整理测稿的时机并不是测完所有数据之后，而是伴随着测量阶段的每一天。

一、整理测稿的具体任务

(1) 图面整饰或重绘。对原稿中勾画有误、交代不清、标注混乱等有失“可读性”之处，进行局部整饰或整体重绘。

(2) 尺寸排查、核对及改正。与测量工作顺序类似，也遵循从整体到局部，先控制后细部的原则。内容包括排查可能漏量的数据，以及整理所测数据，包括测量学和建筑学上的判断、处理和改正。

(3) 数据汇总列表。数据整理过程中，将建筑的主要控制性尺寸（总尺寸、重要定位尺寸）以及构件细部尺寸等汇总列表。

(4) 记录总结测量中发现的结构和构造做法上的特殊问题。如现状与原状的差别、特殊做法、重要的残损情况等。

二、图面的整饰和重绘

测稿必须具有一定的可读性。因此，当出现图线含混不清或者投影有误，或者标注混乱等现象时，则应对图面进行必要的整饰，修正错误。若很难直接修改到满意的程度，则应进行局部或整体的重绘。整饰或重绘时应当注意：

（1）整饰时尽量不涉及数据的涂改。

（2）重绘时应保留原稿，作为测稿的附件保存，以便随时检核。

（3）重绘时需要重新誊写数据，但不应改变原有的标注格式。

（4）整饰或重绘时可充分利用复印、剪贴的方法重新构图。

三、数据成果整理

古建筑测绘中的数据成果的整理，实际上包括两个方面，测量学上的处理和建筑学上的判断，经必要的改正和取舍，形成最后用于制图的一套数据。

1. 测量学上的处理

在测量工作中，尤其是控制测量中，测量的最终成果通常并不是直接使用观测值，而是经严密方法进行误差处理后的数据，即改正后的数值。由于手工碎部测量中，往往只进行必要观测，因此这种数据处理工作并不多，略举几例如下：

（1）如建筑总尺寸和柱网尺寸采用往返测量法时，应取两次测量的平均值作为测量成果。

（2）如某部位的总尺寸和分尺寸是各自独立测出的，则总尺寸与各段分尺寸之和必然出现很小的差值，可将这个差值平均分配到每段分尺寸中，也就是“分尺寸服从总尺寸”。如果误差过大，则应重新测量。

（3）手工分段或间接测量的数据与仪器测量数据有差异时，应按照仪器数据将两者差值平均分配到各段分尺寸中，也就是“手工数据服从仪器数据”。若两者差异过大，应到现场复测。

2. 建筑学上的判断和处理

建筑学上的处理是指根据建筑设计一般原理和建筑构造做法的一般逻辑和规律，对所测数据进行核对和判断，并在必要时对数据进行取舍，改正。其中，虽然有些方法是定性的，但也能在一定程度上保证数据的准确程度。由于建筑学上判断往往依据图形作出，因此这里的数据整理不仅是单纯数据计算，也包括将这些数据画成图形的过程，也就是仪器草图初步绘制。

（1）按照构造做法的规律和逻辑查找疑点

例如，应注意判断建筑内外尺寸是否合理，两山墙外皮的距离应该大于两山墙内皮间的距离，而且两者之差（反映墙厚）应在合理范围内；又如，梁架上脊檩的高程应低于屋顶上正脊上皮的高程，两者之差也应在合理的范围内；再如，角梁中线应当与屋面上戗脊中线在同一个竖直平面上（图 7-1）。

（2）对称、重复部位或构件的数据处理

每一栋建筑都理应有一套原有设计尺寸。但是，由于施工及测量中的各种误差以及建筑变形等原因，观测值往往与理想的设计尺寸有差距。观测值经测量学上的处理改正后所得尺寸，可称为现状尺寸。在理想状态下，对称部位的尺寸、同类构件的细部尺寸等，应该一致。例如对称的开间、两缝地位相同的梁架、不同位置的平身科斗栱，甚至一排椽子、一排瓦垄等等尺寸都是相同的，但现状尺寸则互有差异。这种情况下，如果全部按现状尺寸进行绘制，不仅工作量巨大，

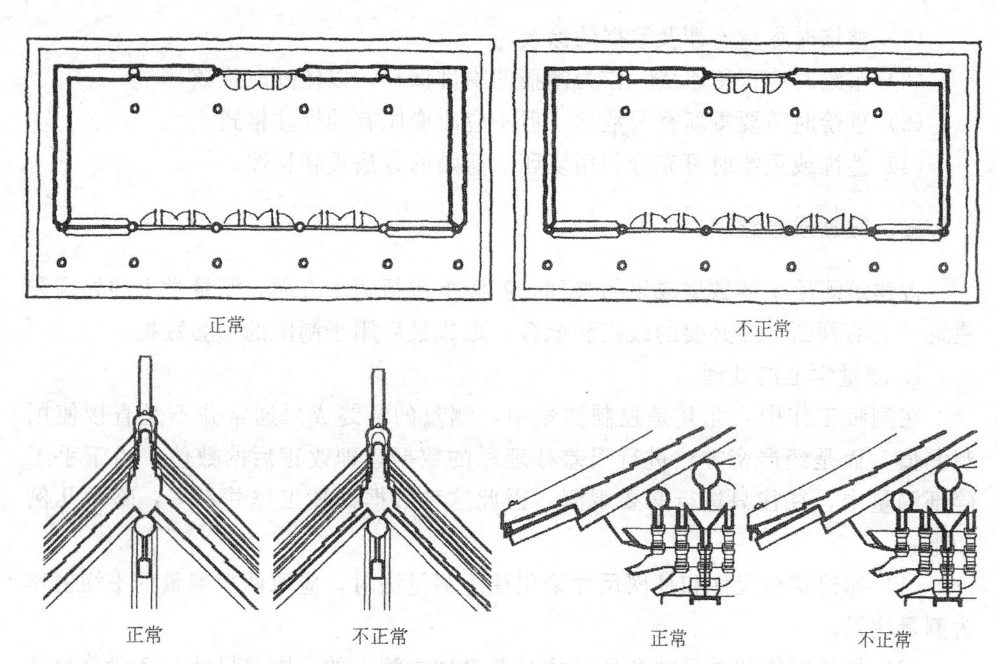

图 7-1　根据构造做法的规律查找疑点

而且未必能画出一套尺度准确、结构交待符合原物的图纸。因此，需要在对观测值的统计分析基础上，加入建筑学上的判断，对现状尺寸再进行必要的取舍、改正，以统一相关联的尺寸。经过这种改正的尺寸，反映建筑物主要方面和基本构件的最合理、最接近原始设计的尺寸，并能正确揭示出建筑各部分的原貌和风格特征。改正后的数据可用于制图、建模。

这种建筑学上的改正所涉及的范围和对象包括：

(1) 重复性的同类构件，如斗栱用材及各分件尺寸、地位相同的柱子的柱径以及筒瓦、板瓦、勾头、滴水等瓦件。

(2) 对称的部位和构件，如面阔或进深中的左右两次间、梢间、尽间的尺寸；对称各间安装的门窗、角梁左右的翼角椽子排列等。

(3) 梁架结构中的控制性尺寸，如各檩的水平距离和高差（步距和举高）、出檐尺寸等。

(4) 反映建筑物结构交接关系的尺寸，如斗栱的间距（攒当）、门窗槛框的长度与所在开间的尺寸、瓦垄的垄当（蛐蜒当）等。

进行这种改正时还应注意：

(1) 后换构件服从原始构件。古建筑在经历过多次修缮之后，可能会更换某些局部（或构件），后换构件可能改变了原始尺寸和原貌。因此，勘测时应仔细观察，全力寻找出各部分的原始构件作为典型构件加以测量。

> 典型错误：误认为同类构件的某个尺寸数量最多，或者某个构件保存得最完好，就轻易地作为统一尺寸的依据，而不看它是否为原始构件。

(2) 少数服从多数。属于同类的重复构件，或者结构中许多有相互关系的尺寸，可适当多测量几个或几部分，取多数而定。

（3）在建筑存在某些特殊变形的情况下，例如，一建筑的局部因年久受压而倾斜，致使某些构件的高度或厚度收缩而变小，就会造成总尺寸小于分尺寸之和的现象。这时可将分尺寸之和暂定为总尺寸，并在测绘图上标明缘由。

（4）若初判为同类构件的部分在勘测中发现尺寸有明显差异，且有一定规律时，应考虑是否为特殊的构造做法和特征，深入研究或许能发现新的时代或地域特征。这时必须维持原观测值不变，决不能强求统一。例如，在北方的一些元代建筑，所用梁栿多为自然弯曲的圆木稍作加工而成。所以，即使地位相同的梁栿，其体形和尺寸也均不相同，应当逐一测量，决不能视之为整齐如一，否则就失去了元代建筑的特征。

然而，经过改正后的尺寸是理想化的尺寸，不能完全反映当前建筑的具体现状。因此保存现状尺寸也有自身的意义。现状尺寸是测绘获得的第一手材料，充分、生动地反映了建筑具体现状。木构古建筑各部结构的各种构件现状尺寸，在漫长岁月中饱经风霜雨雪的侵蚀，保存和传递着历史发展演变的信息，其中既有创建时期的原始构件，也有不同时期大修中被更换上的后换构件。因此，反映这两类构件的现状尺寸，就成为今天进行各种性质的修缮工作所必须依据的第一手材料。

现状尺寸在文物保护工程中更有指导意义。一般情况下，不能仅凭改正后的理想尺寸指导施工，特别是指导落架的大修工程。原因在于：

（1）文物保护中“最小干预”原则要求尽可能多地保存原有构件，包括后换构件。

（2）即使落架大修工程，也必须“原拆原盖”。在万不得已更换新件时，其具体尺寸应依据所换构件的实际情况而定，决不能按理想尺寸来制作，否则，难以与关联的构件或部位相吻合。

（3）在不落架而进行的中小型修缮工程中，由于建筑物本身已存在着一定程度的倾斜或下沉等问题，因此要更换或加固某个局部结构或某一构件时，只能就现状“以歪就歪”地进行。很明显，改正后的理想尺寸就不太切合实际了。

反映在记录方式上，现状尺寸记录在测稿上，改正后的理想尺寸用于制图，同时汇总列表成为测绘数据表。测稿、数据表、测绘图同时存档，保证记录信息的完整性。

四、数据表

本教材所提供的数据表是古建筑测绘教学中，按研究性典型测绘的要求，将现状尺寸经建筑学上的判断、改正后取得的理想尺寸。其具体内容、格式等；参见表7-1～表7-6。

孔林享殿测绘数据表——简况 表7-1

建筑所在地：山东省曲阜市；组群名称：孔林；建筑编号：124；建筑名称：享殿

建成朝代：清；建成朝年：雍正十年；公元年：1732

柱网形式：前后廊；屋顶形式：歇山；有无斗栱：有

面阔间数：5；进深间数：3；外观层数：1；实际层数：1

建筑面积：319.41m²；零标高位置：台明上皮

台明宽：24240mm；台明深：13177mm；台明高：885mm；下檐出：1810mm

孔林享殿测绘数据表——面阔、进深　　表 7-2

面阔			进深			
序号	位置	尺寸(mm)	序号	位置	尺寸(mm)	简图
1-2	梢间	3800	A-B		1800	
2-3	次间	43400	B-C		6050	
3-4	明间	43400	C-D		1800	
4-5	次间	43400				
5-6	梢间	3800				

孔林享殿测绘数据表——重要标高　　表 7-3

位置	标高值(m)	简图
室外地坪	-0.885	
台明	0.000	
下碱	1.365	
檐柱顶	4.215	
飞椽下皮	4.893	
挑檐檩下皮	5.230	
檐檩下皮	5.410	
下金檩下皮	6.444	
上金檩下皮	7.617	
脊檩下皮	9.065	
正脊上皮	10.619	
正吻最高	11.499	

孔林享殿测绘数据表——举架　　表 7-4

位置	步架(mm)	举高(mm)	举架坡度	简图
檐步	1797	1034	0.575	
金步	1530	1173	0.767	
脊步	747.5	1447	1.936	

孔林享殿测绘数据表——出檐及翼角　　表 7-5

屋面位置	上檐出(mm)	飞椽平出(mm)	檐椽平出(mm)	翼角椽数	翘飞椽数	冲(mm)	翘(mm)	备注
下檐	1956	696	1260	15	15	208	428	
歇山收山			890					

孔林享殿测绘数据表——主要构件　　表 7-6

构件类别	构件名称	截面形式	截面径(mm)	截面宽(mm)	截面厚(mm)	全长(mm)	备注
柱	檐柱	圆形	460			4132	
柱	金柱	圆形	540			6077	
柱	脊瓜柱	圆形	340			—	
柱	金瓜柱	圆形	340			—	
梁	三架梁	矩形倒角		360	375	—	
梁	五架梁	矩形倒角		430	470	—	
梁	五架梁随梁	矩形倒角		300	250	—	
梁	桃尖梁	矩形倒角		240	445	—	

续表

构件类别	构件名称	截面形式	截面径(mm)	截面宽(mm)	截面厚(mm)	全长(mm)	备　注
梁	天花梁	矩形倒角		285	360	—	
梁	老角梁	矩形		246	—	—	
梁	仔角梁	矩形		205	—	—	
梁	踩步金	矩形倒角		420	450	—	
枋	额枋	矩形倒角		360	448	—	
枋	平板枋	矩形		300	180	—	
枋	脊枋	矩形倒角		175	250	—	
枋	上金枋	矩形倒角		175	250	—	
枋	下金枋	矩形倒角		175	250	—	
枋	穿插枋	矩形倒角			280	—	
桁檩	脊桁	圆形	300				
桁檩	上金桁	圆形	300			—	
桁檩	下金桁	圆形	300			—	
桁檩	正心桁	圆形	300			—	
桁檩	挑檐桁	圆形	240			—	
椽望	脑椽	圆形	100			—	
椽望	花架椽	圆形	100			—	
椽望	檐椽	圆形	122			—	
椽望	飞椽	方形		100	100	—	
板	脊垫板	矩形		74	285	—	
板	上金垫板	矩形		80	230	—	
板	下金垫板	矩形		70	282	—	

第二节 绘制仪器草图

如前所述，仪器草图不是单纯的测绘成果的表达，首先应视之为验证数据的手段。仪器草图进一步交代细节，并以量化的形式验证所测对象的自身比例和相对位置关系，是保证测绘质量的重要环节。同时，仪器草图上可初步确定正式测绘图的比例尺及构图，练习轮廓线加粗及尺寸标注等内容。

对初学者来说，仪器草图最好能现场绘制。其好处在于，真实场景有利于测绘者从形体、空间、比例、尺度乃至材料、色彩等方面把握对象，从而建立图样与真实场景的有机联系，形成人与建筑的“对话”。以画砖墙立面分砖缝为例，现场制图会把图样看作一块块具体的、由黏土烧制的砖；一旦脱离现场，初学者往往就把分砖缝变成了平面图案游戏。现场制图的其他优点是能够在草图出现疑点、表达遭遇障碍时可随时参照实物，并且能随画随校，有错即改，减少反复，事半功倍。

一、制图工具

仪器草图用铅笔和制图仪器绘制，常用工具包括 HB 和 2B 绘图铅笔或自动铅笔、绘图板、绘图纸、丁字尺或一字尺、三角板、曲线板、圆规、分规、比例尺、橡皮、美工刀、胶带纸等。

二、仪器草图的内容和形式

传统手工制图中仪器草图是描画正式图的底图，必须达到一定程度的细致入微。而电脑制图条件下，其功能蜕变为主要用以验证数据，因此可以简化作图。一些重复和对称的部分可以只画一组或一半，但必要的交接关系、控制性的结构和轮廓等必须交待清楚（参见附录二仪器草图范图）。

作为初步练习，仪器草图上必须按规范标注主要尺寸，加粗轮廓线和剖断线。仪草的格式可灵活掌握，但必须写明测绘项目、测绘人、制图人、制图日期等基本信息。

三、绘制仪器草图的步骤

（一）原则

绘图跟测量遵循一条共同的原则，那就是：从总体到局部；先控制总体后细部。

作图具体步骤与一般建筑制图相似，如果由一人作图一般遵循：

平面→剖面/梁架仰视→立面/屋顶平面→详图

的顺序进行。但要注意，一张图的大关系确定后，就立刻起画另一张图，然后再分别深入细部，决不能一张图画到底再画另一张图。

（二）作图步骤举例

以下以平面和剖面为例，对其作图步骤略作介绍，仅做参考。实际制图时，应根据具体情况，灵活掌握。

1. 平面

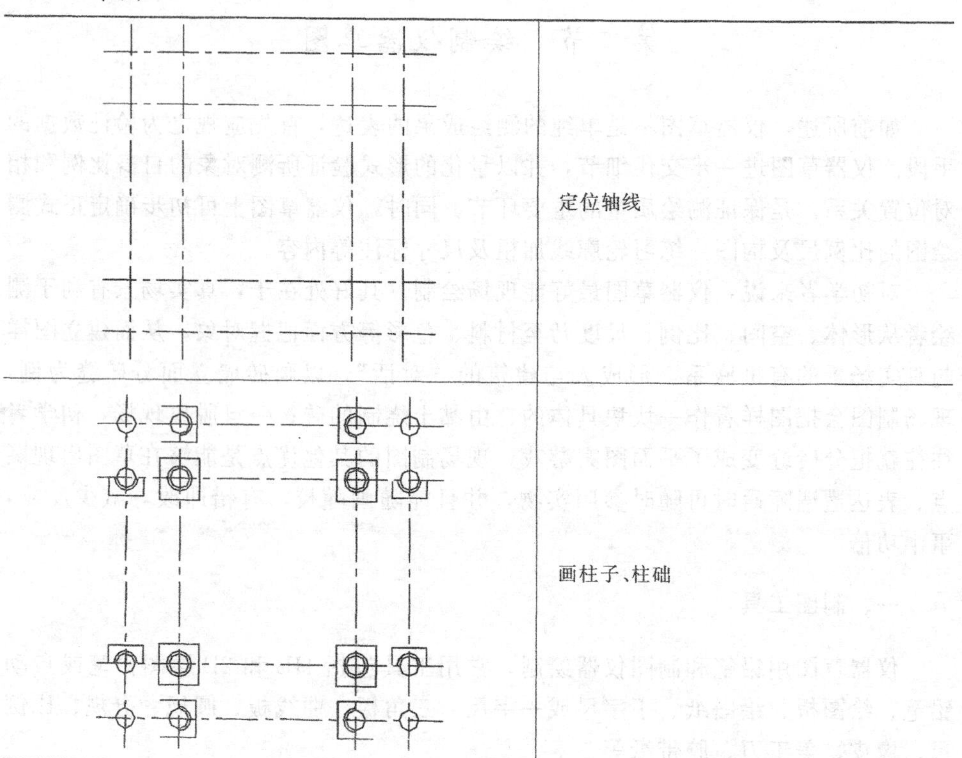

续表

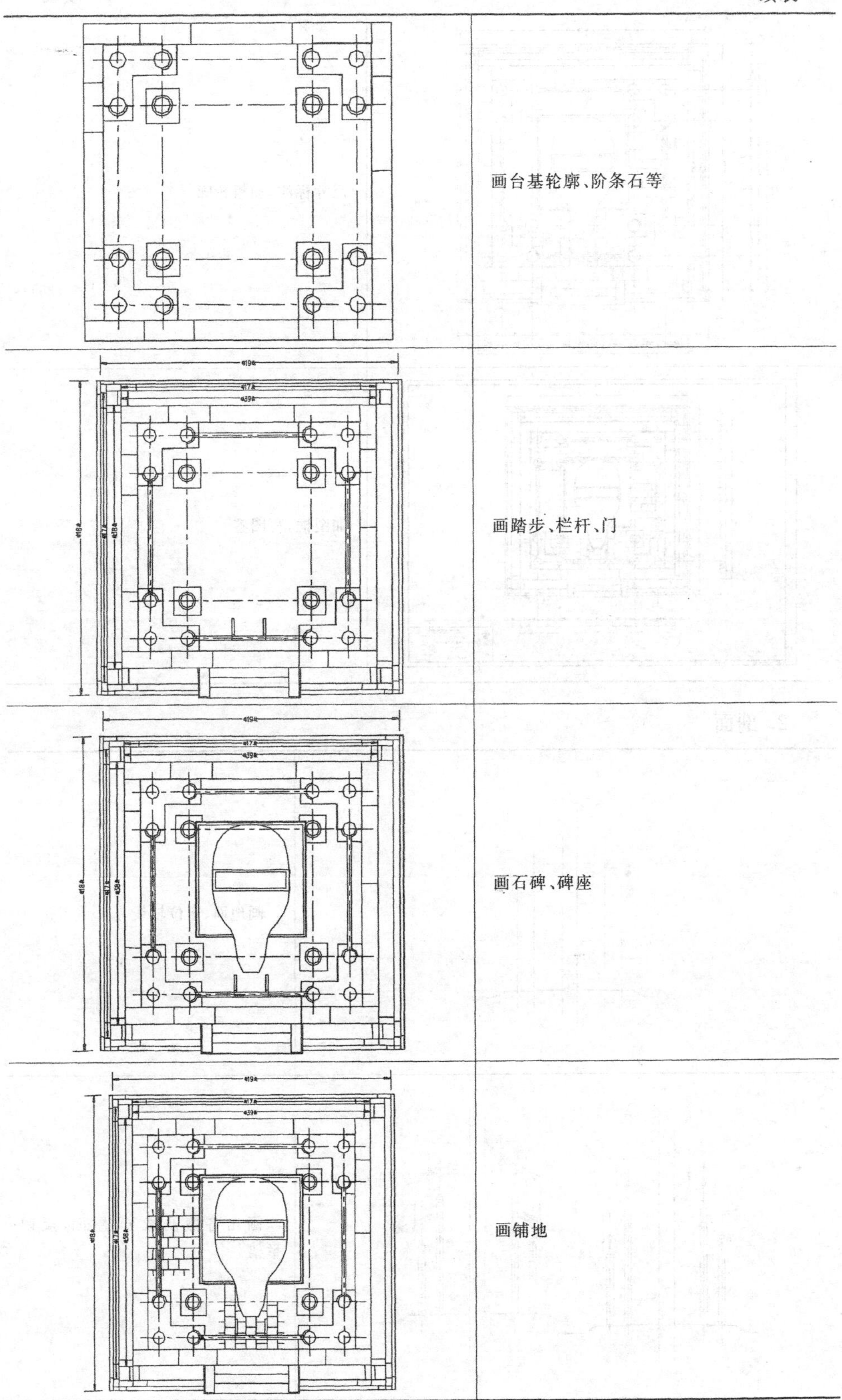

画台基轮廓、阶条石等

画踏步、栏杆、门

画石碑、碑座

画铺地

续表

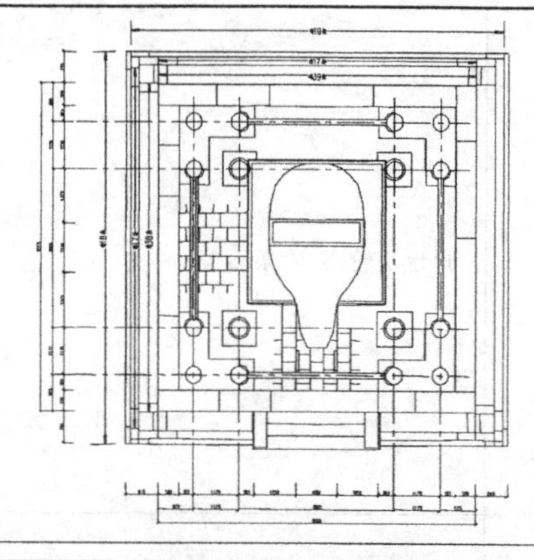	尺寸标注，加粗轮廓
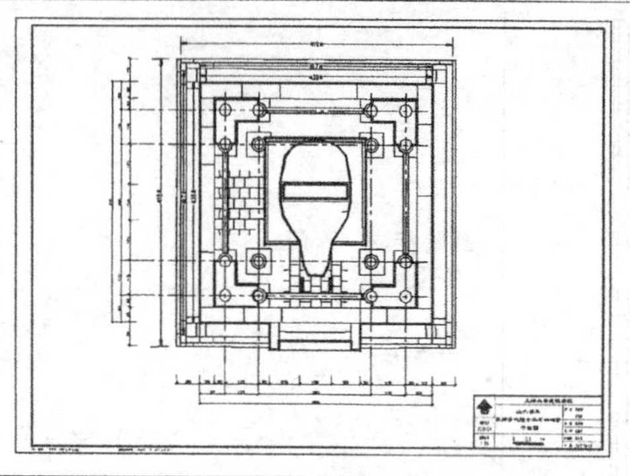	加图框，写图签

2. 剖面

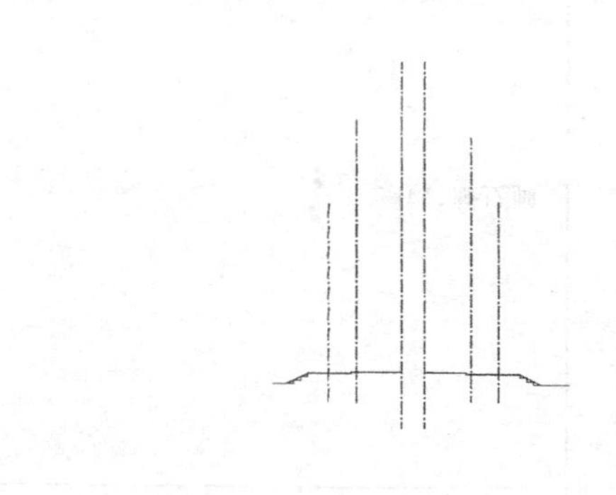	画地面、定位轴线
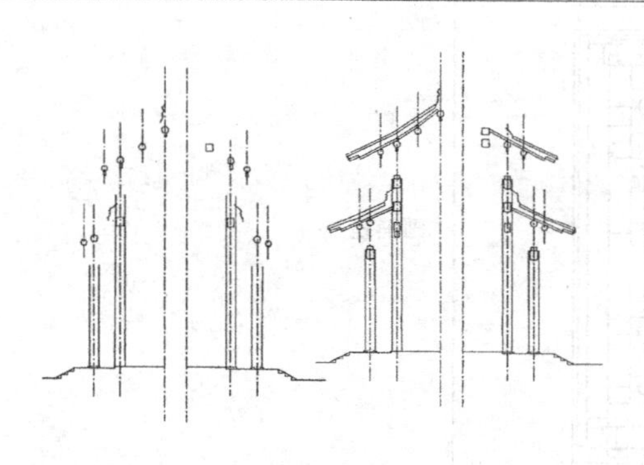	画出各檩及椽子、屋面，反映举架

续表

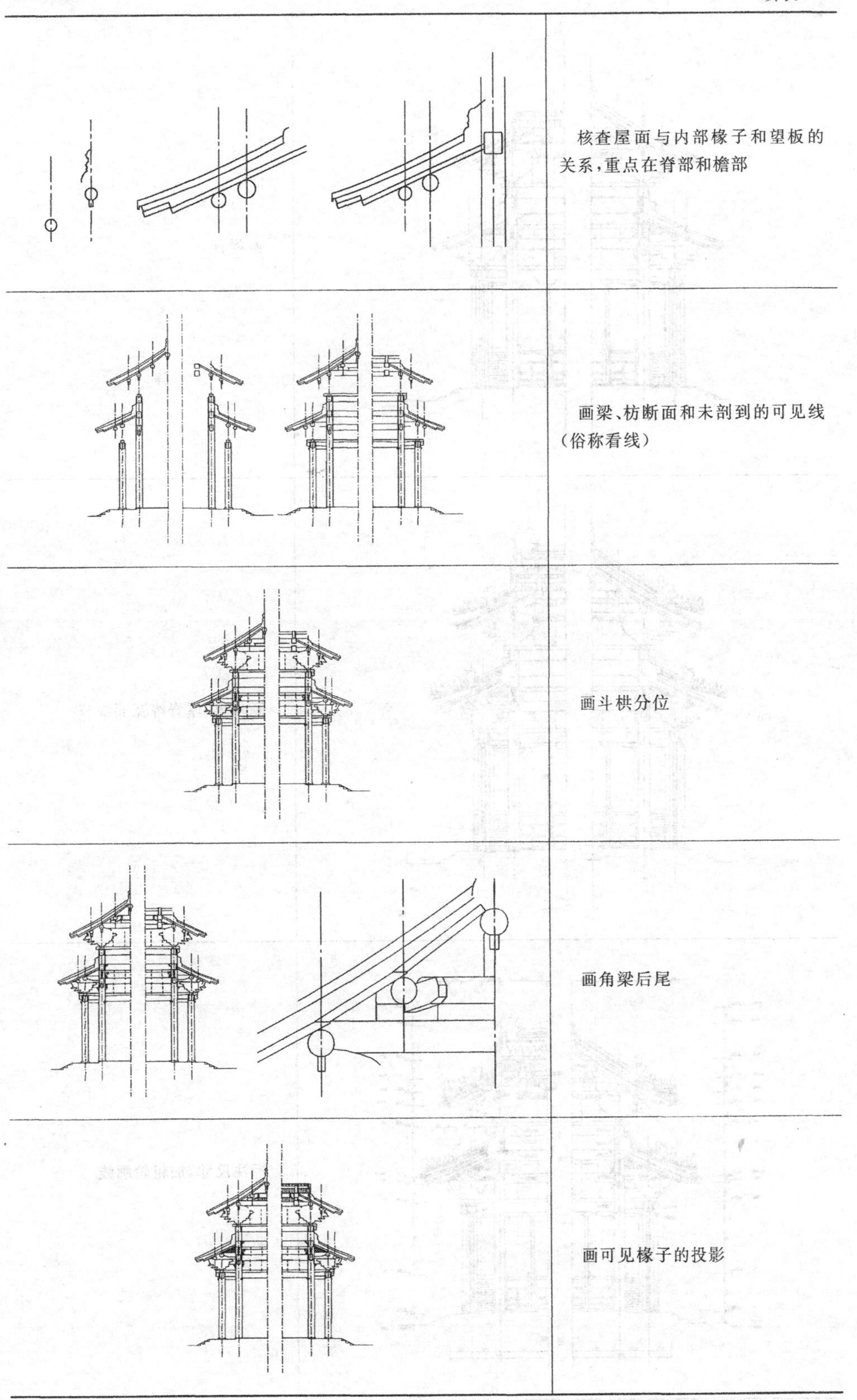

核查屋面与内部椽子和望板的关系，重点在脊部和檐部

画梁、枋断面和未剖到的可见线（俗称看线）

画斗栱分位

画角梁后尾

画可见椽子的投影

续表

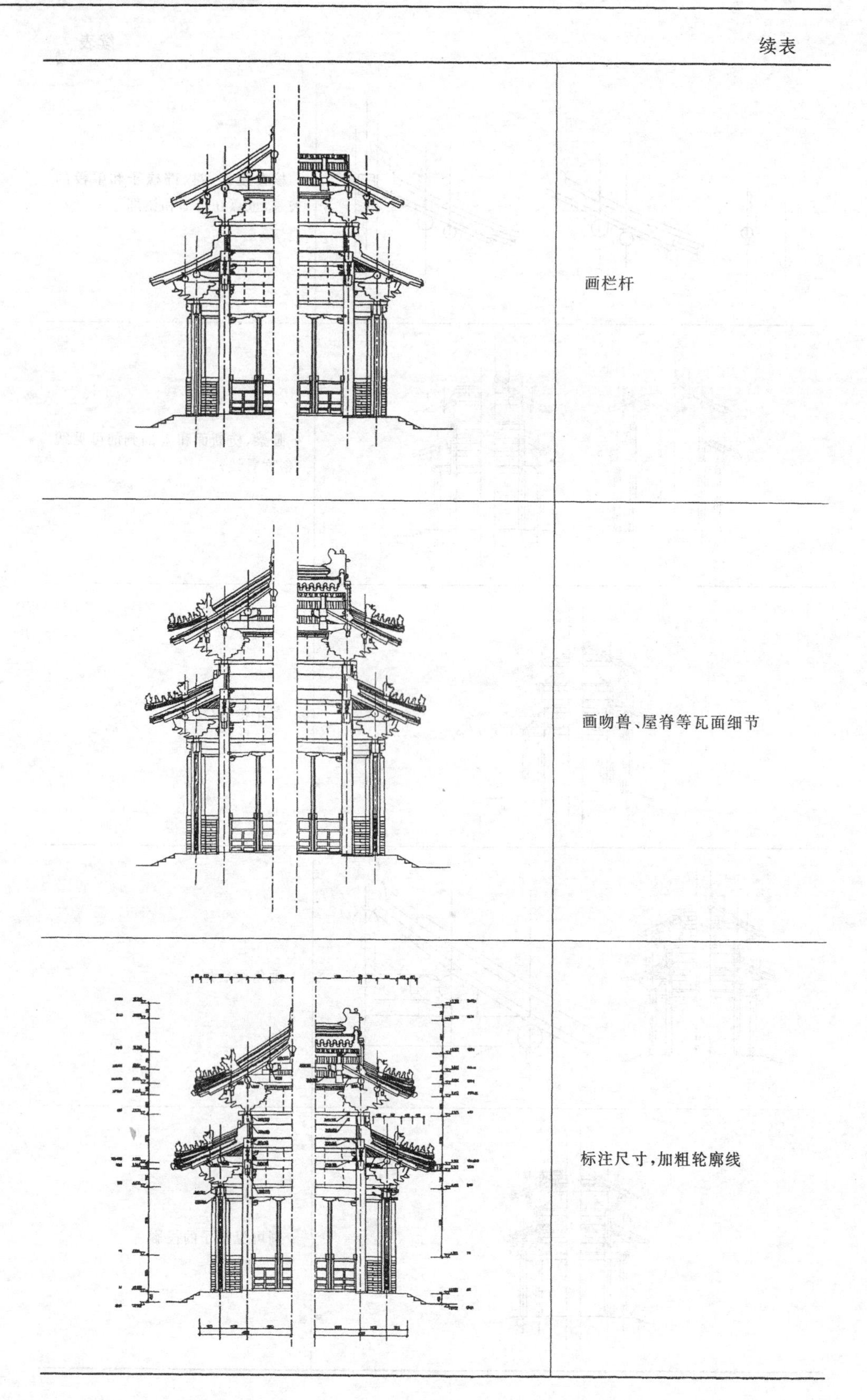

画栏杆

画吻兽、屋脊等瓦面细节

标注尺寸，加粗轮廓线

续表

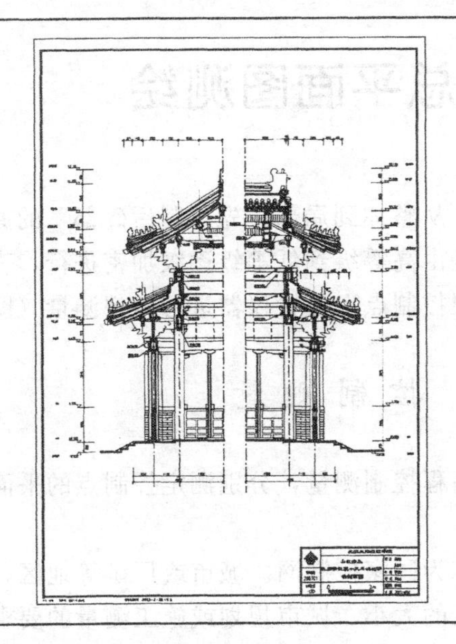	加图框，填图签，完成

四、核对和修改

核对包括图面检查和现场核对。

1. 图面检查

（1）各视图投影关系是否正确，是否一致。

（2）按照建筑构造做法的规律和逻辑查找疑点（参见第一节）。但应当注意，由于建筑做法上在不同地区、不同时代，甚至在不同师承流派中都可能有很大差异，并不存在一套僵死的、所有人都遵循的所谓“法式”，根据图面检查到的只是疑点，一切以实物为准。

2. 现场核对

在整理测稿数据、绘制仪器草图过程中，必要时应当随时与实物核对；当仪器草图大致完成后，小组成员应互相校对；对图面检查中发现的疑点应重点针对性核对。在教学组织中，全部仪器草图完成后，应由指导教师组织系统的检查核对工作。

核对工作亦应从大处入手，同样遵循从整体到局部的原则。重点观察实物的比例关系和对位关系在图上反映得是否得当。对图面查出疑点的部分，进行有针对性的核查，或排除疑点，或确认错误。

3. 补测或复测

为提高效率，如果不是极为关键的数据，可等到错漏的部分积累到一定程度后，进行集中补测或复测。请注意：补测和复测的部分应单独记录测稿，而决不是直接涂改以前的测稿，以利比较参考。

第八章　总平面图测绘

如前所述，测量工作必须遵循“从整体到局部，先控制后碎部”的原则。也就是说，测量由控制测量开始，并且由高等级到低等级逐级加密进行，直至最低等级的图根控制测量，然后再在图根控制点上安置仪器进行碎部测量（图 2-5）。

第一节　控制测量

控制测量包括平面控制测量和高程控制测量，分别测定控制点的平面坐标及高程。

在全国范围内建立的控制网，称为国家控制网。城市或厂矿等地区，一般在国家等级控制点的基础上，根据测区的大小、城市规划或施工测量的要求，布设不同等级的城市控制网。直接供工程测图使用的控制网称为图根控制网。古建筑总平面图测绘通常使用图根控制网。

根据实际情况，平面控制网点可同时作为高程控制网点。

一、平面控制测量

在新布设的平面控制网中，至少需要已知一条边的坐标方位角才可以确定控制网的方向，简称**定向**。还需要知道一个点的平面坐标才可以确定控制网的位置，简称**定位**。古建筑测绘中如条件不具备，可采用罗盘仪定向，并用任意平面坐标系定位。

常用的平面控制测量方法有导线测量、全站仪坐标法导线测量、三角测量和 GPS 测量。

1. 导线测量

导线测量是建立平面控制测量的一种常用方法。将相邻控制点连成直线而构成的折线称为**导线**。控制点称为**导线点**。两点间的连线称为**导线边**。根据测区情况，导线可布设成闭合导线、附合导线和支导线三种（图 8-1）。

导线测量须依次测定各导线边的水平距离和两相邻导线边的水平夹角，然后根据起算数据（即定向和定位元素）推算各边的坐标方位角和相邻点间的坐标增量，最后求出导线点的平面坐标（图 8-8）。

根据所用的仪器和采用的方法，导线测量可分为：

（1）经纬仪钢尺导线测量：用经纬仪测量各转折角和连接角，用钢尺量距；

（2）经纬仪测距仪导线测量：用经纬仪测量各转折角和连接角，用架设在经纬仪上的光电测距仪量距；

（3）平板仪导线测量：平板仪导线测量中用平板仪测量各转折角，用钢尺量距；

（4）罗盘仪导线测量：罗盘仪导线测量中用罗盘仪测量各导线边的方位角，用钢尺量距。

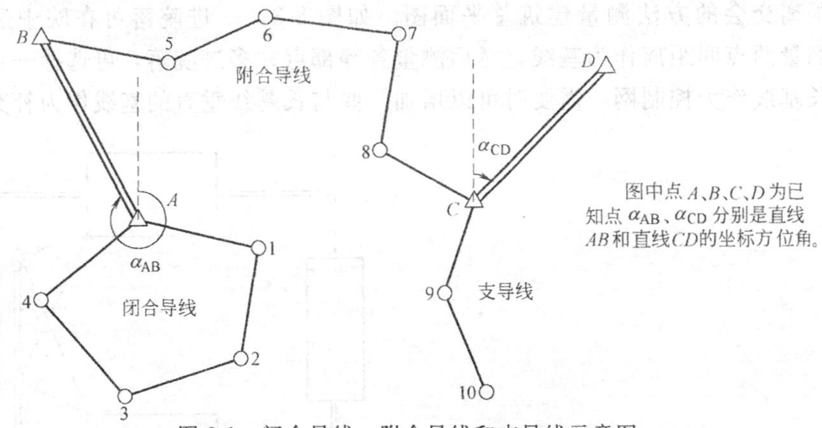

图 8-1　闭合导线、附合导线和支导线示意图

2. 全站仪坐标法导线测量

利用全站仪从起算数据点开始，直接测量水平角、竖直角和距离，全站仪自动解算所有控制点的坐标，按照相关要求平差或检核后作为控制点成果。

3. 三角测量

在不便于测距的地区，可布设三角网进行三角测量，作为平面控制测量（图 8-2）。将所有控制点相连，构成一个以三角形为基本单元的图形，通过测量基线边（基线边，即已知边长的起算边）的长度和所有三角形的内角计算控制点的坐标。

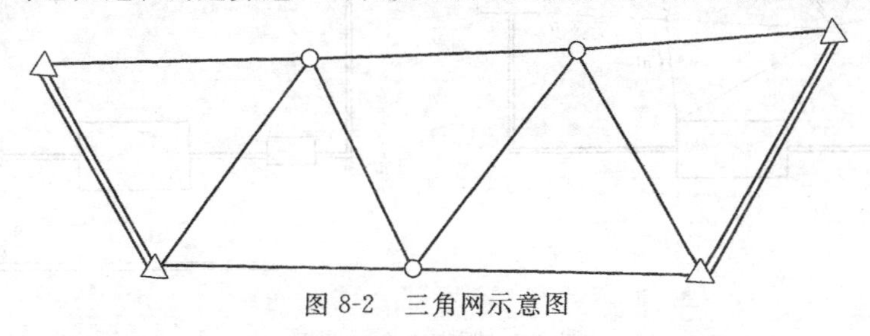

图 8-2　三角网示意图

4. GPS 测量

根据精度要求，采用静态测量或动态测量的方式建立控制网，测量控制点的坐标（详见相关教材及仪器使用手册）。

二、高程控制测量

高程控制测量的方法主要有水准测量和三角高程测量。在全站仪坐标法导线测量和 GPS 测量中，测量精度许可的情况下，可将平面控制测量和高程控制测量同时进行。

第二节　总平面图测绘的常用方法

一、简易距离交会法

没有合适的测量仪器、精度要求又不高的条件下，可利用钢尺或皮尺并采用简易距离交会的方法测量建筑总平面图。如图 8-3，一进院落可在院中选择两点，测量两点间距离作为基线，然后测量各碎部点；多进院落，可选择一贯穿院落的长基线作为控制网，需要时可以增加一些与长基线垂直的基线作为补充。

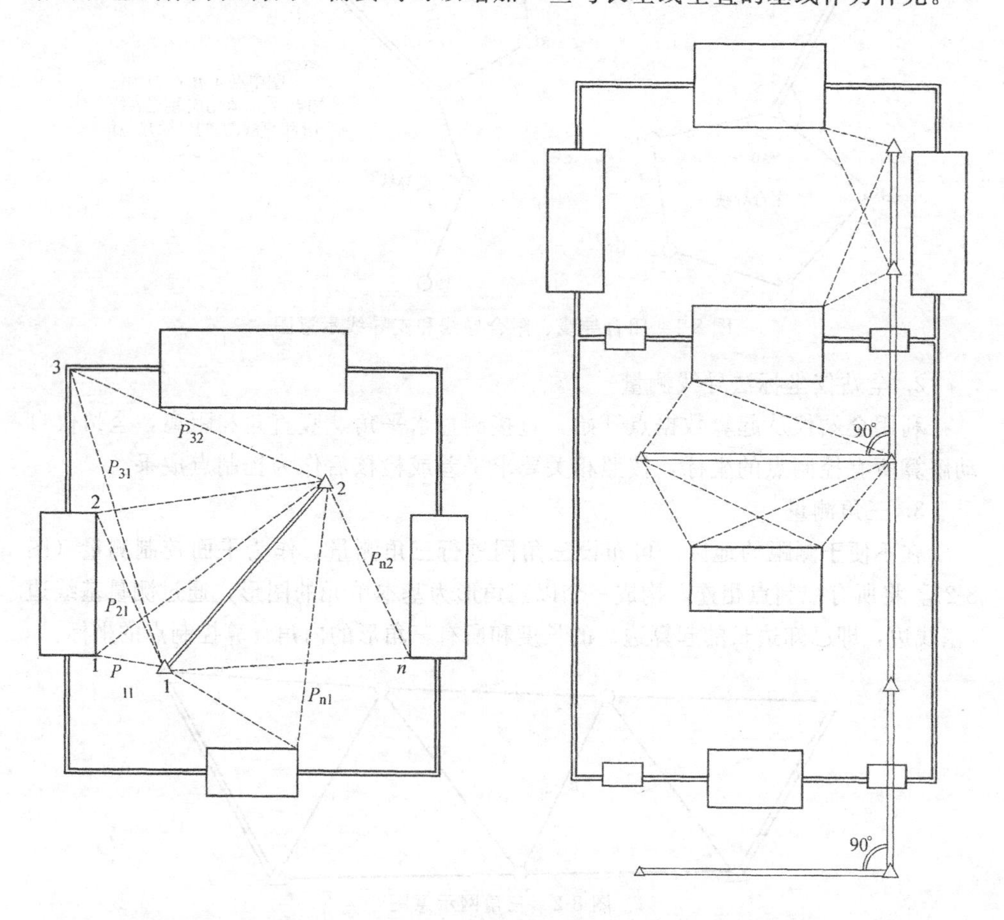

图 8-3　距离交会法测图

二、经纬仪配合量角器测图

经纬仪配合量角器测图的实质是极坐标法。优点是灵活、方便，速度和精度都能达到一定的要求。如图 8-4 中，将经纬仪安置在图根控制点上，将绘图板安置在测站旁，用经纬仪瞄准另一控制点进行图板和仪器定向，然后用经纬仪测定碎部点方向与已知控制点方向之间的水平角，并用视距测量的方法测量碎部点相对于测站点间的水平距离和高差。然后利用量角器按照极坐标法将碎部点展绘在图板上，注记高程，对照实地描绘成图。

三、大平板仪测图

平板仪测图是根据相似形原理，用图解投影的方法，按照测图比例尺将地面上的点缩绘在图纸上（图 8-5）。其实质也是极坐标法。平板仪测图在每个测站上先要进行图板定向。

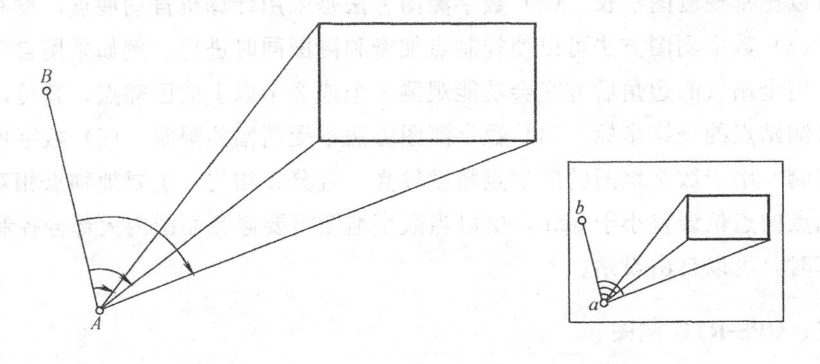

图 8-4 经纬仪配合量角器测图

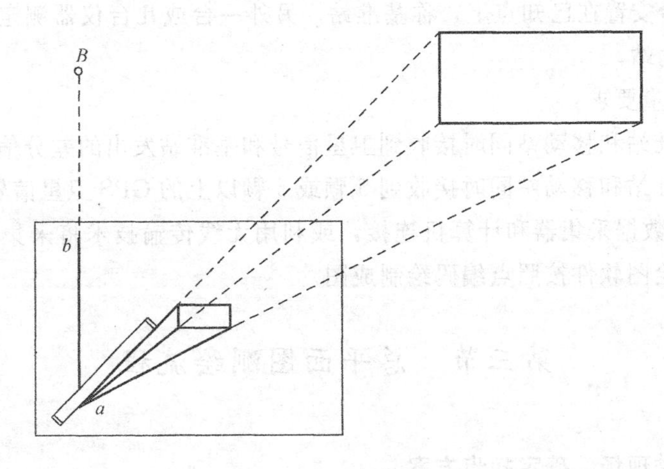

图 8-5 大平板仪测图

四、全站仪数字化测图

当设备条件许可时，可以直接采用地面数字测图方法。该方法也称为内外业一体化数字测图方法。

内外业一体化数字测图方法需要的测量设备为全站仪（或测距经纬仪）、电子手簿（或掌上电脑和笔记本电脑）、计算机和数字化测图软件。根据所使用设备的不同，内外业一体化数字测图方法有两种实现形式。

（1）草图法：在野外，利用全站仪或电子手簿采集并记录外业数据或坐标，同时手工勾绘现场地物属性关系草图；返回室内后，下载记录数据到计算机内，将外业观测的碎部点坐标读入数字化测图系统直接展点，根据现场绘制的地物属性关系草图在显示屏幕上连线成图，经编辑和注记后成图。

（2）电子平板法：在野外用安装了数字化测图软件的笔记本电脑或掌上电脑直接与全站仪相连，现场测点，电脑实时展绘所测点位，作业员根据实地情况，现场直接连线、编辑和加注记成图。

和传统的白纸测图方法比较，内外业一体化数字测图方法创建的大比例尺数字地图具有如下优点：（1）在通视良好、定向边较长的情况下，地形点到测站的距离可以比常规测图法长。(2) 数字测图方法是采用计算机自动展点，没有展点误差。(3) 数字测图方法可以使控制点加密和测图同时进行。例如采用自由设站方法，用全站仪的边角后方交会功能观测2个或2个以上的已知点，就可以精确测定出测站点的三维坐标。(4) 数字测图方法不受图幅的限制。(5) 数字地形图便于修测。由于数字地图的碎部点精度较高，且分布均匀，重要地物点相对于临近控制点的点位误差小于5cm，所以当数字地图需要修测而图内大部分控制点已遭破坏时，可以自由设站。

五、GPS-RTK测图

RTK技术是利用2台或2台以上的GPS接收机同时接收卫星信号而进行工作的。其中一台安置在已知点上，称基准站。另外一台或几台仪器测定未知点的坐标，称为移动站。

RTK测量要求：

(1) 基准站和移动站同时接收到卫星信号和基准站发出的差分信号；

(2) 基准站和移动站同时接收到5颗或5颗以上的GPS卫星信号；

将GPS数据采集器和计算机连接，或利用无线传输技术将采集到的数据输入计算机，绘图软件按照点编码绘制成图。

第三节 总平面图测绘流程

一、踏勘现场，确定初步方案

现场踏勘，根据现场条件确定初步测量方案。假如组群规模较大，可考虑布设经纬仪测距导线或全站仪导线，也可以充分发挥GPS和全站仪各自优势，利用GPS作控制（每个围合的院落布设2个GPS控制点），然后利用全站仪坐标法进行碎部测量；对于组群规模较小或通视条件较好的测区，可利用全站仪自由设站进行测量。如果没有上述仪器设备，也可考虑利用距离交会法简易测图。

二、布设控制点、勾绘测量草图

根据现场踏勘确定的初步测量方案，在实地埋设测量标志。

对于全站仪或经纬仪导线，控制点选择应注意：

(1) 导线不要离测区边界太近，以便于碎部点采集；

(2) 相邻导线边边长差不要太大，以提高测角精度；

(3) 导线点位置要视野开阔，以保证控制范围足够大；

(4) 导线点位置选择在坚实地面，以免被破坏；

(5) 导线转折角尽量避开180°角，防止出现误差；

(6) 导线点不要选在马路中间，尽量避免测量时被行人干扰。

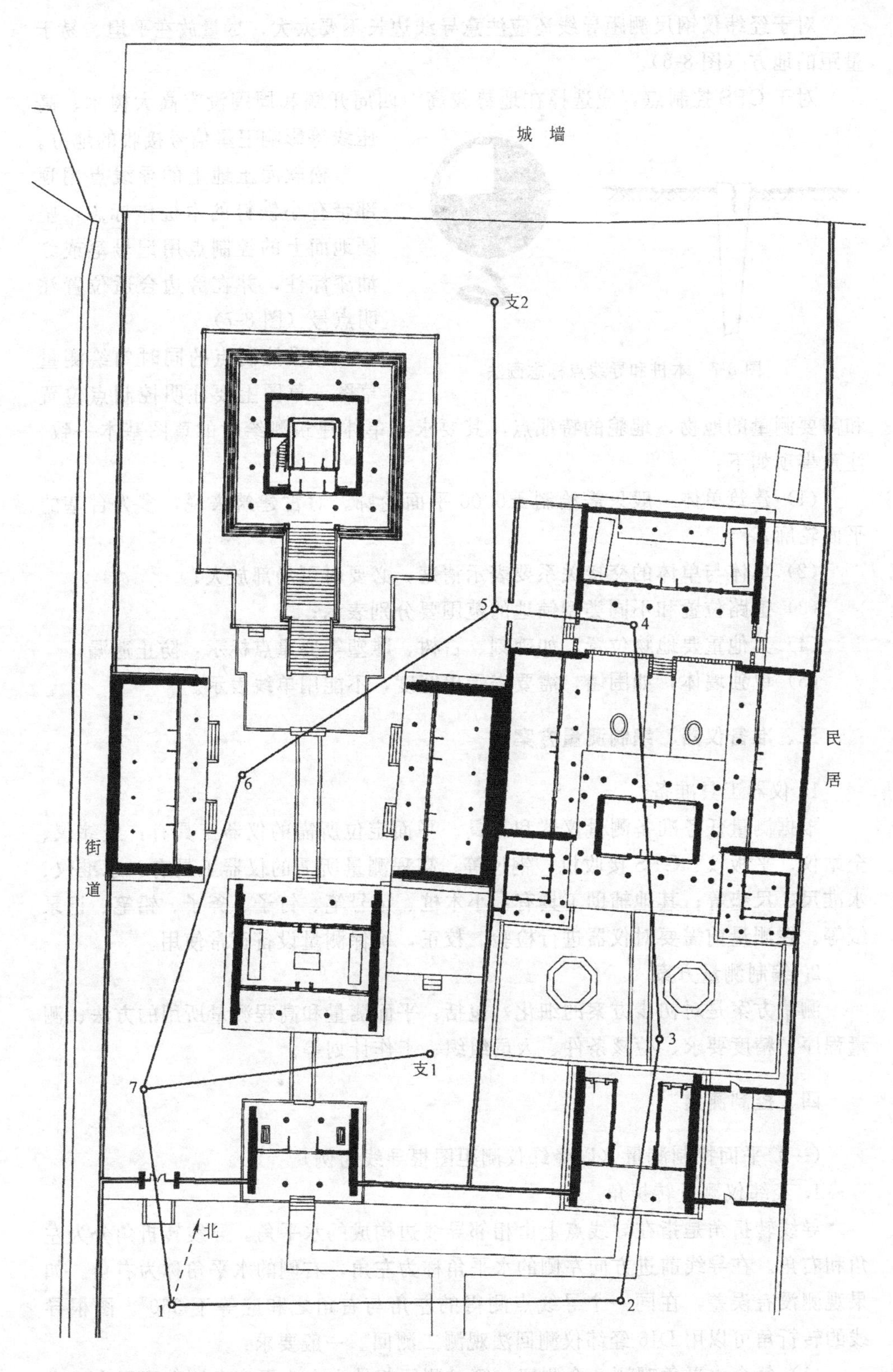

图 8-6 导线布设举例

点 1、2、3、4、5、6、7 形成闭合导线，另做出 2 条支导线支 1、支 2

对于经纬仪钢尺测距导线还应注意导线边长不要太大，尽量放在平坦、易于量距的地方（图 8-6）。

对于 GPS 控制点，应选择在地势较高、四周开阔和周围没有高大树木、高压线等影响卫星信号接收的地方。

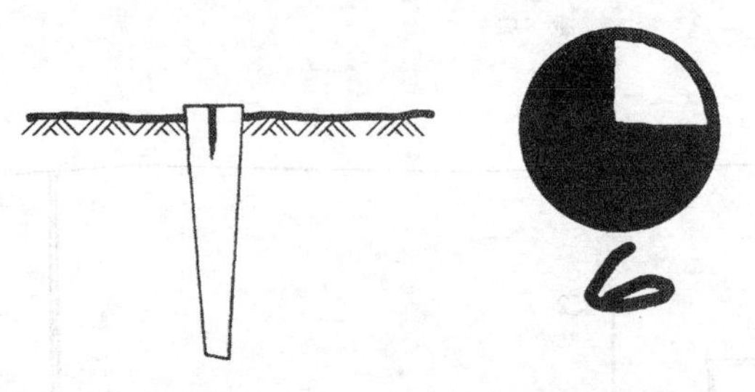

图 8-7　木桩和导线点标志画法

松软泥土地上的导线点用顶部带有小铁钉的木桩作标志，坚硬地面上的控制点用记号笔或红油漆标注，并在旁边合适位置注明点号（图 8-7）。

布设控制点的同时勾绘测量草图。草图上要注明控制点位置和需要测量的地物、地貌的特征点，其要求与单体建筑测绘时的草图基本一致。注意事项如下：

（1）建筑单体一般只需绘制 ±0.00 平面轮廓。对古建筑来说，多为台基的平面轮廓；

（2）单体与单体的交接关系要表示清楚，必要时可局部放大；

（3）道路位置和不同类型铺地的范围要分别表示；

（4）其他重要地物位置，如碑刻、古树、雕塑等要重点标示，防止遗漏；

（5）单独墙体，如围墙，需要表示出宽度，不能用单线表示。

三、准备仪器、编制测量方案

1. 仪器工具准备

根据测量任务准备测量仪器和工具。平面定位所需的仪器工具有：经纬仪、全站仪、平板仪、GPS 接收机、钢尺等；高程测量所需的仪器工具有：水准仪、水准尺、尺垫等；其他辅助工具有：小木桩、记号笔、钉子、斧子、铅笔、记录纸等。在测量前需要对仪器进行检验、校正，确保测量设备正常使用。

2. 编制测量方案

测量方案是对初步方案的细化，包括：平面测量和高程测量所用的方法、测量程序、精度要求、检核条件、人员组织、工作计划等。

四、控制测量

（一）平面控制测量（以经纬仪测距图根导线为例）

1. 经纬仪测量转折角

导线转折角是指在导线点上由相邻导线边构成的水平角。导线转折角分为左角和右角。在导线前进方向左侧的水平角称为左角，右侧的水平角称为右角。如果观测没有误差，在同一个导线点测得的左角与右角之和应等于 360°。图根导线的转折角可以用 DJ6 经纬仪测回法观测二测回。一般要求：

（1）每个水平角观测 2 个测回。第一测回起始方向水平度盘读数配置在略大于 0°处，第二测回起始方向水平度盘读数配置在略大于 90°处。

(2) 同一测回上、下半测回角值之差，以及两测回角值互差均不得大于 40″。

为提高测量精度，仪器对中采用光学对点器对中。每次瞄准尽量瞄准点上标志的根部。每测站记录及数据处理如表 8-1（B 为测站点，瞄准 A 点和 C 点）。

水平角读数观测记录（测回法） 表 8-1

测站	目标	竖盘位置	水平度盘读数（° ′ ″）	半测回角值（° ′ ″）	一测回平均角值（° ′ ″）	各测回平均值（° ′ ″）
一测回 B	A	左	0 06 24	111 39 54	111 39 51	111 39 52
	C		111 46 18			
	A	右	180 06 48	111 39 48		
	C		291 46 36			
二测回 B	A	左	90 06 18	111 39 48	111 39 54	
	C		201 46 06			
	A	右	270 06 30	111 40 00		
	C		21 46 30			

2. 测距

用钢尺量距的一般方法丈量各导线边，往返各丈量一次。一般要求：

(1) 各条边的相对误差不得大于 1/3000。

(2) 导线边高差较小时直接采用平量法；高差较大时采用斜量法，然后借助图根水准测量所得高差对每条边加入高差改正。

(3) 边长大于一尺段时，利用经纬仪定线分段测量。

(4) 钢尺的尺长改正数大于 1/10000 时，应加尺长改正；量距时平均尺温与检定时温度相差大于±10℃时，应进行温度改正；尺面倾斜大于 1.5%时，应进行倾斜改正。

3. 定向

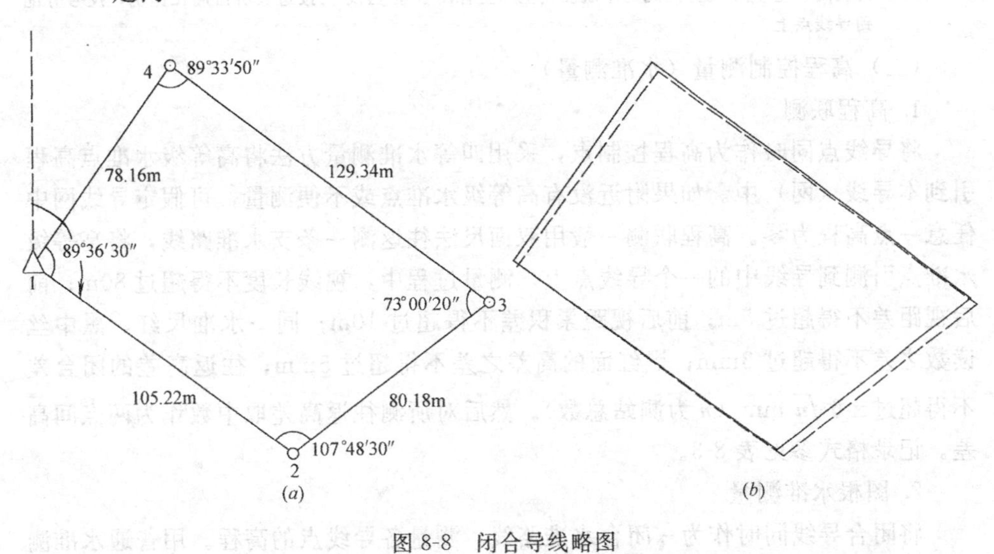

图 8-8 闭合导线略图

(a) 直线 12 坐标方位角：$\alpha_{12}=125°30'00''$，点 1 坐标：$x_1=506.321$m，$y_1=215.652$m；

(b) 虚线为观测值，实线为改正后的结果

可以用罗盘仪测定导线第一条边的磁方位角（罗盘仪安置在起始点上），以此作为起始方位角。

4. 导线内业计算

导线内业计算，以闭合导线为例，计算如图 8-8、表 8-2 所示。

闭合导线坐标计算表 表 8-2

点号	观测角（左角）° ′ ″	改正数 ″	改正角 ° ′ ″	坐标方位角 ° ′ ″	距离 (m)	坐标增量		改正后的坐标增量		坐标值		点号
						Δx(m)	Δy(m)	$\Delta\hat{x}$(m)	$\Delta\hat{y}$(m)	$\hat{x}$(m)	$\hat{y}$(m)	
1	2	3	4	5	6	7	8	9	10	11	12	13
1										506.321	215.652	1
				125 30 00	105.22	−2 −61.10	+2 +85.66	−61.12	+85.68			
2	107 48 30	+13	107 48 43							445.20	301.33	2
				53 18 43	80.18	−2 +47.90	+2 +64.30	−47.88	+64.32			
3	73 00 20	+12	73 00 32							493.08	365.64	3
				306 19 15	129.34	−3 +76.61	+2 −104.21	+76.58	−184.19			
4	89 33 50	+12	89 34 02							569.66	261.46	4
				215 53 17	78.16	−2 −63.32	+1 −45.82	−63.34	−45.81			
1	89 36 30	+13	89 36 43							506.321	215.652	1
				125 30 00								
2												
总和	359 59 10	+50			392.90	+0.09	−0.07	0.00	0.00			
辅助计算	$\Sigma\beta_{测}=359°59'10''$ $\Sigma\beta_{理}=360°$ $f_{\beta}=\Sigma\beta_{测}-\Sigma\beta_{理}=-50''$ $f_{\beta允}=\pm 60''\sqrt{n}=\pm 120°$				$f_x=\Sigma\Delta x_{测}=0.09\text{m}, f_y=\Sigma\Delta y_{测}=-0.07\text{m}$ 导线全长闭合差 $f=\sqrt{f_x^2+f_y^2}=0.11\text{m}$ 导线相对闭合差 $K=\frac{1}{\Sigma D/f}\approx\frac{1}{3500}$ 允许相对闭合差 $K_{允}=1/2000$							

说明：角度闭合差 f_{β} 平均分配到每个观测角上。坐标闭合差 f_x 及 f_y 按边长所占周长比例，反号分配到导线点上。

（二）高程控制测量（水准测量）

1. 高程联测

将导线点同时作为高程控制点，采用四等水准测量方法将高等级水准点高程引到本导线（网）中。如果附近没有高等级水准点或不便测量，可假定导线网中任意一点高程为零。高程联测一般用双面尺法往返测一条支水准路线，将高等级水准点引测到导线中的一个导线点上。测量过程中，视线长度不得超过 80m；前后视距差不得超过 5m；前后视距累积差不得超过 10m；同一水准尺红、黑中丝读数之差不得超过 3mm；黑红面的高差之差不得超过 5mm；往返高差的闭合差不得超过 $\pm 6\sqrt{n}$ mm（n 为测站总数）。然后对所测往返高差取中数作为两点间高差。记录格式参见表 8-3。

2. 图根水准测量

将闭合导线同时作为一闭合水准路线，测量各导线点的高程。用普通水准测量的方法进行观测，前后视距应尽量相等。闭合差不超过 $\pm 12\sqrt{n}$mm（n 为测站总数），然后进行数据处理。

记录格式表 **表 8-3**

测量编号	后尺 下丝 / 上丝	前尺 下丝 / 上丝	点号	方向及尺号	标尺读数 黑面	标尺读数 红面	K＋黑－红	高差中数	备考
	后距 / 视距差 d	前距 / $\sum d$							
1	1571	0739	*M*	后 A	1384	6171	0		
	1197	0363	*TP*1	前 B	0551	5239	－1		
	37.4	37.6		后－前	＋0833	＋0932	＋1	＋0832.5	
	－0.2	－0.2							
2	2121	2196	*TP*1	后 B	1934	6621	0		A尺：*K*＝4787 B尺：*K*＝4687
	1747	1821	*TP*2	前 A	2008	6796	－1		
	37.4	37.5		后－前	－0074	－0175	＋1	－0074.5	
	－0.1	－0.3							
3	1914	2055	*TP*2	后 A	1726	6513	0		
	1539	1678	*N*	前 B	1866	6554	－1		
	37.5	37.7		后－前	－0140	－0041	＋1	－0140.5	
	－0.2	－0.5							

3. 内业计算

根据外业测量成果计算每个点的高程，参见表 8-4。

闭合水准环线数据处理表 **表 8-4**

点 号	测站数	观测高差(m)	测段高差改正数(mm)	改正后高差(m)	高程(m)
1					4.382
	8	1.836	－9	＋1.827	
2					6.209
	12	－2.363	－14	－2.377	
3					3.832
	11	3.685	－12	＋3.673	
4					7.505
	9	－3.113	－10	－3.123	
1					4.382
求和	40	0.045	－45	0	
辅助计算	① 计算高差闭合差容许值 $f_{h容}=\pm12\sqrt{n}=\pm12\sqrt{40}=\pm72\text{mm}$ ② 计算高差闭合差 $f_h=+45\text{mm}$ ③ f_h 小于 $f_{h容}$，外业测量合格。 ④ 分配高差闭合差，计算测段高差改正数(遵循按照测站数成正比反号分配的原则)				

五、碎部测量

用相关方法测量各碎部点。用注记法测量碎部点时，必须边测边在草图上注记，同时记录测量数据。注意草图上的注记点号要和测量记录一致，在搬迁至下一测站之前，必须把本测站上所测的测点对照实物全部清楚地绘制在草图纸上。

六、计算机绘制初步成果图

将控制点和外业测量的碎部点数据输入计算机，利用绘图软件将相关地物点连起来，将需要用等高线表示的地形绘制出等高线。除建筑单体只画出±0.00标高平面轮廓（通常为建筑台基轮廓）作为初步成果外，其他地物、地貌内容及必要的注记等均应基本完成。

七、检查

1. 图面检查

与各单体测量小组核对平面轮廓尺寸，如发现出入较大，必须在重回实地检查。

检查图上地形是否清晰易读，各种符号注记是否正确，有无矛盾可疑之处。

2. 实地检查

首先作巡视检查，根据图面检查的情况，有计划地确定巡视路线，对照实物查看。主要检查地形、地物有无遗漏，符号、注记是否正确。然后随机进行仪器设站检查。对于总图与单体建筑数据的矛盾之处，应先检查单体建筑长度和宽度，然后用仪器设站检查测点位置的正确性。

八、完成正式图

（一）粘贴单体建筑平面图

古建筑测绘的总图，要求画出各单体建筑完整的±0.00标高平面图，通常为单层建筑的平面图或者多层建筑的底层平面图。这需要在各单体建筑平面图完成并检查无误后，将它们粘贴到总图中。粘贴时注意以单体建筑的最重要特征点为基点，以较长的边为粘贴方向。

（二）整饰

整饰的目的是严格按照地形图要求和《总图制图标准》（GB/T 50103—2001）完成总图的绘制。整饰的顺序是先图内后图外，先地物后地貌，先注记后符号。总图中常用图例参见附录五。

总图的尺寸标注应注意（图8-9）：

1. 高程标注

一般每隔约20m需标注高程。每个建筑单体需要注明台基高程和室外地坪高程；分区明显的区域需注明各个区域的高程；组群中线上应加密高程点的注记；重要的单独地物点（如碑刻、古树、古井等）均需注记高程。

2. 平面定位尺寸标注

建筑物、构筑物位置，宜注其三个角的坐标，如建筑物、构筑物与坐标轴线平行，可注其对角坐标。

在同一张图上，主要建筑物、构筑物用坐标定位，较小的建筑物、构筑物也可用相对尺寸定位。

建筑物、构筑物等应标注下列部位的坐标或定位尺寸：

A. 建筑物、构筑物的定位轴线（或外墙面）或其交点，古建筑可标注台基转角处；

B. 圆形建筑物、构筑物的中心；

C. 挡土墙墙顶外边缘线或转折点。

最后，按要求写出图名、图号、比例尺、坐标系统及高程系统、测绘单位、测量人员姓名及测量日期等。

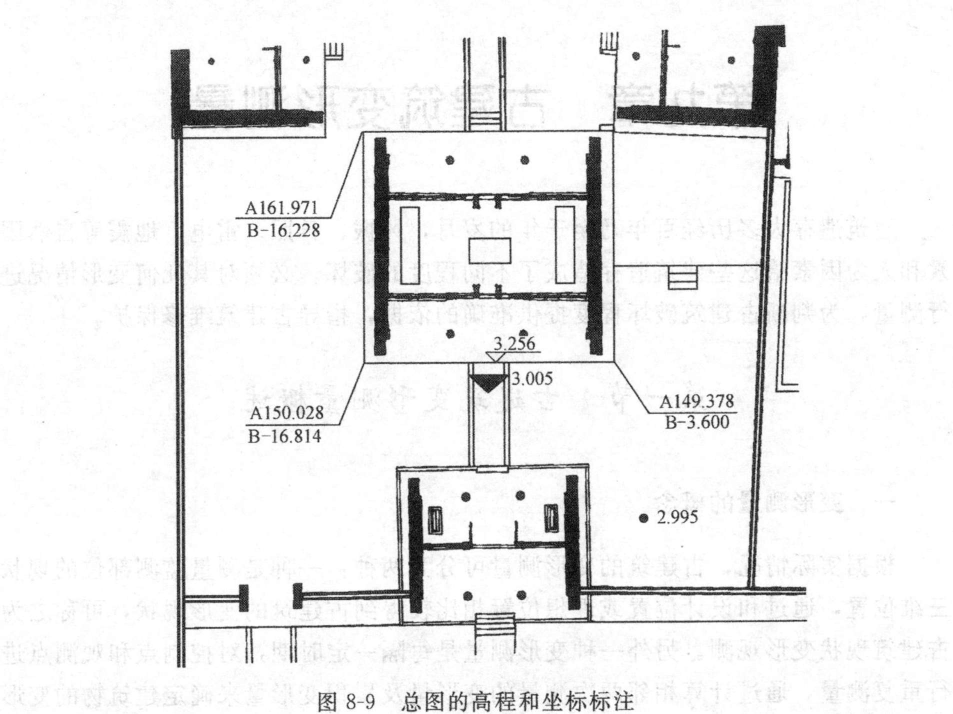

图 8-9　总图的高程和坐标标注

第九章　古建筑变形测量

建筑遗存大多历经百年乃至千年的岁月，风振、日照、雷电、地震等自然因素和人为因素给这些建筑遗存造成了不同程度的破坏。必须对其几何变形情况进行测量，为判断古建筑破坏程度提供准确的依据，指导古建筑维修保护。

第一节　古建筑变形测量概述

一、变形测量的概念

根据实际情况，古建筑的变形测量可分为两种：一种是测量监测部位的现状三维位置，通过和设计位置或理想位置相比较得到古建筑的变形现状，可称之为古建筑现状变形观测。另外一种变形测量是每隔一定时期，对控制点和观测点进行重复测量，通过计算相邻两次测量的变形量及累积变形量来确定建筑物的变形值和变形规律，进一步预测变形趋势，可称之为古建筑变形监测。

通过古建筑现状变形观测，可以准确地反映古建筑的现状，指导古建筑维修保护；实时地测定建筑物主体及附属物（如建筑雕像）在一个时期内或特定的自然事件（如地震）和人为事件（如变形影响区域内的施工）前后的变化量，可以对古建筑变形进行预测，提前采取措施，减小变形破坏。

古建筑现状变形观测是伴随着古建筑调查进行的单次测量，而变形监测是古建筑在使用过程中的定期测量。两种类型的变形测量内容一致，方法相同。

二、变形测量的基本思路

变形测量工作开始前，先根据变形类型、测量目的、任务要求以及测区条件进行施测方案设计。对于重点保护的项目，还要经实地勘选、多方案精度估算后进行监测网的优化设计。

按照变形测量的要求，分别选定测量点，埋设相应的标石标志，建立高程控制网和平面控制网，作为变形测量的控制。平面测量可采用独立直角坐标系统。高程测量应尽量采用本地区原有高程系统。

变形观测点的位置应能确切反映建筑物及其场地的实际变形程度或变形趋势，并以此作为确定古建筑维修保护方案和方案实施时机的基本依据。

变形监测的监测周期应综合考虑变形测量目的、地质条件、基础状况、结构形式和变形类型等因素。

每次测量前，应先对工作基点进行稳定性检查或检验。

每次观测结束后应对观测成果及时处理，并进行严密平差计算和精度评定。然后进行变形分析，对变形趋势作出预报。

三、变形测量点的选取

变形测量点可分为控制点和观测点（又称变形点）。

变形点的变化代表着被观测对象的变形，变形点应选设在变形体上能反映变形特征的位置，牢固地与被观测对象结合在一起，便于观测，并尽量保证在整个变形监测期间不受损坏。

为了求得变形点的变化，必须要有一些固定（或相对固定）的点作为基准。根据它们来进行测量，以求得所需要的变形值。这些相对不动的点称为变形测量的控制点。控制点根据用途不同，分为基准点、工作基点以及联系点等。工作基点是用来直接测量变形点的，应选设在靠近观测目标，且便于长期保存的稳定位置。基准点是用来检验工作基点稳定性的，可选择在离被观测对象较远的稳定区域。基准点至少布设3个，构成一个有利的网形。联系点是基准点和工作基点的中间点，当基准点与工作基点之间需要进行连接时布设联系点。

四、变形测量的精度等级

变形测量的等级划分及其精度要求可参照表9-1。

建筑变形测量的等级及精度要求　　表9-1

变形测量等级	沉降观测	位移观测	适用范围
	观测点测站高差中误差 μ(mm)	观测点坐标中误差 μ(mm)	
特级	≤0.05	≤0.3	特高精度要求的特种精密工程和重要科研项目变形观测
一级	≤0.15	≤1.0	高精度要求的大型建筑物和科研项目变形观测
二级	≤0.50	≤3.0	中等精度要求的建筑物和科研项目变形观测；重要建筑物主体倾斜观测、场地滑坡观测
三级	≤1.50	≤10.0	低精度要求的建筑物变形观测；一般建筑物主体倾斜观测、场地滑坡观测

注：1. 观测点测站高差中误差，系指几何水准测量测站高差中误差或静力水准测量相邻观测点相对高差中误差；

2. 观测点坐标中误差，系指观测点相对测站点的坐标中误差、坐标差中误差以及等价的观测点相对基准线的偏差值中误差、建筑物（或构筑物）相对底部点的水平位移分量中误差。

五、变形监测的周期

（1）变形监测周期应以能系统反映所测变形的变化过程且不遗漏其变化时段为原则，根据单位时间内变形量的大小及外界因素影响确定。

（2）当观测中发现变形异常时，应及时增加观测次数。

（3）控制网复测周期应根据测量目的和点位的稳定情况确定，一般宜每半年复测一次。当复测成果或检测成果出现异常，或测区受到如地震、洪水、台风、爆破等外界因素影响时，应及时进行控制测量的复测。

（4）变形测量的首次观测应适当增加重复观测量，以提高初始值的可靠性。

(5) 每次观测宜采用相同的观测网形和观测方法，并使用相同类型的测量仪器，还应该固定观测人员，选择最佳观测时段，在基本相同的环境和条件下观测。

第二节　古建筑变形测量的内容

古建筑变形测量包括被监测部位的沉降变形（又称竖向变形）和位移变形（又称水平变形）。

一、沉降观测

沉降观测就是在建筑物周围一定距离内稳固、便于观测的地方，布设一些专用水准点，作为工作基点，在建筑物的、能反映沉降情况的位置设置一些沉降观测点，每隔一定的时期观测基准点与沉降观测点之间的高差，求得观测点的高程，将不同时期所测的高程值加以比较，据此计算和分析建筑物的沉降规律。

沉降观测一般利用水准测量的方法在高程控制网的基础上进行。

沉降观测的工作基点一般不少于 3 个，埋设在基岩层或原状土层中，根据点位所处的不同地质条件选埋基岩水准基点标石或混凝土基本水准标石。水准标石埋设后，达到稳定后方可开始观测。

沉降观测点布设在建筑物承受主要荷载的构件（如柱子）上，且能全面反映建筑物沉陷变形特征的地方（基础类型或结构类型发生变化的地方）。沉降观测点标志可根据不用的建筑结构类型和建筑材料，采用墙（柱）标志、基础标志和隐蔽式标志（图 9-1）。

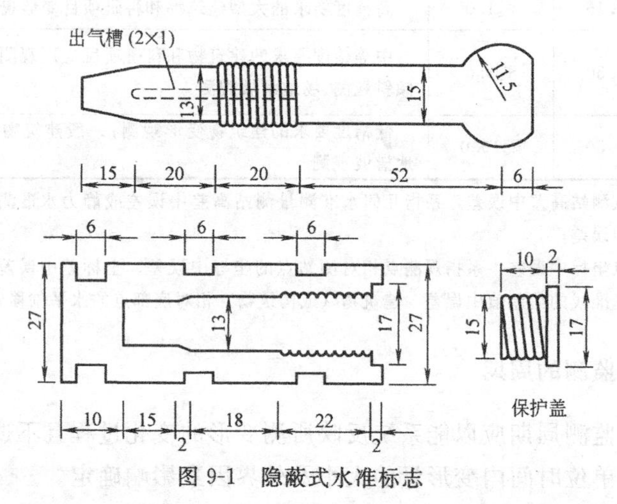

图 9-1　隐蔽式水准标志

水准测量观测前，先对所使用的水准仪、水准标尺进行检定。要求：水准仪的 i 角对于特级水准观测不得大于 10″，对于一、二级水准观测不得大于 15″，对于三级水准观测不得大于 20″；补偿式自动安平水准仪的补偿误差绝对值不得大于 0.2″；水准标尺分划线的分米分划线误差和米分划线间隔真长与名义长度之差：对线条式因瓦合金标尺不应大于 0.1mm，对区格式木质标尺不应大于 0.5mm。

在观测过程中，如在基础附近地面有荷载突然增减、基础四周大量积水、长时间连续降雨等情况，均应及时进行观测。当建筑物突然发生大量沉降、不均匀沉降或严重裂缝时，应缩短观测周期，立即进行逐日或几天一次的连续观测。

每次沉降观测外业结束后，对水准网进行严密平差计算，求出观测点观测高程的平差值，计算相邻两次观测之间的沉降量和累积沉降量，绘制沉降变形曲线，分析沉降量变形的原因和变形趋势（表 9-2、图 9-2）。

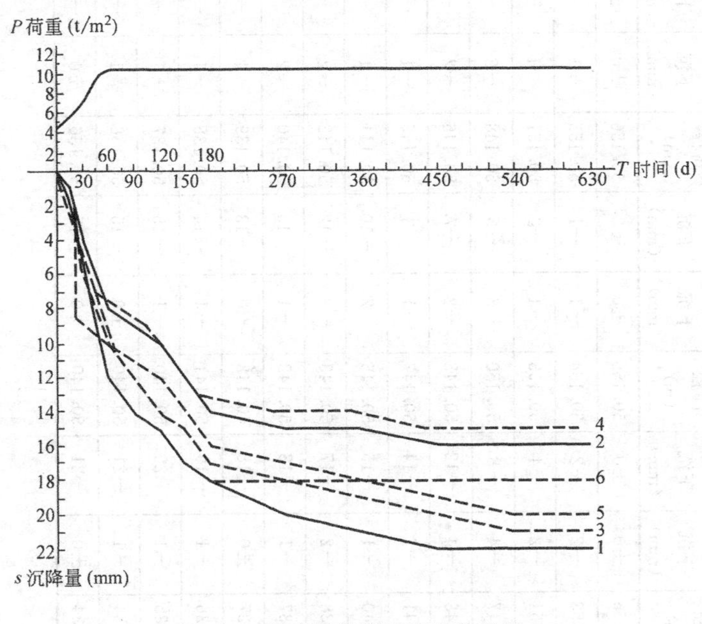

图 9-2　某建筑物沉降变形曲线图

二、位移观测

位移观测是指测量被测点在水平面内的位移向量。

古建筑中的水平位移测量一般采用坐标法。即利用平面控制网测量被测点在假定坐标系中的坐标，通过比较两次测量坐标值或测量坐标值与理想坐标值间的坐标差值，求出所测部位在水平面中的位移向量。

位移观测的工作基点根据需要形成一定平面控制网结构。其可采用测角网、测边网、边角网或导线网和边角交会等方法测定这些工作基点的坐标，然后利用前方交会或全站仪坐标法测量被测点的坐标。

为了测量的方便，工作基点往往处于变形区域内。因此，对重复观测，需要在每次测量前首先利用远处的基准点对工作基点的位移进行测定，必要时加修正值（如坐标修正值）。

为了保证测量结果的可靠性，对有特殊需要的建筑，应该在工作基点上建造观测墩或埋设专门观测标石，并根据使用仪器和照准标志的类型配备强制对中装置。

观测时注意选择有利的观测时段。晴天的日出、日落和中午前后不宜观测；当视线靠近吸热放热强烈的地形地物时，应选择阴天或有风但不影响仪器稳定的

某建筑物沉降监测结果

表 9-2

观测日期 年月日	荷重 t/m²	观测点																	
		1			2			3			4			5			6		
		高程(m)	本次下沉(mm)	累计下沉(mm)	高程(m)	本次下沉(mm)	累计下沉(mm)	高程(m)	本次下沉(mm)	累计下沉(mm)	高程(m)	本次下沉(mm)	累计下沉(mm)	高程(m)	本次下沉(mm)	累计下沉(mm)	高程(m)	本次下沉(mm)	累计下沉(mm)
1997.4.20	4.5	50.157	±0	±0	50.154	±0	±0	50.155	±0	±0	50.155	±0	±0	50.156	±0	±0	50.154	±0	±0
5.5	5.5	50.155	−2	−2	50.153	−1	−1	50.153	−2	−2	50.154	−1	−1	50.155	−1	−1	50.152	−2	−2
5.20	7.0	50.152	−3	−5	50.150	−3	−4	51.151	−2	−4	50.153	−1	−2	50.151	−4	−5	50.148	−4	−6
6.5	9.5	50.148	−4	−9	50.148	−2	−6	50.147	−4	−8	50.150	−3	−5	50.148	−3	−8	50.146	−2	−8
6.20	10.5	50.145	−3	−12	50.146	−2	−8	50.143	−4	−12	50.148	−2	−7	50.146	−2	−10	50.144	−2	−10
7.20	10.5	50.143	−2	−14	50.145	−1	−9	50.141	−2	−14	50.147	−1	−8	50.145	−1	−11	50.142	−2	−12
8.20	10.5	50.142	−1	−15	50.144	−1	−10	50.140	−1	−15	50.145	−2	−10	50.144	−1	−12	50.140	−2	−14
9.20	10.5	50.140	−2	−17	50.142	−2	−12	50.138	−2	−17	50.143	−2	−12	50.142	−2	−14	50.139	−1	−15
10.20	10.5	50.139	−1	−18	50.140	−2	−14	50.137	−1	−18	50.142	−1	−13	50.140	−2	−16	50.137	−2	−17
1998.1.20	10.5	50.137	−2	−20	50.139	−1	−15	50.137	±0	−18	50.142	±0	−13	50.139	−1	−17	50.136	−1	−18
4.20	10.5	50.136	−1	−21	50.139	±0	−15	50.136	−1	−19	50.141	−1	−14	50.138	−1	−18	50.136	±0	−18
7.20	10.5	50.135	−1	−22	50.138	−1	−16	50.135	−1	−20	50.140	−1	−15	50.137	−1	−19	50.136	±0	−18
10.20	10.5	50.135	±0	−22	50.138	±0	−16	50.134	−1	−21	50.140	±0	−15	50.136	−1	−20	50.136	±0	−18
1999.1.20	10.5	50.135	±0	−22	50.138	±0	−16	50.134	±0	−21	50.140	±0	−15	50.136	±0	−20	50.136	±0	−18

时段进行观测。

三、倾斜观测

倾斜观测是通过测定建筑物顶部相对于底部，或各层间上层相对于下层的水平位移与高差，分别计算整体或分层的倾斜度、倾斜方向以及倾斜速度；或者通过测量刚性建筑的顶面或基础的相对沉降计算整体倾斜。

对于一次性倾斜观测项目，观测点标志可采用标记形式或直接利用建筑物特征部位；对于重复性多次观测，需要在被测物体上布设永久标志。

建筑物顶部和墙体上的观测点标志，可采用埋入式照准标志形式；不便埋设标志的塔形、圆形建筑物以及竖直构件，可以照准构件结点的位置作为观测点位。

当从建筑物外部观测时，测站点（或工作基点）的点位应选在与照准目标中心连线呈接近正交（或呈等分角）的方向线上距照准目标 1.5～2.0 倍目标高度的固定位置处；当利用建筑物内部竖向通道观测时，可将通道底部中心点作为测站点。

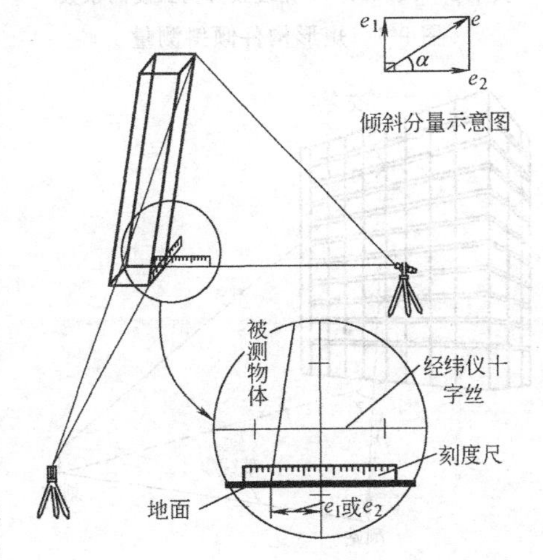

图 9-3　投点法测倾斜

根据不同的观测条件与要求，倾斜观测可以选用下列不同方法进行。

1. 从建筑物的外部观测时，多选用经纬仪观测法：

A. 投点法：观测时，在相对于被测目标成直角的两个测站上分别安置经纬仪，将高处的点投影到地面，在底部观测点位置安置测量设施（如水平读数尺等）测量相对位移值，按矢量相加法求得倾斜量和倾斜方向（图 9-3）。

B. 测水平角法：对矩形建筑物，可在每测站直接观测顶部观测点与底部观测点之间的夹角，或上层观测点与下层观测点之间的夹角，以所测角值与距离值计算整体的或分层的水平位移分量和位移方向（图 9-4）。对塔形、圆形等对称形建筑物或构件，用经纬仪测量不同高度测点水平角读数取中（求得中线位置），计算不同测点间水平夹角，利用测站点到被测目标底部中心的水平距离，计算顶部中心相对底部中心的水平位移分量（图 9-5）。

C. 前方交会测坐标法：对于建筑上任意一个点（图 9-6），在被测目标前选择一条基线，测量基线长度和各夹角，利用解析方法计算观测点坐标值，再以不同高度处目标的坐标变化差计算倾斜。所选基线应与观测点组成最佳构形，交会角 γ 宜在 60°～120°之间。

2. 当建筑物的顶部与底部之间具备竖向通视条件时，可选用铅垂观测法：

A. 吊垂球法：在建筑或构件顶部或需要观测的高度位置，悬挂适当重量的垂球，在垂线下的底部固定读数设备（如毫米格网读数板），直接读取或量出上部观测点相对底部观测点的水平位移量和位移方向（图 9-7）。

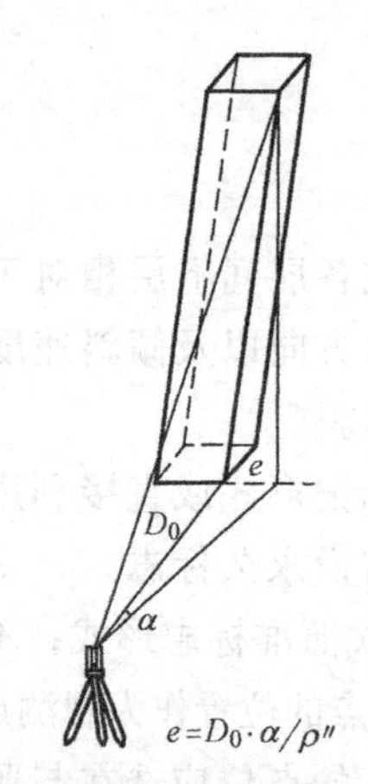

其中 $\rho''=206265$——角度换算为弧度的系数

图 9-4 矩形构件倾斜测量

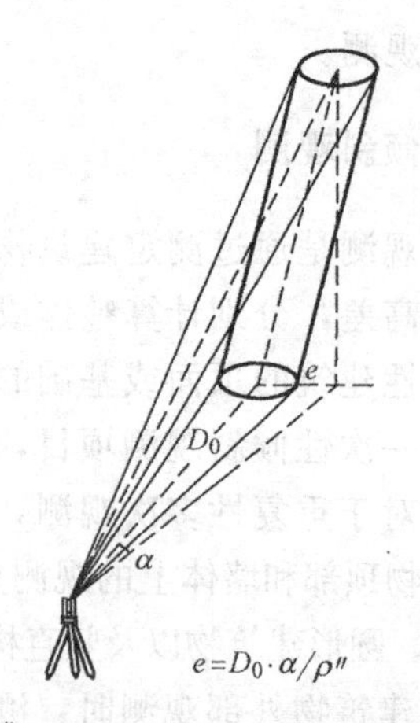

其中 $\rho''=206265$——角度换算为弧度的系数

图 9-5 圆形构件倾斜测量

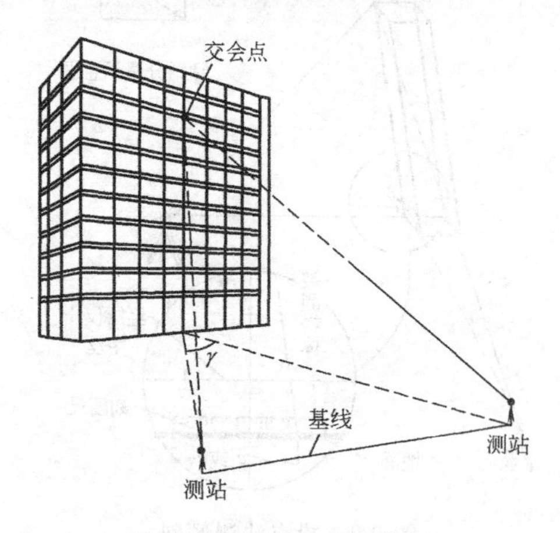

图 9-6 前方交会测坐标法

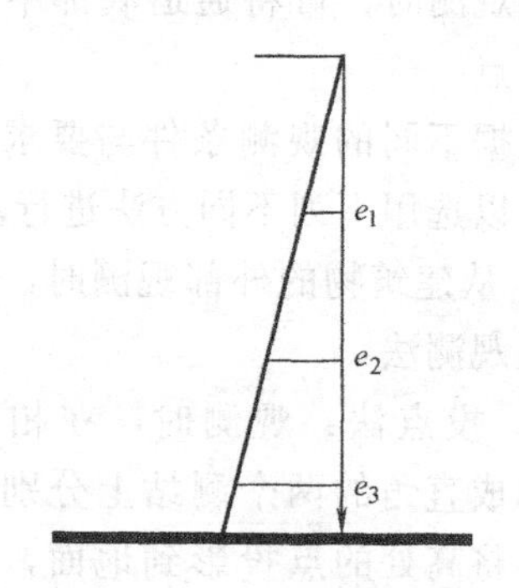

图 9-7 吊垂球法测倾斜

B. 激光铅直仪观测法：在建筑顶部适当位置安置接收靶，在其垂直方向的地面或地板上安置激光铅直仪或激光经纬仪，在接收靶上直接读取或量出顶部相对于底部的水平位移量和位移方向（图 9-8）。

3. 按照相对沉降间接测定建筑物整体倾斜时，可选用下列方法：

A. 倾斜仪测记法：倾斜仪具有连续读数、自动记录和数字传输的功能。常用的倾斜仪有水管式倾斜仪、水平摆倾斜仪、气泡倾斜仪和电子倾斜仪等。倾斜仪通过自动测量两点间的高差变化计算出两点间连线的倾斜变化。例如，当需要监测木构建筑中某个梁的倾斜时，可将倾斜仪固定在梁上，就可自动测算出梁的倾斜变形（图 9-9）。

B. 测定基础沉降差法：按照沉降观测有关规定，在基础上选设观测点，采用水准测量方法，利用沉降差换算，求得建筑物整体倾斜度及倾斜方向（图 9-10）。

4. 当建筑物立面上观测点数量较多或倾斜变形比较明显时，也可采用地面摄影测量方法进行。在解析坐标量测仪上求出观测点两次摄影测量的坐标值，坐标值的变化即为该点的变形。

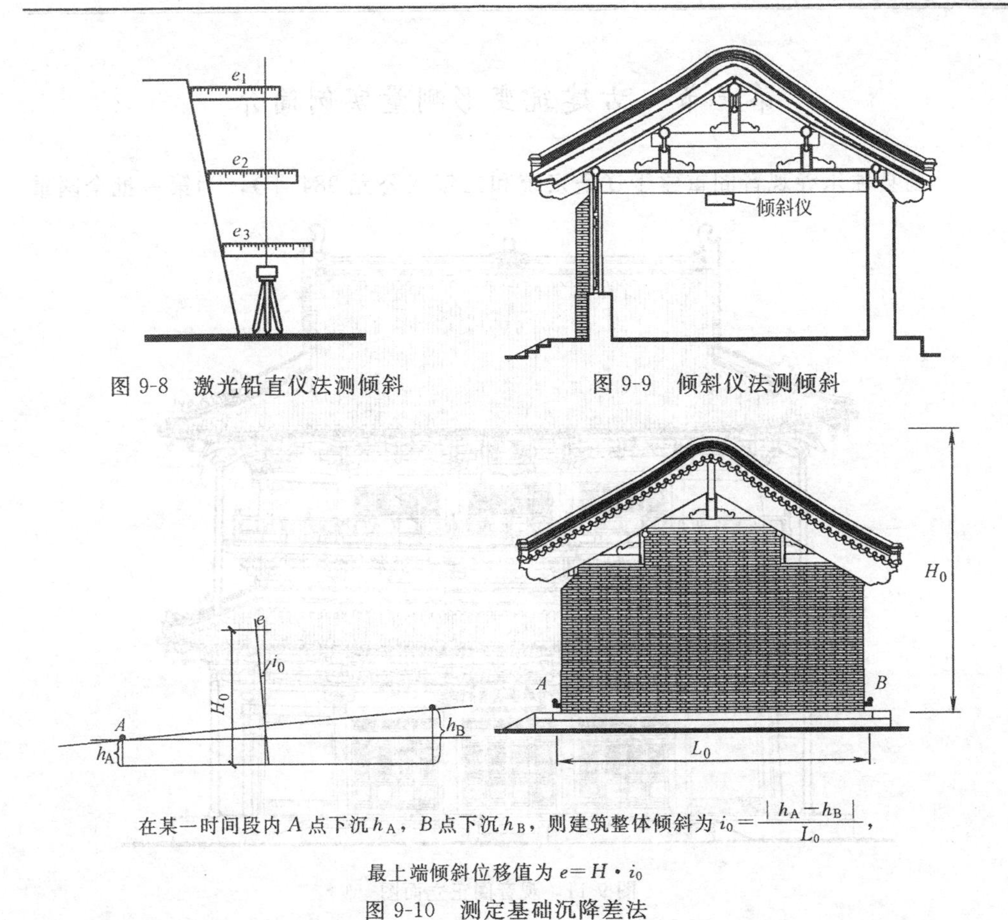

图 9-8　激光铅直仪法测倾斜　　图 9-9　倾斜仪法测倾斜

在某一时间段内 A 点下沉 h_A，B 点下沉 h_B，则建筑整体倾斜为 $i_0=\frac{|h_A-h_B|}{L_0}$，

最上端倾斜位移值为 $e=H\cdot i_0$

图 9-10　测定基础沉降差法

四、变形测量的成果表达

为了准确、客观、实事求是地反映古建筑的现状和变形规律，使变形测量能够真正起到指导古建筑维修保护的作用，除了进行现场观测取得第一手资料外，还必须进行观测资料的整理分析，以适宜的表现形式将建筑物的变形信息，即变形现状和变形规律等表达出来。

1. 单次古建筑现状变形观测成果

在古建筑现状调查后，除了提交反映建筑结构和建筑空间位置的图件外，还应绘制反映建筑主要构件变形的图、表、曲线等，如下：

(1) 柱网标高图。图中包括每个柱底标高、高程系统、柱子沉陷情况等。

(2) 柱子倾斜图。绘制每个柱子的弯曲状况、倾斜情况和残损。

(3) 主要梁架构件的弯曲变形和空间位置状态。

(4) 墙体裂缝的形态和大小。

(5) 造成变形的成因分析。

(6) 变形趋势分析和预测。

2. 周期性古建筑变形监测成果

对于周期性古建筑变形监测，除提供古建筑现状变形观测中所列资料外，还需绘制变形和时间的变化关系曲线。

第三节　古建筑变形测量实例简介

蓟县独乐寺观音阁重建于辽圣宗统和二年（公元 984 年），为第一批全国重

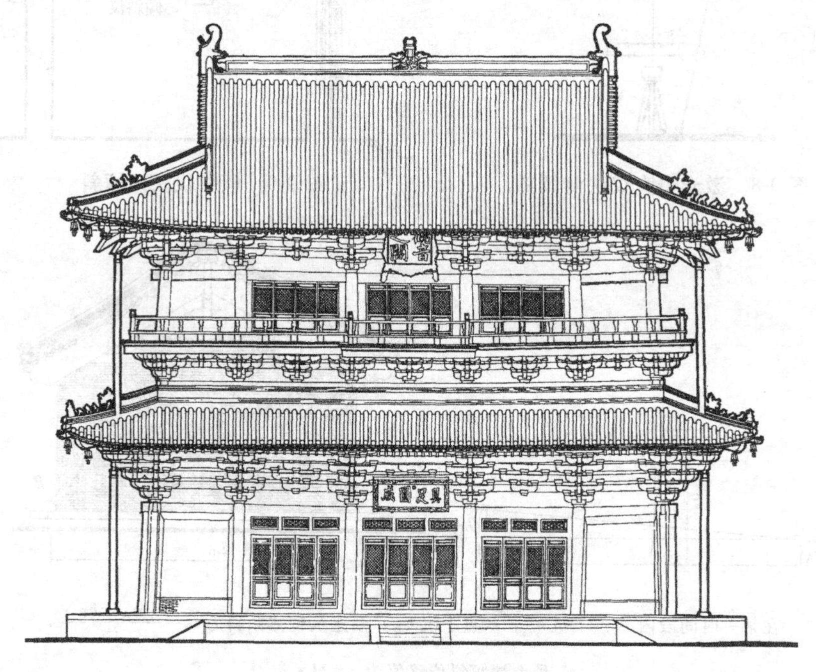

图 9-11　观音阁正立面图

图 9-12　观音阁明间剖面图

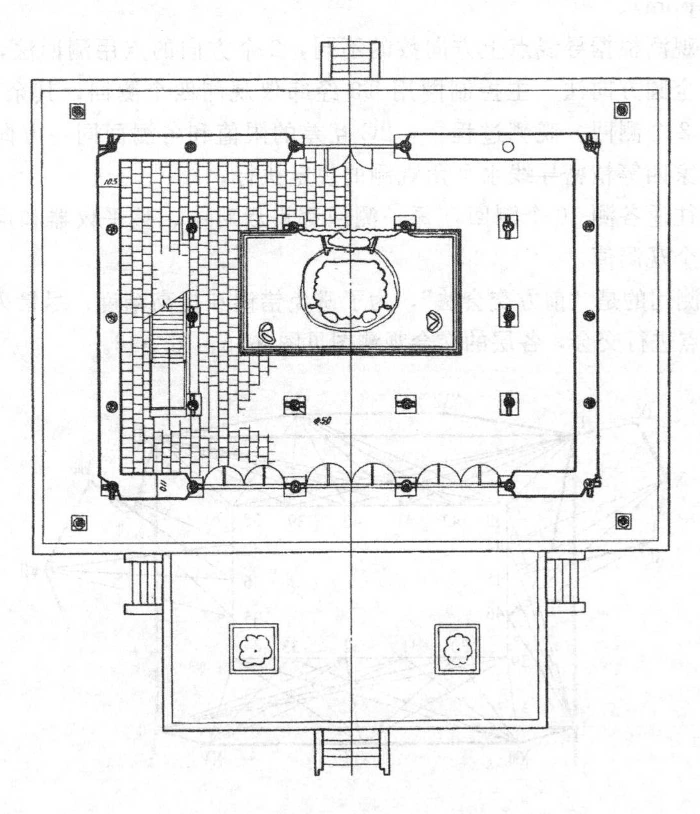

图 9-13 观音阁底层平面图

点文物保护单位（图 9-11、图 9-12、图 9-13），因年久失修，残损变形严重，1990 年 3 月国家文物局正式批准立项维修。在正式落架大修之前，天津市文化局文物处委托天津大学对其现状变形进行精密观测。

这次是从整体上将观音阁所处的空间位置进行现状观测。要求观测结果，能够计算出观音阁各部位目前所处的空间绝对位置，还要能够计算出各部位构件的相对尺寸和方位，其数据作为历史性资料入档保存，同时作为拆卸后维修施工时的指导数据、作为修复后竣工测量的对比数据和将来变形监测的参考数据。鉴于此，需要测量观音阁各层柱头、柱脚的空间坐标、观音阁各层檐角的高程和观音像的倾斜。

为此，首先在观音阁周围布设控制网。控制网包括 1 条闭合导线和 4 条附合导线。在此基础上用前方交会的方法测量观音阁各层柱头、柱脚的空间坐标（图 9-14）。

角度观测采用瑞士 WILD T3 经纬仪，精度为：一测回方向中误差 $m^2=\pm 1''$；距离测量采用日本 TOPCON 厂的 GTS-3B 全站仪，精度为：

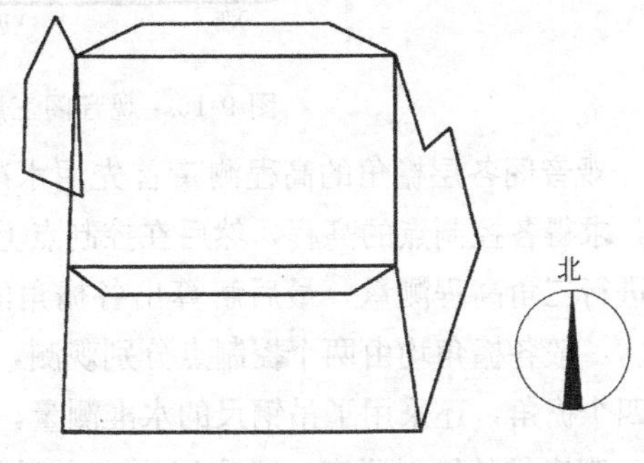

图 9-14 导线控制网

±(5mm＋5ppm)。

水平角观测根据导线点上方向数的不同，2个方向的点用测回法，3个以上方向的点用全圆方向法，主控制网用T3经纬仪观测四个测回，其余导线用T3经纬仪观测2个测回。观测过程中，2C互差的限值和各测回同一方向值互差的限值均按国家四等精密导线水平角观测的规定执行。

每条边往返各测10个测回，每一测回都重新对中、整平仪器和反光镜，每测回记录5个观测值。

交会观测用的是“前方交会法”，为了避免错误和提高精度，尽量采用了三个以上的控制点进行交会，各层的交会观测图见图9-15、图9-16。

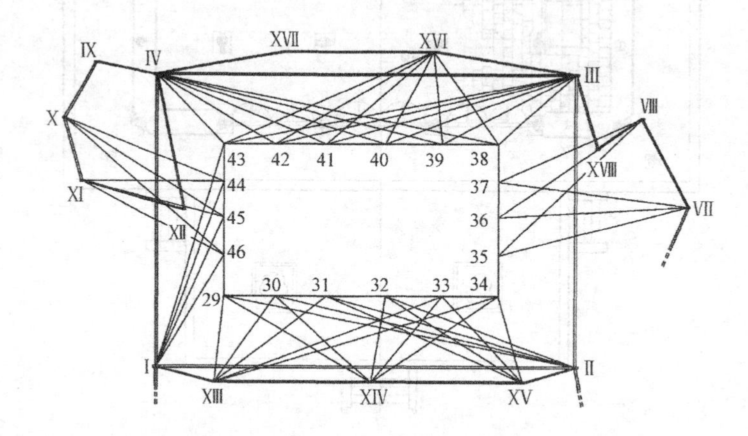

图9-15　观音阁二层柱网交会观测图

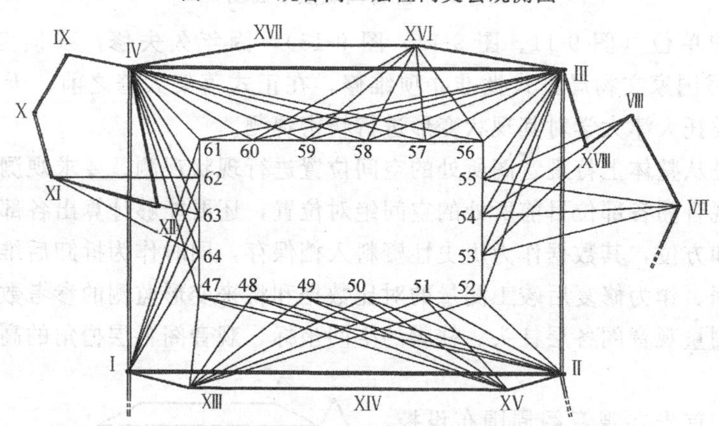

图9-16　观音阁三层柱网交会观测图

观音阁各层檐角的高程测量首先用水准测量的方法将国家水准点与各控制点联测，求得各控制点的高程，然后在控制点上安置经纬仪对观音阁二层、三层共8个檐角进行三角高程测量，最后解算出各檐角的高程。高程系统为大沽口的绝对高程系统。一般各檐角均由两个控制点分别观测，然后将两个高程值取平均。另外，第二层的四个檐角，还采用了吊钢尺的水准测量，以检验三角高程测量的可靠性。

观音像的倾斜测定，联合采用交会观测和三角高程测量的方法，分别测量观音像的顶部标志和底部标志的坐标及高程，然后求出观音像的倾斜度和倾斜方位角。

第十章　计算机辅助制图

第一节　概　　述

一、概述

1. 计算机辅助制图的优越性

20世纪90年代以来，随着计算机的快速发展，建筑业内计算机辅助制图已十分普及，CAD教学业已成为建筑教育的重要组成部分，古建筑测绘中的制图表达也早已步入电脑时代。利用计算机制图，可无损失地保持图样精确程度和图面质量，重复利用性好，便于分工协作，从总量上说减轻了制图工作强度。对古建筑测绘来说，利用计算机辅助制图，数据信息保存更完整，更适应建筑遗产记录要求；更适于古建筑的对称性和构件的重复性，减少单调重复的制图工作；分层处理可兼顾技术要求和艺术表现，适应性更强。

2. 二维图形还是三维模型

从当前实践以及计算机软硬件水平来看，古建筑的三维建模乃至动画制作，主要用于演示、表现，精度要求并不高。如果建立精确的三维模型，则还需要专门的CAD开发工作，但迄今为止还没有成熟的产品问世。因此，当前仍以二维图形为主，但向三维建模发展是一个必然的趋势。

3. 正确理解计算机制图

从使用针管笔画墨线图到计算机制图不应简单理解为“换笔”。比如，计算机制图的数据信息保存得更完整，但同时也要求这些信息系统有序，涉及文件组织、图层设置等一系列手工制图中不用考虑的标准化、规范化问题。另外，测绘图的生命力在于重复利用性，因此应向利用者提供最大方便，比如除打印稿外，还应公开图层设置等内容。

> 典型错误：只关心图面效果，忽视图层设置等内在信息的条理性，甚至出现图线定位存在微差、交点不实等在图面上很难察觉的错误。

二、绘图软件

国内建筑领域常用的CAD软件为AutoCAD，其最新版本已发展到AutoCAD2007，但2000、2002、2004、2006等版本仍然有大量用户，而且所有版本都是向下兼容的。为处理一些拓样、数字照片等，还需要进行图像处理，常用软件为Adobe Photoshop。

三、计算机制图的一般要求

(1) 与原物(仪草、测稿及拓样)一致。

(2) 图线精确定位,交接清楚。计算机制图中往往因疏忽,如捕捉、正交状态有误时,偶尔会出现个别数据的失误。其中图线定位的微差(如两点间距离本应是 450mm,但实际画成了 450.0031mm)非常不容易察觉,应尽量避免。

(3) 图层设置正确。应严格按图层设置的相关规定放置图线,保证图纸的重复利用性(参见本章第二节)。

(4) 文件大小控制合理,一般单张图纸控制在 2Mb 以内。控制文件大小的技巧,参见本章第三节。

(5) 文件保存和文件命名符合要求。文件命名规则应由测绘指导教师统一制定,本教材不作硬性规定。

(6) 有定位轴线和编号,尺寸标注完整无误,格式正确。

(7) 各要素齐全,如图框、图签、比例尺和说明文字,以及平面图中的指北针、剖切符号等完整无误。

(8) 图线粗细适宜,表达对象层次清晰。按相关制图规范,所有线型的图线宽度应按图样类型和尺寸大小在下列线宽系列中选择:

0.18mm; 0.25mm; 0.35mm; 0.5mm; 0.7mm; 1.0mm; 1.4mm; 2mm。

当古建筑测绘图采用 1∶20~1∶50 之间的比例尺时,推荐使用的线宽组为细线 0.25mm,中粗线 0.5mm,粗线 1.0mm。因比例尺较大,表达对象层次相对复杂,在粗、中、细线之外可增加若干中间层次的线宽,如特细线 0.18mm 以及 0.35mm、0.7mm 的中粗线。关于各种线宽,线型的使用请参看附录二计算机成果图部分。当比例尺大于 1∶20 或者小于 1∶50 时,可酌情选用适当的线宽组。

(9) 构图均衡、疏密得当。

以上要求可参见附录二计算机成果图范图部分。

第二节 图层设置

一、分层思路

古建筑测绘图中,可按制图的投影因素和非投影因素将图层分为三类:实体层、修饰层和辅助层。

除习惯使用图例或简化作图的内容外,实体层的内容多为投影因素,均按投影原理绘制。这些内容可按建筑的构件和部位划分图层,如柱类、梁枋檩、墙体、门窗等均各自设层。

建筑制图中,一般要求轮廓线加粗成粗实线或中实线,以刻画对象的景深层次。加粗仅起到修饰作用,属非投影因素。为此可专设两个修饰层,用于一般轮廓线和剖断部分的轮廓线。应特别注意的是，不能用轮廓线代替实体层上的图线（图 10-1）。在某些情况下，修饰层的图线可以放松精度要求。

辅助层用于轴线、辅助线、图例、图框、标注等内容。

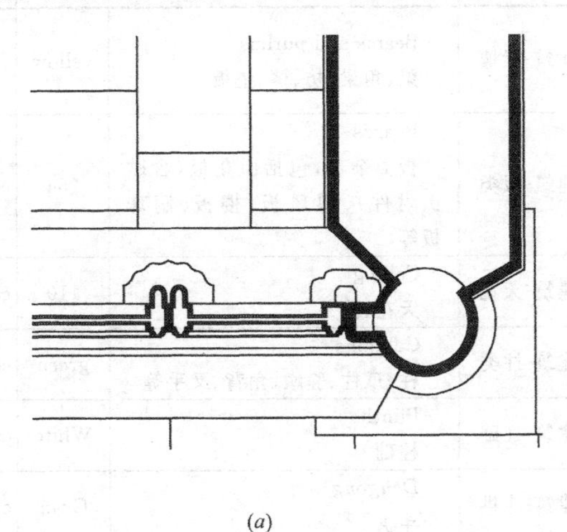

(a)

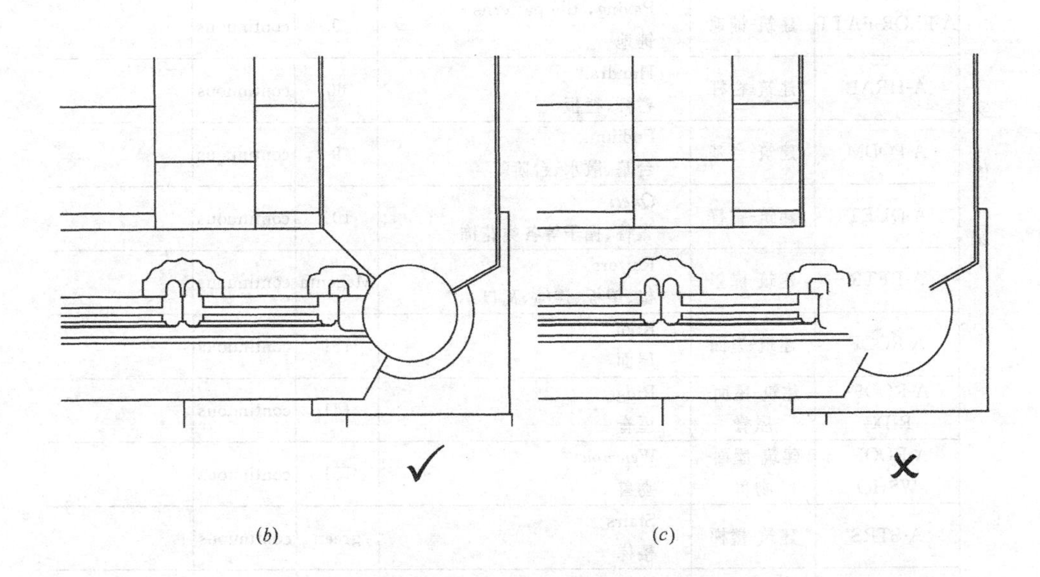

(b)　(c)

图 10-1　打开和关闭修饰层时的状态

(a) 修饰层打开；(b) 正确：关闭修饰层时，实体层图线仍然完整；(c) 错误：关闭修饰层时，实体层图线不完整

> 典型错误：误用修饰层代替实体层。当关闭修饰层时图线不完整（图 10-1）。

二、推荐的图层约定表

为方便图形信息交换，根据《房屋建筑 CAD 制图统一规则》（GB/T 18112—2000）相关条款的原则精神，本书制定了图层约定表（表 10-1）。

古建筑测绘计算机制图图层约定表

（根据 GB/T 18112—2000 制定） **表 10-1**

	英文名	中文名	含 义 解 释	颜色	线型	备注
实体层	A-BMPL	建筑-梁檩	Beams and purlins 梁、角梁、枋、檩、垫板	yellow	continuous	斗栱中的小枋入斗栱层 A-DOUG
	A-BOAD	建筑-板类	Boards 板类杂项，包括山花板（含歇山附件）、搏风板、楼板、滴珠板等	254	continuous	垫板入梁檩层 A-BMPL，望板入 A-RAFT
	A-CLNG	建筑-天花	Ceiling 天花、藻井	110	continuous	
	A-COLS	建筑-柱类	Columns 柱、瓜柱、驼墩、角背、叉手等	green	continuous	
	A-COLS-PLIN	建筑-柱础	Plinths 柱础	White	continuous	
	A-DOUG	建筑-斗栱	*Dougong* 斗栱	Cyan	continuous	
	A-FLOR-PATT	建筑-铺地	Paving, tile patterns 铺地	9	continuous	
	A-HRAL	建筑-栏杆	Handrail 栏杆、栏板	60	continuous	
	A-PODM	建筑-台基	Podiums 台基、散水、台阶等	9	continuous	
	A-QUET	建筑-雀替	*Queti* 雀替、楣子等各类花饰	101	continuous	
	A-RFTR	建筑-椽望	Rafters 椽、望板、连檐、瓦口	Magenta	continuous	
	A-ROOF	建筑-屋面	Roof 屋面	131	continuous	
	A-ROOF-RIDG	建筑-屋面-屋脊	Ridge 屋脊	141	continuous	
	A-ROOF-WSHO	建筑-屋面-吻兽	*Wenshou* 吻兽	151	continuous	
	A-STRS	建筑-楼梯	Stairs 楼梯	green	continuous	
	A-TABL	建筑-碑刻	Tablet 各类碑刻，包括碑座、碑身、碑头等	9	continuous	
	A-WALL	建筑-墙体	Walls 墙体	254	continuous	
	A-WNDR	建筑-门窗	Windows and doors 门窗	110	continuous	
修饰层	A-OTLN	建筑-轮廓	Outlines 轮廓线	50	continuous	
	A-OTLN-SECT	建筑-轮廓-剖断	Section outlines 剖断线	40	continuous	

续表

	英文名	中文名	含义解释	颜色	线型	备注
辅助层	A-AUXL	建筑-辅线	Auxiliary lines 辅助线	8	continuous	
	A-AXIS	建筑-轴线	Axis 定位轴线	Red	center2	
	A-AXIS-NUMB	建筑-轴号	Axis numbers 轴线编号	7	continuous	
	A-DIMS	建筑-尺寸	Dimensions 尺寸标注	green	continuous	
	A-FRAM	建筑-图框	Caption of drawing 图框及图签	white	continuous	
	A-IMAG	建筑-图像	Image 光栅图像	8	continuous	用于描画纹样的光栅图像入此
	A-PATT	建筑-图例	折断线、破浪线及其他图例符号	white	continuous	
	A-NOTE	建筑-说明	Note 文字说明	white	continuous	

说明：某些实体层中如需画纹样线，则应另建新层，命名为“原图层名”—图案（“原图层名”—PATT）。图层颜色定为252，线形为实线（continuous）。例如：龙柱上的纹样入“建筑-柱类-图案”（A-COLS-PATT），雀替上的纹样入“建筑-雀替-图案”（A-QUET-PATT）。

第三节 作图步骤和技巧

鉴于当前在建筑领域最流行的CAD软件为AutoCAD（或在此平台上进行二次开发的软件），本节将以使用AutoCAD为例，简单介绍一下古建筑测绘制图中的相关技巧。由于本书篇幅有限，相关细节请参阅AutoCAD帮助文件、使用手册或教程。

一、作图步骤

1. 原则

（1）从整体到局部，先控制后细节。若控制性尺寸有误，细节画得再好也必须返工。

（2）先木构，后瓦作。立面图中的瓦顶，尤其是翼角部分较复杂，若先画瓦顶，一旦发现木构部分有误，则必须返工。

（3）相关的视图宜结合起来绘制，切勿将一张图画到底再画另一张。在某个视图中不易察觉的错误，在另一视图中可能会立刻曝光。

（4）磨刀不误砍柴工，只有充分理解制图要求，掌握并灵活运用有关技巧，才能减少反复，提高效率。

2. 作图步骤

总体上，仍然可按“平面—剖面—立面”顺序进行，但由于仪器草图阶段图纸已经过核对，主要尺寸也已汇总填表，因此，多人配合制图时，也可不必严格按上述顺序，而按照数据表上的尺寸同时分别制图。

制图过程中，如在图形中引用他人图样，则必须先检查其总尺寸、轴线定位尺寸、主要标高等重要尺寸与数据表一致才能使用，否则一个人的小错误可能传播到每张图纸。

对单张图纸来说，以剖面为例，作图步骤如下：

(1) 画轴线、地面。

(2) 画柱、檩、梁枋。注意檩的位置决定了举架，应先画，确认无误后再画梁架。

(3) 画椽望，如斗栱已画好可插入斗栱。

(4) 画墙体、门窗等。

(5) 加粗轮廓线。

(6) 标注尺寸和必要的文字说明。

(7) 加图框，填写图签内容，完成图纸。

在加粗轮廓线前，内容大致完整时，就可提供给小组其他成员引用。

二、AutoCAD 提示

1."左右开弓"的操作模式

应掌握常用命令的快捷键或简捷的命令别名（表 10-2）。作图时，左手操作键盘，右手使用鼠标进行定位、选择等操作，则可大大提高效率。若过分依赖鼠标对菜单或工具栏图标操作，则十分繁琐。快捷键的熟练使用一定程度上反映了一个人对软件的熟练程度。所以，"左右开弓"的操作模式几乎对所有软件都适用。

AutoCAD 常用快捷键（命令别名）列表 **表 10-2**

命令全称	快捷键	命令全称	快捷键
确认或重复上一命令	空格键或 enter 健	copy	co 或 cp
Line	l	move	m
Pline	pl	mirror	mi
Circle	c	erase	e
Arc	a	offset	o
Insert	i	block	b
Zoom	z	pan	p
键盘输入的前后内容	↑↓	Undo	u 或 ctrl+z

2. 变通理解命令

AutoCAD 命令基本都是按英文中对应的动词或名词进行命名的。但如只会死板地按字面理解命令，则难以做到灵活应变，快捷地实现自己的作图意向，应当打破这个思维定势。例如，画一条线（包括直线和曲线）所能用到的命令不仅是 line 或 pline，还可以包括：

spline，arc，circle，elipse；

ray，xline，mline；

hatch，text，dtext，mtext；

copy，offset，move，array，mirror，rotate，insert，fillet，chamfer，explode；

……。

3. 掌握多种选择图元的技巧

除掌握鼠标单选和矩形窗口等最基本的选择方法外，还应掌握选择过程中 shift 键、control 键的使用，"l"（=last selected objects）、"p"（=previous selected objects）等快捷选择方式，Fence 方式、WPolygon（多边形 window）方式、CPolygon（多边形 crossing）方式，以及锁定层、过滤器等各种选择技巧。详见 AutoCAD 帮助文件、使用手册或培训教材。

4. 文件崩溃的对策

由于 AutoCAD 内部的缺陷，无缘由的文件崩溃现象时有发生。现象是：上次编辑正常的文件，下次打开时被告知有错，无法打开；或者编辑过程中突然退出 AutoCAD。为预防这种情况造成的损失，首先应将自动存盘时间定在 10 分钟左右。这样即使出现了意外，损失的也只是 10 分钟的工作而已。当 AutoCAD 出错退出时，不要轻易选择存盘。一旦出现了文件崩溃现象，可尝试用以下方法挽救：

（1）使用 recover 命令修复，具体操作参见 AutoCAD 帮助文件、使用手册或培训教材。

（2）新建一个文件，将崩溃文件作为块插入，然后重新存盘。

（3）如果出错的文件能够打开，只是进行某些操作时会退出 AutoCAD，则可将其存为 R13 格式或 R13 的 DXF 格式，然后重新打开。

5. 文件命名和保存

应统一规定文件命名格式，并强制执行，以利建档管理。

三、古建筑测绘制图中的常用技巧

1. 利用样板工作

扩展名为 dwt 的样板文件（template）是一张底图，保存公用设置和图形。可将古建筑测绘制图中常用设置，保存在一个样板文件中。内容可包括图层、尺寸样式、字体样式、单位和精度、作图界限、线形和其他必要的系统变量（如将 mirrtext 设为 0 时，文字在镜像时将保持文字方向）。

2. 曲线绘制

一般情况下，一些简单的曲线可简化为弧线（arc），转折变化较复杂时用多段线（polyline）绘制（图 10-2、图 10-3）。AutoCAD 中有两种椭圆：真椭圆和多段线拟合的椭圆（图 10-4），应根据实际情况选用。

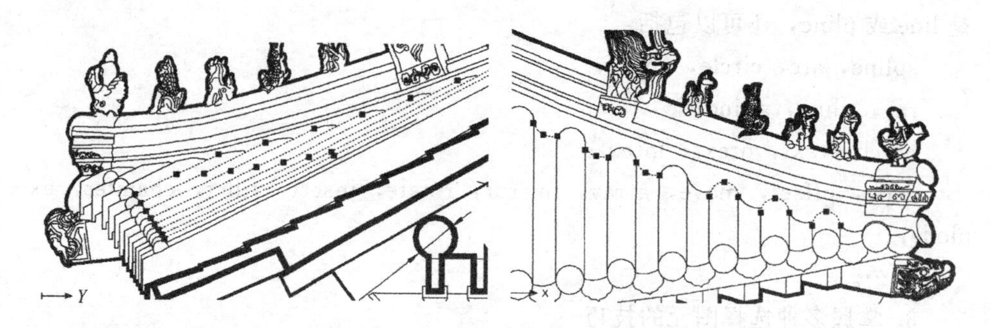

图 10-2 简单曲线用弧线（arc）

图 10-3 较复杂的曲线用多段线（Polyline）

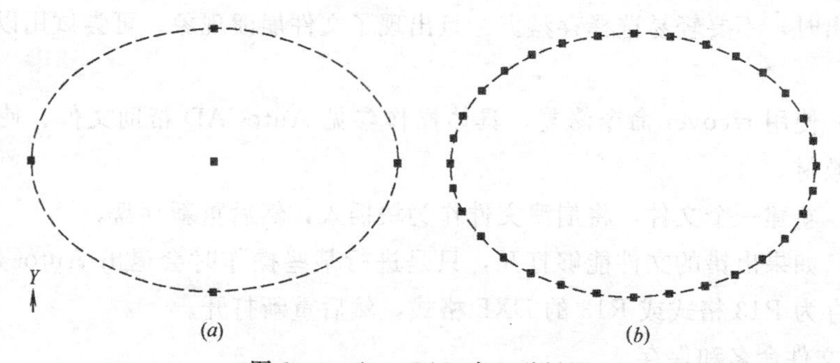

图 10-4 AutoCAD 中两种椭圆

(*a*) 真椭圆；(*b*) 用多段线拟合的椭圆

3. 块技巧

在 AutoCAD 中，利用块绘制重复的部分有许多优越性，便于统一编辑，节省存储空间，简化操作，并可附带属性。因此，务必认真学习 AutoCAD 教程中有关块的章节，学会灵活使用块来简化操作。AutoCAD 除提供了定义块（Block）、插入块（insert）的命令外，还提供了与块相关的编辑命令。如果因为不了解这些命令，遇到需要修改的块引用就只会分解（炸开）它，这就失去了块的优越性。

与块相关的操作必须掌握块的在位编辑（refedit 命令）、块的剪裁（xclip 命令，图 10-5）、块的属性定义和编辑等。详情请参阅 AutoCAD 帮助文件、使用手册或教程。在 AutoCAD2004 以后，AutoCAD 的修剪（trim）和延伸（extend）命令都已经开始支持块引用，现在已经不须另外装载其他程序就能直接使用块引用上的线来进行修剪和延伸，也无需额外的学习。

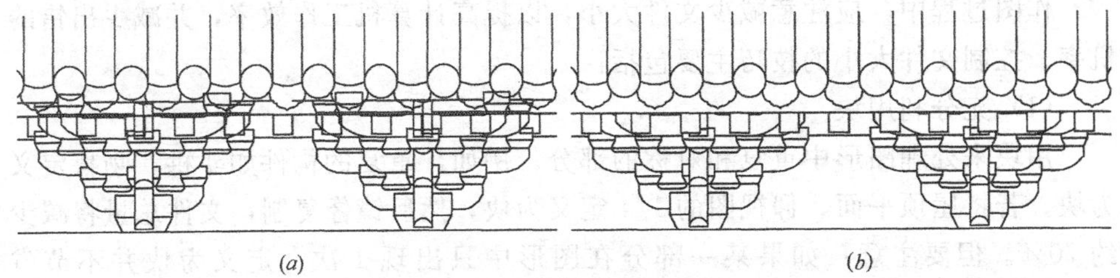

(a)　(b)

图 10-5　块剪裁的效果

(a) 图中斗栱为块，未做剪裁；(b) 剪裁后的效果

> ⚠典型错误：将斗栱作为块插入后，为处理檐椽的遮挡效果，分解图块，并用 trim 命令修剪，失去了块的优越性。

另外，块的命名也不能过于简单随意，否则极易造成重名。当多个文件相互引用时，就会引起意想不到的后果（图 10-6）。

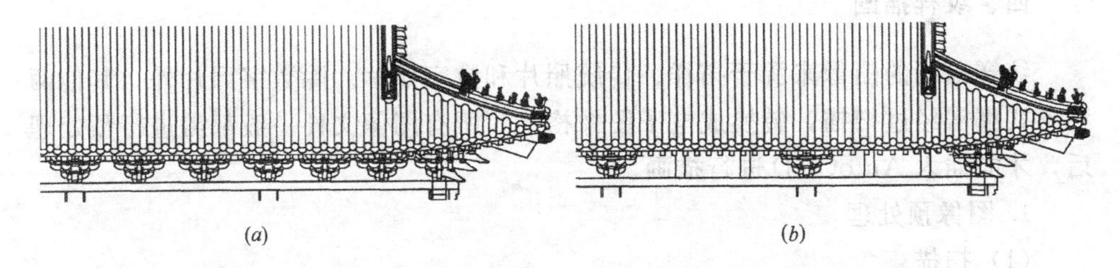

(a)　(b)

图 10-6　块重名的后果

(a) 图中平身科斗栱为块引用，块名为“1”。这种命名过于随意；

(b) 当这个图形插入另一文件中时，若该文件中同样有命名为“1”、内容为矩形的块，则所有平身科斗栱斗都替换为矩形了

4. 平分、阵列技巧

(1) 阵列平分问题

作图中常遇到阵列和平分问题，涉及 array，divide，measure，offset，copy，minsert 等诸多命令和使用技巧，略如表 10-3。

阵列和平分问题中涉及的 AutoCAD 命令　**表 10-3**

条　件	选 用 命 令
单元数量及间距均已知	array 或 minsert 命令，数量较少时用 copy 的 Multiple 选项
单元数量已知，间距未知	divide 命令，数量较少时用 offset 命令
单元间距已知，数量未知	Measure 命令

各命令的具体操作，请参阅 AutoCAD 帮助文件、使用手册或培训教材。现只对 Offset 命令在平分问题上的应用略作解释。例如，总宽 4550，分 4 份，则可在执行 offset 命令，要求输入偏移量时，用分数形式表示为 4550/4，然后进行偏移操作即可。

5. 控制文件大小

作图过程中，应注意减少文件大小，以提高计算机工作效率，并减少出错的机率。控制文件大小的技巧主要包括：

(1) 充分利用块

用块来处理图形中重复和对称的部分。例如，重复的构件如斗栱、吻兽定义为块。若将屋顶平面、仰视图的1/4定义为块，然后镜像复制，文件总量将减少约70%。但要注意：如果某一部分在图形中只出现1次，定义为块并不节省空间。

(2) 经常清理图形

AutoCAD提供了清理命令 purge，用于清除图形中废弃不用的块、层、尺寸样式、线形、字体样式等。应经常进行这种“减肥”，防止文件无谓增大。使用本命令时不用担心它会删除正在使用的块、层等，清理前应打开、解冻或解锁所有图层。

四、纹样描画

纹样描画的图像来源于拓样、传统照片和数字照片。除数字照片外，其他两种形式都需经过扫描，转换成电子图像格式。所有图像文件一般都需进行预处理后，才能插入 AutoCAD 进行描画。

1. 图像预处理

(1) 扫描

拓样一般可扫描成黑白二值模式（Line art），300dpi，LZW 压缩的 TIF 格式。黑白二值图像在 AutoCAD 中可改变颜色，而且能透明显示。传统照片可扫描成 RGB 模式，300dpi 以上，存为 JPG 格式。

(2) 拼接

当拓样尺寸超过 A4 幅面，而又没有 A3 或更大的扫描仪时，可分两次或多次扫描，然后在 Photoshop 中加以拼接。

(3) 轻微变形纠正

按第六章提到的简易摄影测量方法，需要纠正的照片仅仅是有轻微变形的照片，可在 Photoshop 中对图像按实物轮廓尺寸的长宽比例进行微调，包括不等比例的拉伸、斜切、透视矫正等。

经预处理后的图像文件必须作为成果提交，并存档。

> 典型错误：不经预处理就直接插入 AutoCAD 中描画成矢量线划图，一旦画成矢量图，就很难像光栅图像一样方便地拉伸、矫正变形，所以结果往往欲速则不达。

2. 在 AutoCAD 中描画

上述预处理的图像文件均属光栅图像（raster image），可在 AutoCAD 中插入光栅图像，并作为蓝本，将纹样描画成矢量线划图。

(1) AutoCAD 中插入光栅图像

在 AutoCAD 中可用 image 命令插入光栅图像。对于黑白二值图，可设为透明；对于灰度或彩色图，可用 Imageadjust 命令调灰。并用 Draworder 命令将其置后，以利描绘。

(2) 摆平图像

插入的图像如有倾斜，则通过旋转 rotate 命令摆平放正。旋转的角度不必事先计算，可利用 rotate 命令的 Reference 选项，通过鼠标的屏幕操作确定。详情参见 AutoCAD 的帮助、用户手册或教程。

(3) 缩放图像

插入图像的尺寸一般与实际尺寸不符，必须通过缩放 scale 命令，使之与测得的轮廓尺寸相同。同样，缩放量亦可利用 Scale 命令的 Reference 选项确定。

> 典型错误：不经摆平、缩放就直接描画成矢量线划图，一旦画成矢量图，若出现尺寸上的偏差就很难再改正编辑了。

(4) 用多段线描画

处理妥当后，可用多段线描画成线划图。描绘时要注意：

A. 意在笔先，整体把握。先定曲线的整体走向和趋势，若细节有出入，可再进行局部微调。

B. 善于概括形象，结构形态准确传神。并不是每处变化都需要画成线条，应善于取舍概括。

C. 尽量减少多段线顶点的数量。

五、尺寸标注

古建筑测绘中的尺寸标注包括直线段尺寸标注（图 10-7）、直径标注（图 10-8）、半径标注、标高标注等。具体格式应参照《房屋建筑统一制图标准》（GB/T 50001—2001）和《房屋建筑及 CAD 制图统一规则》（GB/T 18112—2000）相关规定执行。

图 10-7 直线段尺寸标注

图 10-8 直径标注

以下结合古建筑测绘具体情况，说明其中的一些特殊情况。

(1) 标注断面尺寸或引出文字说明时，采用引出线标注 Leader。其中断面尺寸习惯用宽×高，引注文字中的乘号可用大写的“X”（图 10-9）。

(2) 标高标注指示不明时，应使用文字说明（图 10-10）。

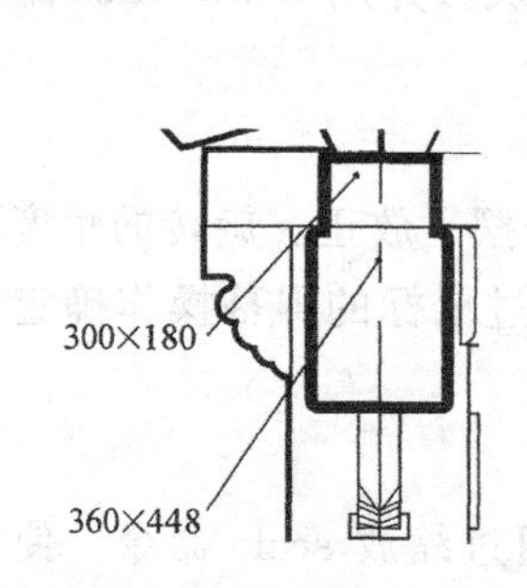

图 10-9 引出线标注断面尺寸

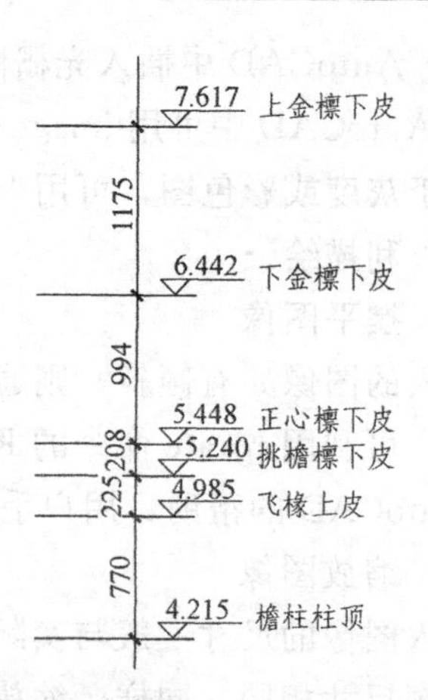

图 10-10 标高标注

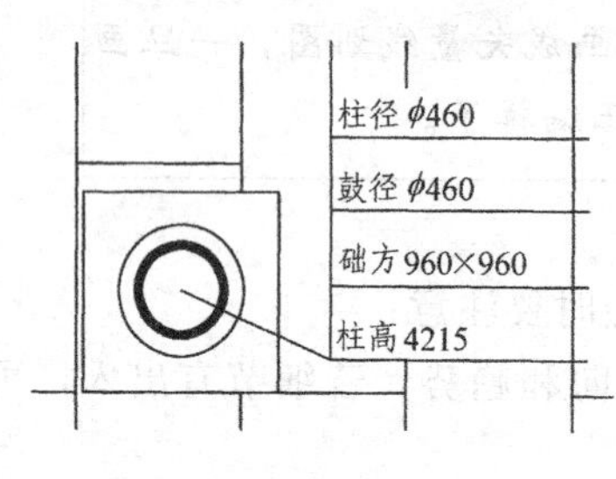

图 10-11 柱子的标注

(3) 平面图上的柱子，可将相关数据分行集中标注，一般包括柱径、鼓径、础方、柱高等内容，也可酌情标出柱子的上、下径，柱底、柱顶标高等内容（图 10-11）。

六、校核验收

计算机图完成后，作为最后的环节，必须经过校对、审核、审定三级复核，发现错误，及时改正，直至验收合格。校对是指测绘小组组员之间互相检查核对；审核则是至少由 2 名指导教师独立进行图纸审查；图纸必须经由项目负责人最终审定通过，方可提交存档。

检查核对一般可分为校样检查和上机检查两个部分，有条件的还可进行现场核查。

1. 校样检查

可将电子文件打印成 A3 小样作为校样。校样检查主要发现图样内容上的宏观问题及版式、格式方面的问题。工作重点随图纸具体内容的不同、图样的繁简、质量的高低而有所不同，但基本任务大致包括：

(1) 版式、格式检查。例如图纸幅面及比例尺选用是否合理；要素是否齐全，如定位轴线及其编号、尺寸标注、文字说明、图签内容，以及字高、字体和各种符号的大小是否符合规定等。若为平面图，则须画出指北针、剖切符号。

(2) 图线线宽、线型使用是否符合要求（部分具体要求可参见附录二，计算机成果图范图部分）。

(3) 检查与仪器草图是否一致；各视图投影关系是否一致，是否正确。

(4) 仪器草图未详细绘制的细部应认真检查，必要时应参考照片、测稿进行判断。

各类图样常见错误和典型错误请参阅附录四“常见及典型错误速查表”。

2. 上机检查

上机检查的主要任务是检查图纸上的微观问题和内在质量。基本任务包括：

(1) 图层设置是否正确，图线是否正确放置在相应图层里。可通过开关某一图层，或单独显示某一图层的方法检查，具体操作工具可在 AutoCAD Express Tools 中找到。

(2) 图线是否精确可靠。例如：抽查一些重要的图线，检验水平线、铅直线是否真正水平或铅直，可通过阅读特性选项板上的相关参数验证；抽查一些重要的点与点、线与线的距离，看其是否符合标称的尺寸，特别注意是否有“尺寸不整”的现象，以确保图线定位精确；抽查一些本应对齐的图线，确保未出现偏差等。

(3) 文件命名是否符合要求。

(4) 检查在校样中不易察觉的细部问题。

当然，上机检查也可继续检查到宏观问题和格式问题，恕不详述。

附录一　与文化遗产记录相关的法规摘录

本附录除第一项为编者译自 ICOMOS 官方网站发布内容外，其余均摘自国家文物局官方网站发布的文件。

一、《记录古迹、建筑组群和遗址的准则》（Principles for the Recording of Monuments，Ciroups of Buildings and Sites）

（保加利亚索菲亚第 11 届国际古迹遗址理事会大会通过，1996 年 10 月 5～9 日）

因为文化遗产是人类成就的独特表现；因为文化遗产时刻面临危险；因为记录是解释、理解、确定、认识文化遗产价值的重要途径；因为保护文化遗产不仅是所有者的责任，而且还是保护专家和专业人员、各级政府的管理人员、政治家和行政人员以及广大公众的责任；因为《威尼斯宪章》第 16 条的要求，故而由专门的组织或个人对文化遗产的特征进行记录是非常重要的。

因此，本文件旨在提出记录文化遗产的主要意义、责任、规划、内容、管理和共享。

本文词语定义：

文化遗产指具有遗产价值的古迹、建筑组群和遗址，包括其历史环境或已建成环境。

记录指适时采集关于古迹、建筑组群和遗址本体组成、条件和使用情况的信息。记录是保护程序中的重要组成部分。

对古迹、建筑组群和遗址的记录可以包含有形和无形的证据，包括能够帮助了解遗产及其相关价值的部分文件。

（一）记录的意义

1. 文化遗产的记录对以下几点非常重要

a）获取知识，以加深对文化遗产及其价值和沿革的理解；

b）通过发布记录信息以引起人民对遗产保护的兴趣，并促进其参与；

c）许可合理的管理以及对建设工程的控制和对所有文化遗产变动的控制；

d）保证遗产维护和保护行为对其本体、材料、构造及历史和文化意义是及时的。

2. 记录应当达到适当的深度

a）为鉴定、理解、阐释和展示遗产提供信息，促进公众参与；

b）为所有将遭破坏或改动的，或者面临自然因素和人为活动危害的古迹、建筑组群和遗址提供永久记录；

c）为国家、区域或地方各级主管部门和规划人员提供信息，以便及时制定规划、控制开发政策和决策；

d）为鉴别何为合理、永续利用，为有效研究、管理、日常维护和建设工程的规划提供基础资料。

3. 下列情况，对文化遗产的记录应当优先考虑，并实施

a）当编制国家、区域或地方记录档案时；

b）作为研究和保护活动中不可分割的组成部分时；

c）任何修缮、改动或其他扰动之前、当中或之后，以及在这些活动中发现有关历史证据时；

d）当预见到遗产的整体或局部将要毁灭、破坏、弃置或搬迁时，或者遗产面临人为或自然外力的危害时；

e）在文化遗产因偶发事件或不可预见的袭扰而遭受破坏之时，或之后；

f）当用途、管理或控制权变更时。

（二）记录的责任

（1）国家级遗产保护的实施要求记录过程具有同等水平。

（2）记录和阐释过程的复杂性要求从事相关业务的个人在技能、知识和意识各方面能够胜任。

（3）通常情况下，记录过程需各专业人员分工协作，如专业遗产记录人员、测量人员、保护工作者、建筑师、工程师、研究人员、建筑历史学家、地面和地下考古人员以及其他专业顾问。

（4）所有文化遗产的管理者都有责任保证记录工作是充分的、有质量的，并对记录的更新负责。

（三）记录的规划

（1）在准备新的记录工作前，应当查询已有信息来源，并检查其适用程度。

a）包含这些信息的记录类型应当在勘测资料、图纸、照片、出版和未出版的记录和描述以及与建筑、建筑组群或遗址的历史相关的文献中查找；

b）已有记录应当从诸如国家和地方公共档案馆中，从专业的、社会公益性的或私人的档案、目录和藏品中，从图书馆或博物馆中查找；

c）应当问询曾经拥有、占用、记录、建设、保护、研究或知道该建筑、建筑组群或遗址的个人或组织，藉此查找记录。

（2）对记录的恰当范围、级别和方法的选择要求：

a）记录的方法和类型应当适合于遗产的特性、记录的目的、文化背景以及资金或其他可用资源。上述资源受到限制时可进行阶段性的记录。这些方法包括文字描述和分析、照片（航拍的或地面拍摄的），摄影纠正、摄影测量、地球物理调查、地图、测绘图和草图、复制品或其他传统及现代技术。

b）记录的方法应当尽可能采用非侵扰的技术，不能破坏所要记录的对象。

c）应当清楚地表达选择拟定范围和记录方法的理由。

d）用于最终记录成果的介质必须可长久存档。

（四）记录的内容

（1）任何记录应当标识清楚：

a）建筑、建筑组群或遗址的名称；

b）惟一的引用编号；

c）编制记录的日期；

d）从事记录的组织的名称；

e）互相参阅的相关建筑记录、报告、照片、图像、文字资料、参考书目，以及考古和环境记录。

（2）古迹、建筑组群或遗址的地点及其延伸范围应当准确给定；可通过描述、地图、平面图或航拍照片实现。在野外区域只能采用地图参照或引向测量标志的三角测量网。市区内则采用地址或街道参照即可。

（3）新的记录应当注明所有的非直接从古迹、建筑组群或遗址本身获得的信息来源。

（4）记录中必须包括以下部分或全部信息：

a）建筑、古迹或遗址的类型、形式和尺寸；

b）恰当反映古迹、建筑组群或遗址的室内和室外特征；

c）遗产及其构成部分的特点、品质，文化、艺术和科学意义，以及下列各部分的文化、艺术和科学意义：

——材质、构件和构造、装饰或碑刻题记；

——服务设施、装备和机械装置；

——附属结构、园林、景观和基址的文化特征、地形及自然特征；

d）建造及维护的传统和现代技术工艺；

e）有关其年代考证、作者、所有权、原初设计、占地、使用和装饰的证据；

f）有关其后期使用、相关事件、结构或装饰改动以及人为或自然外力影响的证据；

g）管理、维护和修缮的历史；

h）有代表性的构部件或者建筑的或基址上的材料；

i）对遗产现状的评估；

j）对遗产及其环境间视觉关系和功能关系的评估；

k）对因人为或自然原因、环境污染或相邻土地使用而引起的冲突和风险的评估。

（5）记录因目的不同（参见上文一中的2）而有不同的级别要求。上述所有信息即使表述简略，对地区规划及建筑的控制和管理也能提供重要数据。遗址或建筑的所有者、管理者或使用者出于保护、维护和使用的目的一般要求更为详尽的信息。

（五）记录的管理、发布和共享

（1）记录的原件应当安全存档。存档环境必须保证信息的持久性，保证不会衰变，符合公认的国际标准。

（2）完整的记录备份应当独立存放在另一安全地点。

（3）法定管理部门、相关专业人员和公众应当能够查阅记录的副本，以便用于研究、建设、开发、控制以及其他行政和法律程序。

（4）如果可能，在遗产地应当能够容易查阅到最新的记录，以便用于遗产的研究、管理、维护和救灾。

（5）记录的格式应当标准化，应尽可能建立索引，以利于地方、国内和国际间的交流和检索。

（6）对记录信息的有效汇编、管理和发布要求尽可能了解，并恰当应用最新的信息技术。

（7）记录的存放地点应当公开。

(8) 记录的主要成果报告应当适时发布，并出版。

二、《国际古迹保护与修复宪章》(威尼斯宪章)

《威尼斯宪章》(第二届历史古迹建筑师及技师国际会议于1964年5月25～30日在威尼斯通过)：

第十六条　一切保护、修复或发掘工作永远应有用配以插图和照片的分析及评论报告这一形式所做的准确的记录。

清理、加固、重新整理与组合的每一阶段，以及工作过程中所确认的技术及形态特征均应包括在内。这一记录应存放于一公共机构的档案馆中，使研究人员都能查到。该记录应建议出版。

三、《中华人民共和国文物保护法》

《中华人民共和国文物保护法》(2002年10月28日第九届全国人民代表大会常务委员会第三十次会议通过)

第十五条　各级文物保护单位，分别由省、自治区、直辖市人民政府和市、县级人民政府划定必要的保护范围，作出标志说明，建立记录档案，并区别情况分别设置专门机构或者专人负责管理。全国重点文物保护单位的保护范围和记录档案，由省、自治区、直辖市人民政府文物行政部门报国务院文物行政部门备案。

四、《全国重点文物保护单位保护范围、标志说明、记录档案和保管机构工作规范(试行)》

第四章　建立记录档案

第十三条　记录档案包括对文物保护单位本身的记录和有关文献史料，内容分为科学技术资料和行政管理文件，形式有文字、摄影(照片、幻灯片、电影胶片)、录像、绘图、拓片、摹本、计算机磁盘及其他信息载体。

第十四条　记录档案必须科学、准确、翔实。记录档案分为主卷、副卷和备考卷。主卷以记录保护管理工作和科学资料为主。副卷收载有关行政管理文件及日常工作情况。备考卷收载与该文物保护单位有关、可供参考的资料。

以上各卷记录档案应不断充实，力求做到系统、完整。

第十五条　主卷包括以下内容：

第一部分

1.《全国重点文物保护单位登记表》。

2. 地理位置和自然环境。详细记述该全国重点文物保护单位的经纬度、地理位置、周围山脉、河流、植被、土壤、居民点等情况。

3. 历史沿革。

4. 保存现状。

5. 历史、艺术、科学价值。

6. 历次维修或发掘情况。

7. 保护范围及建设控制地带范围。

8. 保护标志、说明牌和界标的位置、数量和编号。

9. 重要文物藏品登记表，文物数量较多的可做目录索引。

10. 有关文献，数量较多的可做摘要或目录索引。

11. 有关文物、考古调查记录。

12. 文物保护单位专门管理机构和群众性保护组织的基本情况。

13. 使用全国重点文物保护单位的非文物部门设置的专人及保护机构情况。

第二部分

图纸、照片、拓片、摹本等。

图纸包括地理位置图、总平面图；建筑群体和主要单体的平、立、断面图；历次重要维修的实测、设计、竣工图；遗址的发掘区遗迹平面图、典型地层剖面图、重要遗迹的平、剖面图；重要文物藏品的平、剖面图及其他必须绘制的图纸等。对其余有关图纸可做目录索引。

照片包括全景或航测照片，建筑群体和主要单体外景、内景照片及重要部位照片，重要藏品照片，建筑物历次重要维修前后照片及保护标志、说明牌、界标的照片等。对其余有关照片可做目录索引。

拓片包括石刻、碑碣等文物的主要铭刻内容。

第三部分

电影片、录像、磁盘及其他信息载体等。

电影片规格为35毫米，录像带规格为VHS，磁盘规格为5.25英寸。

第十六条　副卷包括以下内容：

1. 各级政府或文物行政管理部门关于该项全国重点文物保护单位的有关保护文件、布告、通知等。

2. 有关该项全国重点文物保护单位的奖励和惩罚情况。

3. 文物保护管理机构与群众性保护组织签署的保护合同。

4. 文物档案建立情况，包括建档时间、参加人员和其他需要说明的问题。

第十七条　备考卷包括以下内容：

1. 有关该项全国重点文物保护单位的出版物等。

2. 与主、副卷各项内容有关的详细资料。

3. 其他对了解该项全国重点文物保护单位有参考价值的资料。

第十八条　全国重点文物保护单位的记录档案，由省、自治区、直辖市文物行政管理部门指定机构负责管理，并制定收集、整理、借阅、利用档案制度。记录档案的主卷必须报送国家文物局和省、自治区、直辖市文物行政管理部门各一套。保存记录档案必须有安全的场地和设施，并有专人负责。

第十九条　记录档案的装帧：

上报国家文物局的全国重点文物保护单位记录档案主卷统一使用国家文物局印制的卷皮、登记表和专用纸。各省、自治区、直辖市文物行政管理部门可自行确定其余档案资料的装帧规格。

第二十条　要及时把有关全国重点文物保护单位的新发现、新成果或原记录档案需要变更的内容补充到档案中，并按第十八条规定及时上报，以保证各记录档案完整与一致。

附录二　测绘各阶段范图

各阶段范图具体见附页，包括三部分：（一）测稿范图，（二）仪器草图范图，（三）计算机图范图。这套范图是在曲阜孔林享殿测绘成果的基础上编绘的。

需要说明的是：

1. 出于教学需要，对个别地方进行了适当改动，与建筑原状并不完全吻合，仅供参考。

2. 仪器草图部分系按仪器草图制图深度，用计算机成果图简化改绘而成，并非用铅笔绘制，主要从内容、格式、深度等方面对仪器草图进行示范。学生制图中仍应使用铅笔手工绘制。

附录二全部收入本书所附光盘内，读者可打印成 A3 幅面在测绘现场参考使用。

（一）测稿范图

目　录

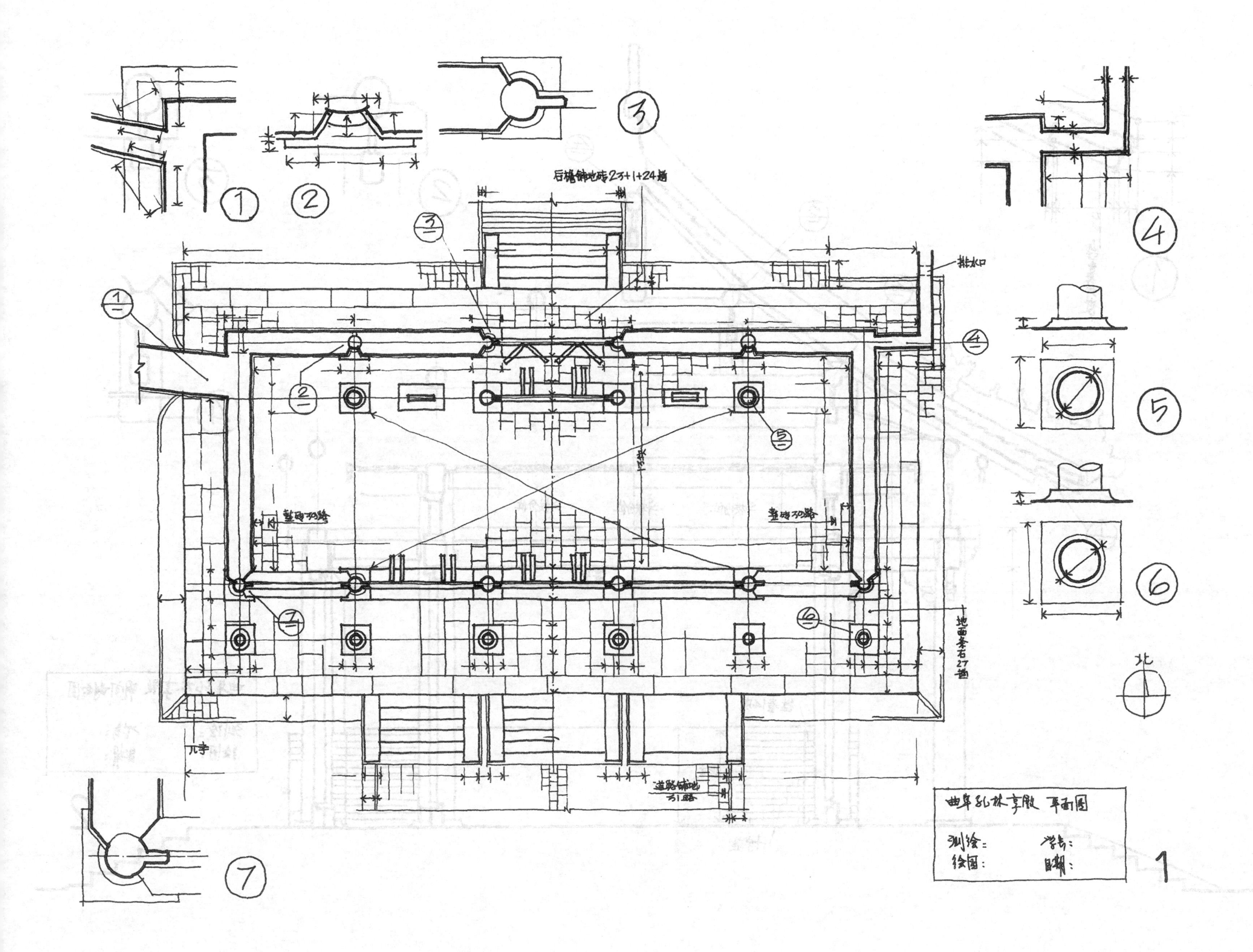

后檐铺地砖23+1+24趟
排水口
整砖30路
整砖30路
地面条石27趟
道路铺地
31路
北
曲阜孔林享殿 平面图
测绘:
学号:
绘图:
日期:
1

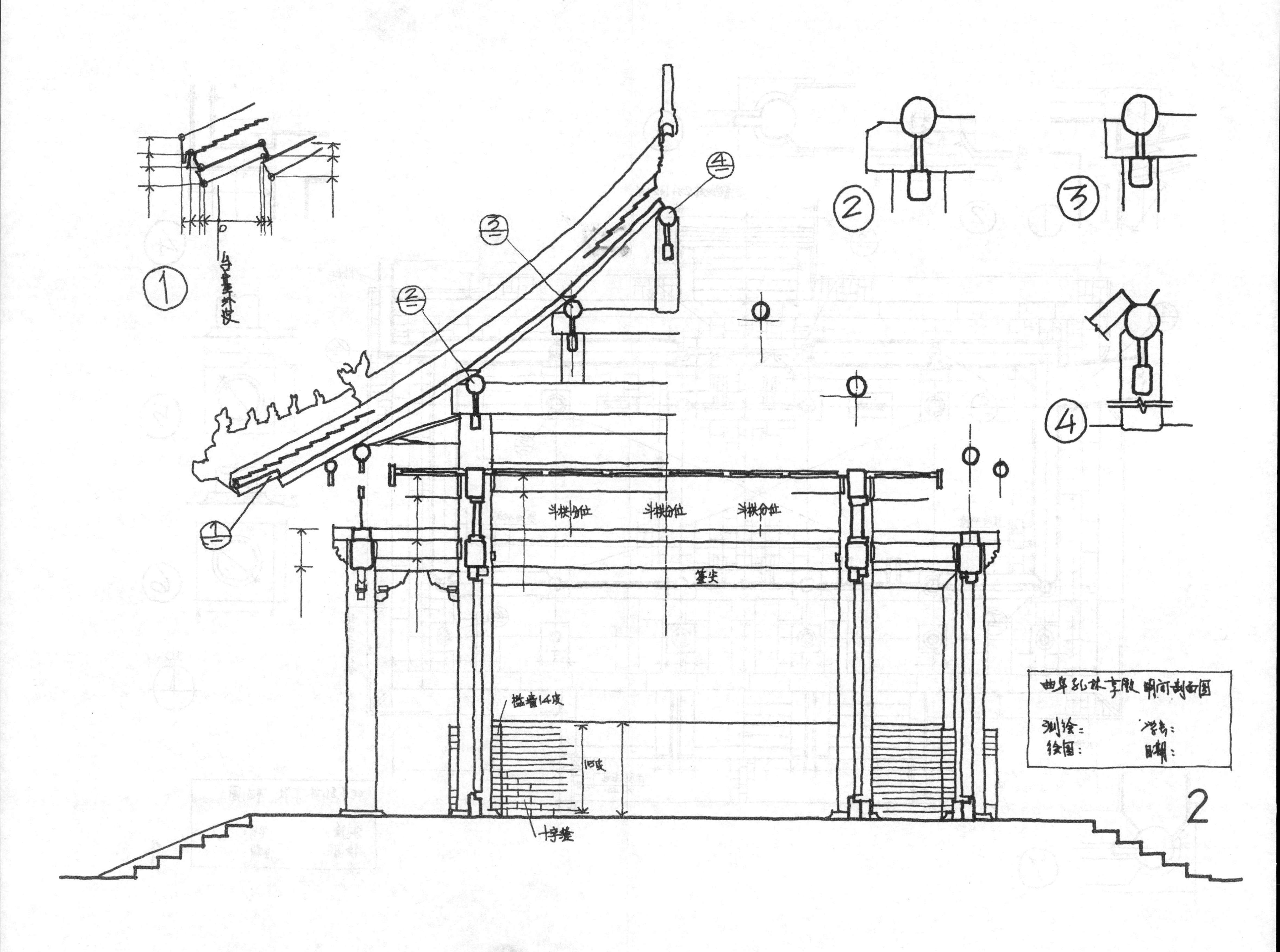
1
D
台基外皮
2
3
4
斗栱分位
斗栱分位
斗栱分位
签尖
槛墙14皮
10皮
十字缝
曲阜孔林享殿明间剖面图
测绘：
学号：
绘图：
日期：
2

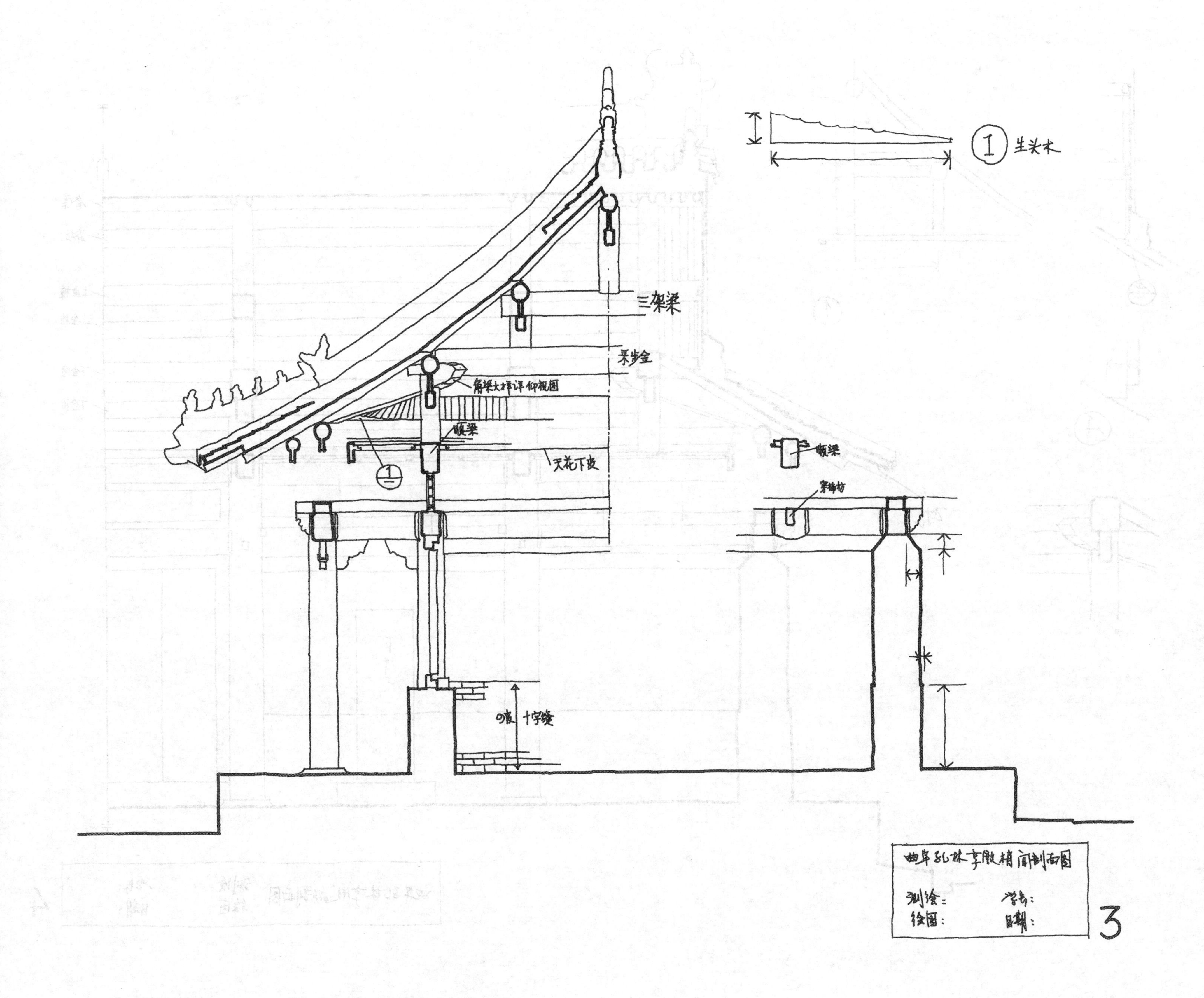
生头木
三架梁
采步金
角梁大样详仰视图
顺梁
天花下皮
顺梁
穿插枋
の皮 十字缝
曲阜孔林享殿梢间剖面图
测绘：
学号：
绘图：
日期：
3

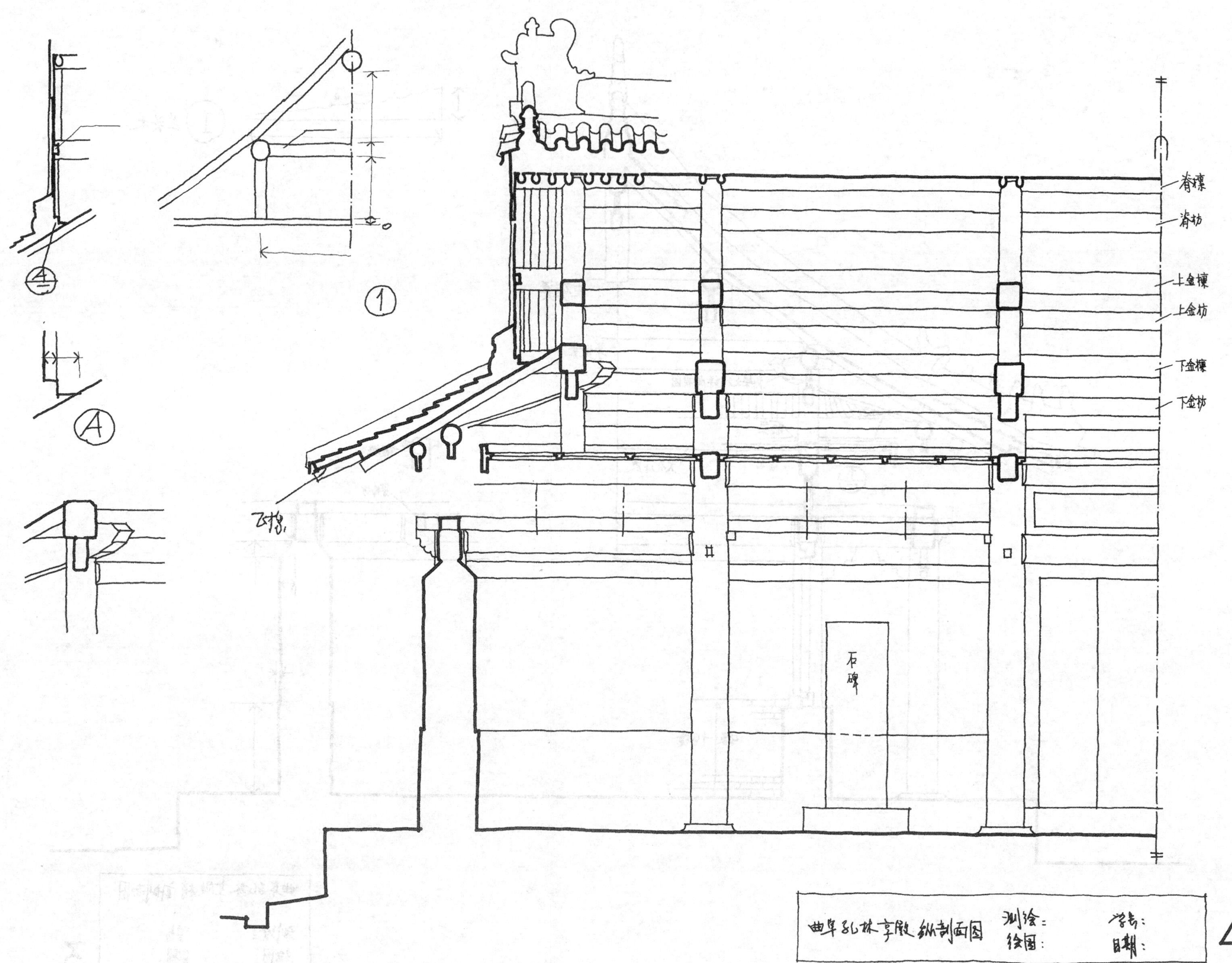

脊檩
脊枋
上金檩
上金枋
下金檩
下金枋
飞椽
石碑
①
A
曲阜孔林享殿纵剖面图
测绘：
学号：
绘图：
日期：
4

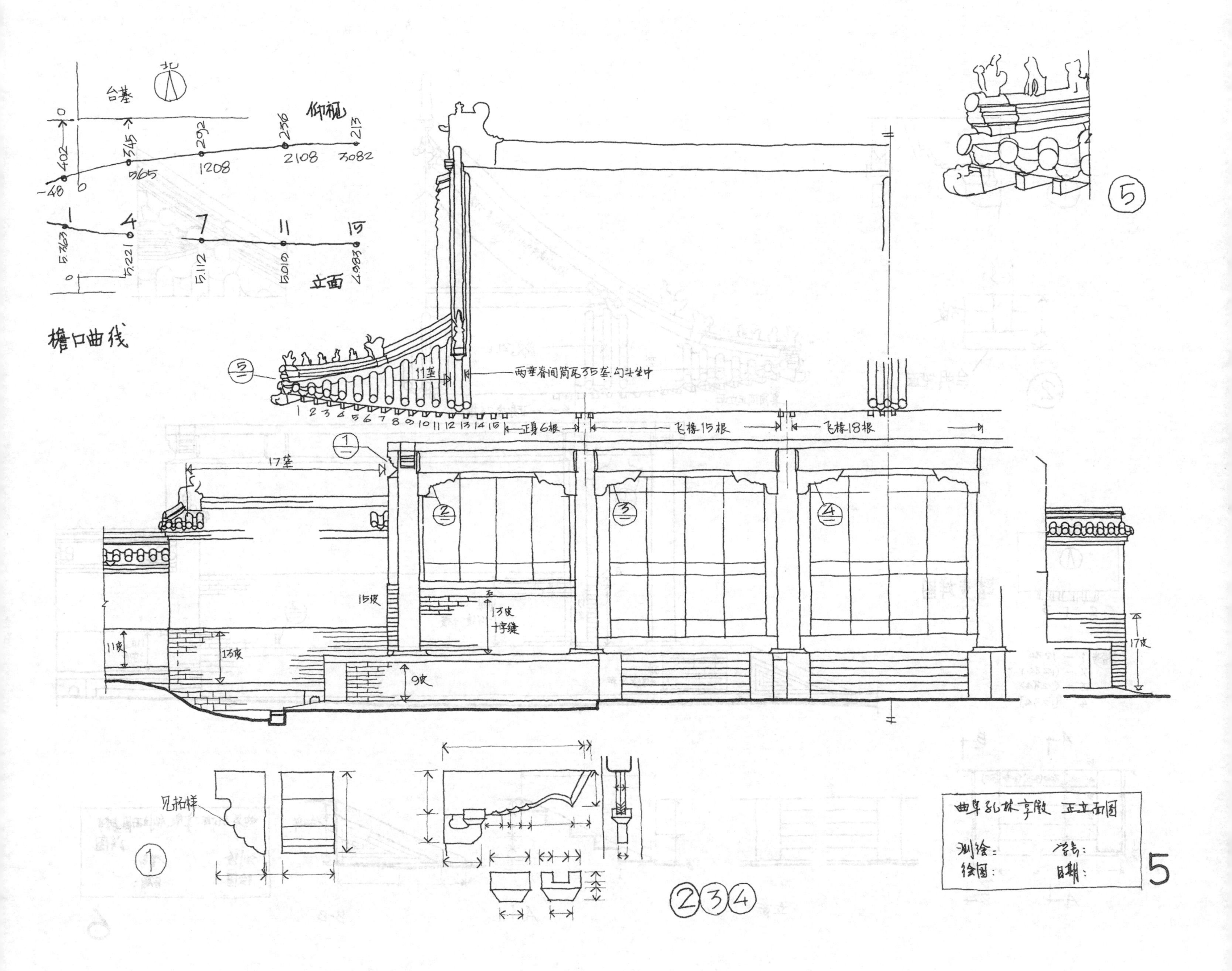

北
台基
仰视
立面
檐口曲线
11垄
两垂脊间筒瓦35垄,勾头坐中
正身6根
飞椽15根
飞椽18根
17垄
15皮
13皮
十字缝
11皮
13皮
9皮
17皮
见拓样
曲阜孔林享殿 正立面图
测绘:
学号:
绘图:
日期:
5

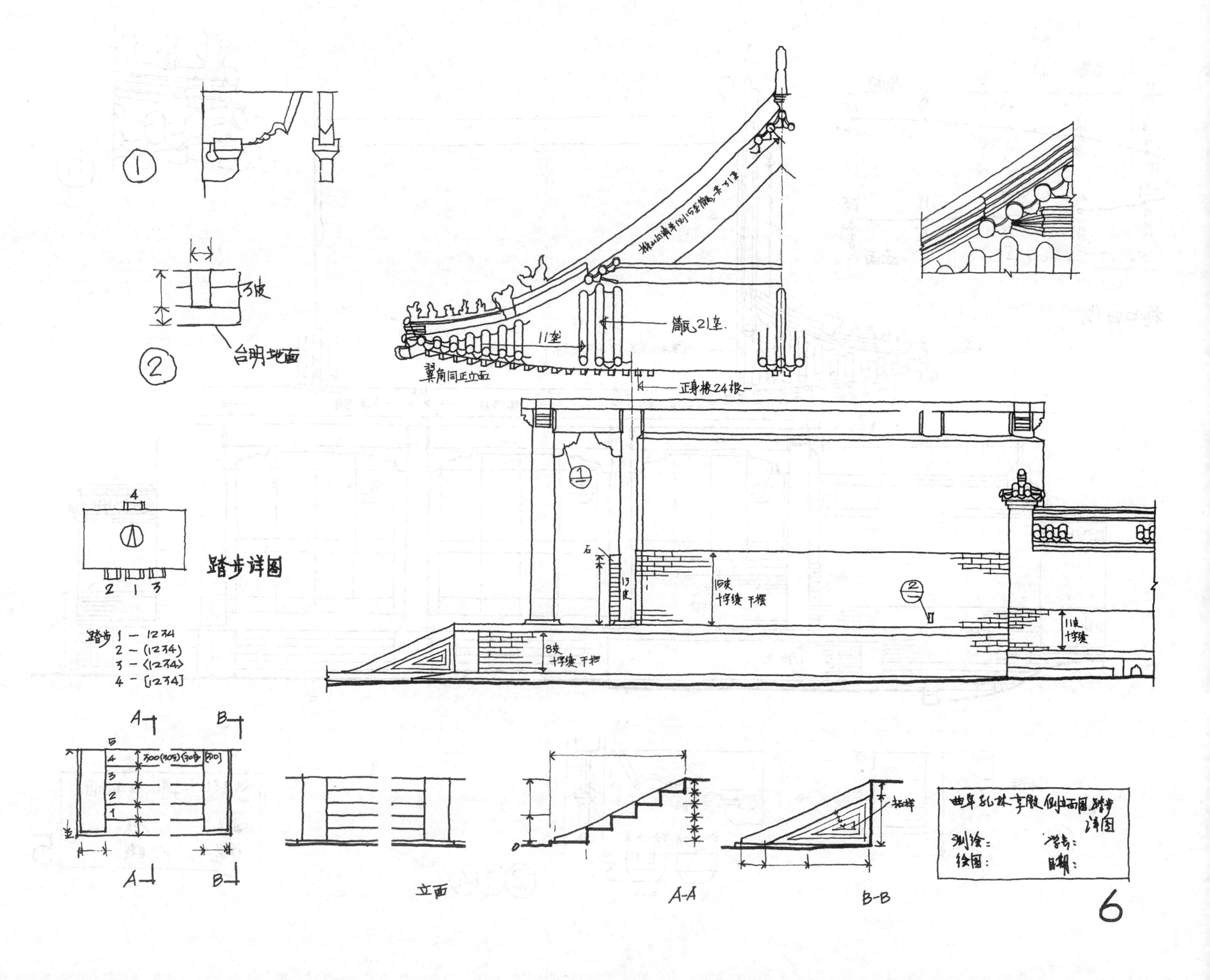

3皮
台明地面
筒瓦21垄.
11垄
翼角同正立面
正身椽24根
13皮
15皮
十字缝 干摆
11皮
十字缝
8皮
十字缝 干摆
踏步详图
踏步 1 — 1234
2 — (1234)
3 — <1234>
4 — [1234]
立面
A-A
B-B
曲阜孔林享殿侧立面图.踏步详图
测绘:
学号:
绘图:
日期:
6

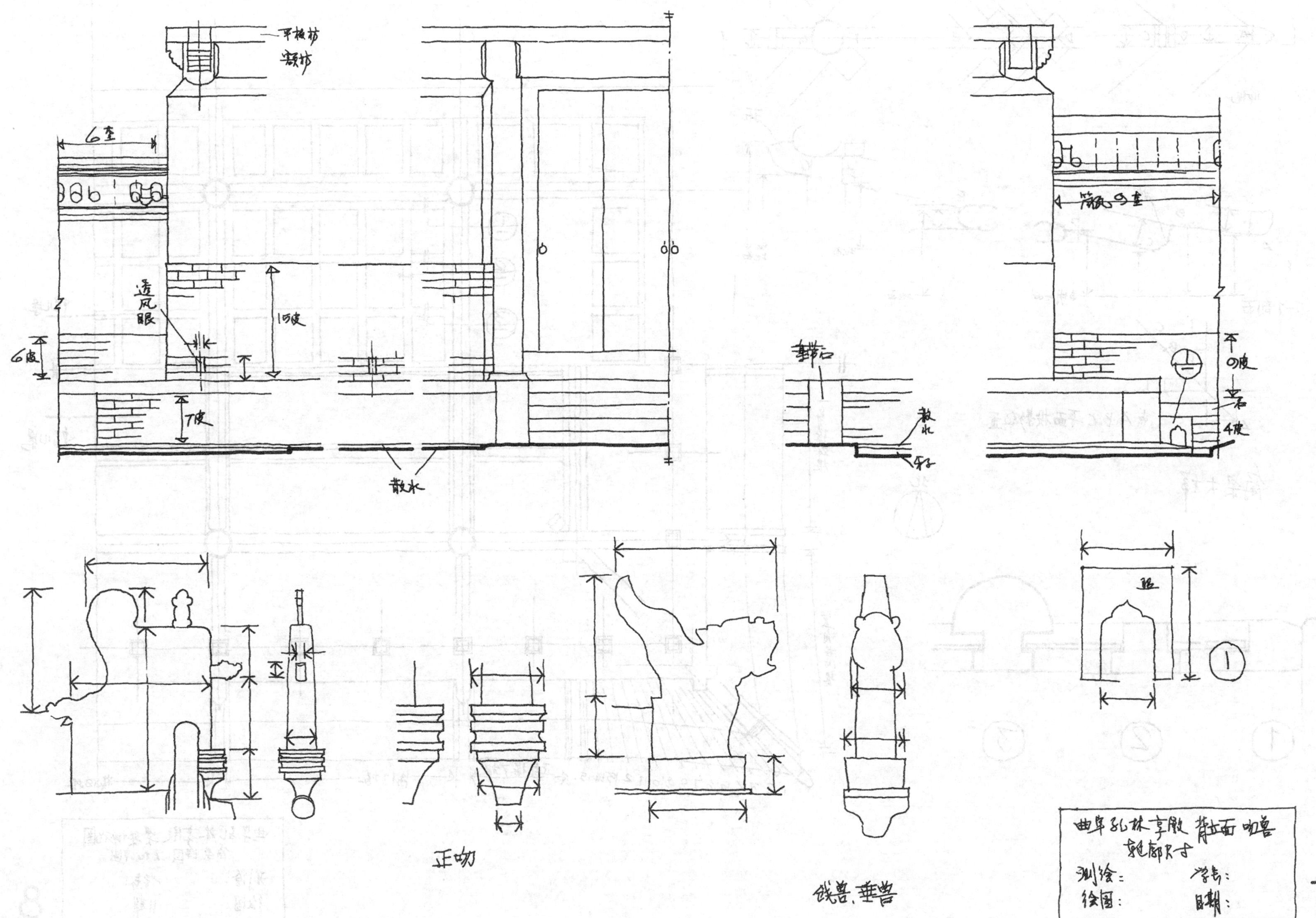
屋顶部分同正立面
平板枋
额枋
透风眼
15皮
6皮
7皮
散水
4皮
正吻
戗兽、垂兽
曲阜孔林享殿 背立面 吻兽
细部尺寸
测绘：
学号：
绘图：
日期：
7

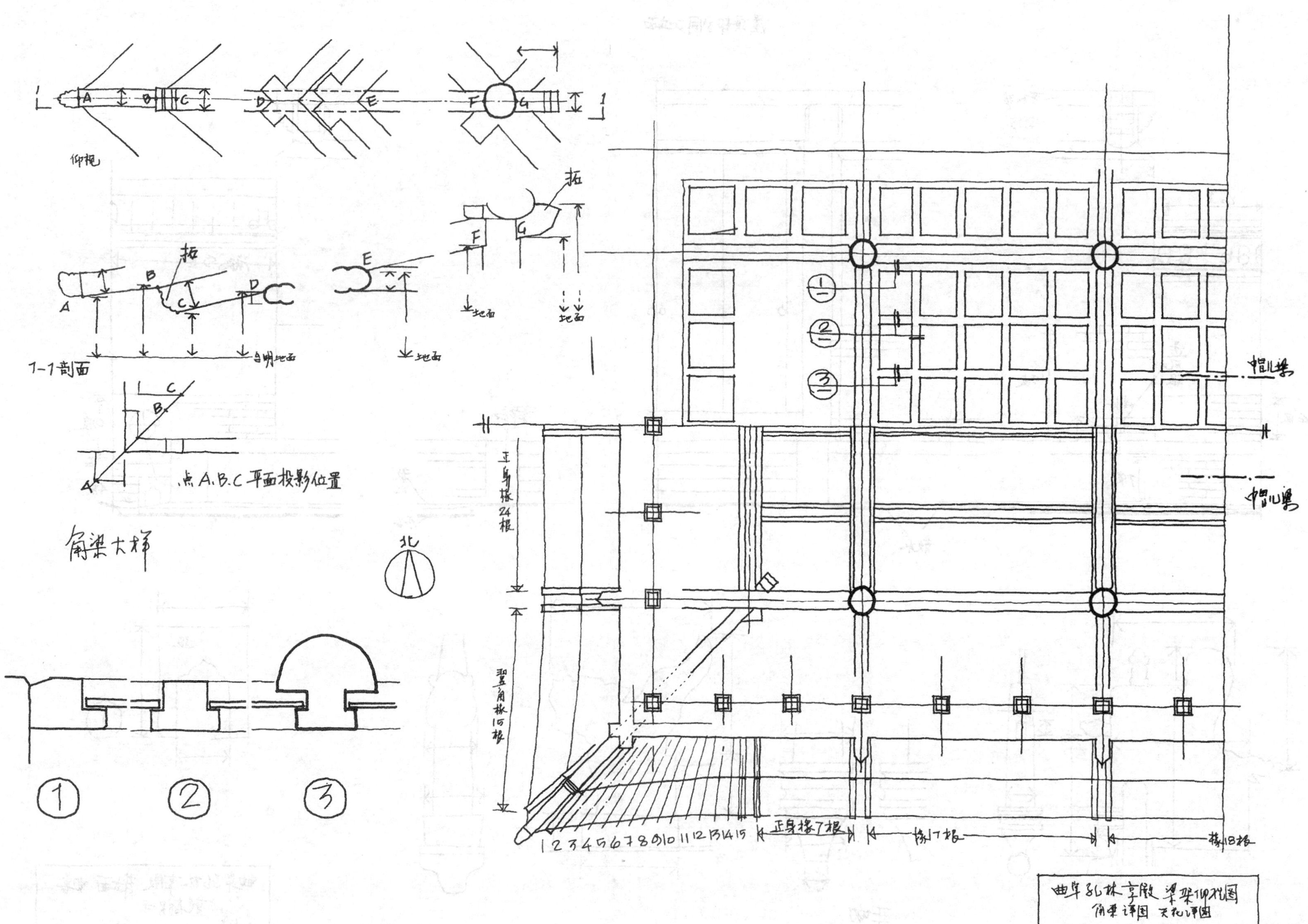

曲阜孔林享殿 梁架仰视图
角梁详图 天花详图

测绘： 学号：
绘图： 日期：

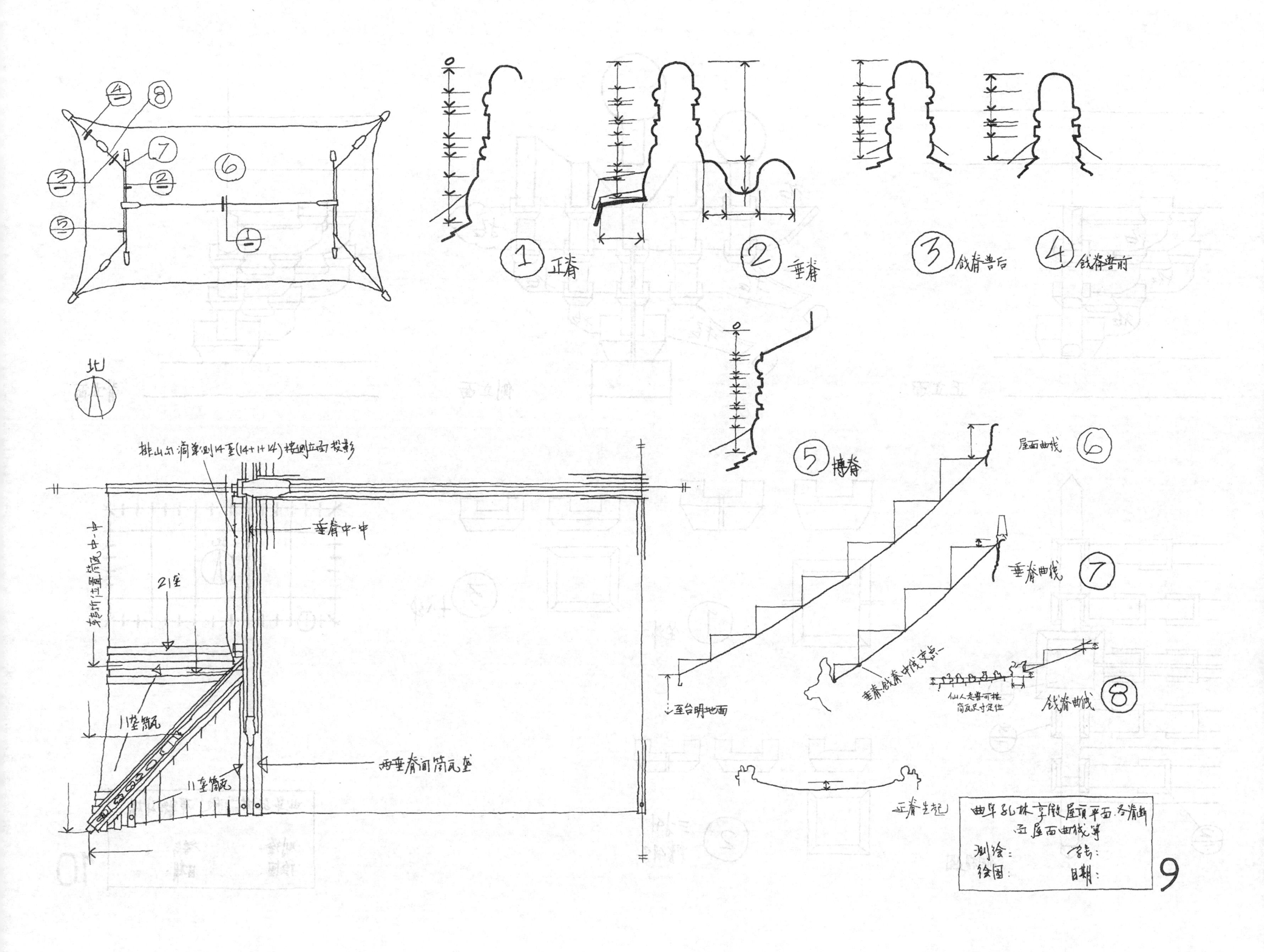
1 正脊
2 垂脊
3 戗脊兽后
4 戗脊兽前
5 博脊
北
排山勾滴第14垄(14+1+14)楼测立面投影
垂脊中-中
转折位置筒瓦中-中
21垄
11垄筒瓦
11垄筒瓦
两垂脊间筒瓦垄
屋面曲线 6
垂脊曲线 7
至台明地面
垂脊.戗脊中线交点
仙人走兽可按
筒瓦尺寸定位
戗脊曲线 8
正脊生起
曲阜孔林享殿屋顶平面.各脊断
面屋面曲线等
测绘:
学号:
绘图:
日期:
9

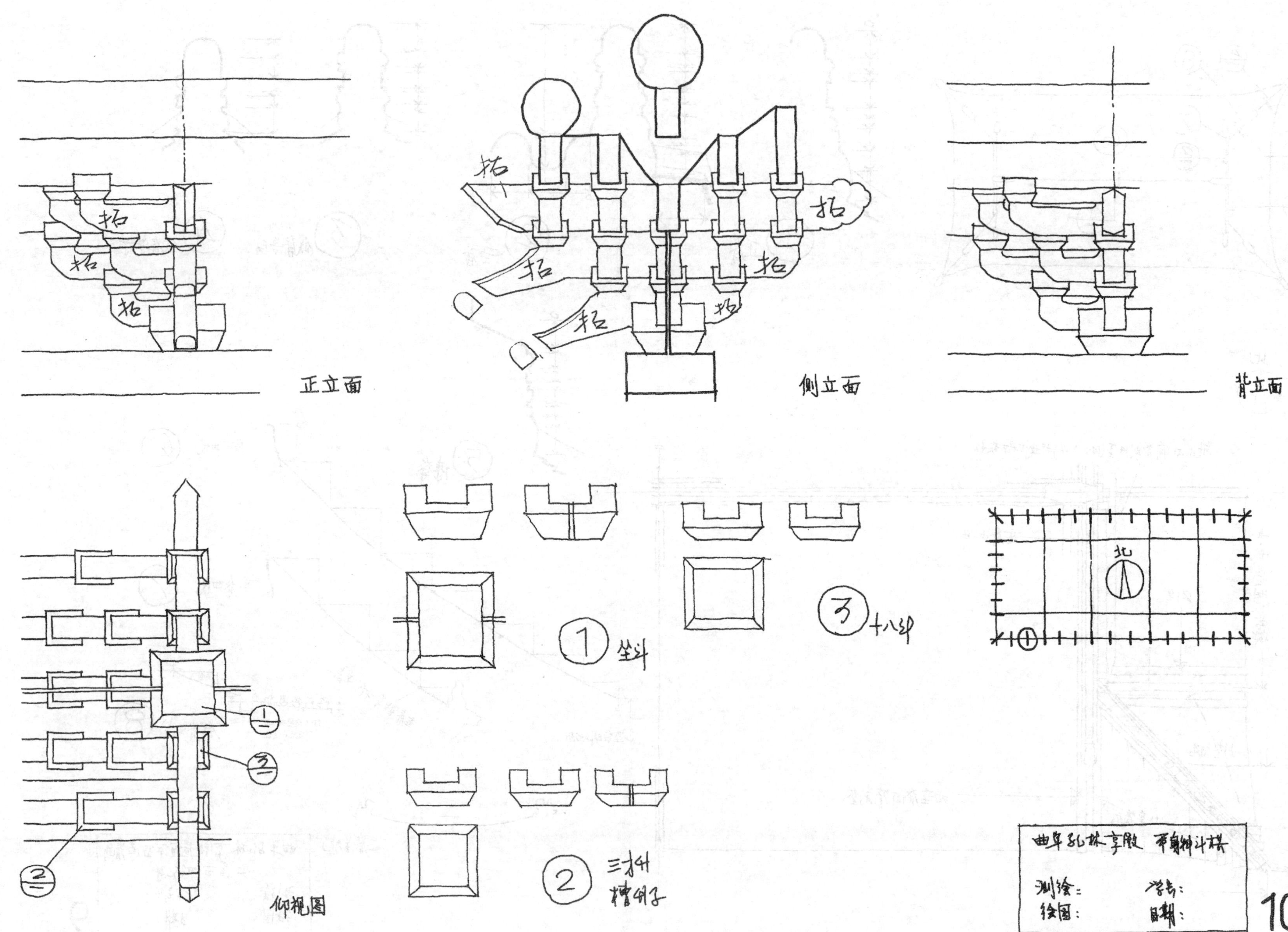

正立面
侧立面
背立面
仰视图
① 坐斗
② 三才升
槽升子
③ 十八斗
北
曲阜孔林享殿 平身科斗栱
测绘：
学号：
绘图：
日期：
10

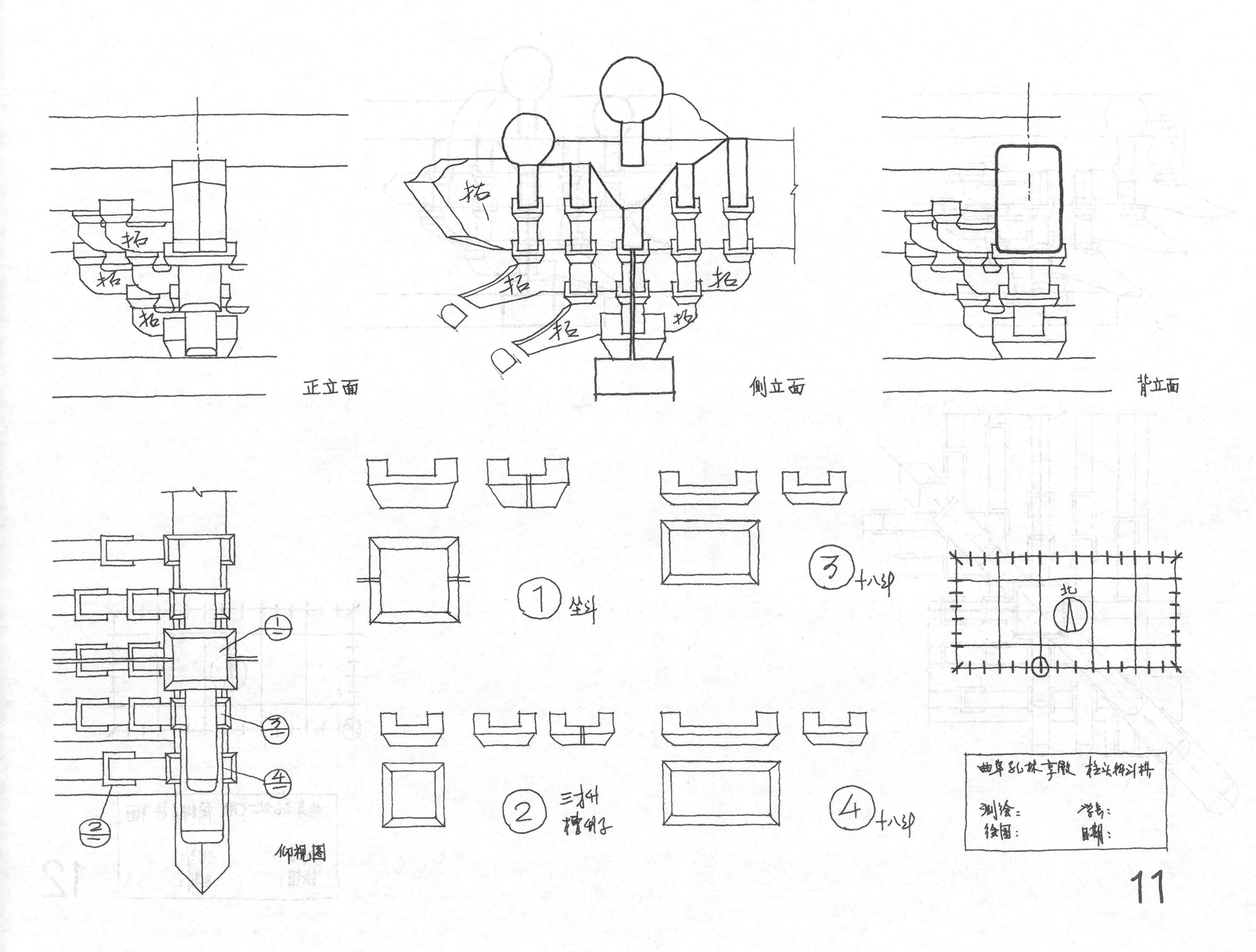
正立面
侧立面
背立面
仰视图
① 坐斗
② 三才升 槽升子
③ 十八斗
④ 十八斗
北
曲阜孔林享殿 柱头科斗栱
测绘：
学号：
绘图：
日期：

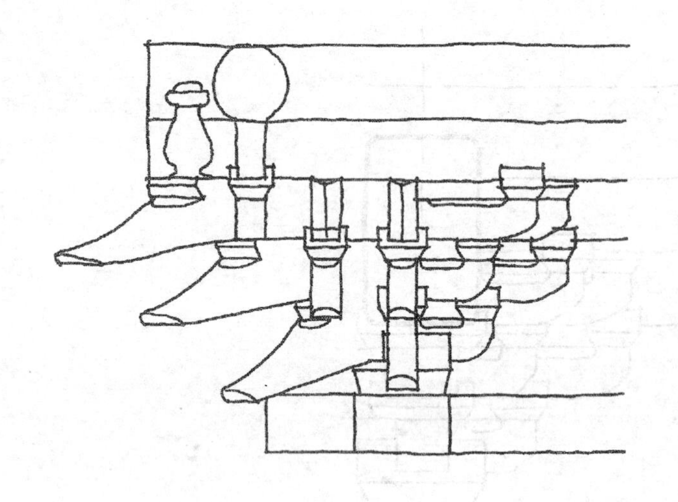

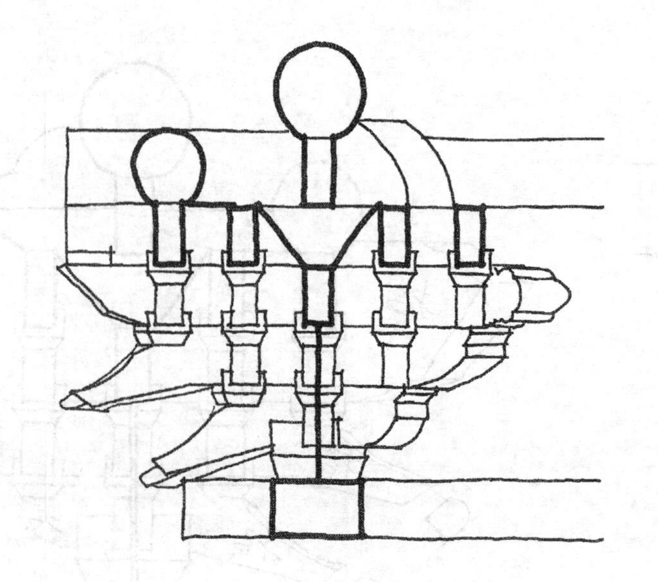

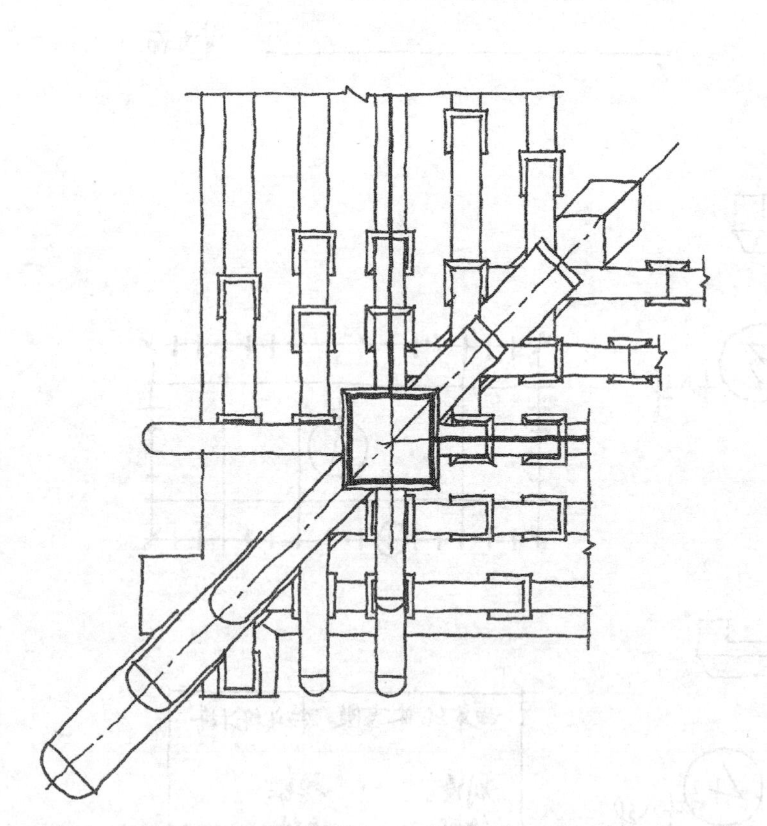

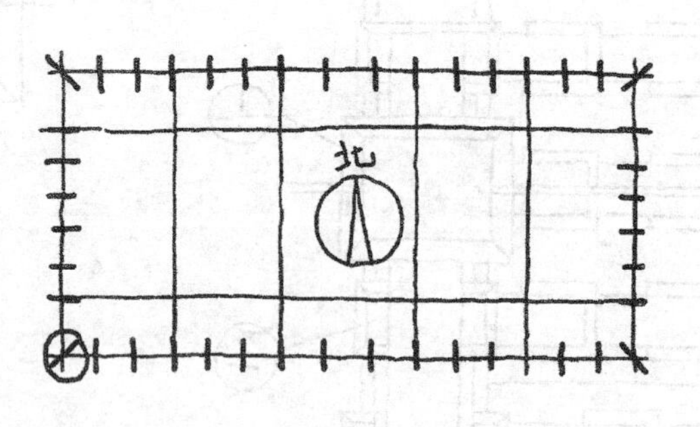

曲阜孔林享殿 角科斗栱详图

测绘：　　学号：

绘图：　　日期：

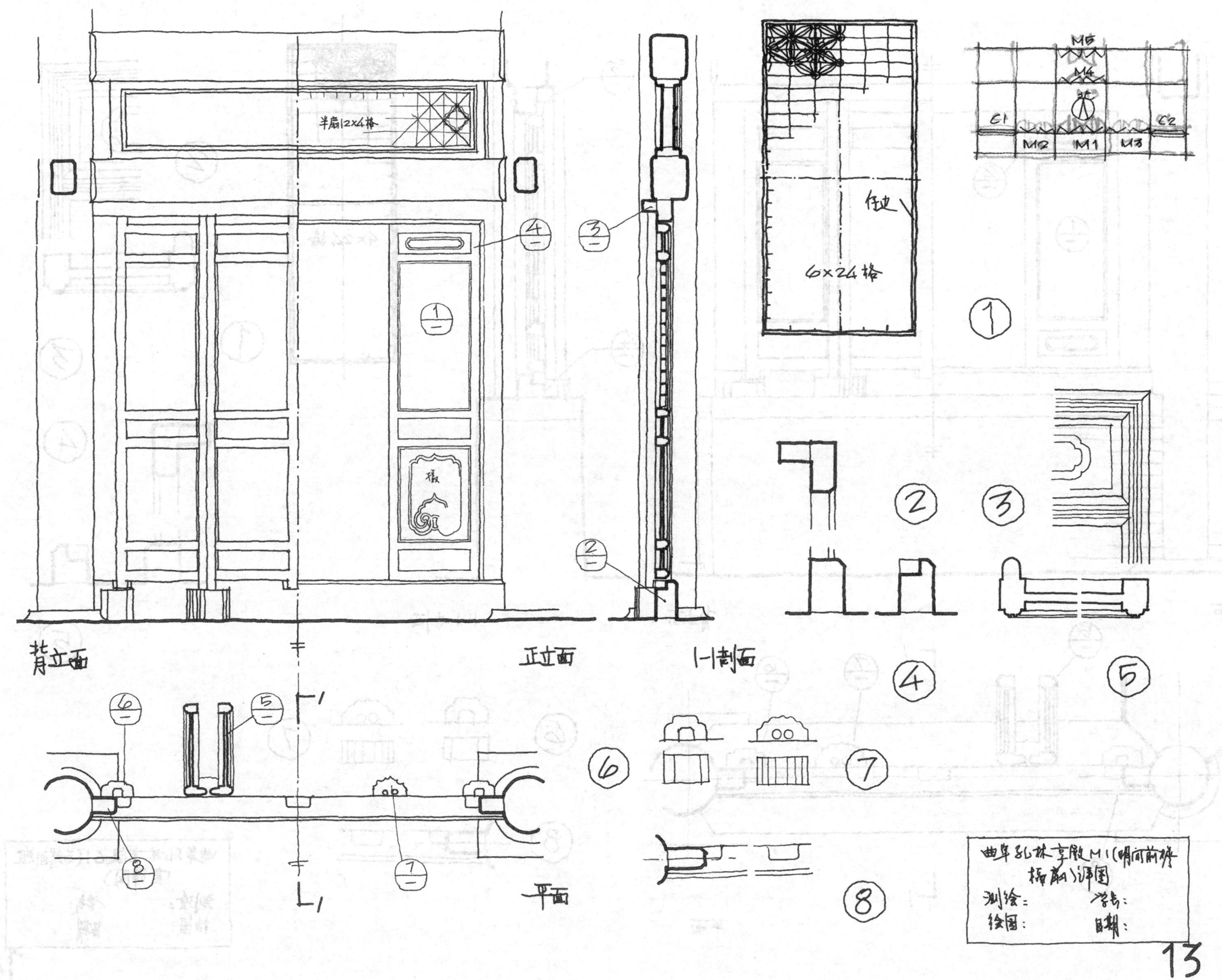
半扇12×4格
6×24格
M5
M4
C1
C2
M2
M1
M3
背立面
正立面
1-1剖面
平面
曲阜孔林享殿M1(明间前檐槅扇)详图
测绘：
学号：
绘图：
日期：
13

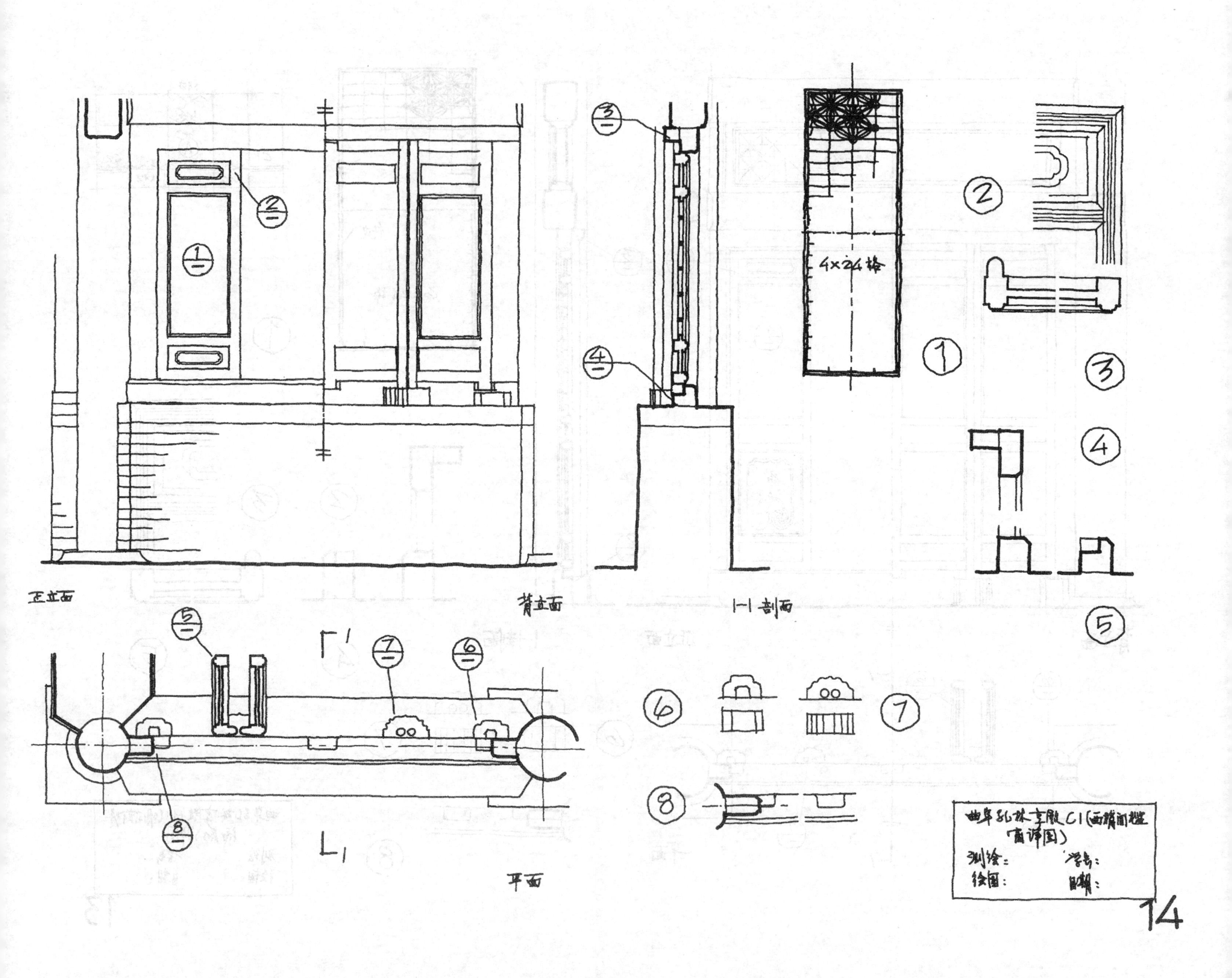

正立面
背立面
1-1 剖面
平面
4×24格
曲阜孔林享殿C1(西次间槛窗详图)
测绘:
学号:
绘图:
日期:
14

(二)仪器草图范图

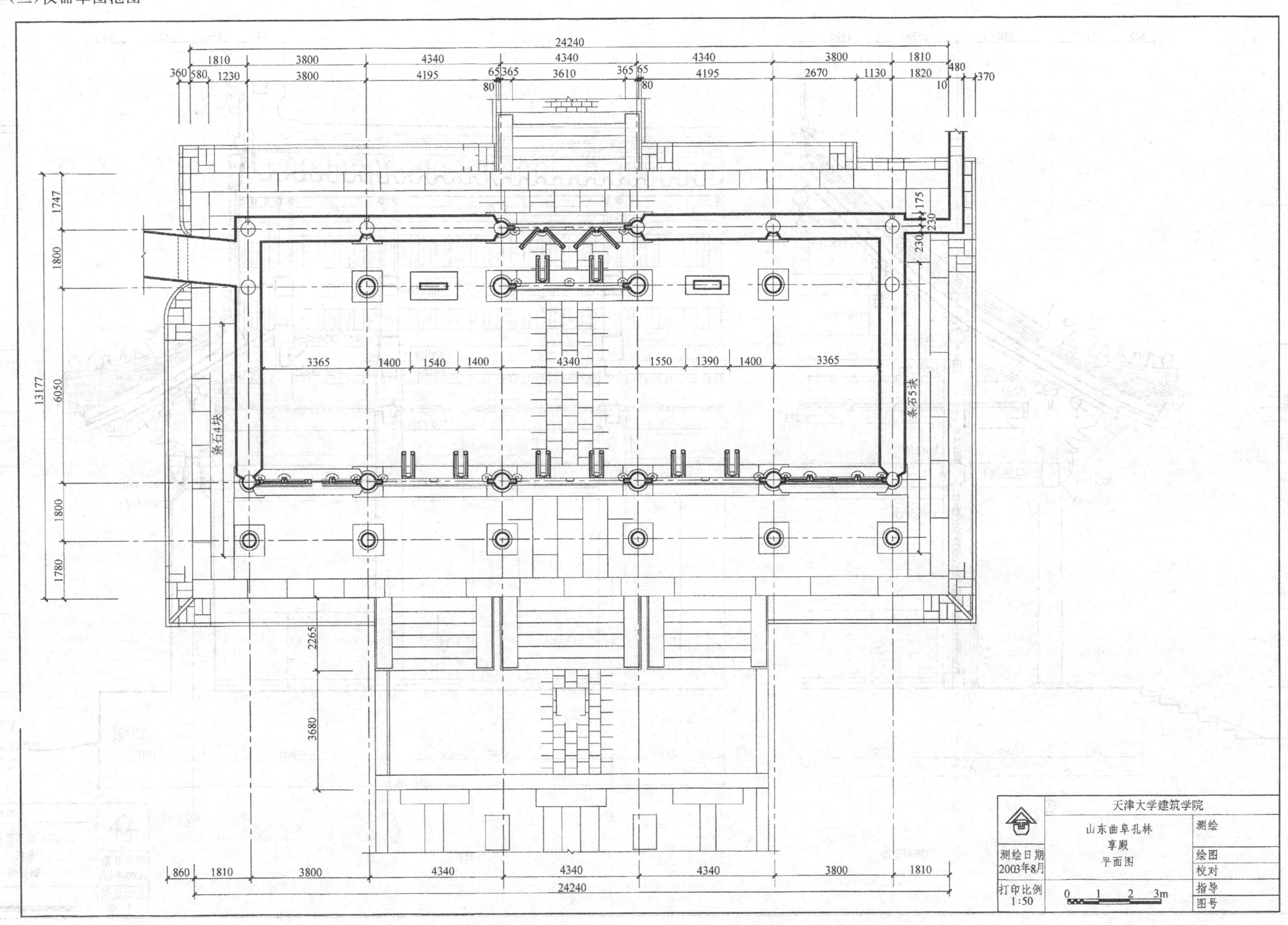
天津大学建筑学院
山东曲阜孔林
享殿
平面图
测绘日期
2003年8月
打印比例
1:50
测绘
绘图
校对
指导
图号
24240
条石4块
条石5块

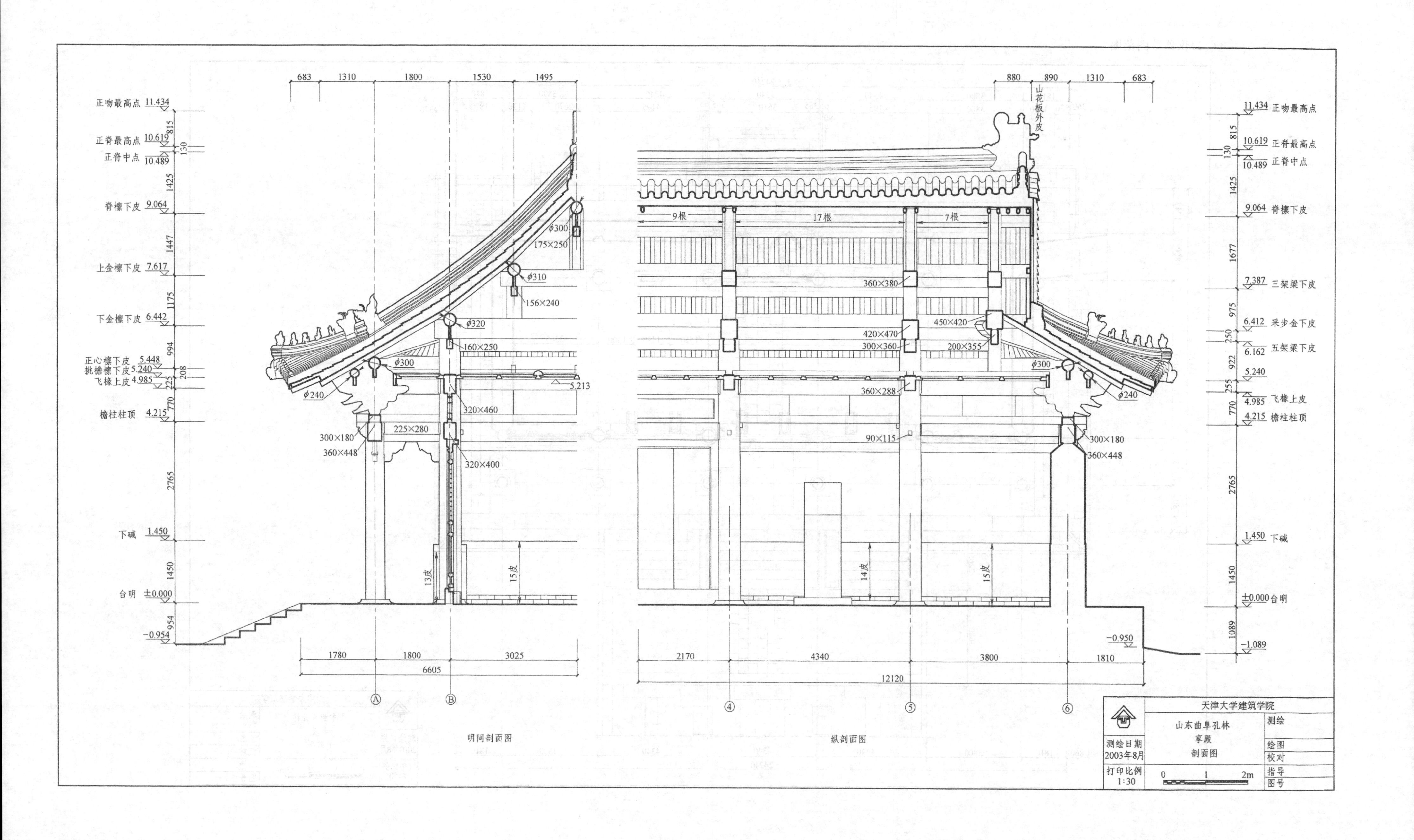

正吻最高点 11.434
正脊最高点 10.619
正脊中点 10.489
脊檩下皮 9.064
上金檩下皮 7.617
下金檩下皮 6.442
正心檩下皮 5.448
挑檐檩下皮 5.240
飞椽上皮 4.985
檐柱柱顶 4.215
下碱 1.450
台明 ±0.000
-0.954
三架梁下皮 7.387
采步金下皮 6.412
五架梁下皮 6.162
-0.950
-1.089
山花板外皮
明间剖面图
纵剖面图
天津大学建筑学院
山东曲阜孔林
享殿
剖面图
测绘日期
2003年8月
打印比例
1:30
测绘
绘图
校对
指导
图号

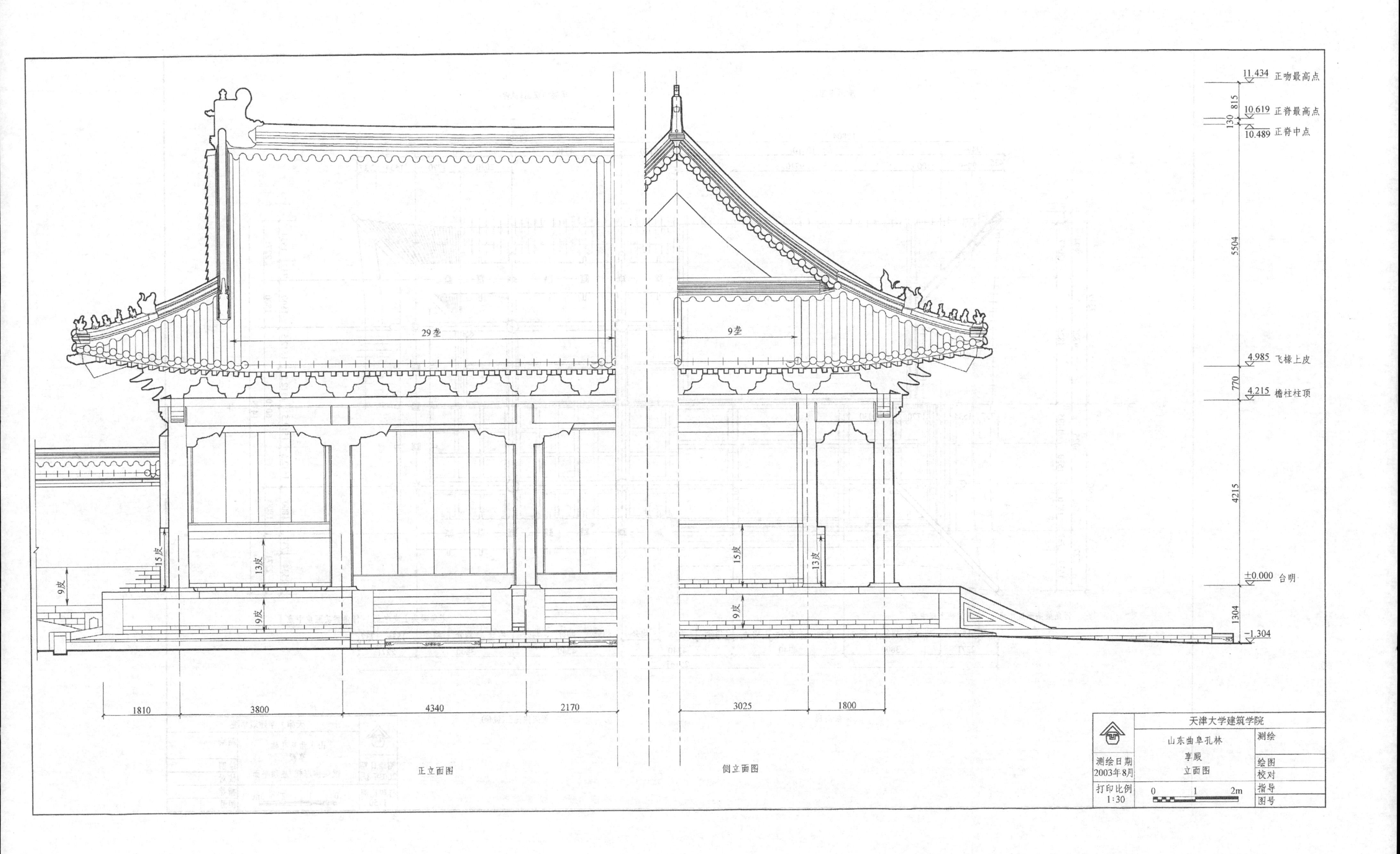

11.434 正吻最高点
10.619 正脊最高点
10.489 正脊中点
815
130
5504
4.985 飞椽上皮
770
4.215 檐柱柱顶
4215
±0.000 台明
1304
-1.304
29垄
9垄
15皮
13皮
9皮
1810
3800
4340
2170
3025
1800
正立面图
侧立面图
天津大学建筑学院
山东曲阜孔林
享殿
立面图
测绘
测绘日期
2003年8月
绘图
校对
指导
打印比例
1:30
图号
0
1
2m

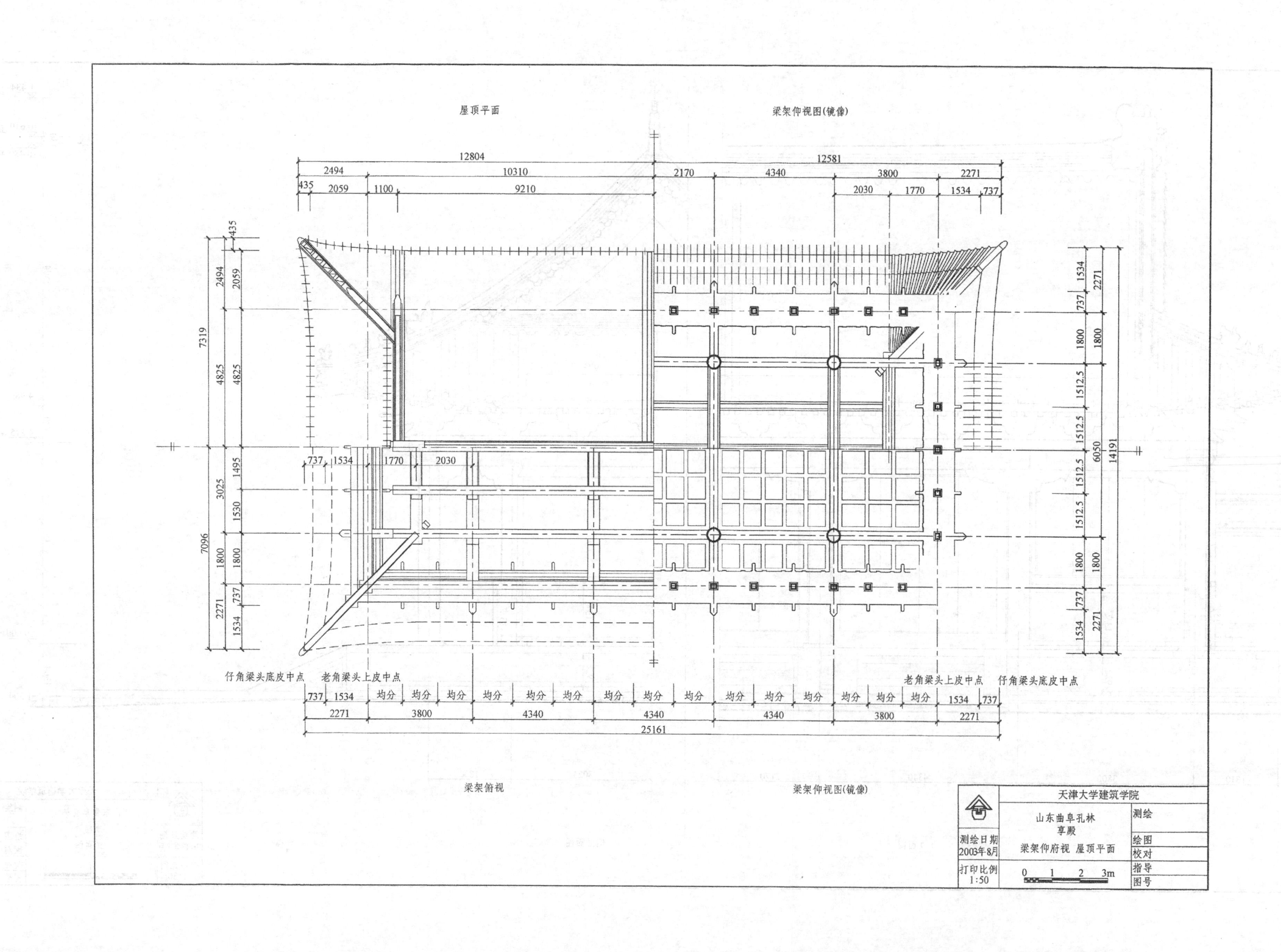

屋顶平面
梁架仰视图(镜像)
仔角梁头底皮中点
老角梁头上皮中点
老角梁头上皮中点
仔角梁头底皮中点
梁架俯视
梁架仰视图(镜像)
天津大学建筑学院
山东曲阜孔林
享殿
梁架仰府视 屋顶平面
测绘日期
2003年8月
打印比例
1:50
测绘
绘图
校对
指导
图号

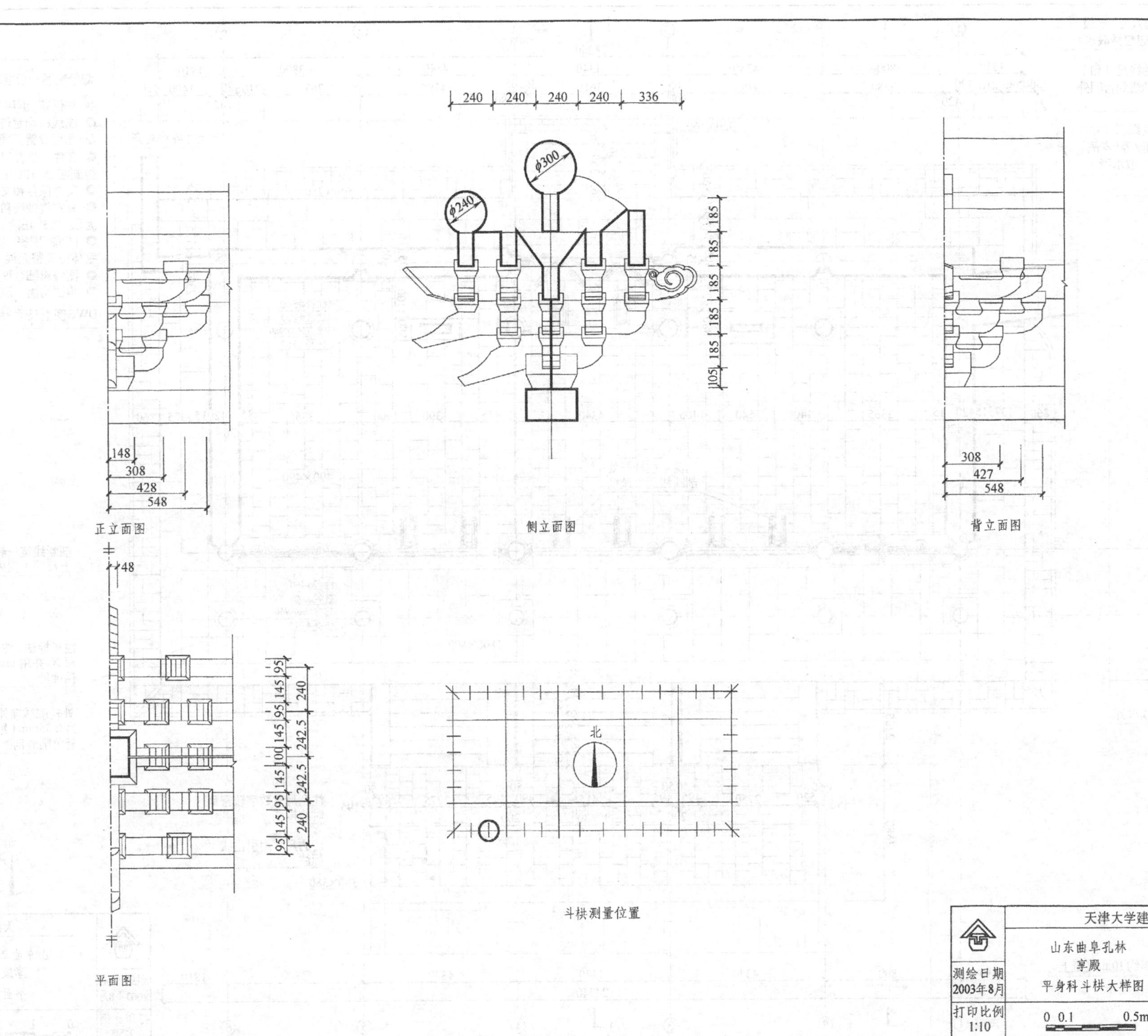

正立面图
侧立面图
背立面图
平面图
斗栱测量位置
北
天津大学建筑学院
山东曲阜孔林
享殿
平身科斗栱大样图
测绘日期
2003年8月
打印比例
1:10
测绘
绘图
校对
指导
图号
0 0.1 0.5m

（三）计算机图范图

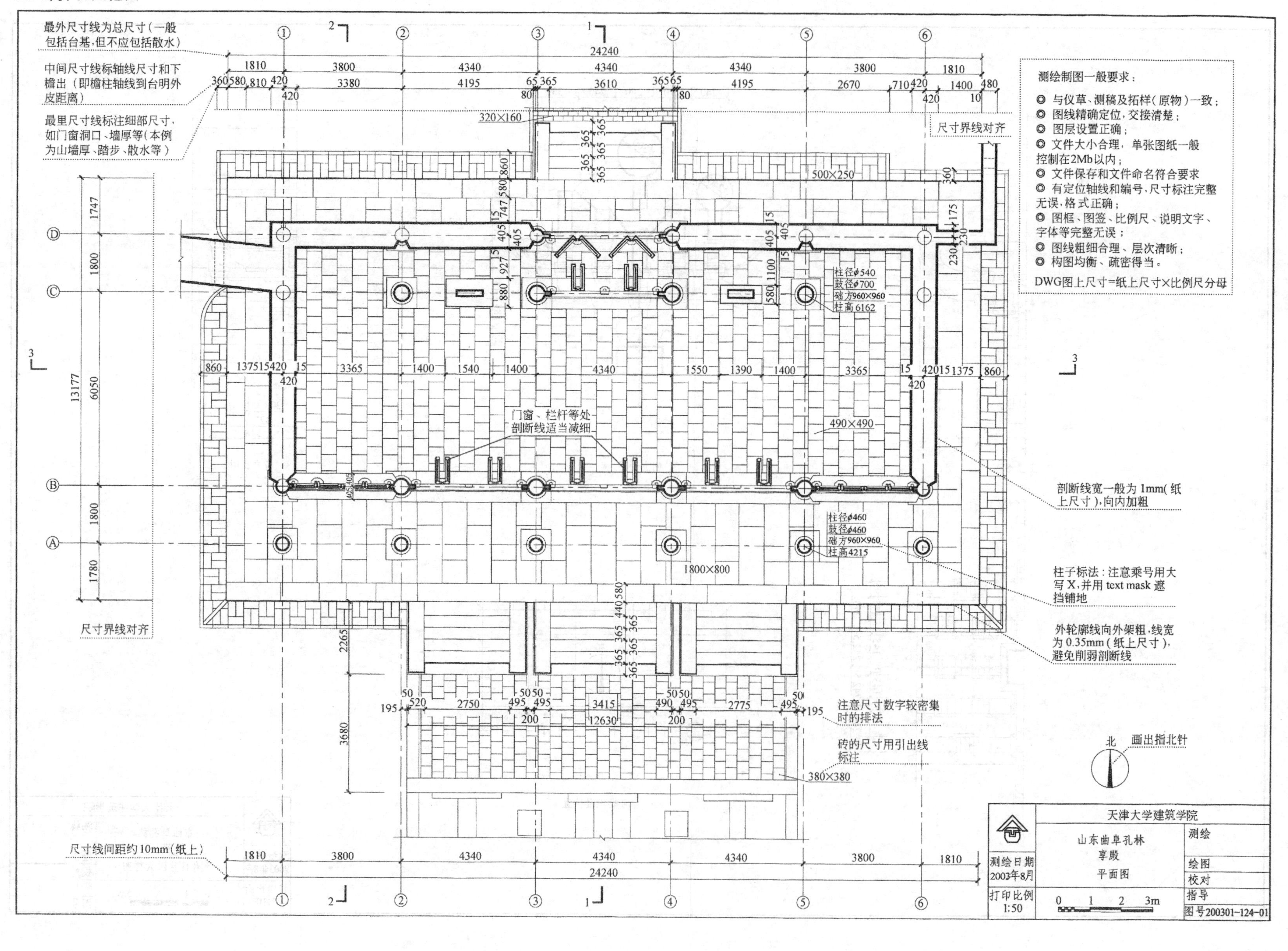

最外尺寸线为总尺寸（一般包括台基，但不应包括散水）
中间尺寸线标轴线尺寸和下檐出（即檐柱轴线到台明外皮距离）
最里尺寸线标注细部尺寸，如门窗洞口、墙厚等（本例为山墙厚、踏步、散水等）
尺寸界线对齐
测绘制图一般要求：
◎ 与仪草、测稿及拓样（原物）一致；
◎ 图线精确定位，交接清楚；
◎ 图层设置正确；
◎ 文件大小合理，单张图纸一般控制在2Mb以内；
◎ 文件保存和文件命名符合要求
◎ 有定位轴线和编号，尺寸标注完整无误，格式正确；
◎ 图框、图签、比例尺、说明文字、字体等完整无误；
◎ 图线粗细合理、层次清晰；
◎ 构图均衡、疏密得当。
DWG图上尺寸=纸上尺寸×比例尺分母
24240
1810
3800
4340
320×160
500×250
柱径φ540
鼓径φ700
础方960×960
柱高6162
13177
490×490
门窗、栏杆等处剖断线适当减细
剖断线宽一般为1mm（纸上尺寸），向内加粗
柱径φ460
鼓径φ460
础方960×960
柱高4215
1800×800
柱子标法：注意乘号用大写X，并用text mask遮挡铺地
外轮廓线向外架粗，线宽为0.35mm（纸上尺寸），避免削弱剖断线
12630
注意尺寸数字较密集时的排法
砖的尺寸用引出线标注
380×380
北
画出指北针
尺寸线间距约10mm（纸上）
天津大学建筑学院
山东曲阜孔林
享殿
平面图
测绘日期 2003年8月
打印比例 1:50
0 1 2 3m
测绘
绘图
校对
指导
图号200301-124-01

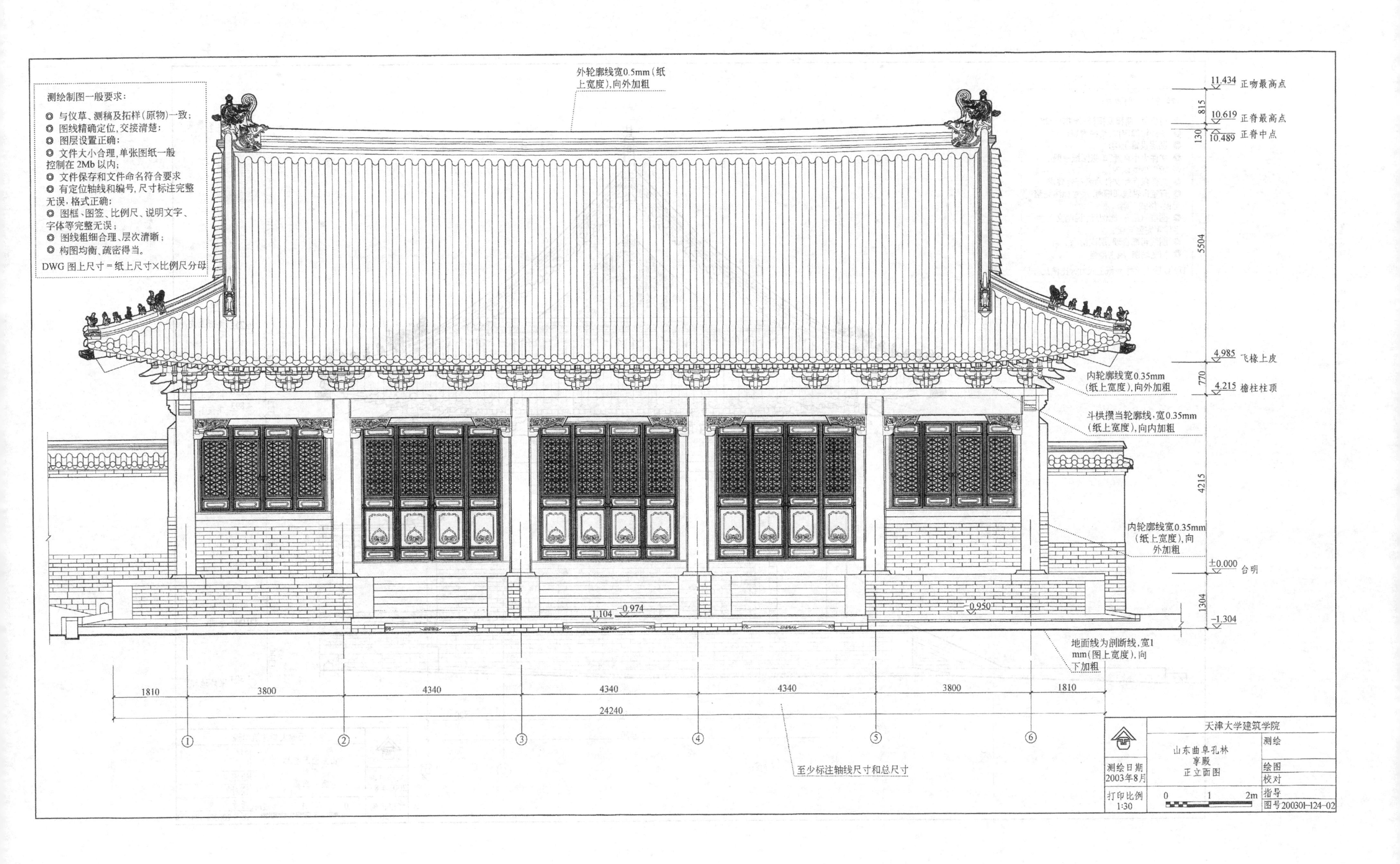
外轮廓线宽0.5mm（纸上宽度），向外加粗
测绘制图一般要求：
与仪草、测稿及拓样（原物）一致；
图线精确定位，交接清楚；
图层设置正确；
文件大小合理，单张图纸一般控制在2Mb以内；
文件保存和文件命名符合要求
有定位轴线和编号，尺寸标注完整无误，格式正确；
图框、图签、比例尺、说明文字、字体等完整无误；
图线粗细合理、层次清晰；
构图均衡、疏密得当。
DWG图上尺寸＝纸上尺寸×比例尺分母
11.434 正吻最高点
10.619 正脊最高点
10.489 正脊中点
815
130
5504
4.985 飞椽上皮
770
4.215 檐柱柱顶
内轮廓线宽0.35mm（纸上宽度），向外加粗
斗拱攒当轮廓线，宽0.35mm（纸上宽度），向内加粗
4215
内轮廓线宽0.35mm（纸上宽度），向外加粗
±0.000 台明
1304
−1.304
1.104
−0.974
−0.950
地面线为剖断线，宽1mm（图上宽度），向下加粗
1810
3800
4340
4340
4340
3800
1810
24240
1
2
3
4
5
6
至少标注轴线尺寸和总尺寸
天津大学建筑学院
山东曲阜孔林
享殿
正立面图
测绘
绘图
校对
指导
测绘日期 2003年8月
打印比例 1:30
0 1 2m
图号20030I-124-02

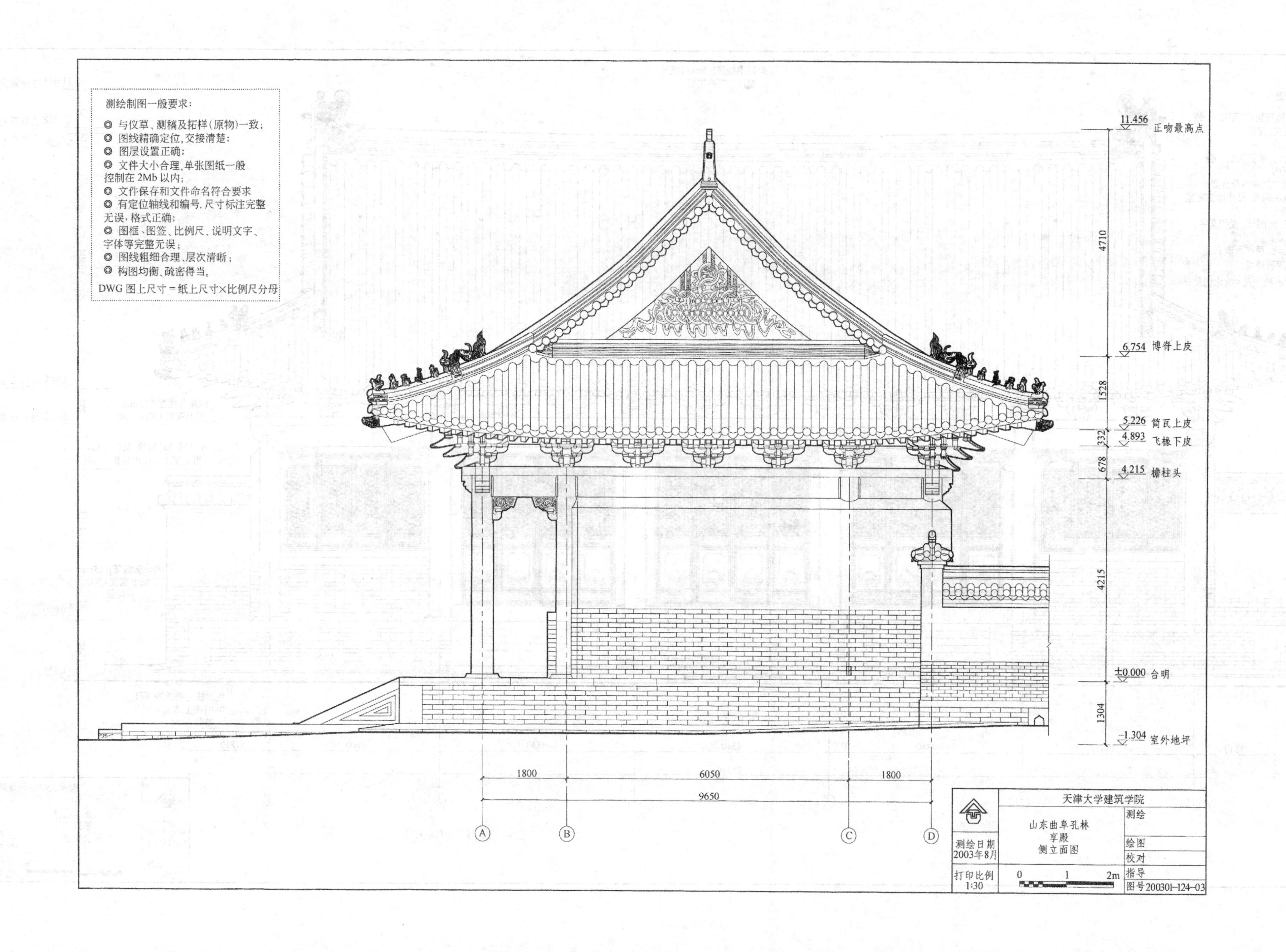
测绘制图一般要求：
◎ 与仪草、测稿及拓样(原物)一致；
◎ 图线精确定位,交接清楚；
◎ 图层设置正确；
◎ 文件大小合理,单张图纸一般控制在2Mb以内；
◎ 文件保存和文件命名符合要求
◎ 有定位轴线和编号,尺寸标注完整无误,格式正确；
◎ 图框、图签、比例尺、说明文字、字体等完整无误；
◎ 图线粗细合理、层次清晰；
◎ 构图均衡、疏密得当。
DWG图上尺寸＝纸上尺寸×比例尺分母
11.456 正吻最高点
4710
6.754 博脊上皮
1528
5.226 筒瓦上皮
332
4.893 飞椽下皮
678
4.215 檐柱头
4215
±0.000 台明
1304
-1.304 室外地坪
1800
6050
1800
9650
A
B
C
D
天津大学建筑学院
山东曲阜孔林
享殿
侧立面图
测绘
绘图
校对
指导
测绘日期 2003年8月
打印比例 1:30
0 1 2m
图号200301-124-03

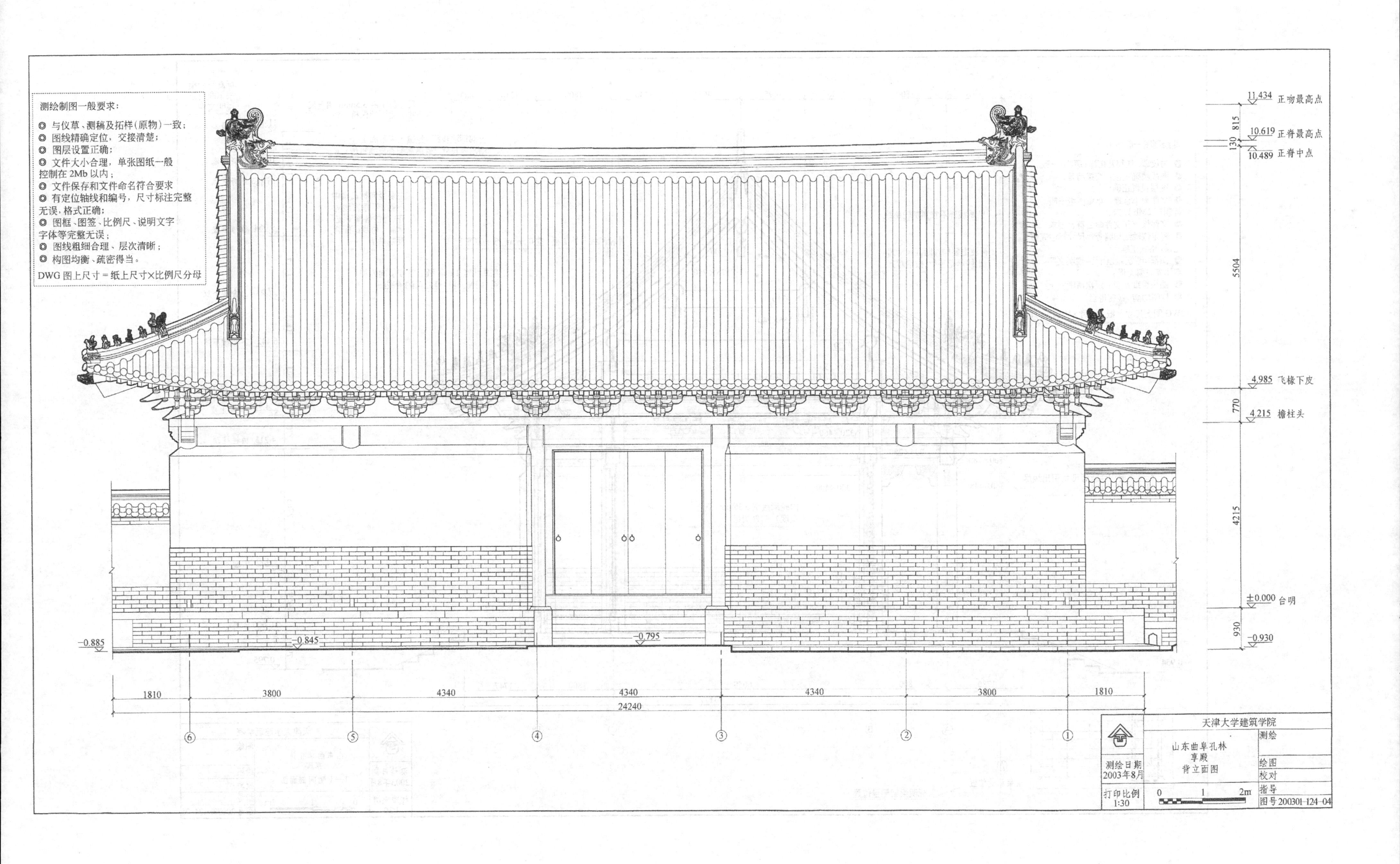

测绘制图一般要求：
◎ 与仪草、测稿及拓样(原物)一致；
◎ 图线精确定位，交接清楚；
◎ 图层设置正确；
◎ 文件大小合理，单张图纸一般控制在2Mb以内；
◎ 文件保存和文件命名符合要求
◎ 有定位轴线和编号，尺寸标注完整无误，格式正确；
◎ 图框、图签、比例尺、说明文字字体等完整无误；
◎ 图线粗细合理、层次清晰；
◎ 构图均衡、疏密得当。
DWG图上尺寸＝纸上尺寸×比例尺分母
11.434 正吻最高点
10.619 正脊最高点
10.489 正脊中点
815
130
5504
4.985 飞椽下皮
770
4.215 檐柱头
4215
±0.000 台明
930
-0.930
-0.885
-0.845
-0.795
1810
3800
4340
4340
4340
3800
1810
24240
⑥
⑤
④
③
②
①
天津大学建筑学院
山东曲阜孔林
享殿
背立面图
测绘
绘图
校对
指导
测绘日期 2003年8月
打印比例 1:30
0 1 2m
图号 200301-124-04

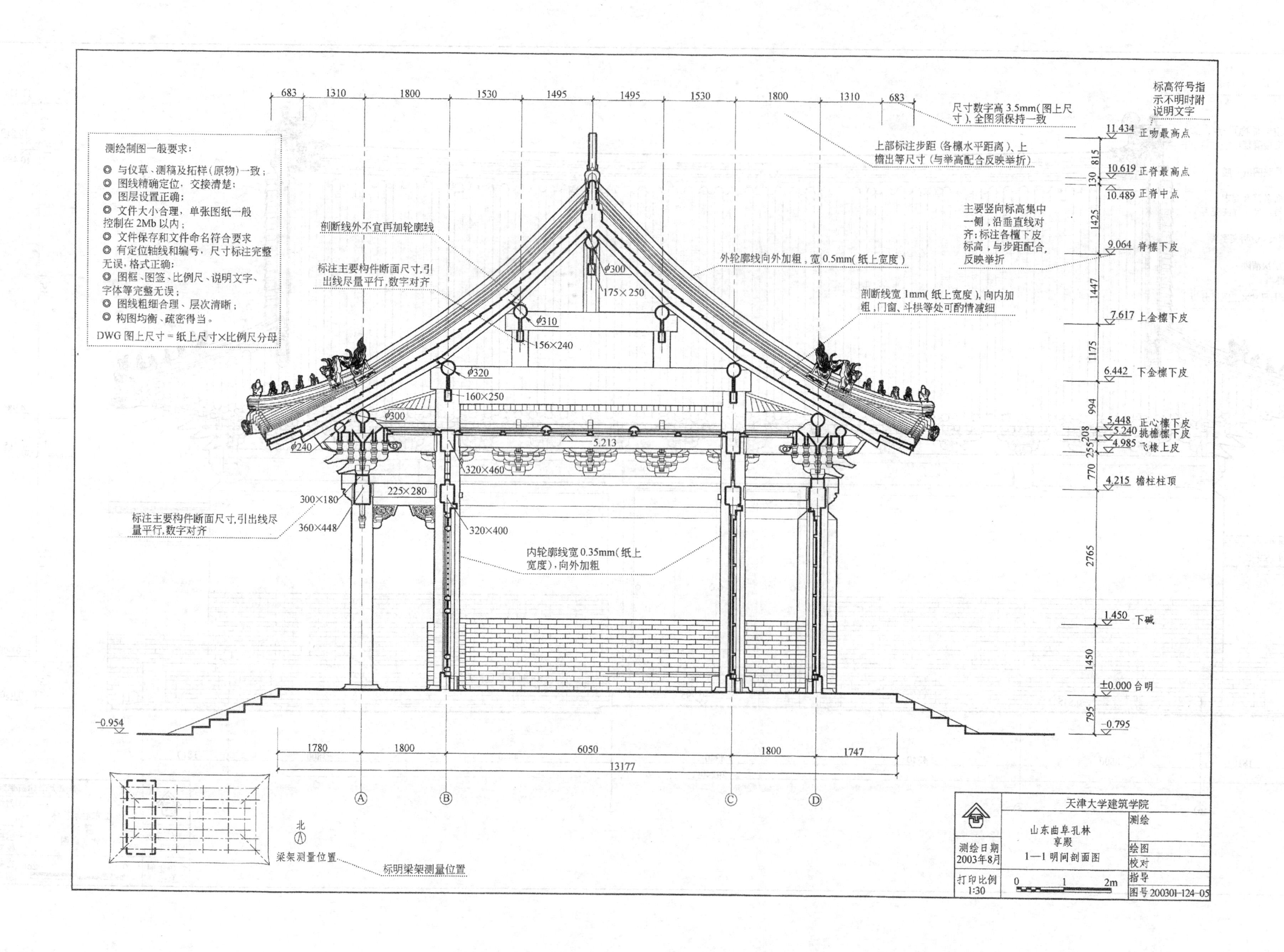

测绘制图一般要求：
◎ 与仪草、测稿及拓样(原物)一致；
◎ 图线精确定位，交接清楚；
◎ 图层设置正确；
◎ 文件大小合理，单张图纸一般控制在 2Mb 以内；
◎ 文件保存和文件命名符合要求
◎ 有定位轴线和编号，尺寸标注完整无误，格式正确；
◎ 图框、图签、比例尺、说明文字、字体等完整无误；
◎ 图线粗细合理、层次清晰；
◎ 构图均衡、疏密得当。
DWG 图上尺寸＝纸上尺寸×比例尺分母
683 1310 1800 1530 1495 1495 1530 1800 1310 683
尺寸数字高 3.5mm(图上尺寸)，全图须保持一致
上部标注步距(各檩水平距离)、上檐出等尺寸(与举高配合反映举折)
标高符号指示不明时附说明文字
11.434 正吻最高点
10.619 正脊最高点
10.489 正脊中点
9.064 脊檩下皮
7.617 上金檩下皮
6.442 下金檩下皮
5.448 正心檩下皮
5.240 挑檐檩下皮
4.985 飞椽上皮
4.215 檐柱柱顶
1.450 下碱
±0.000 台明
-0.795
-0.954
815 130 1425 1447 1175 994 208 255 770 2765 1450 795
主要竖向标高集中一侧，沿垂直线对齐；标注各檩下皮标高，与步距配合，反映举折
剖断线外不宜再加轮廓线
外轮廓线向外加粗，宽 0.5mm(纸上宽度)
标注主要构件断面尺寸，引出线尽量平行，数字对齐
剖断线宽 1mm(纸上宽度)，向内加粗，门窗、斗栱等处可酌情减细
φ300
175×250
φ310
156×240
φ320
160×250
φ300
φ240
5.213
320×460
225×280
300×180
360×448
320×400
标注主要构件断面尺寸，引出线尽量平行，数字对齐
内轮廓线宽 0.35mm(纸上宽度)，向外加粗
1780 1800 6050 1800 1747
13177
A B C D
北
梁架测量位置
标明梁架测量位置
天津大学建筑学院
山东曲阜孔林
享殿
1—1 明间剖面图
测绘日期 2003年8月
打印比例 1:30
0 1 2m
测绘
绘图
校对
指导
图号 200301-124-05

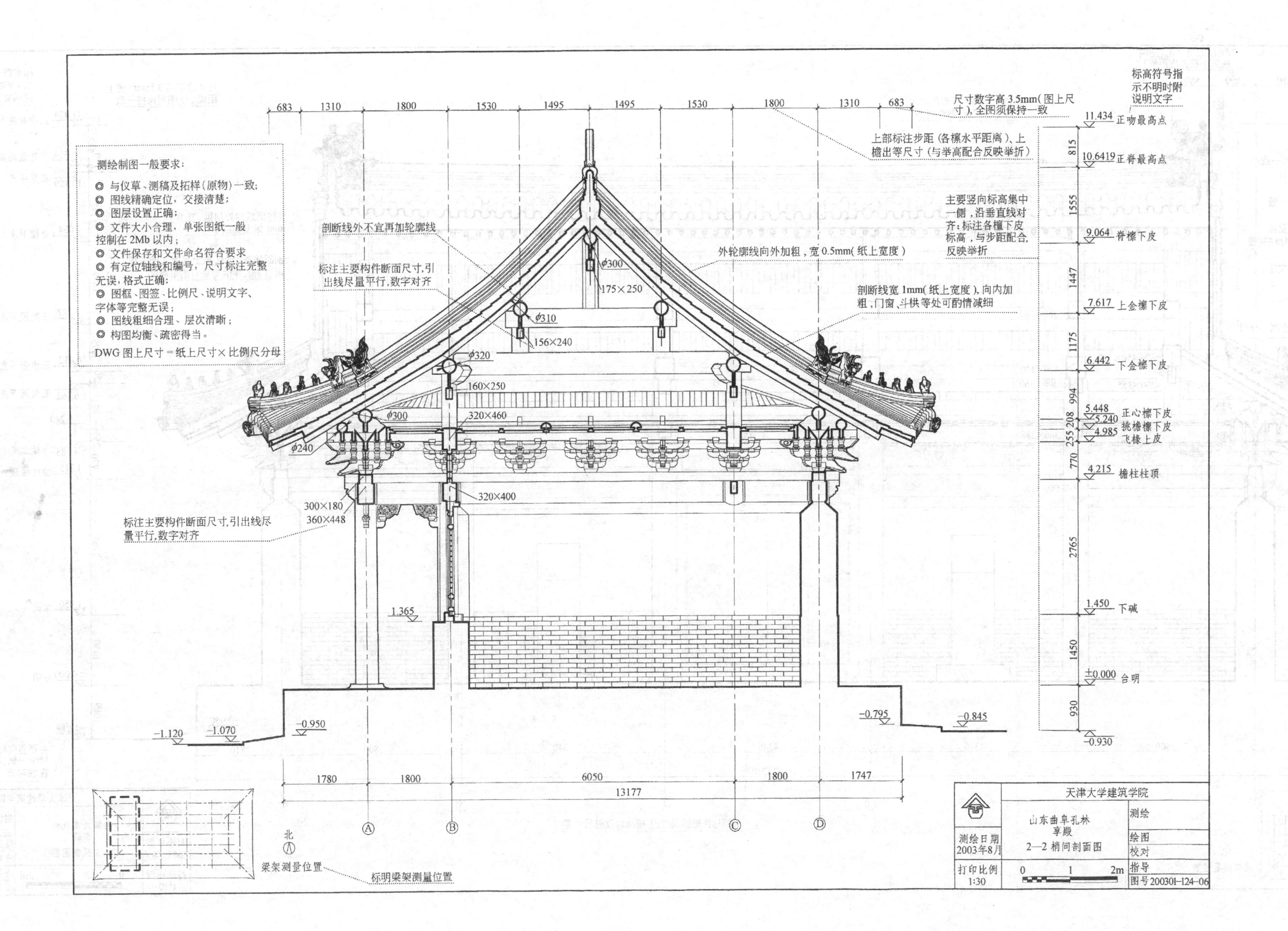
测绘制图一般要求：
◎ 与仪草、测稿及拓样(原物)一致；
◎ 图线精确定位，交接清楚；
◎ 图层设置正确；
◎ 文件大小合理，单张图纸一般控制在2Mb以内；
◎ 文件保存和文件命名符合要求
◎ 有定位轴线和编号，尺寸标注完整无误，格式正确；
◎ 图框、图签、比例尺、说明文字、字体等完整无误；
◎ 图线粗细合理、层次清晰；
◎ 构图均衡、疏密得当。
DWG图上尺寸＝纸上尺寸×比例尺分母
683 1310 1800 1530 1495 1495 1530 1800 1310 683
尺寸数字高3.5mm(图上尺寸)，全图须保持一致
上部标注步距(各檩水平距离)、上檐出等尺寸(与举高配合反映举折)
标高符号指示不明时附说明文字
主要竖向标高集中一侧，沿垂直线对齐；标注各檩下皮标高，与步距配合，反映举折
剖断线外不宜再加轮廓线
外轮廓线向外加粗，宽0.5mm(纸上宽度)
标注主要构件断面尺寸，引出线尽量平行，数字对齐
剖断线宽1mm(纸上宽度)，向内加粗，门窗、斗栱等处可酌情减细
11.434 正吻最高点
10.6419 正脊最高点
9.064 脊檩下皮
7.617 上金檩下皮
6.442 下金檩下皮
5.448 正心檩下皮
5.240 挑檐檩下皮
4.985 飞椽上皮
4.215 檐柱柱顶
1.450 下碱
±0.000 台明
-0.930
815 1555 1447 1175 994 208 255 770 2765 1450 930
φ300 175×250 φ310 156×240 φ320 160×250 φ300 320×460 φ240 320×400 300×180 360×448
1.365
-0.950 -1.120 -1.070 -0.795 -0.845
标注主要构件断面尺寸，引出线尽量平行，数字对齐
1780 1800 6050 1800 1747
13177
Ⓐ Ⓑ Ⓒ Ⓓ
北
梁架测量位置
标明梁架测量位置
天津大学建筑学院
山东曲阜孔林
享殿
2—2 梢间剖面图
测绘
绘图
校对
指导
测绘日期 2003年8月
打印比例 1:30
0 1 2m
图号 20030I-124-06

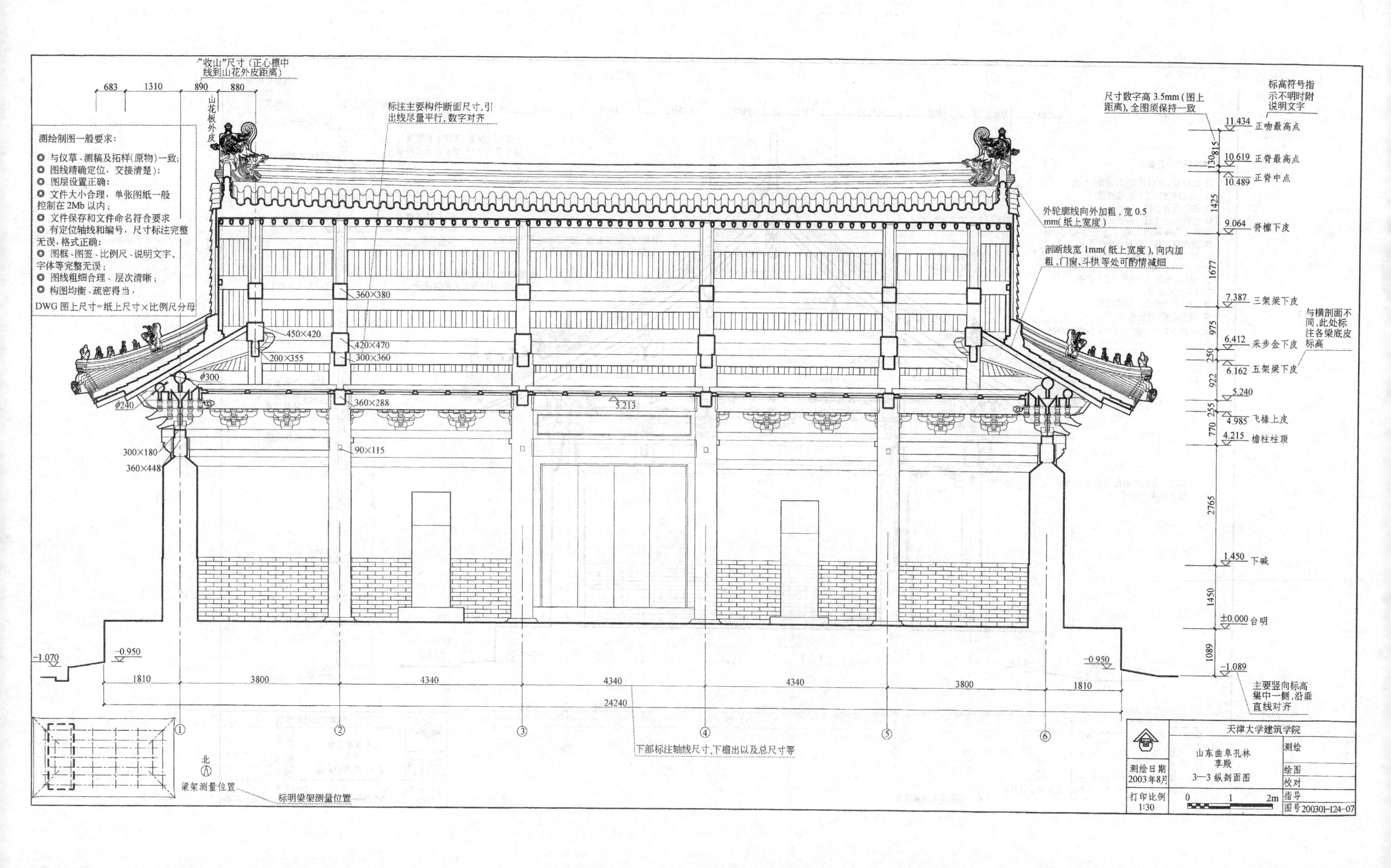

"收山"尺寸（正心檩中线到山花外皮距离）
683
1310
890
880
山花板外皮
测绘制图一般要求：
◎ 与仪草、测稿及拓样(原物)一致；
◎ 图线精确定位，交接清楚；
◎ 图层设置正确；
◎ 文件大小合理，单张图纸一般控制在2Mb以内；
◎ 文件保存和文件命名符合要求
◎ 有定位轴线和编号，尺寸标注完整无误，格式正确；
◎ 图框、图签、比例尺、说明文字、字体等完整无误；
◎ 图线粗细合理、层次清晰；
◎ 构图均衡、疏密得当。
DWG 图上尺寸=纸上尺寸×比例尺分母
标注主要构件断面尺寸，引出线尽量平行，数字对齐
尺寸数字高 3.5mm（图上距离），全图须保持一致
标高符号指示不明时附说明文字
11.434 正吻最高点
10.619 正脊最高点
10.489 正脊中点
9.064 脊檩下皮
7.387 三架梁下皮
6.412 采步金下皮
6.162 五架梁下皮
5.240
4.985 飞椽上皮
4.215 檐柱柱顶
1.450 下碱
±0.000 台明
-1.089
外轮廓线向外加粗，宽 0.5mm（纸上宽度）
剖断线宽 1mm（纸上宽度），向内加粗，门窗、斗拱等处可酌情减细
与横剖面不同，此处标注各梁底皮标高
主要竖向标高巢中一侧，沿垂直线对齐
815
130
1425
1677
975
250
922
255
770
2765
1450
1089
360×380
450×420
420×470
200×355
300×360
ϕ300
ϕ240
360×288
5.213
300×180
360×448
90×115
-1.070
-0.950
-0.950
1810
3800
4340
4340
4340
3800
1810
24240
① ② ③ ④ ⑤ ⑥
下部标注轴线尺寸、下檐出以及总尺寸等
北
梁架测量位置
标明梁架测量位置
天津大学建筑学院
山东曲阜孔林
享殿
3—3 纵剖面图
测绘日期 2003年8月
打印比例 1:30
0 1 2m
测绘
绘图
校对
指导
图号 200301-124-07

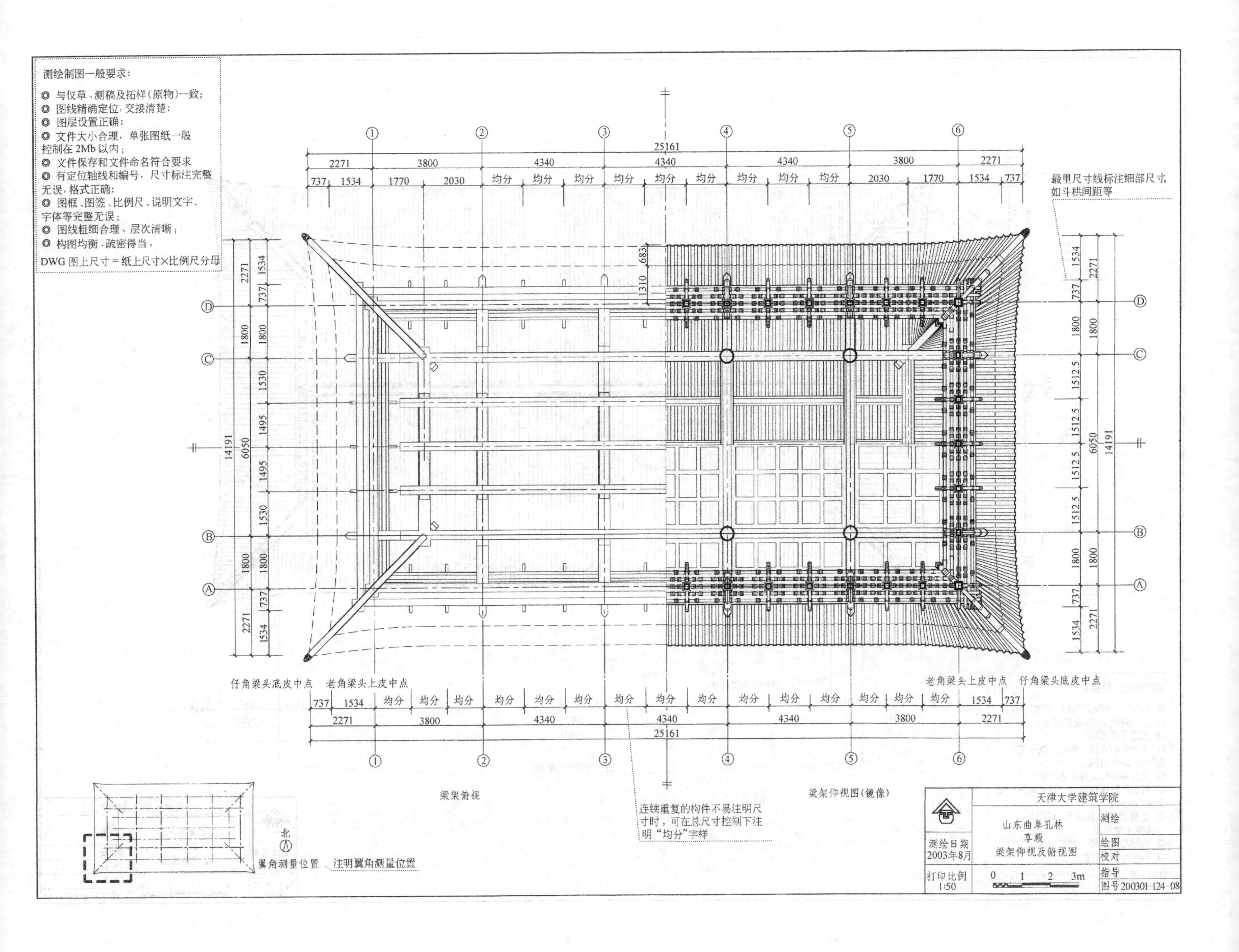
测绘制图一般要求：
◎ 与仪草、测稿及拓样（原物）一致；
◎ 图线精确定位，交接清楚；
◎ 图层设置正确；
◎ 文件大小合理，单张图纸一般控制在2Mb以内；
◎ 文件保存和文件命名符合要求
◎ 有定位轴线和编号，尺寸标注完整无误，格式正确；
◎ 图框、图签、比例尺、说明文字、字体等完整无误；
◎ 图线粗细合理、层次清晰；
◎ 构图均衡、疏密得当。
DWG图上尺寸＝纸上尺寸×比例尺分母
最里尺寸线标注细部尺寸，如斗栱间距等
仔角梁头底皮中点
老角梁头上皮中点
连续重复的构件不易注明尺寸时，可在总尺寸控制下注明“均分”字样
梁架俯视
梁架仰视图（镜像）
翼角测量位置
注明翼角测量位置
北
天津大学建筑学院
山东曲阜孔林
享殿
梁架仰视及俯视图
测绘
绘图
校对
指导
测绘日期
2003年8月
打印比例
1:50
0 1 2 3m
图号200301-124-08

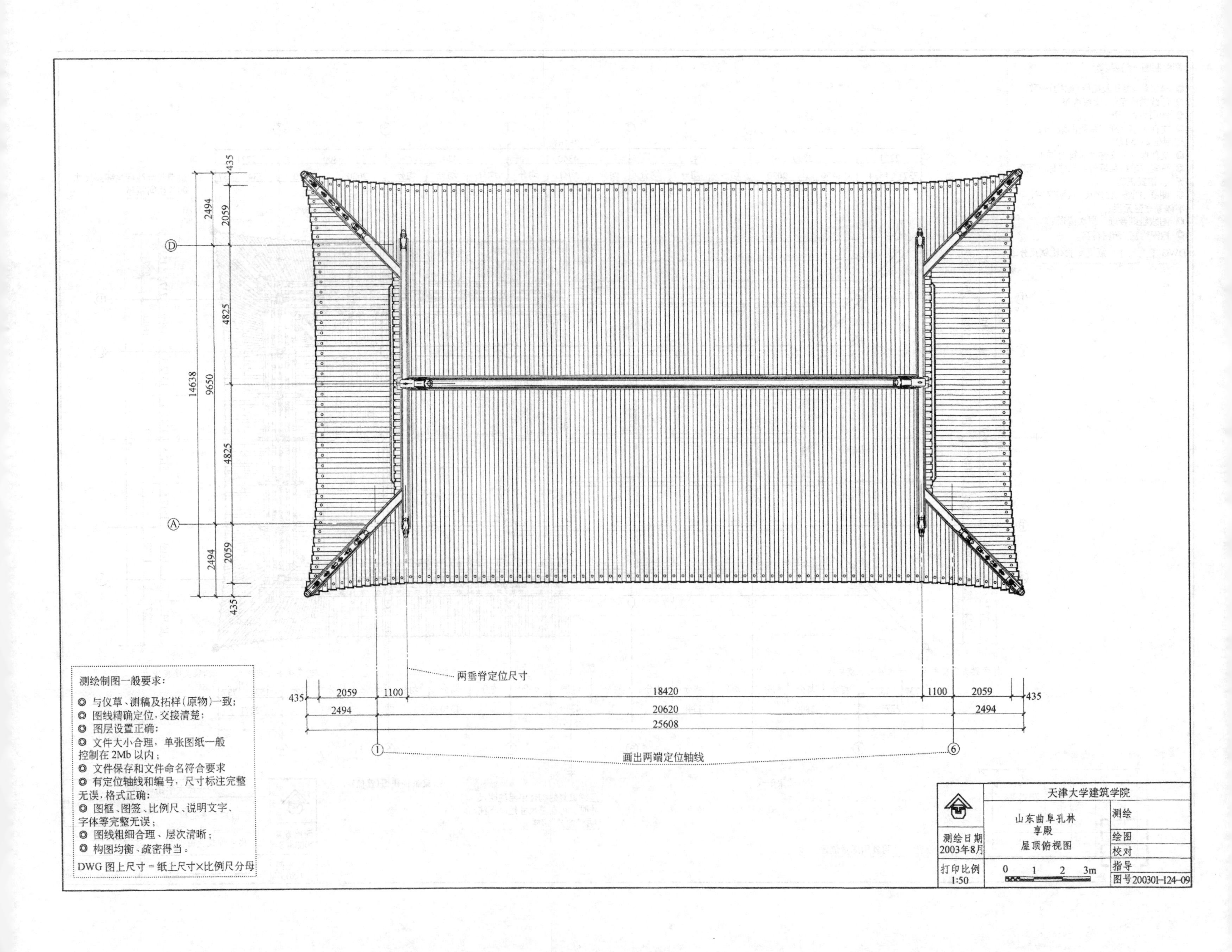
435
2494
2059
4825
14638
9650
4825
2494
2059
435
D
A
两垂脊定位尺寸
435
2059
1100
18420
1100
2059
435
2494
20620
2494
25608
1
6
画出两端定位轴线
测绘制图一般要求：
◎ 与仪草、测稿及拓样(原物)一致；
◎ 图线精确定位，交接清楚；
◎ 图层设置正确；
◎ 文件大小合理，单张图纸一般控制在 2Mb 以内；
◎ 文件保存和文件命名符合要求
◎ 有定位轴线和编号，尺寸标注完整无误，格式正确；
◎ 图框、图签、比例尺、说明文字、字体等完整无误；
◎ 图线粗细合理、层次清晰；
◎ 构图均衡、疏密得当。
DWG 图上尺寸＝纸上尺寸×比例尺分母
天津大学建筑学院
山东曲阜孔林
享殿
屋顶俯视图
测绘日期
2003年8月
打印比例
1:50
0 1 2 3m
测绘
绘图
校对
指导
图号200301-124-09

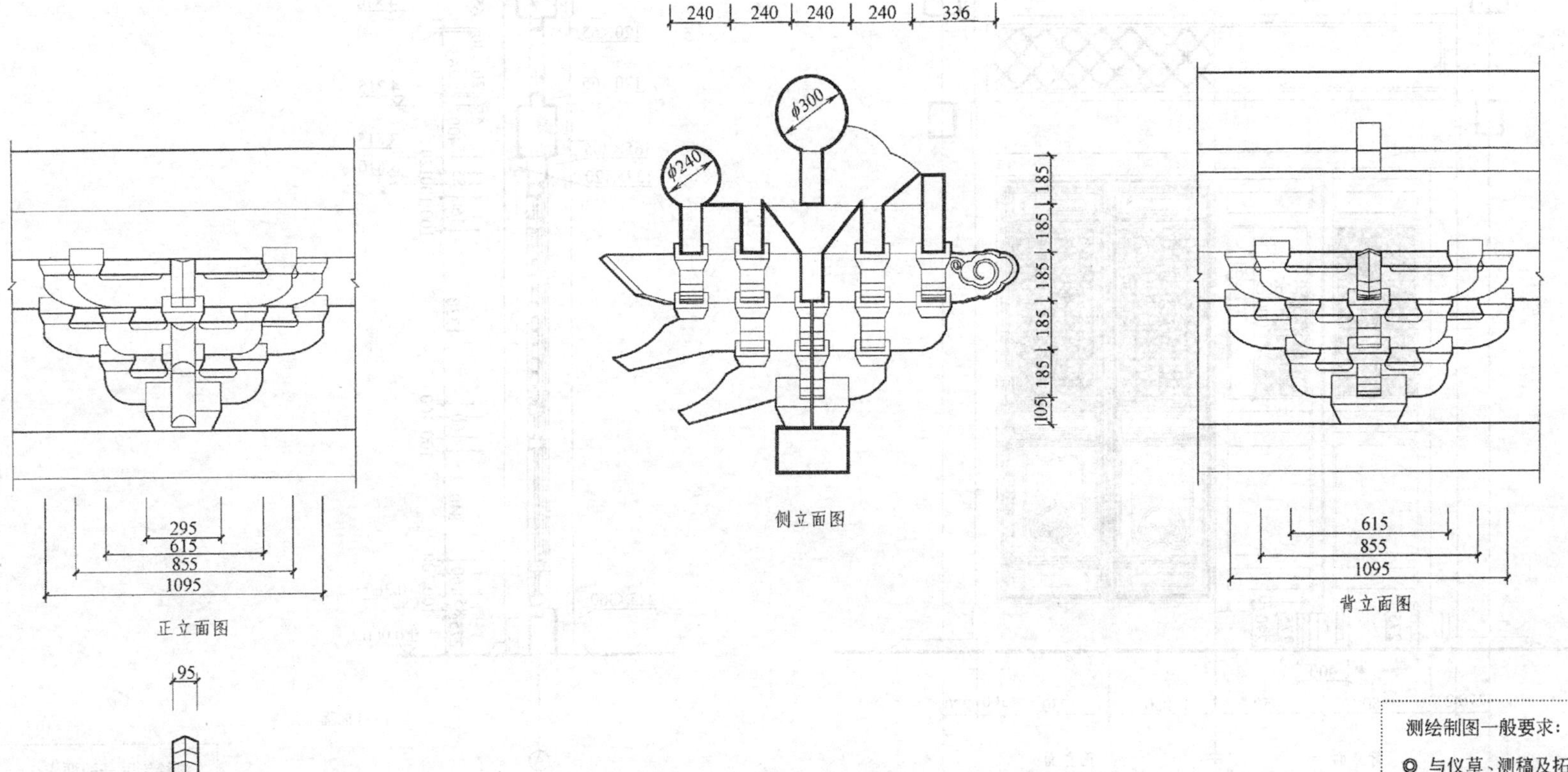

95

95
145
240
95
145
242.5
100
242.5
145
95
240
95

平面图

北

斗栱测量位置

测绘制图一般要求：

- ◎ 与仪草、测稿及拓样（原物）一致
- ◎ 图线精确定位，交接清楚；
- ◎ 图层设置正确；
- ◎ 文件大小合理，单张图纸一般控制在 2Mb 以内；
- ◎ 文件保存和文件命名符合要求
- ◎ 有定位轴线和编号，尺寸标注完整无误，格式正确；
- ◎ 图框、图签、比例尺、说明文字、字体等完整无误；
- ◎ 图线粗细合理、层次清晰；
- ◎ 构图均衡、疏密得当。

DWG 图上尺寸＝纸上尺寸×比例尺分母

天津大学建筑学院		
	山东曲阜孔林 享殿	测绘
测绘日期 2003年8月	平身科斗栱大样图	绘图 校对
打印比例 1:10	0 0.1 0.5m	指导 图号200301-124-10

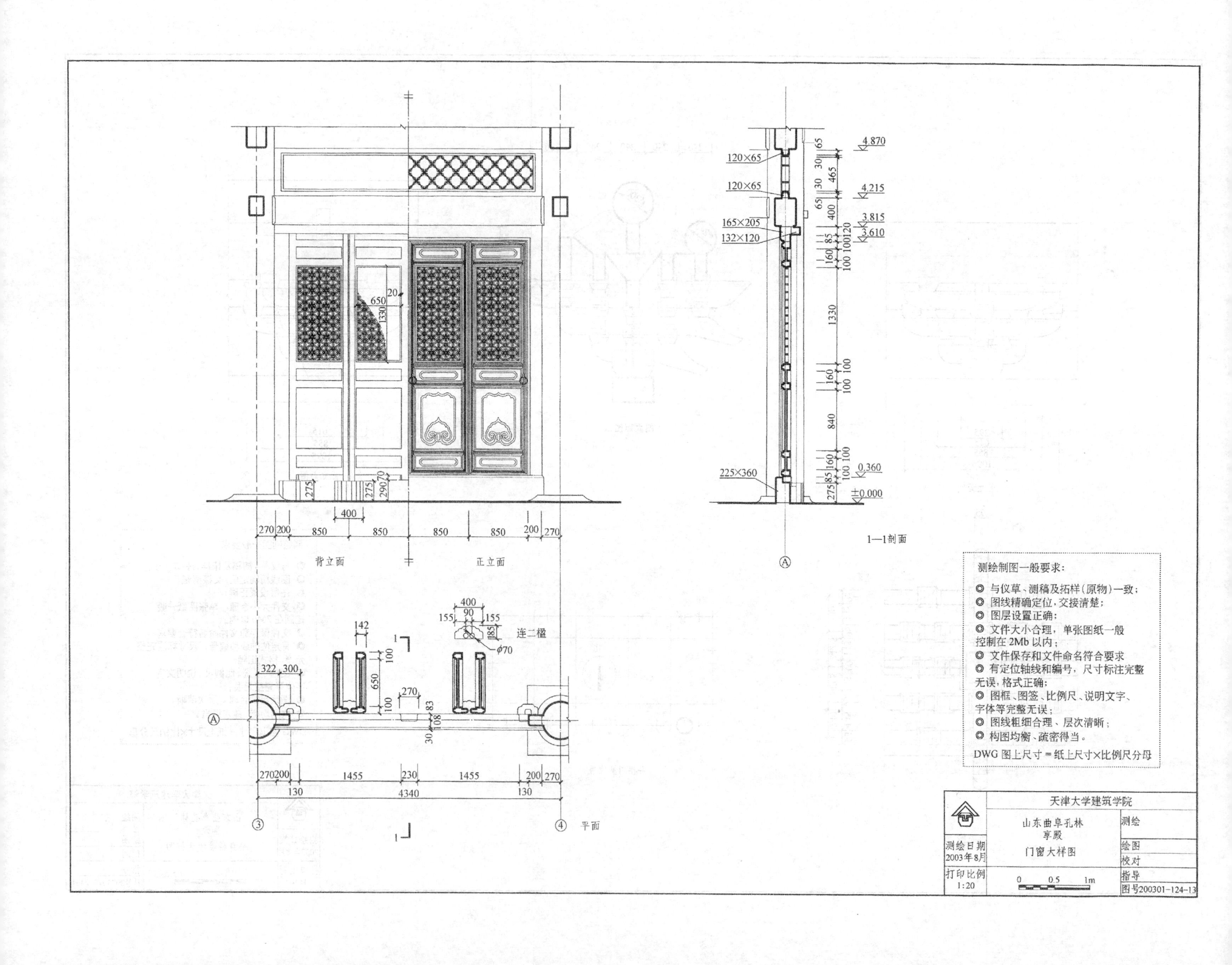

背立面
正立面
1—1剖面
平面
连二楹
测绘制图一般要求：
◎ 与仪草、测稿及拓样（原物）一致；
◎ 图线精确定位，交接清楚；
◎ 图层设置正确；
◎ 文件大小合理，单张图纸一般控制在2Mb以内；
◎ 文件保存和文件命名符合要求
◎ 有定位轴线和编号，尺寸标注完整无误，格式正确；
◎ 图框、图签、比例尺、说明文字、字体等完整无误；
◎ 图线粗细合理、层次清晰；
◎ 构图均衡、疏密得当。
DWG 图上尺寸＝纸上尺寸×比例尺分母
天津大学建筑学院
山东曲阜孔林
享殿
门窗大样图
测绘
绘图
校对
指导
测绘日期 2003年8月
打印比例 1:20
图号200301-124-13

附录三　各类古建筑测绘图示范

教材正文结合附录二，主要以一座单檐歇山建筑为例，介绍了测绘各环节的工作内容和要求。但在实践中，初学者可能遇到很多不同类型的建筑，若仅仅接触上述一个实例，则对其他类型的建筑难免缺乏直观了解。为此，附录三收录了多种类型的古建筑测绘图实例，以便初学者参考。这些实例包括不同地区、不同年代的重檐庑殿、歇山、攒尖及悬山等不同屋顶形式的建筑，还包括了楼阁、塔、牌楼、桥、石窟寺乃至近代西式建筑等特殊的类型。古代建筑遗产的丰富多样性由此也可见一斑。

大规模组群的外部空间处理，以及建筑与自然景观和环境的有机结合是中国古代建筑的一大特色。测绘图理应反映这一特点。因此，这里还附录了一部分古代建筑组群的测绘图，涵盖园林、寺院、坛庙等建筑，表现形式也更丰富多彩。如果厌烦了单体建筑，感受建筑组群的场面，则是另一番不同的体验：气势恢宏、豁然开朗、意境深远。

另一方面，深入细节，测绘图又应当像传统建筑本身一样，细腻纤巧，耐人回味。因此，这里还专门附录了一部分建筑的细部详图，亦有部分穿插于其他部分之中。希望能给初学者提供借鉴，把握好细节的绘制。

以上实例还尽量考虑了表现形式和风格的多样性。除一般正投影图外，还有鸟瞰透视图、轴测图及室内透视图等，并包括了从钢笔墨线、水彩渲染到计算机制图、渲染等多种媒介。

这些实例绝大多数选自建筑学、城市规划专业本科生古建筑测绘实习的作业。除天津大学少部分测绘图，以及北京建筑工程学院应县佛宫寺塔测绘图外，其余均选自《上栋下宇：历史建筑测绘五校联展》一书，最早曾于2004年先后在清华大学、北京大学、天津大学、东南大学和同济大学巡回展出。因历史原因，所有学校或院系名称均有变化，为求简洁本书均以现名统称。

1　重檐庑殿建筑

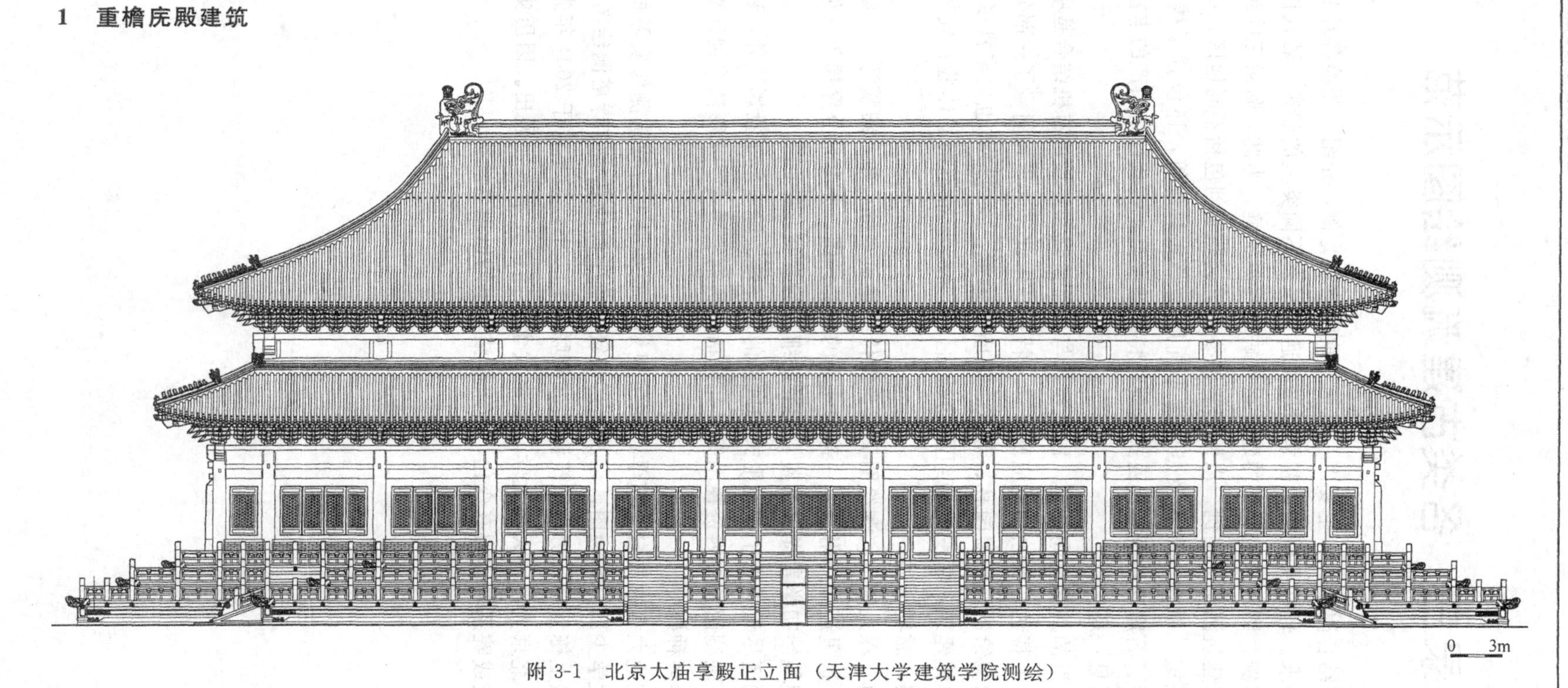

附 3-1　北京太庙享殿正立面（天津大学建筑学院测绘）

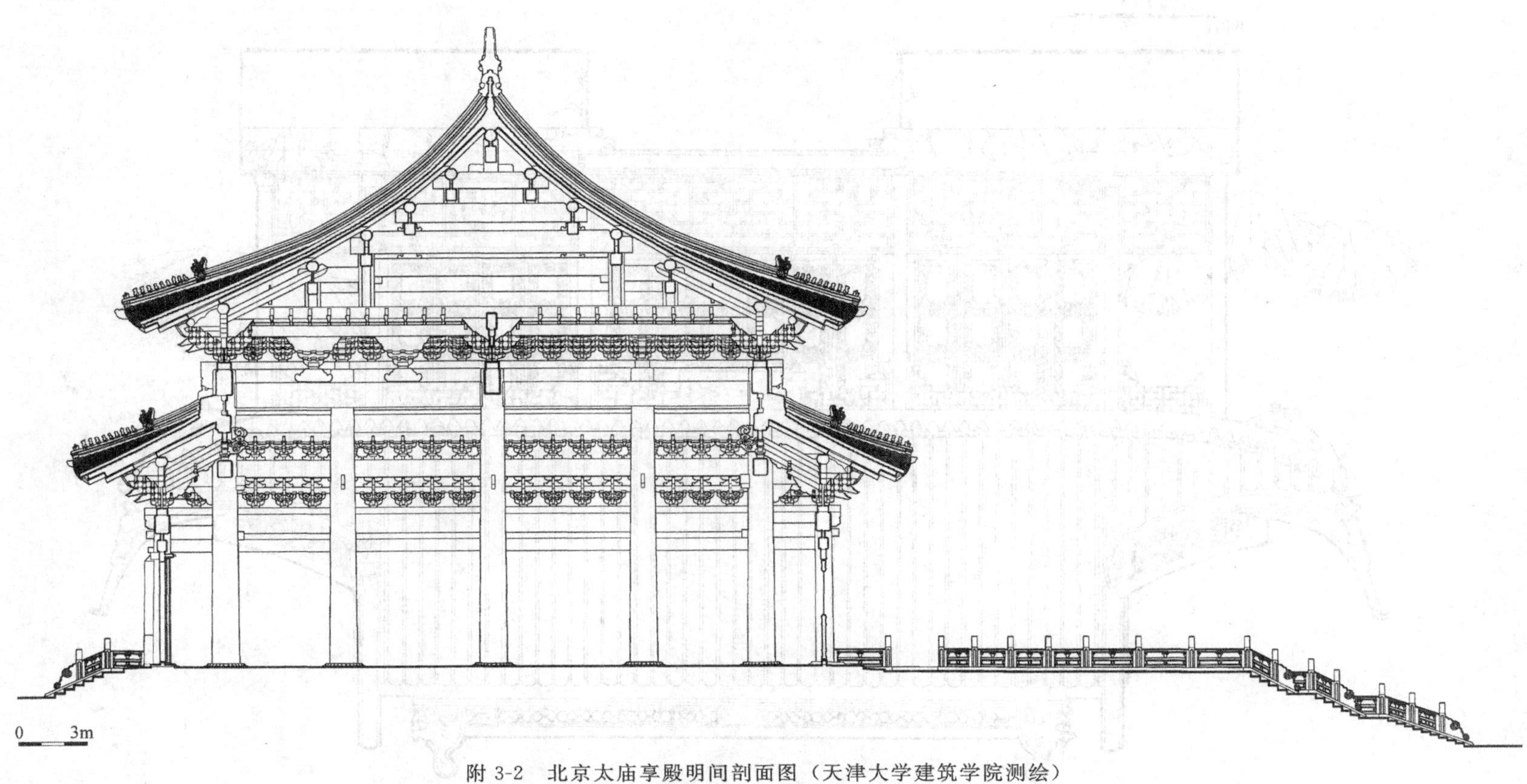

附 3-2　北京太庙享殿明间剖面图（天津大学建筑学院测绘）

2 歇山顶建筑

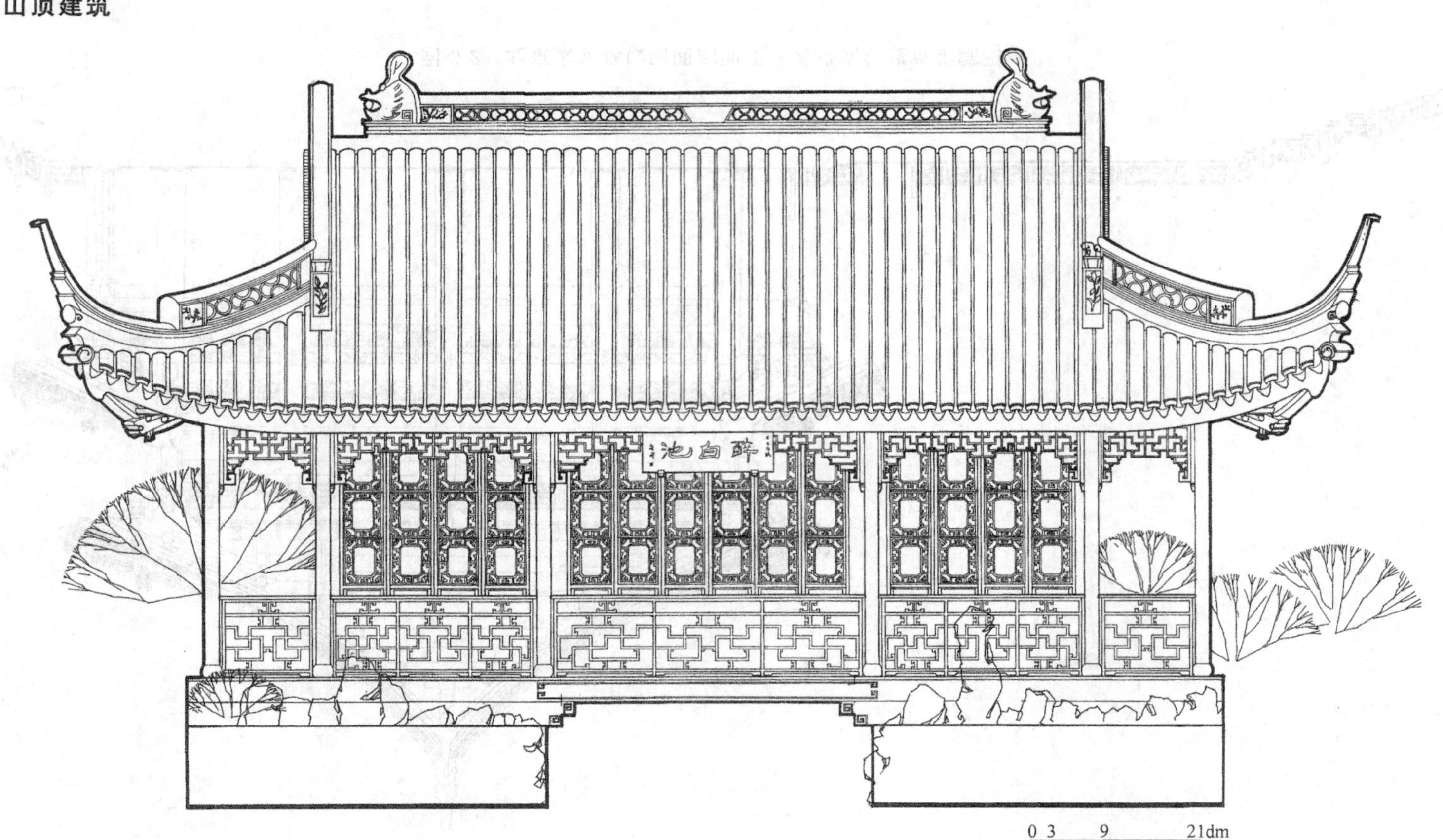

附 3-3 上海松江醉白池池上草堂正立面图（同济大学建筑与城市规划学院测绘）

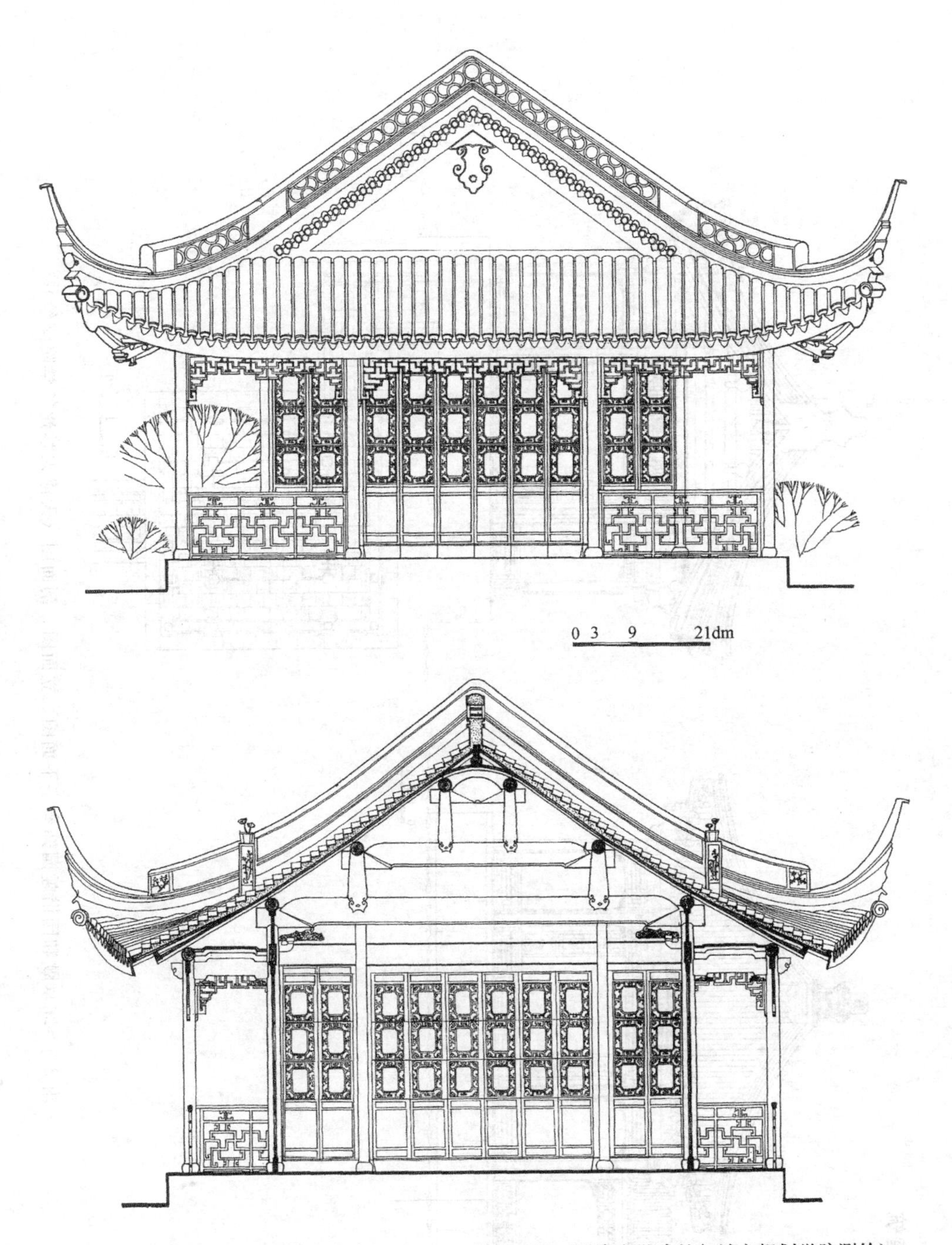

附 3-4　上海松江醉白池池上草堂侧立面图、横剖面图（同济大学建筑与城市规划学院测绘）

3　攒尖顶建筑

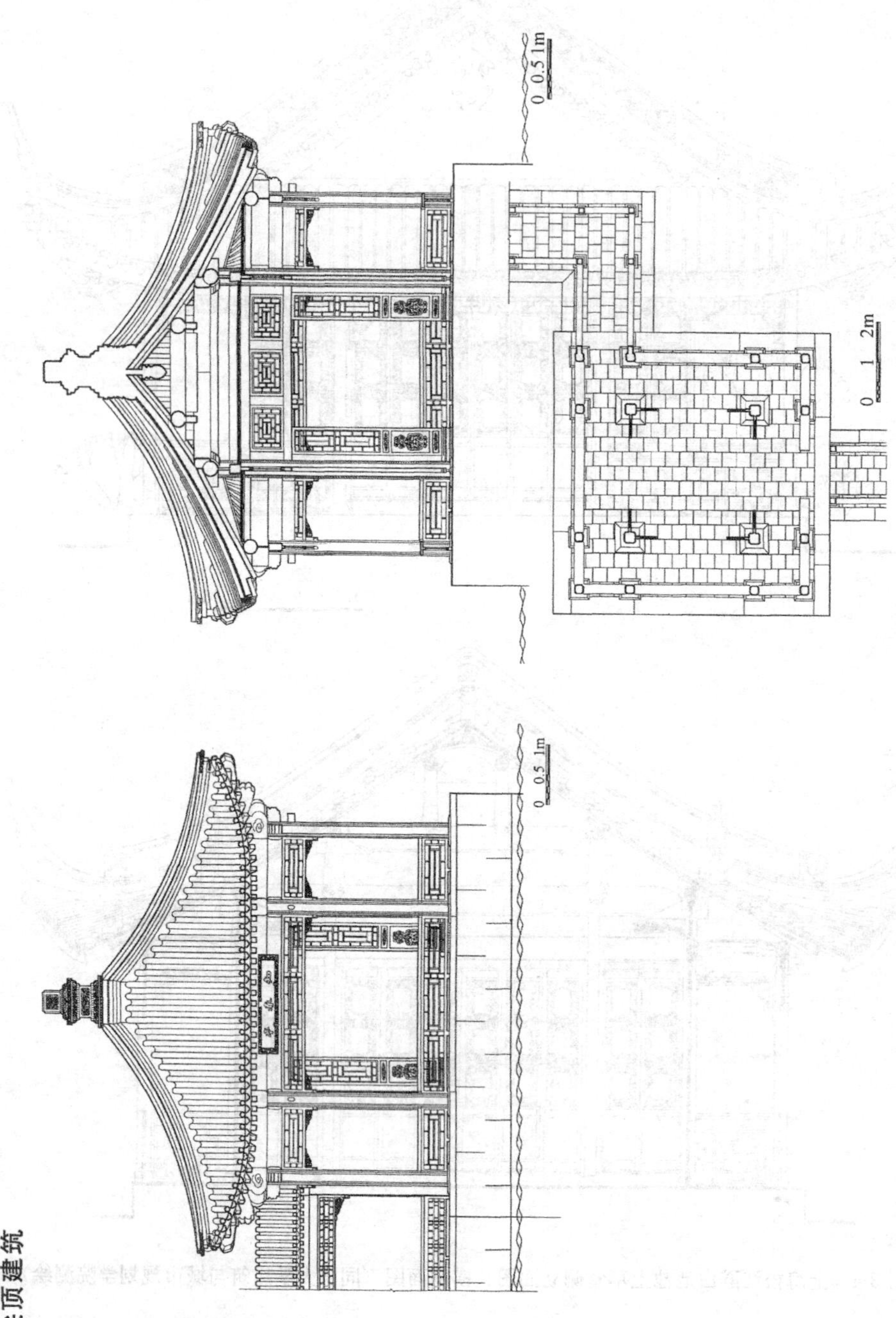

附 3-5　北京颐和园谐趣园知春亭平面图、立面图、剖面图（天津大学建筑学院测绘）

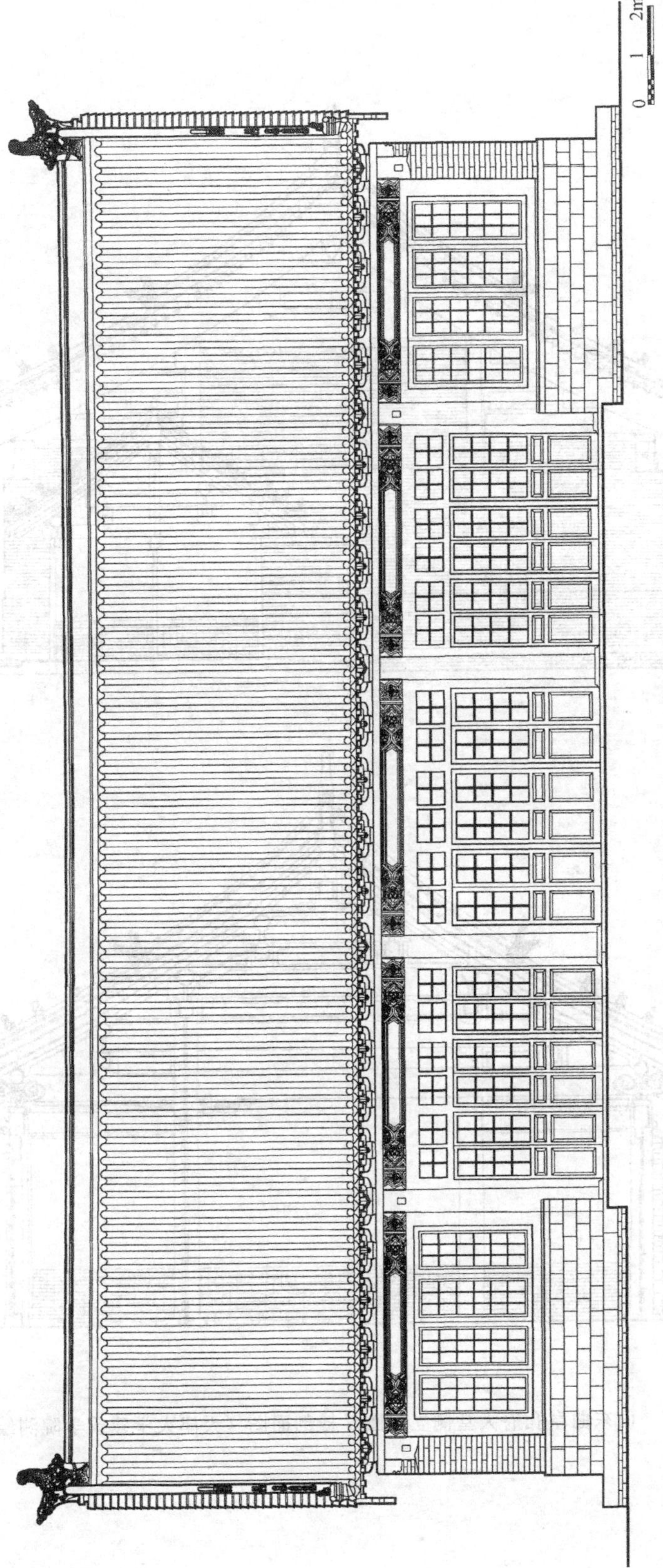

附 3-6 山东曲阜孔府大堂正立面图，天津大学建筑学院测绘

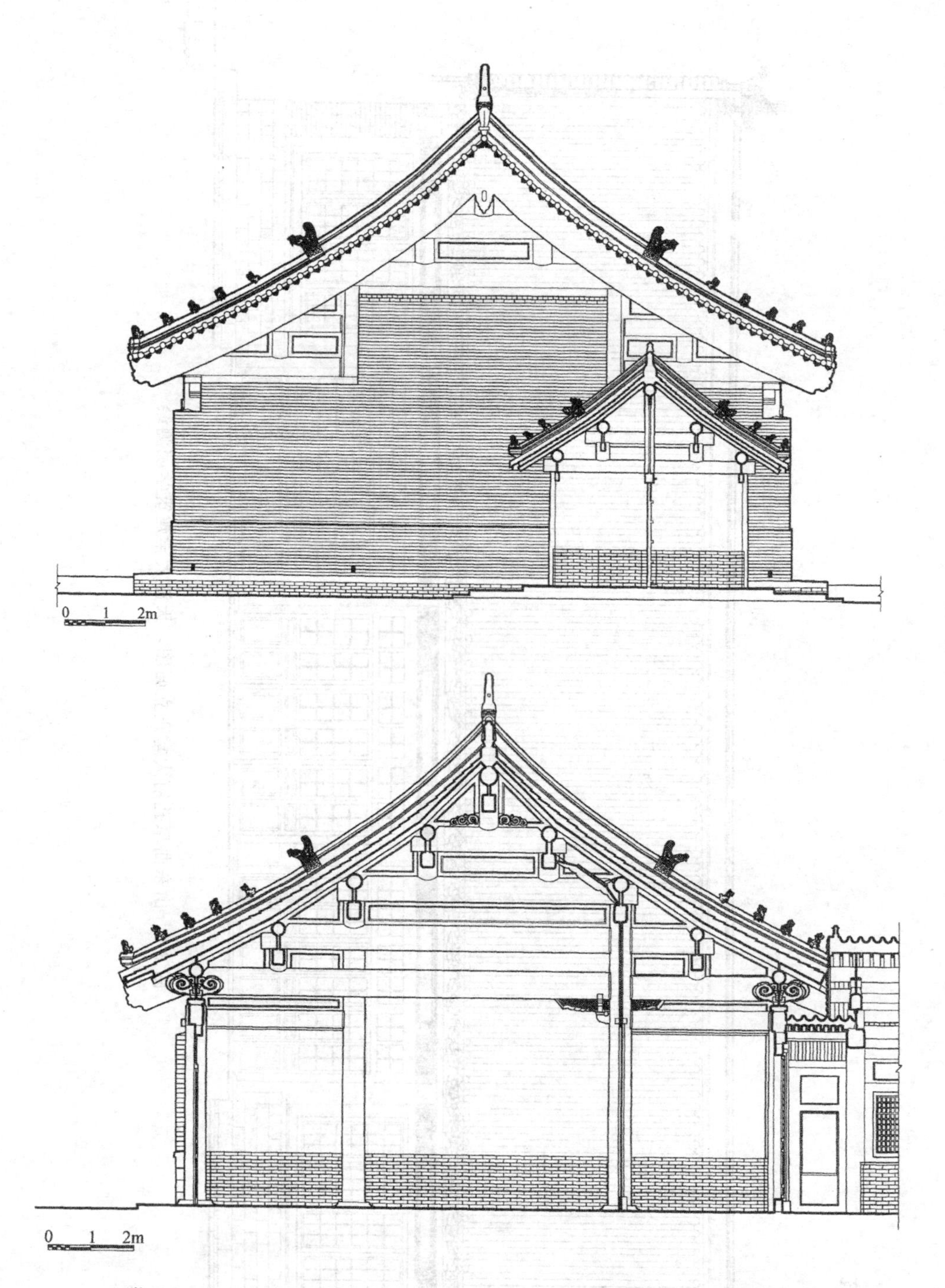

附 3-7 山东曲阜孔府大堂侧立面图、横剖面图（天津大学建筑学院测绘）

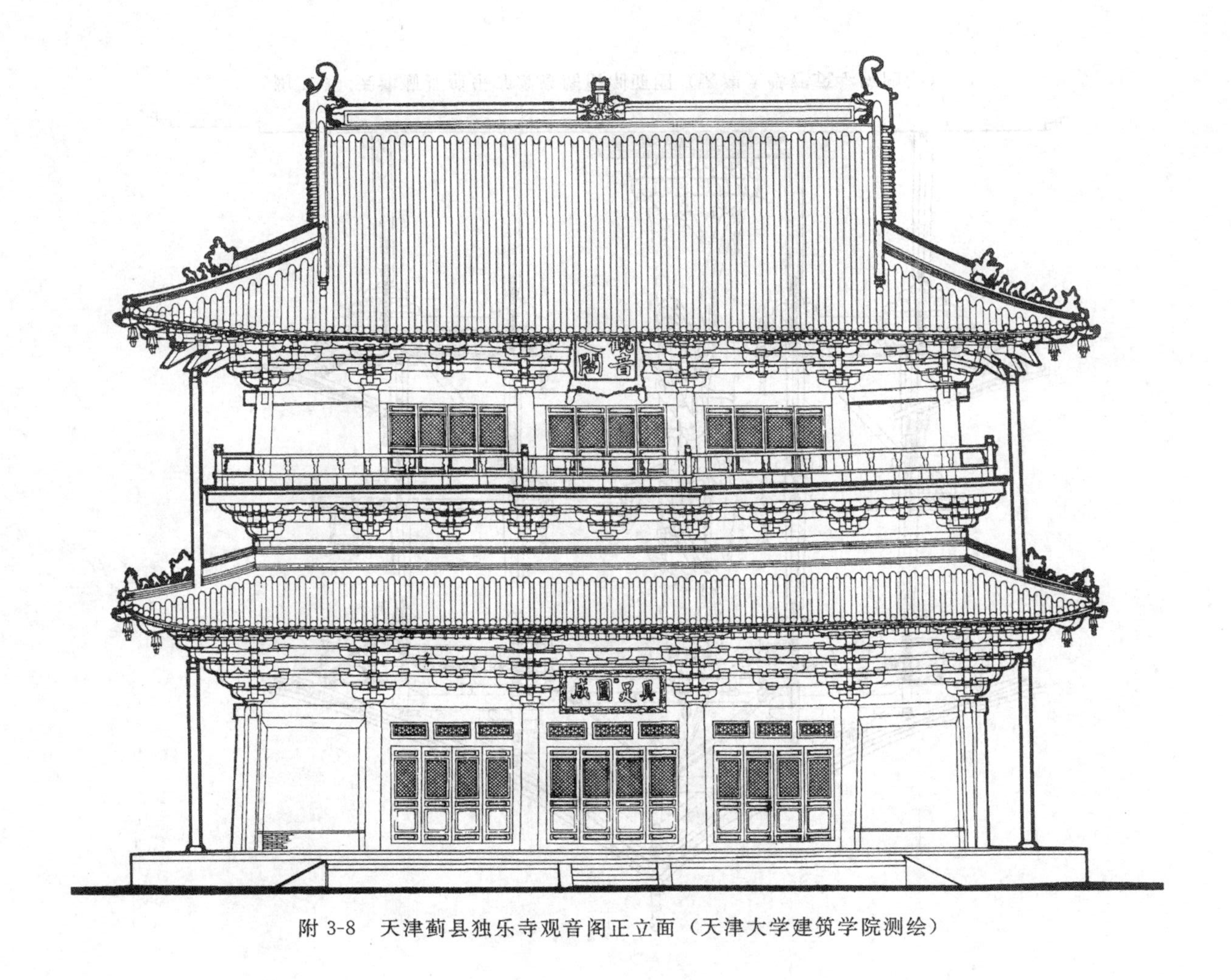

附 3-8 天津蓟县独乐寺观音阁正立面（天津大学建筑学院测绘）

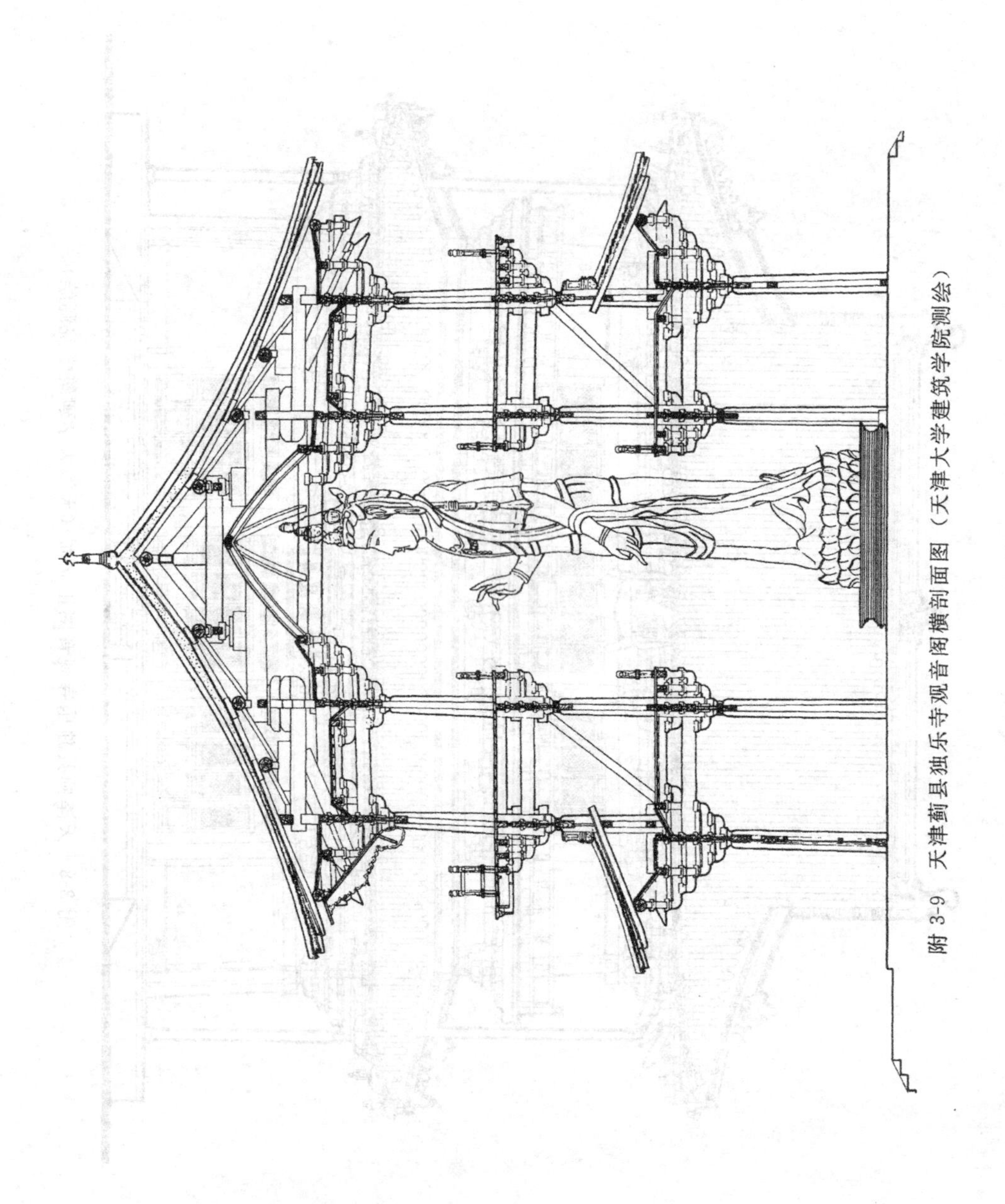

附 3-9　天津蓟县独乐寺观音阁横剖面图（天津大学建筑学院测绘）

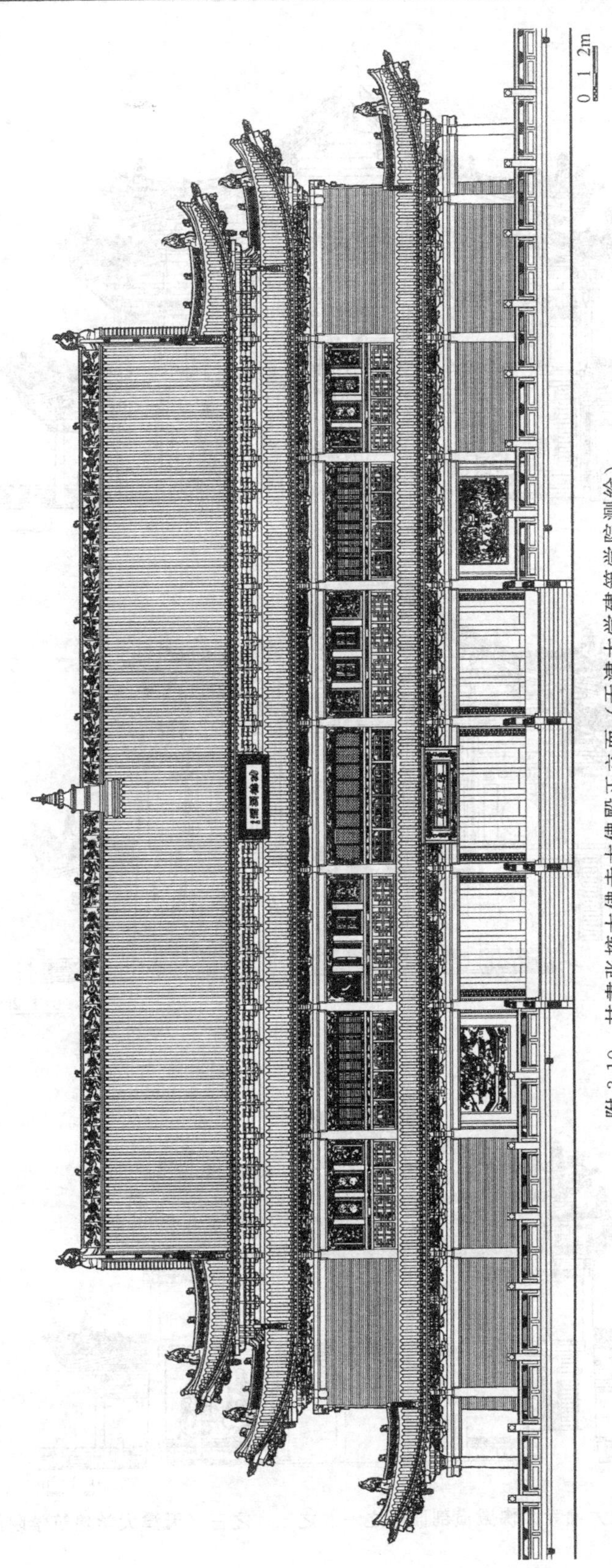

附 3-10　甘肃张掖大佛寺大佛殿正立面（天津大学建筑学院测绘）

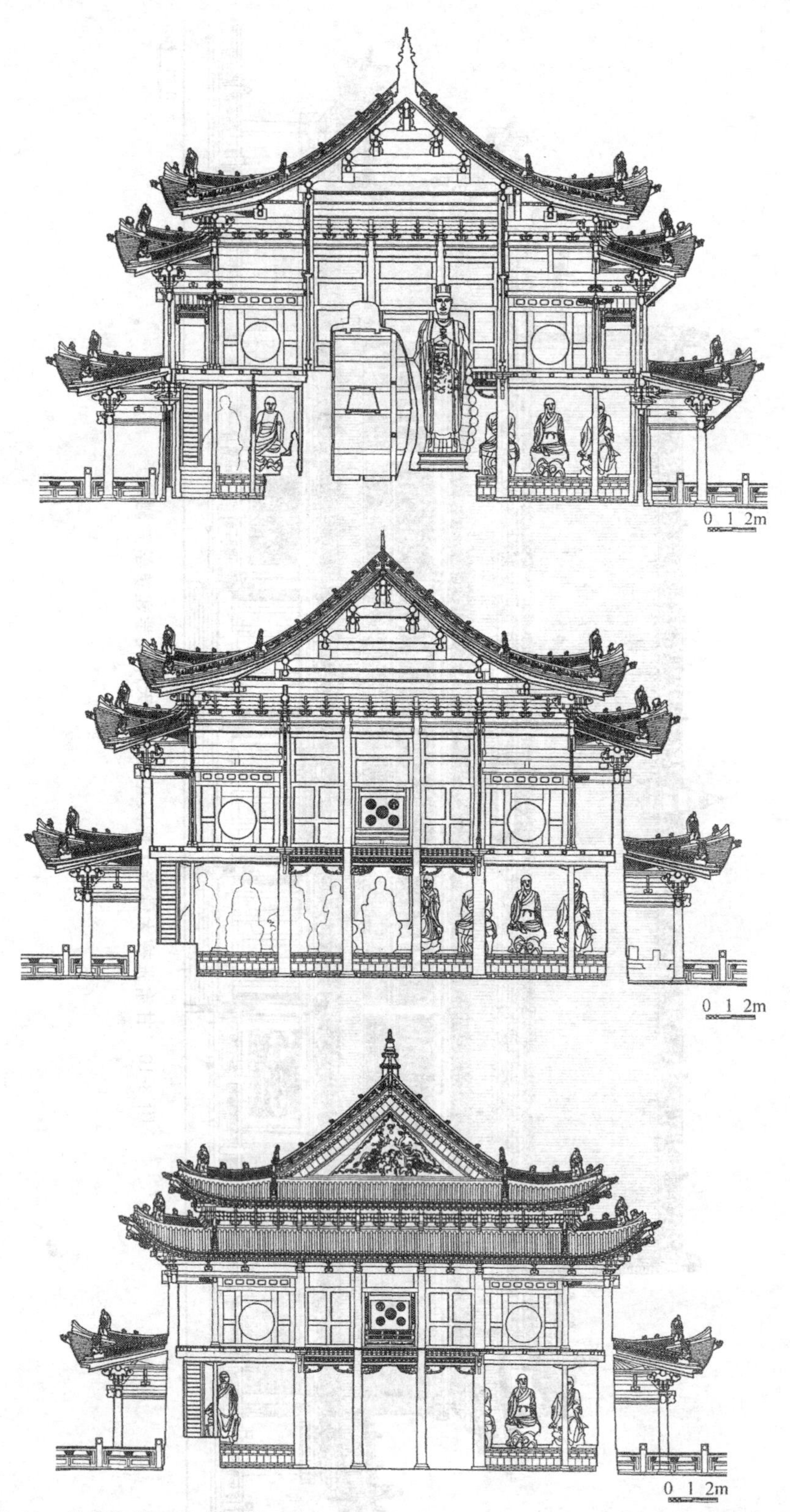

附 3-11　甘肃张掖大佛寺大佛殿横剖面图之一、之二、之三（天津大学建筑学院测绘）

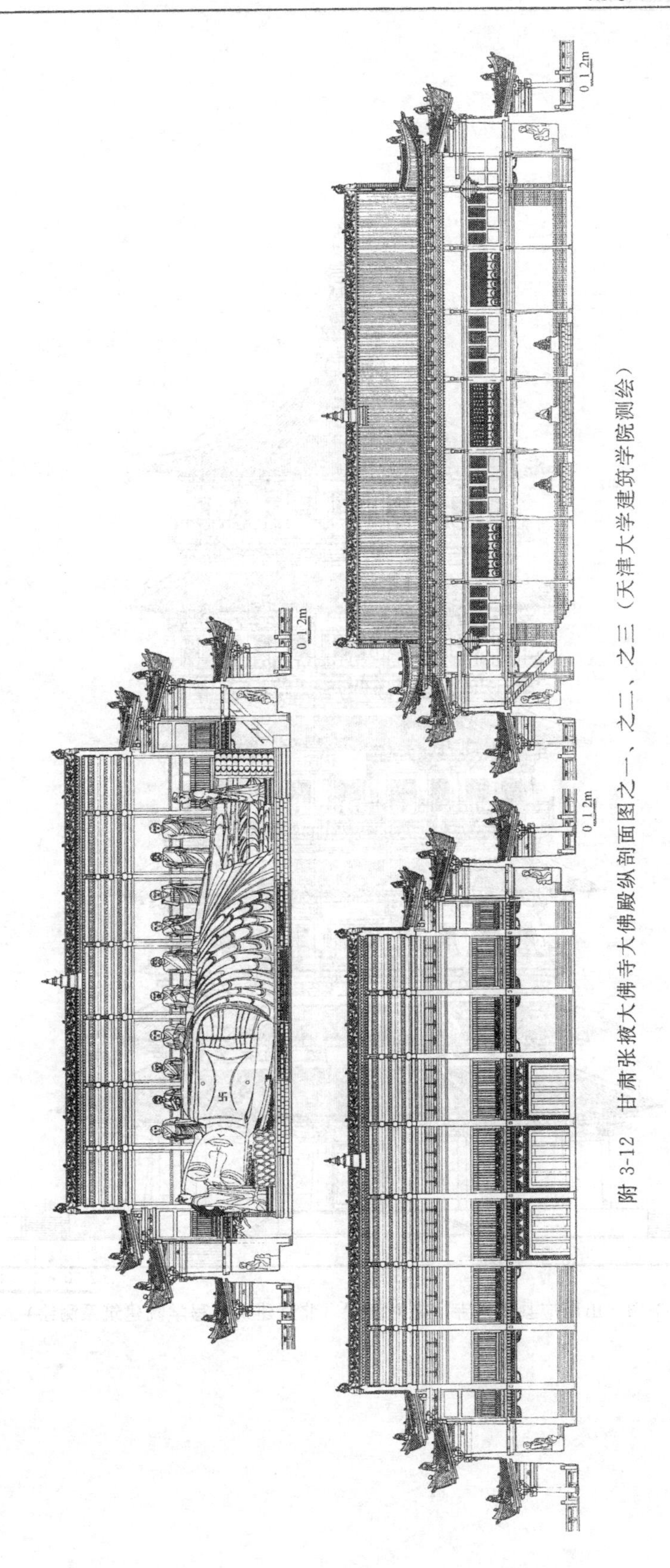

附 3-12　甘肃张掖大佛寺大佛殿纵剖面图之一、之二、之三（天津大学建筑学院测绘）

6　塔

附 3-13　山西应县佛宫寺塔南立面图（北京建筑工程学院建筑系测绘）

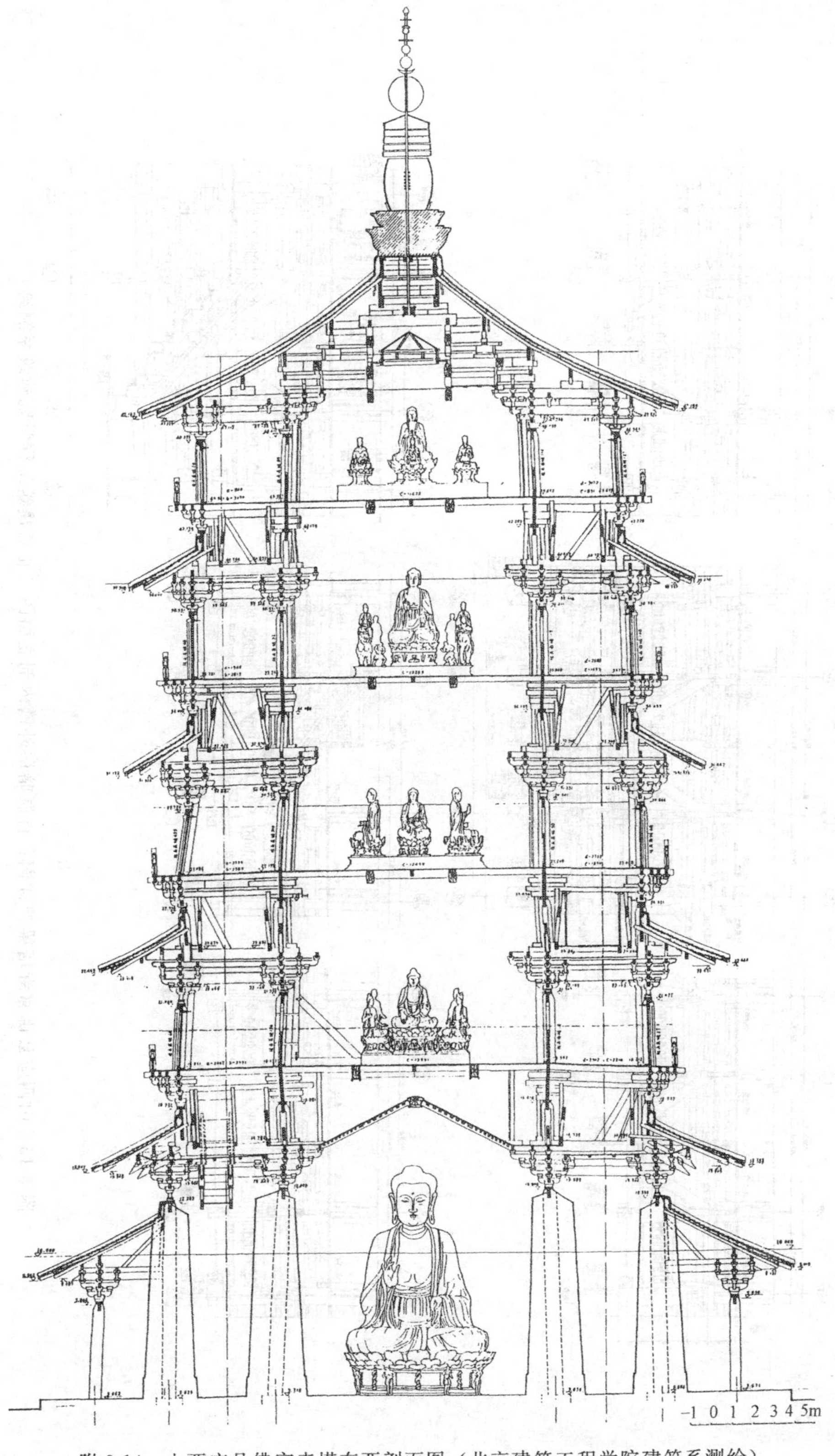

附 3-14　山西应县佛宫寺塔东西剖面图（北京建筑工程学院建筑系测绘）

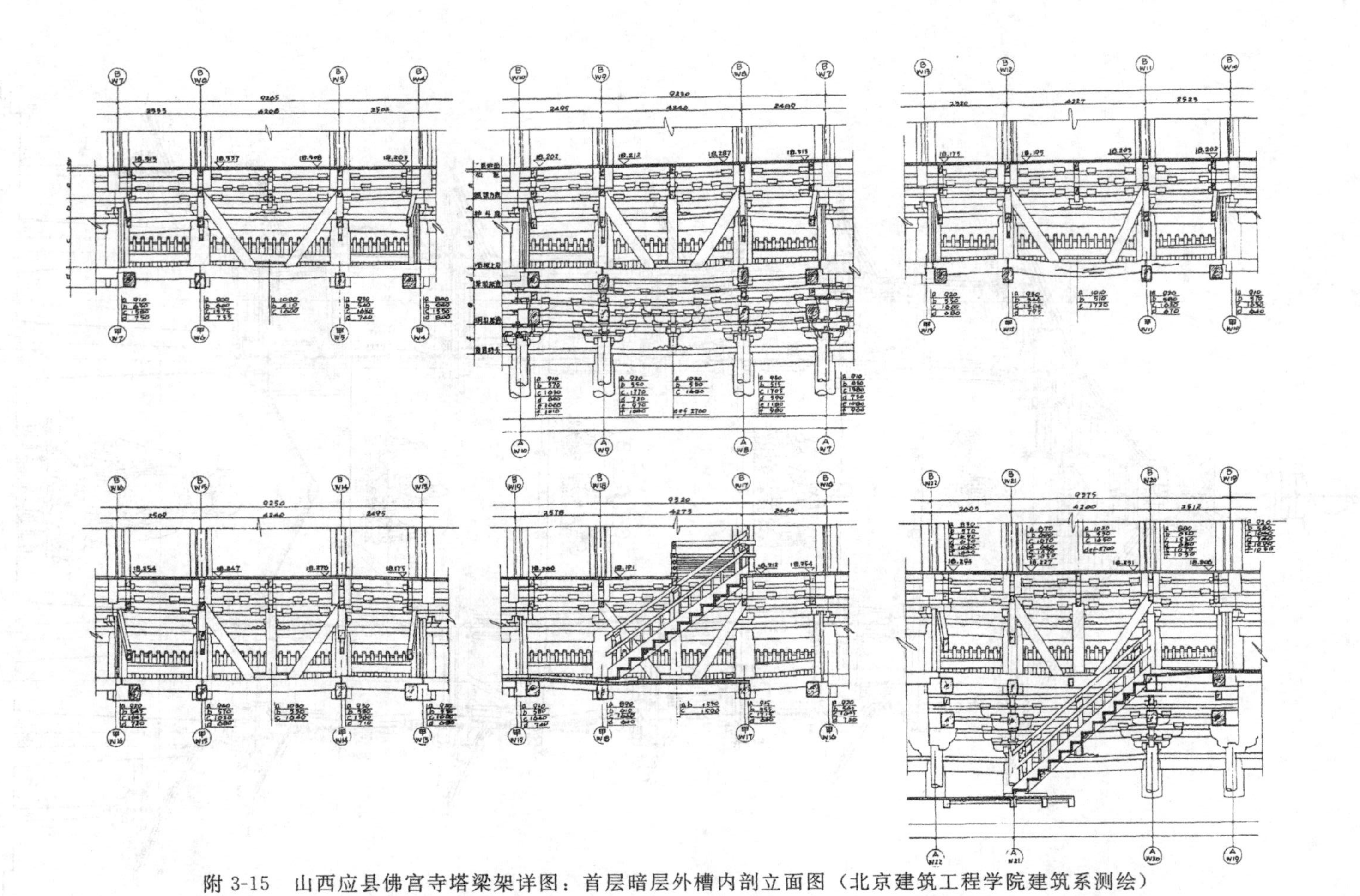

附 3-15　山西应县佛宫寺塔梁架详图：首层暗层外槽内剖立面图（北京建筑工程学院建筑系测绘）

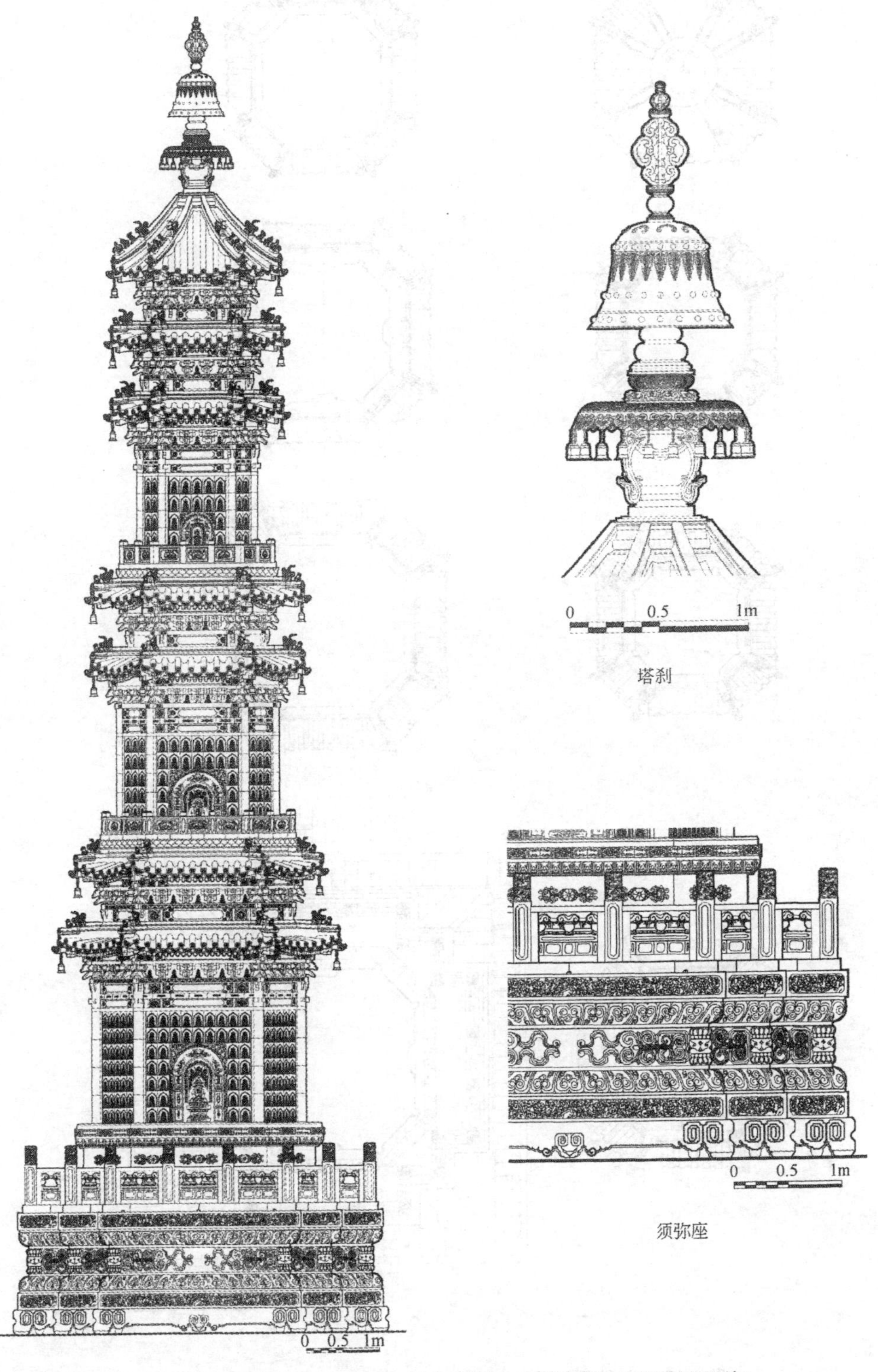

附 3-16 北京颐和园多宝塔立面图及细部（天津大学建筑学院测绘）

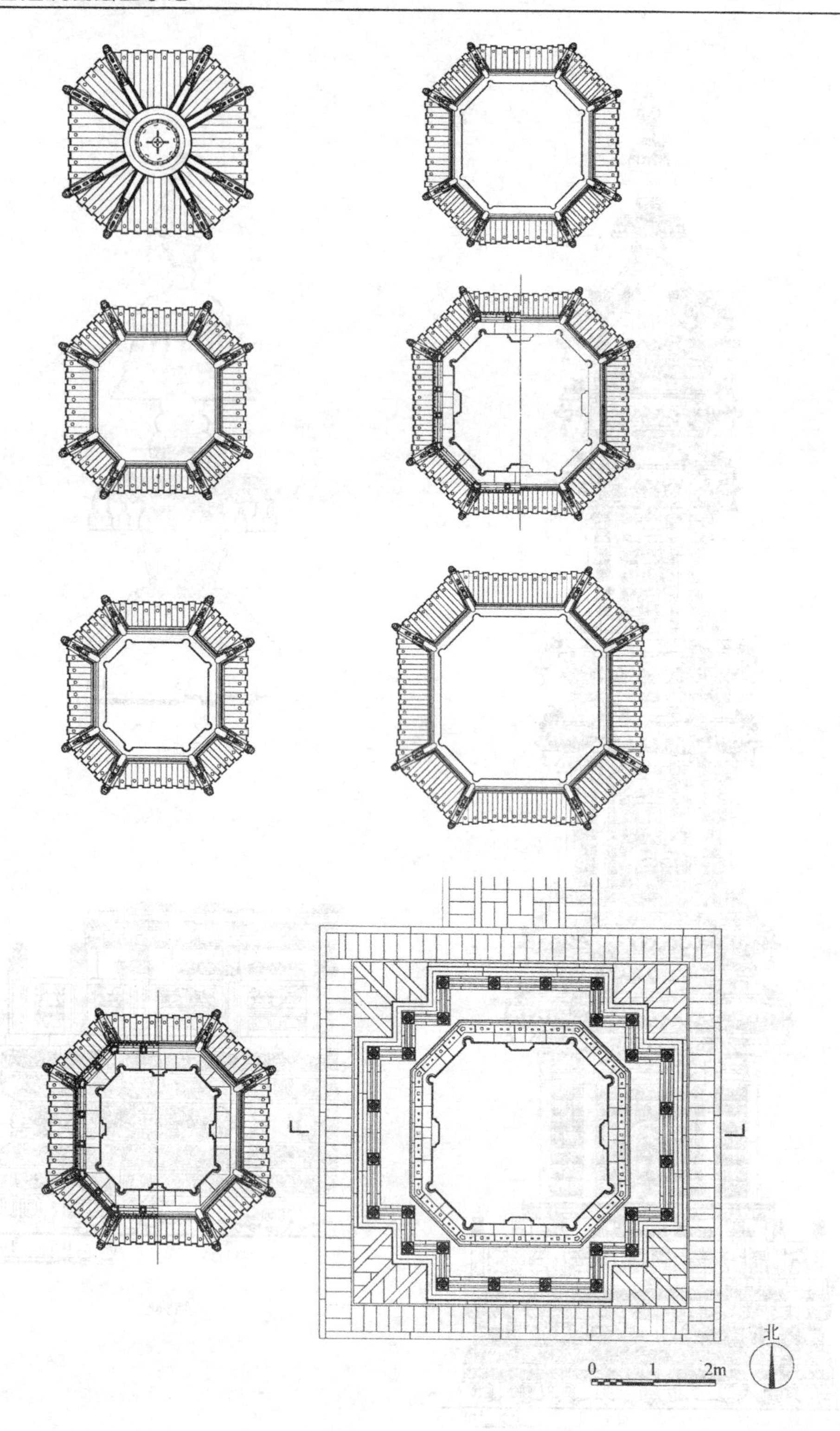

附 3-17　北京颐和园多宝塔各层平面（天津大学建筑学院测绘）

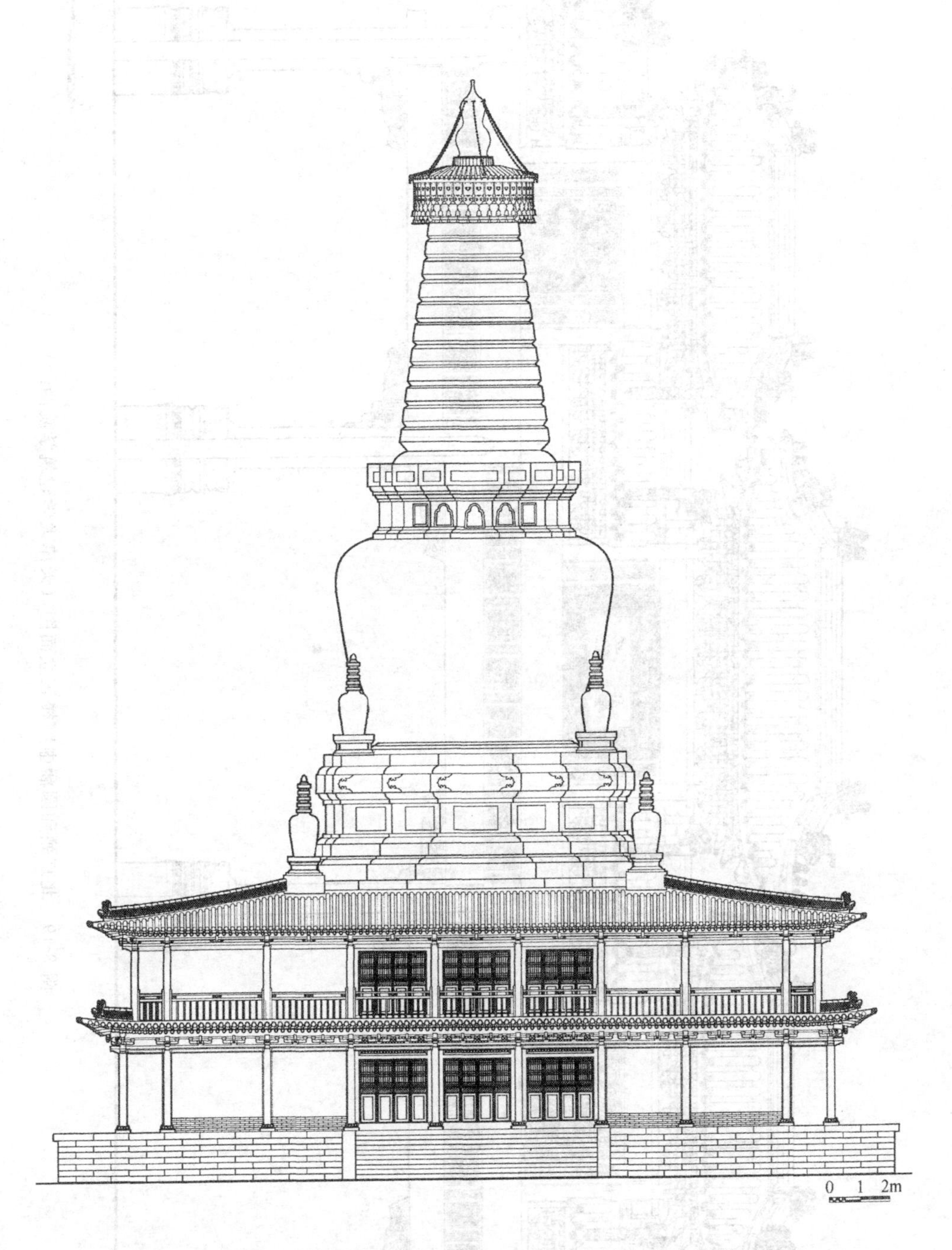

附 3-18　甘肃张掖大佛寺弥陀千佛塔立面图（天津大学建筑学院测绘）

7　牌楼

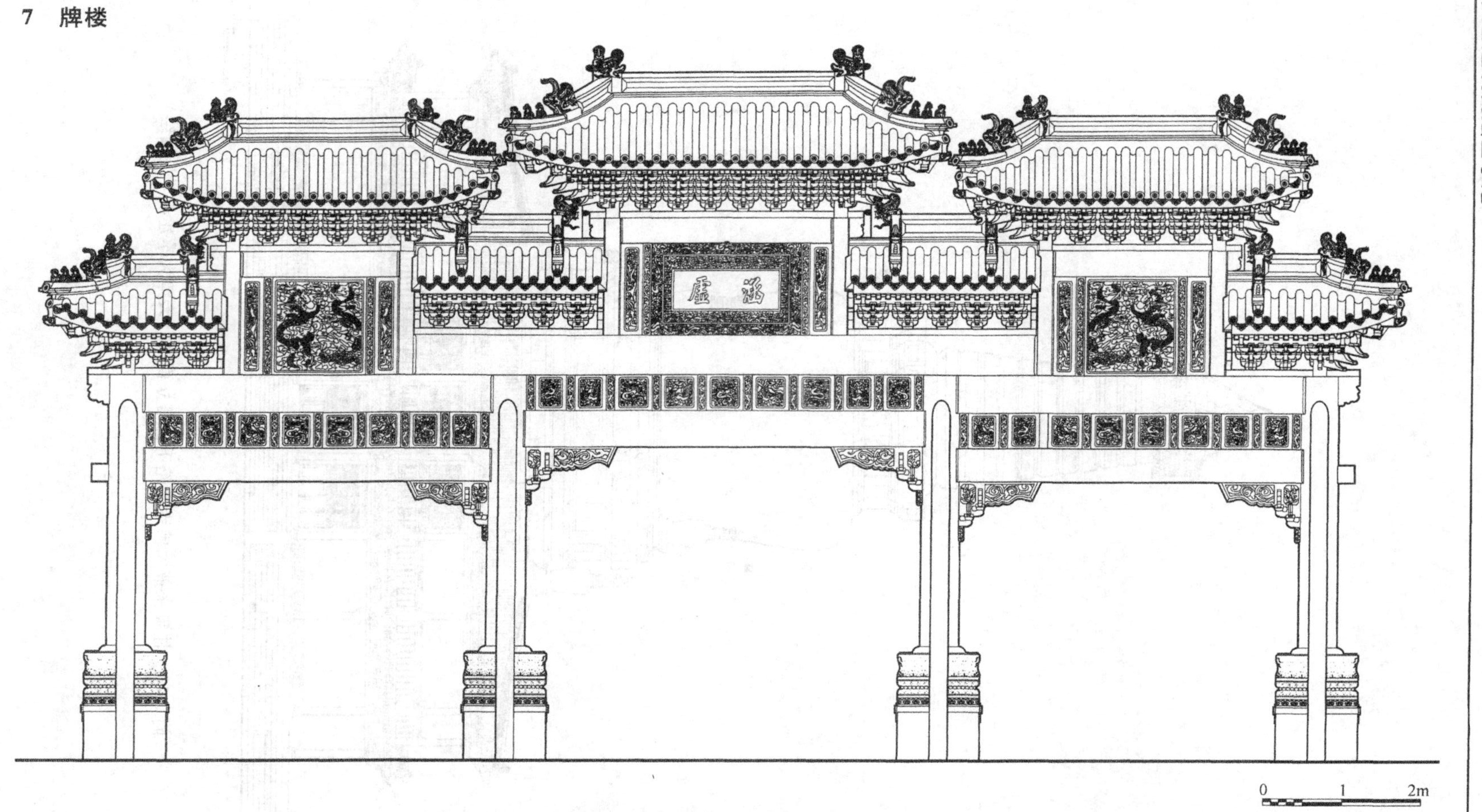

附 3-19　北京颐和园涵虚牌楼正立面图（天津大学建筑学院测绘）

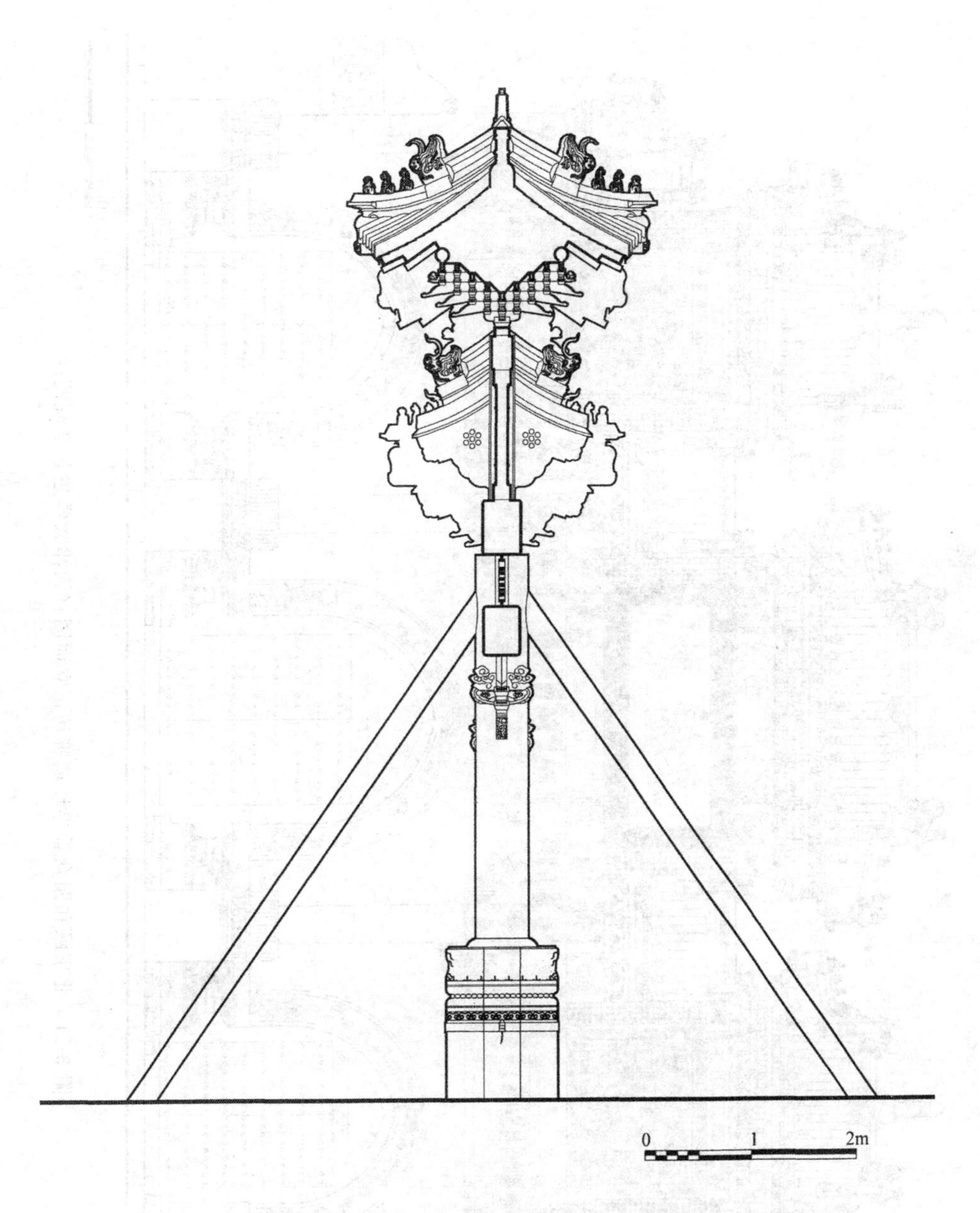

附 3-20　北京颐和园涵虚牌楼横剖面图（天津大学建筑学院测绘）

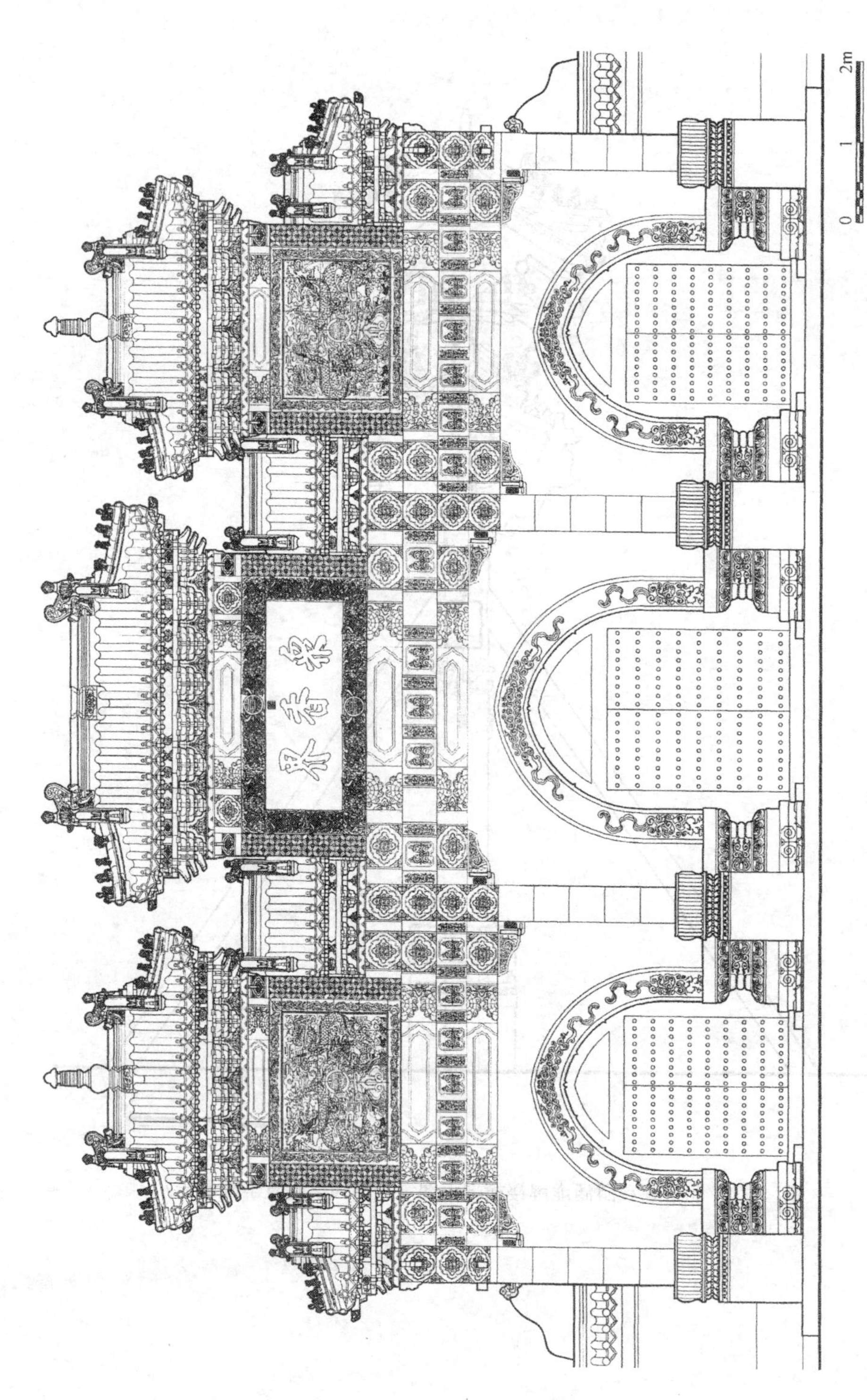

附 3-21　北京颐和园众香界琉璃牌坊正立面图（天津大学建筑学院测绘）

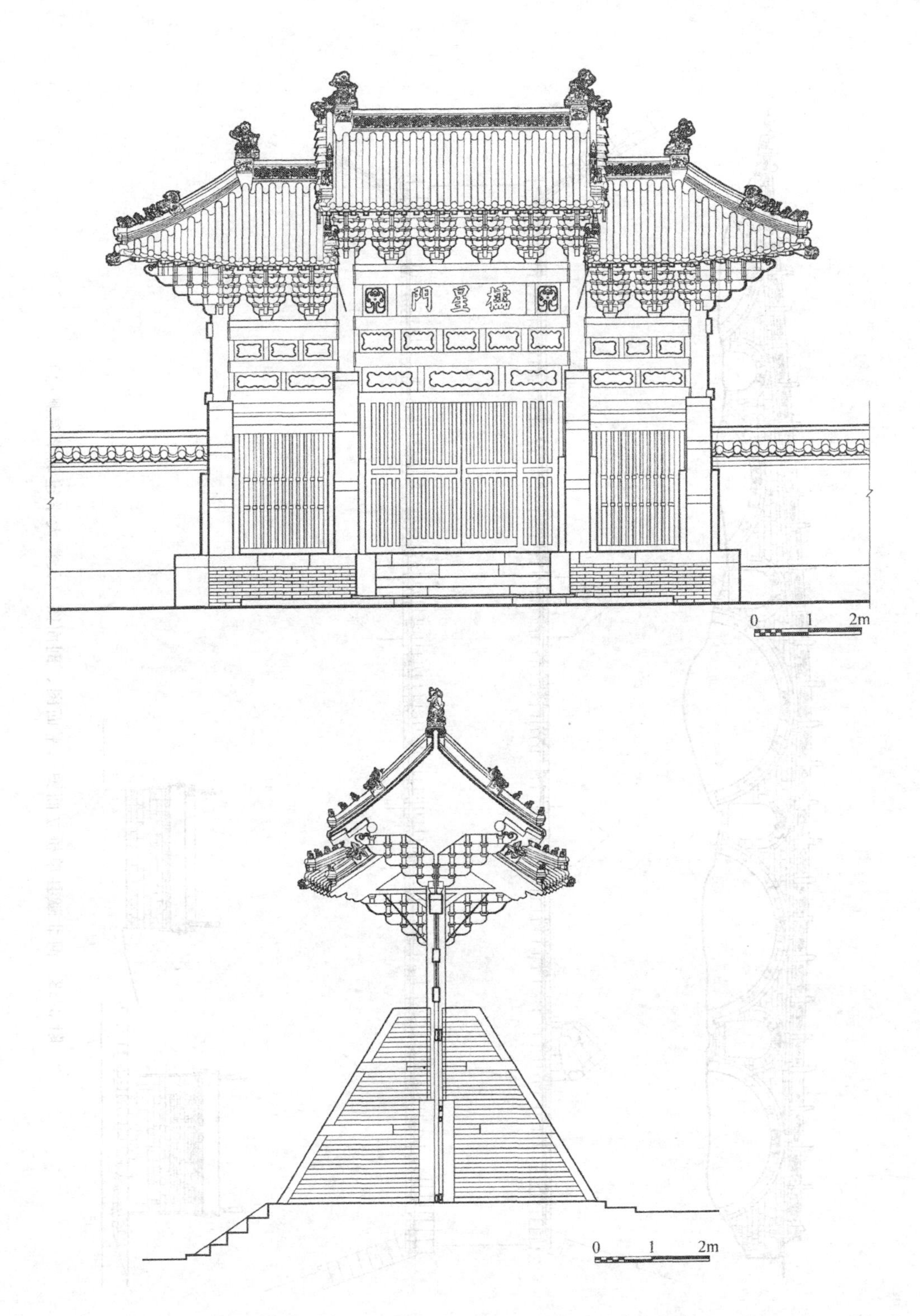

附 3-22 山东邹城孟庙棂星门立面图、横剖面图（天津大学建筑学院测绘）

8　石桥

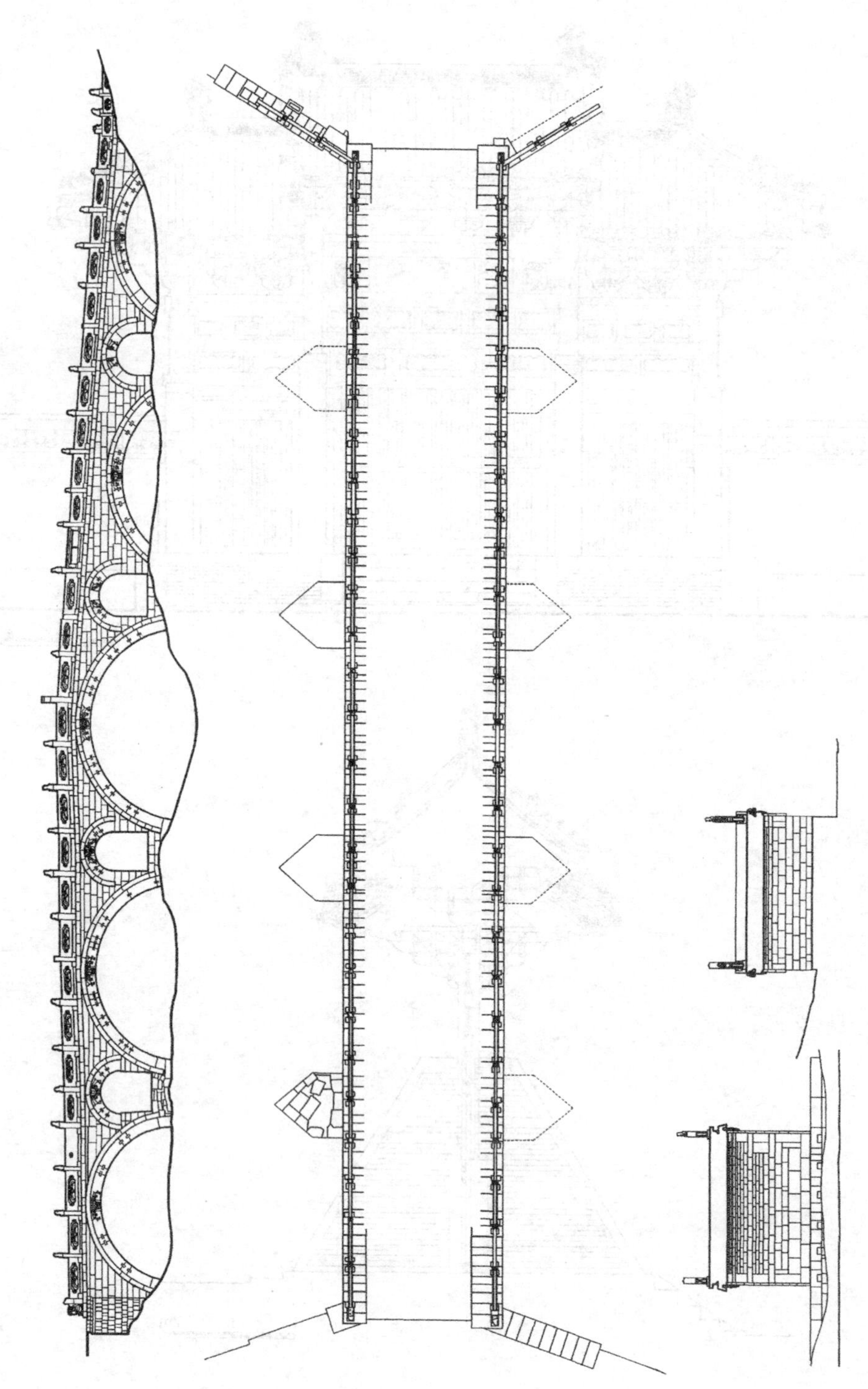

附 3-23　河北献县单桥立面图、平面图、剖面图（天津大学建筑学院测绘）

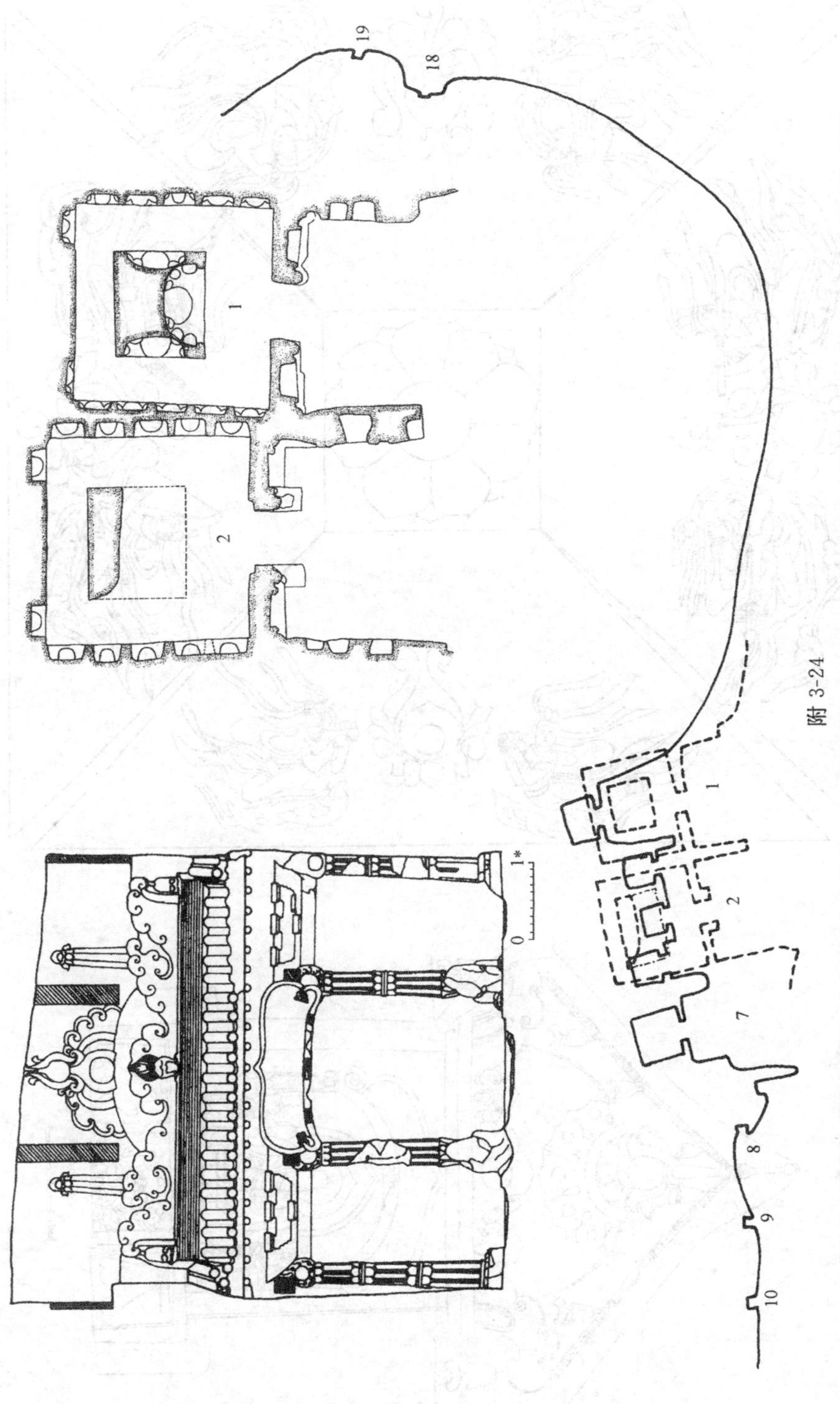

附 3-24

左：河北南响堂第七窟立面图　右：河北南响堂第一、二窟平面图　下：河北南响堂石窟寺洞窟分布图（北京大学考古文博学院测绘）

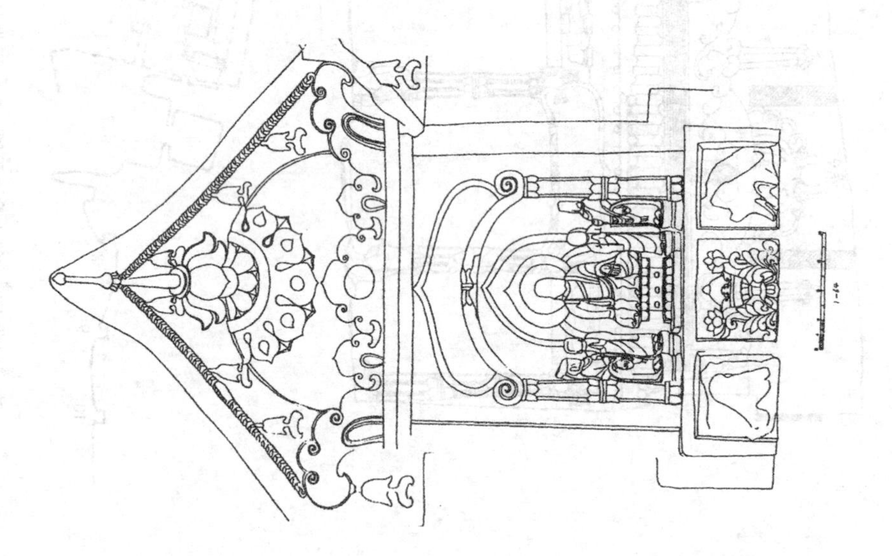

附 3-25
左：河北南响堂第一窟第 64 号小龛立面图 右：河北南响堂第七窟飞天藻井

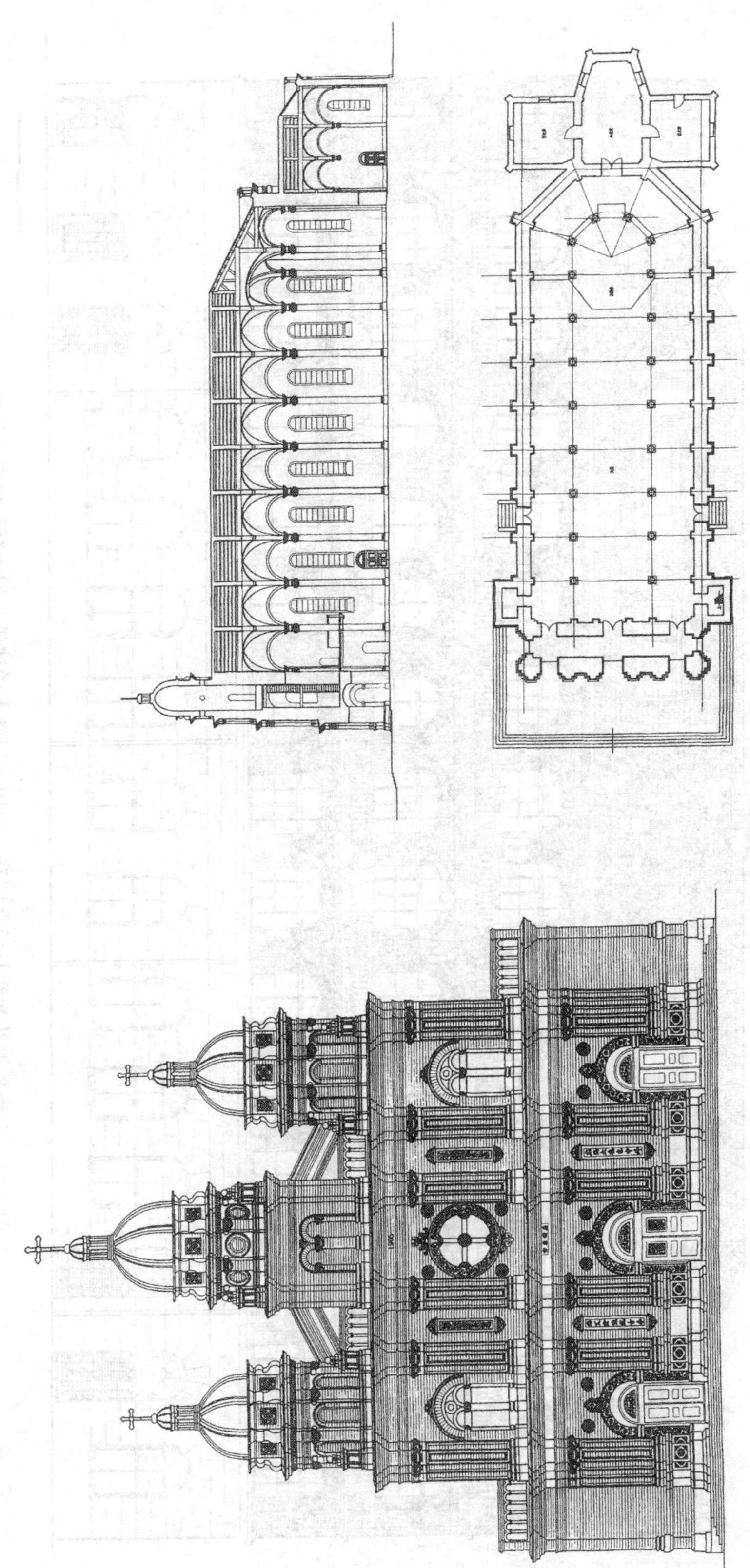

附 3-26　北京王府井东堂立面图、剖面图、平面图（清华大学建筑学院测绘）

附 3-27 上海外滩礼和洋行沿九江路立面图（同济大学建筑与城市规划学院测绘）

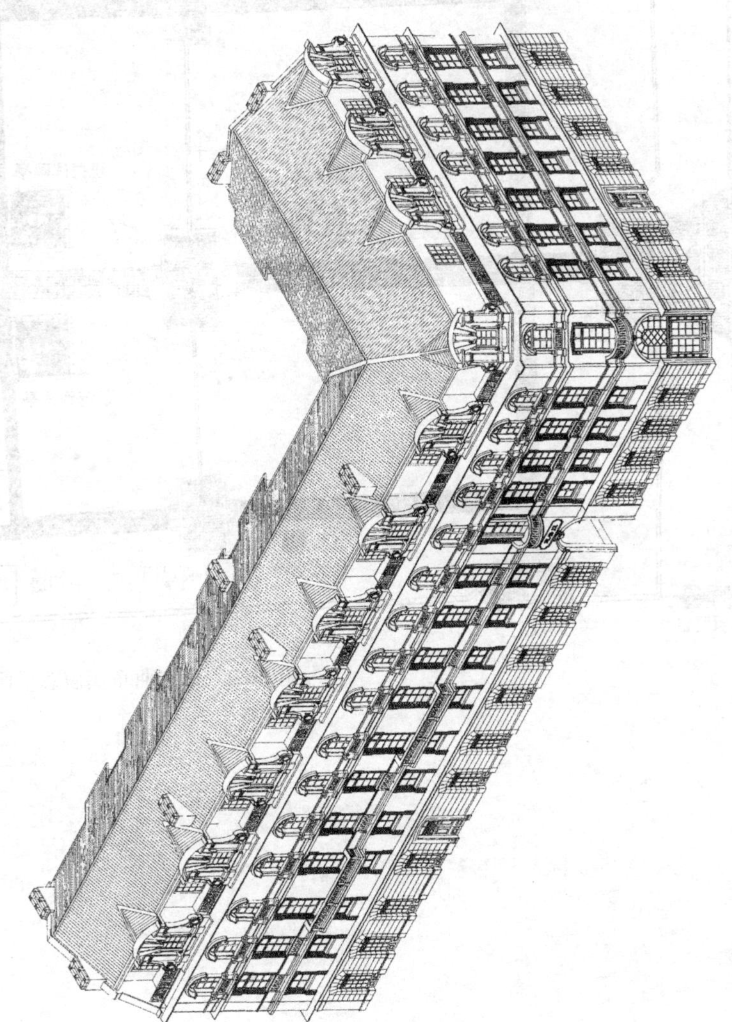

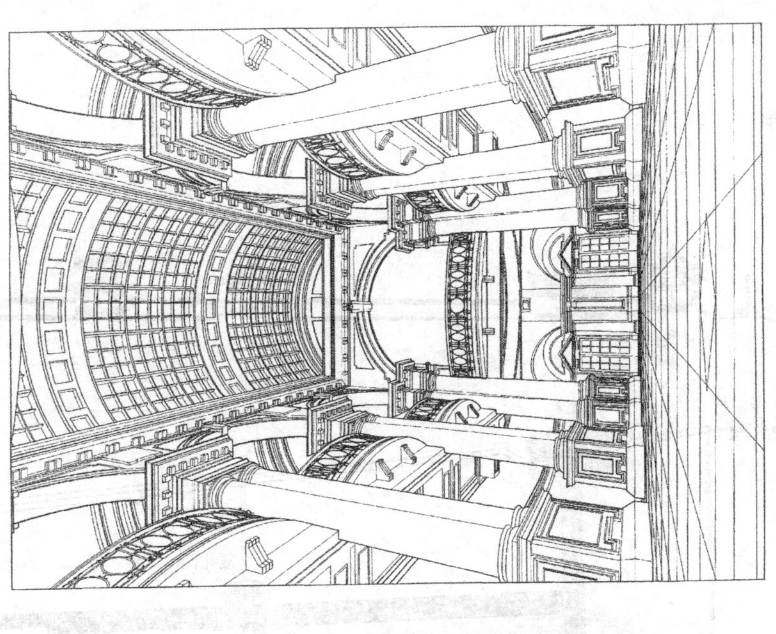

附 3-28

左：上海慈安里轴测图　右：上海外滩上海总会室内透视图（同济大学建筑与城市规划学院测绘）

11 建筑组群

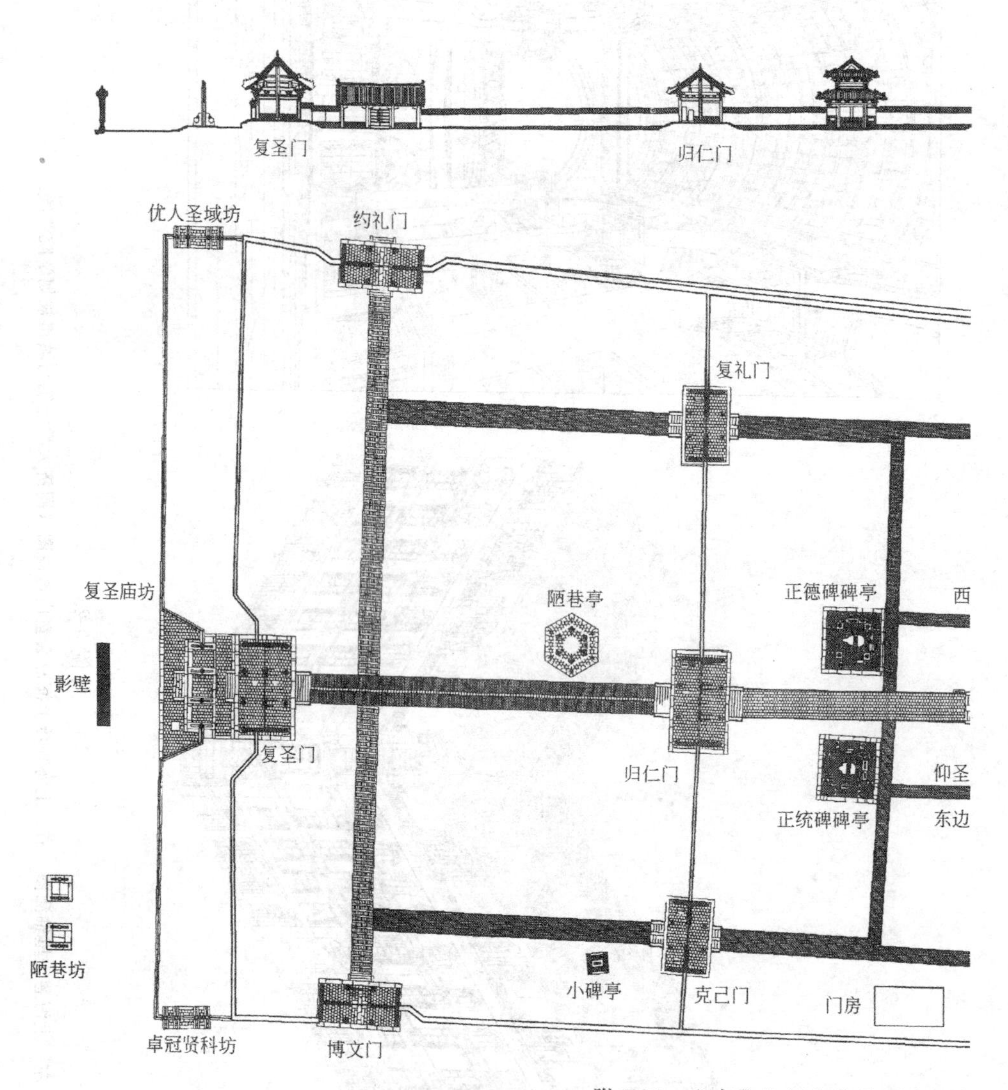

附 3-29 山东曲阜颜庙总平面图、总

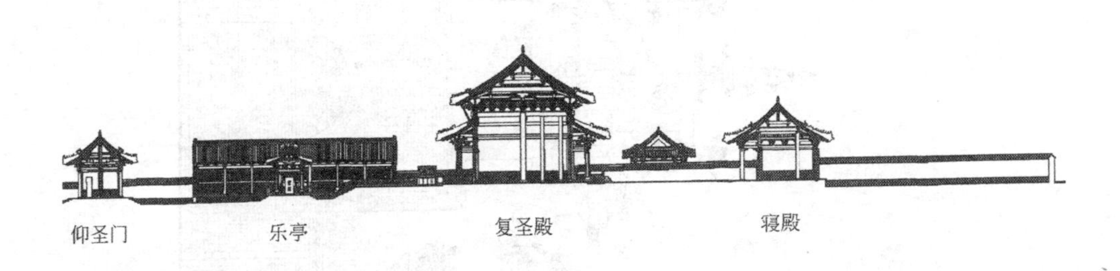

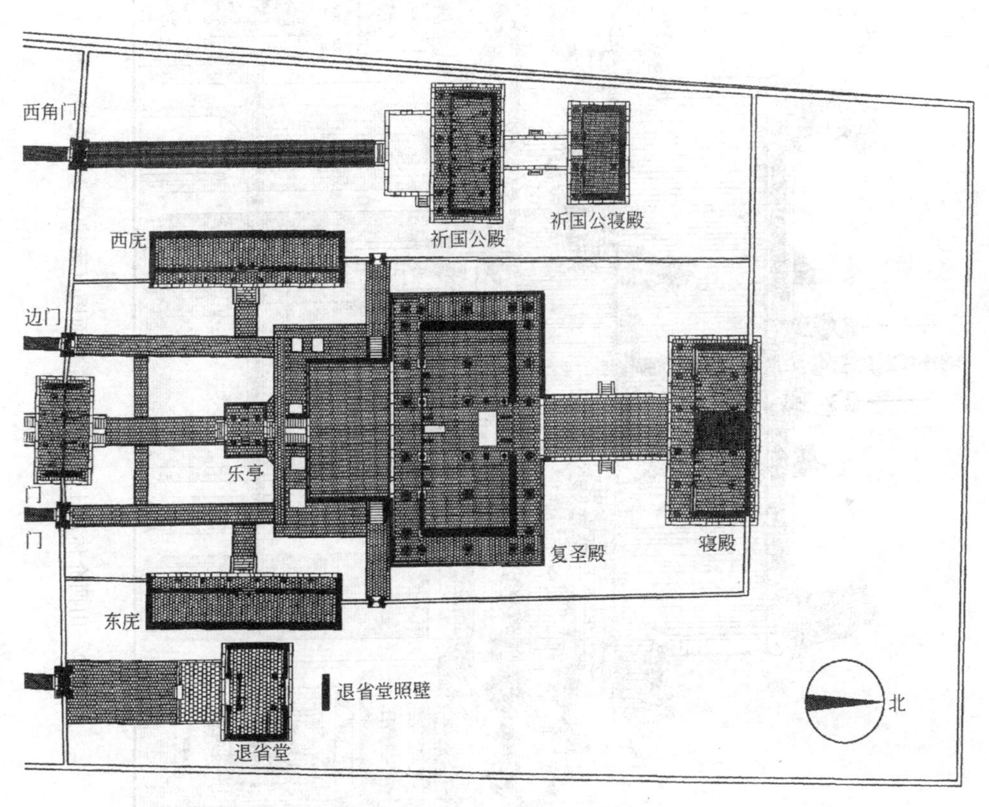

剖面图（天津大学建筑学院测绘）

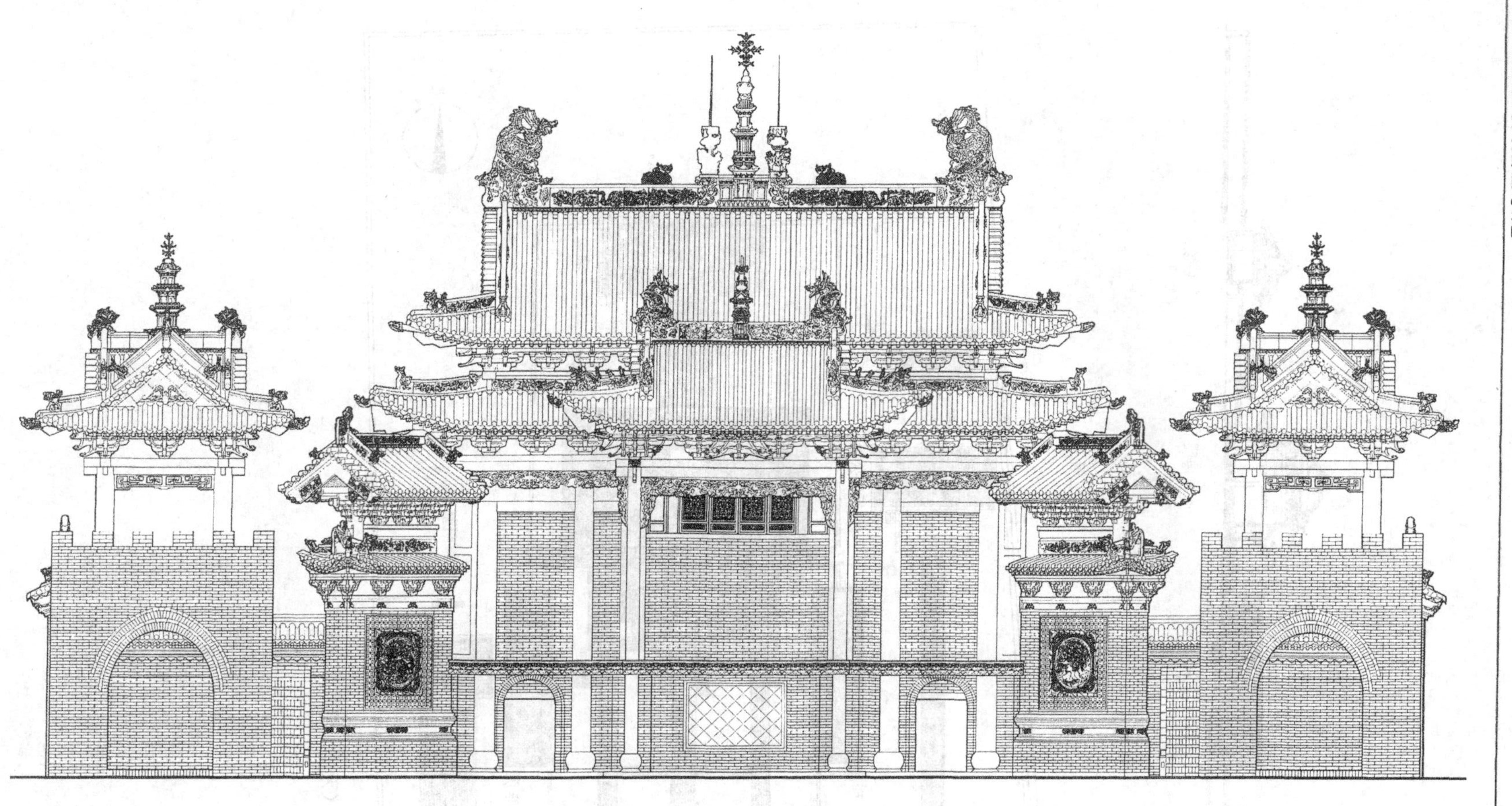

附 3-30 山西介休后土庙戏台组群立面图（天津大学建筑学院测绘）

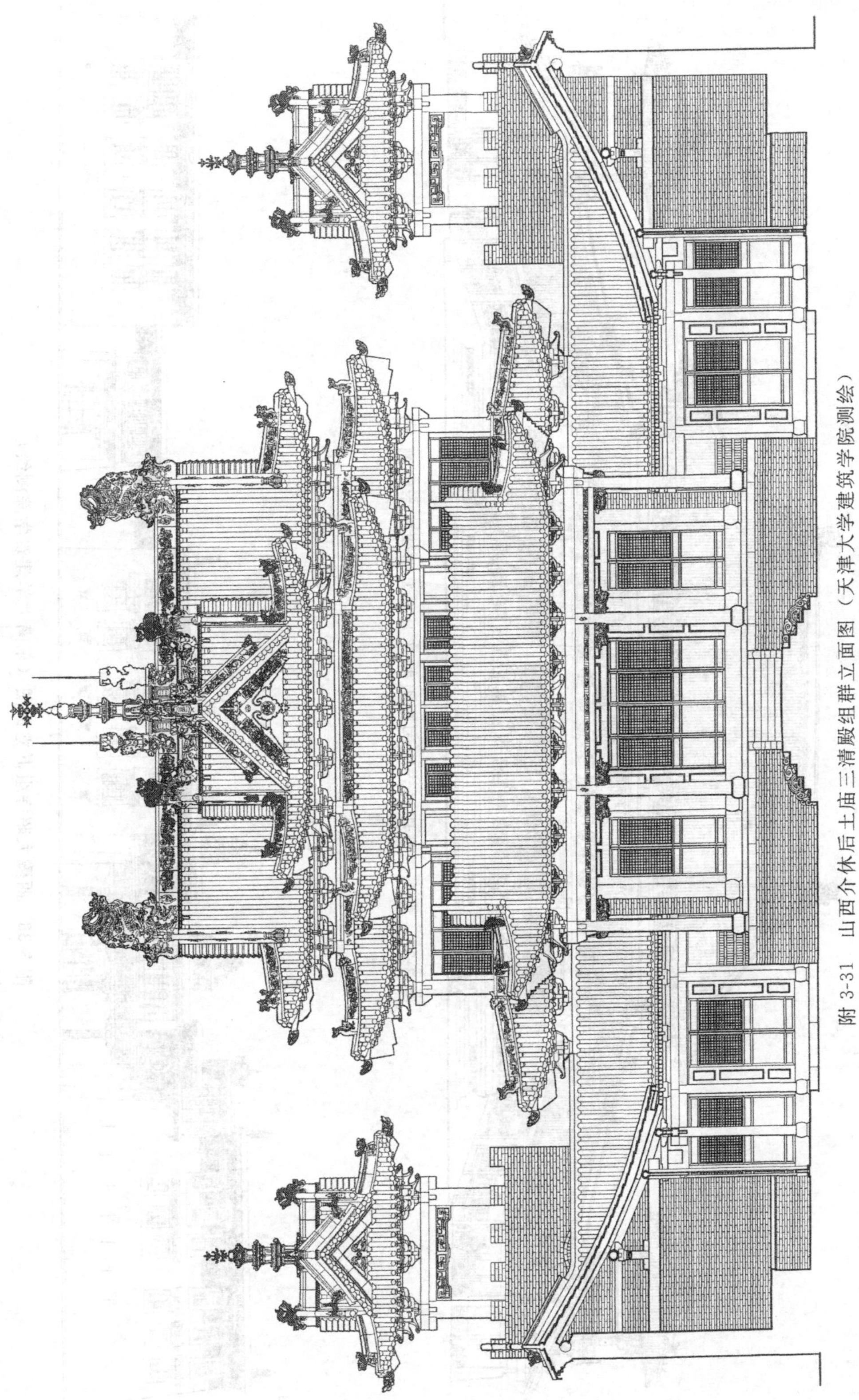

附 3-31　山西介休后土庙三清殿组群立面图（天津大学建筑学院测绘）

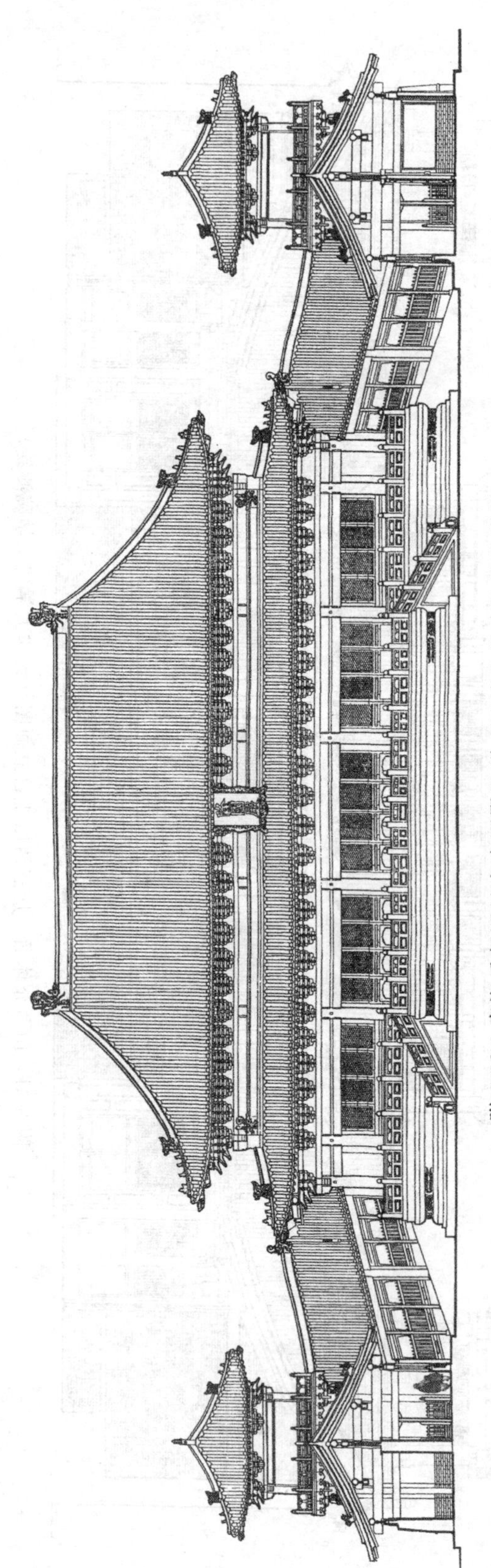

附 3-32　青海乐都瞿昙寺隆国殿组群（天津大学建筑学院测绘）

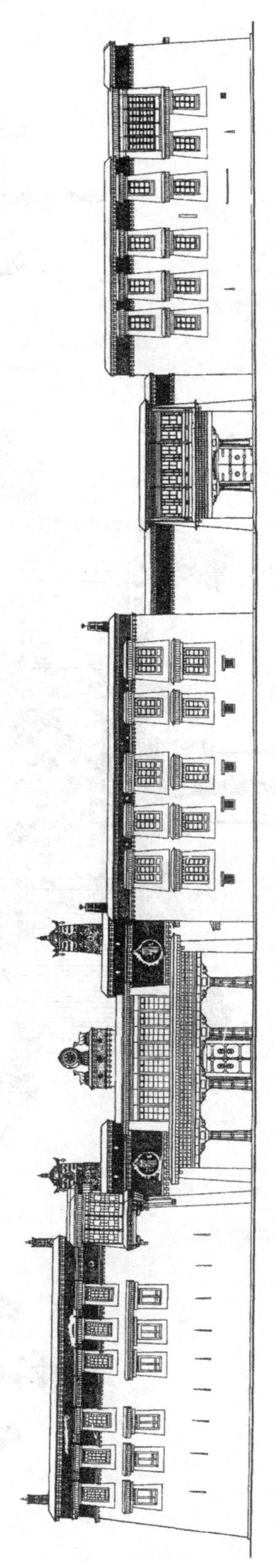

附 3-33　西藏大昭寺组群立面图（东南大学建筑学院测绘）

附 3-34　山西浑源悬空寺组群立面图（天津大学建筑学院测绘）

附 3-35 山东曲阜孔庙大成殿组群

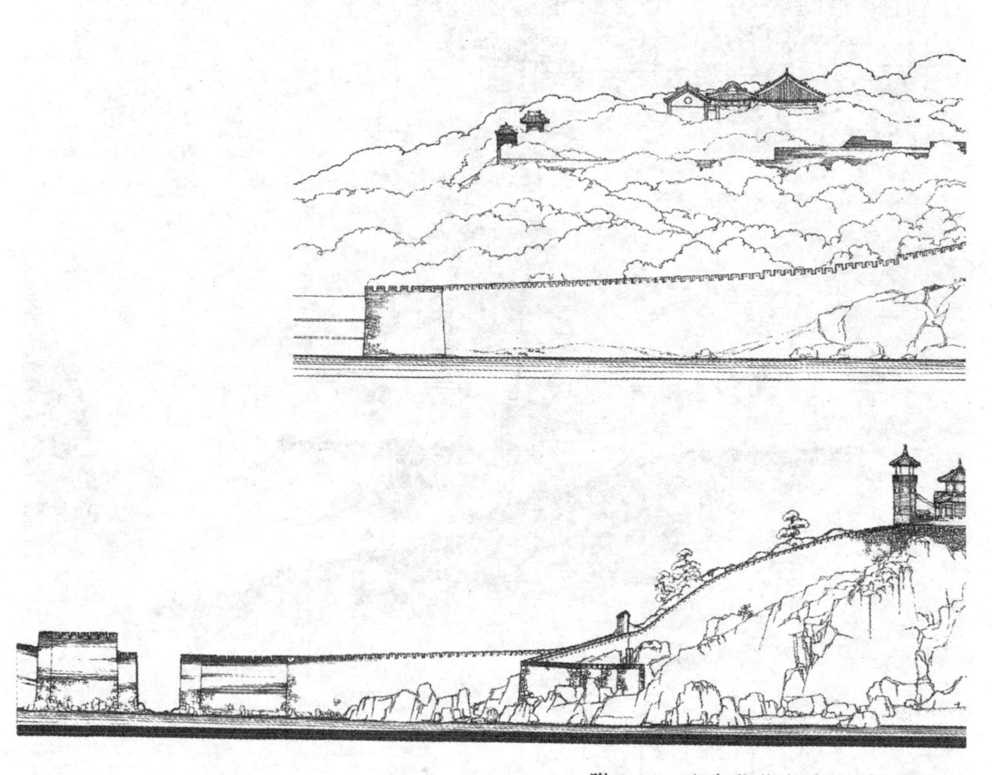

附 3-36 山东蓬莱水城及蓬莱阁组群

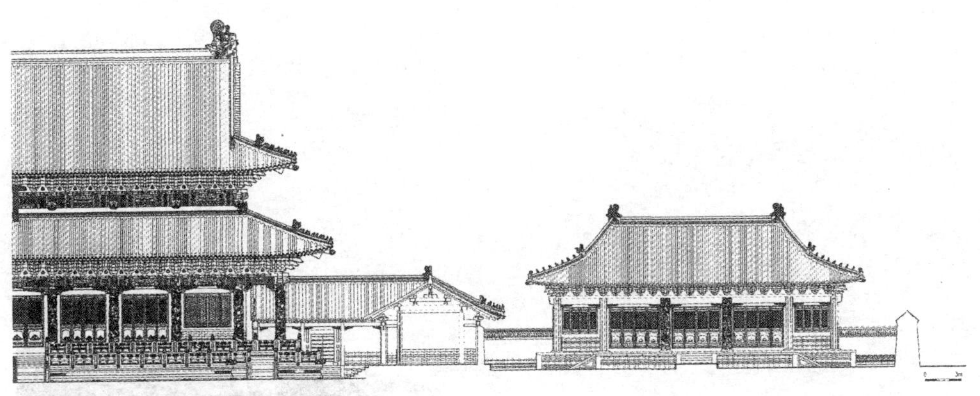

立面图（天津大学建筑学院测绘）

立面图（天津大学建筑学院测绘）

附 3-37 北京北海琼岛北坡组群

附 3-38 北京北海太液池北岸组群

立面图（天津大学建筑学院测绘）

立面图（天津大学建筑学院测绘）

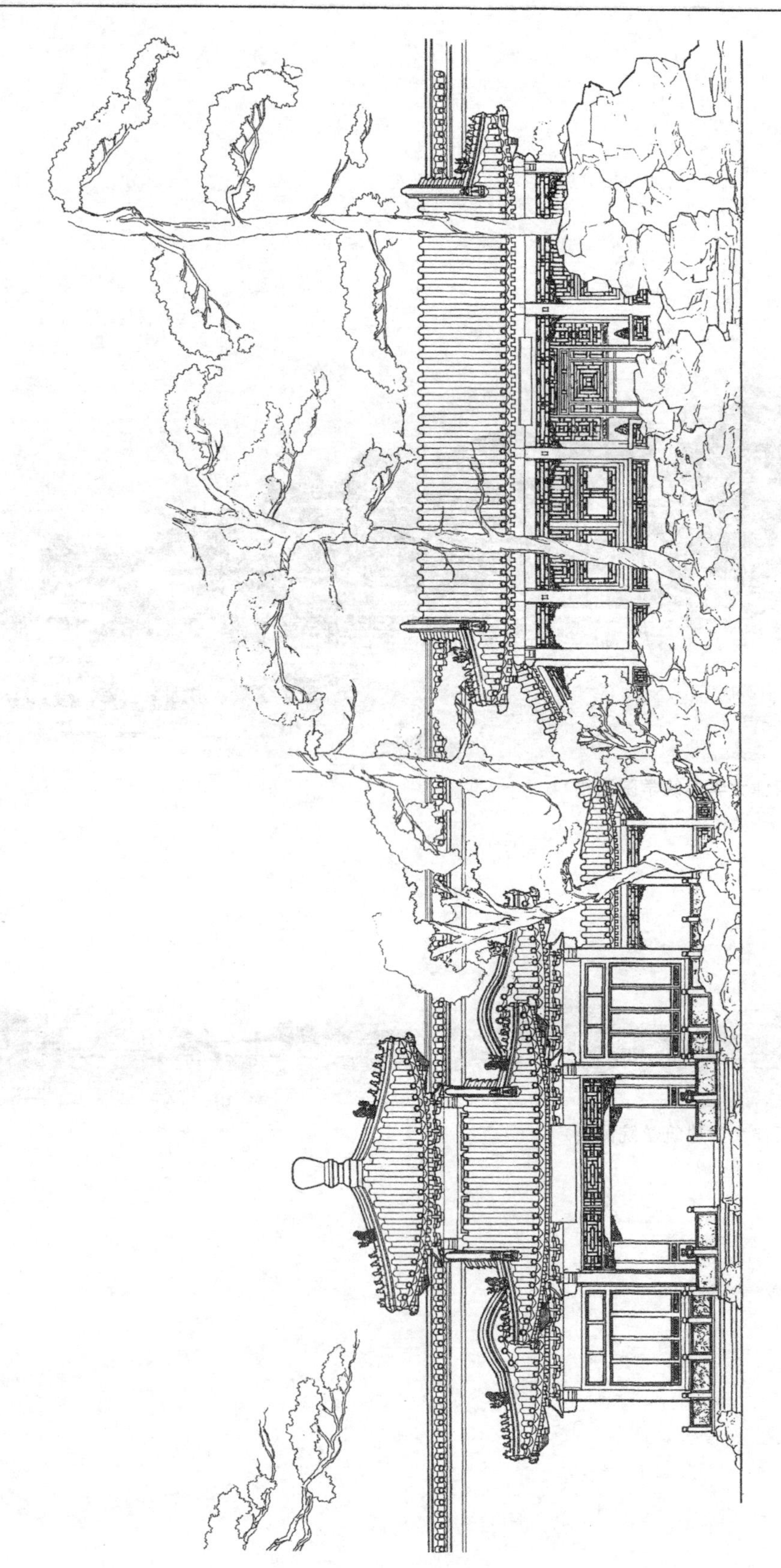

附 3-39　北京故宫宁寿宫花园禊赏亭、旭晖亭正立面图（天津大学建筑学院测绘）

附 3-40 苏州留园冠云峰庭院组群剖面图（东南大学建筑学院测绘）

附 3-41　苏州留园冠云峰庭院鸟瞰图（东南大学建筑学院测绘）

12　建筑细部

0　0.1　　　0.5m

附 3-42　山西介休城隍庙西朵殿琉璃件大样图（天津大学建筑学院测绘）

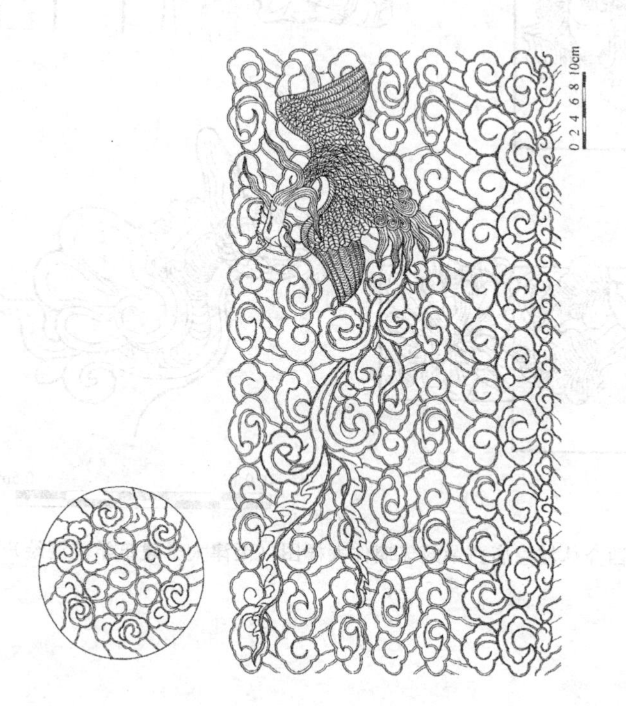

附 3-43

左：北京太庙享殿望柱头俯视及立面展开图 右：北京太庙后殿丹陛大样图（天津大学建筑学院测绘）

附 3-44　北京北海九龙壁立面图局部（天津大学建筑学院测绘）

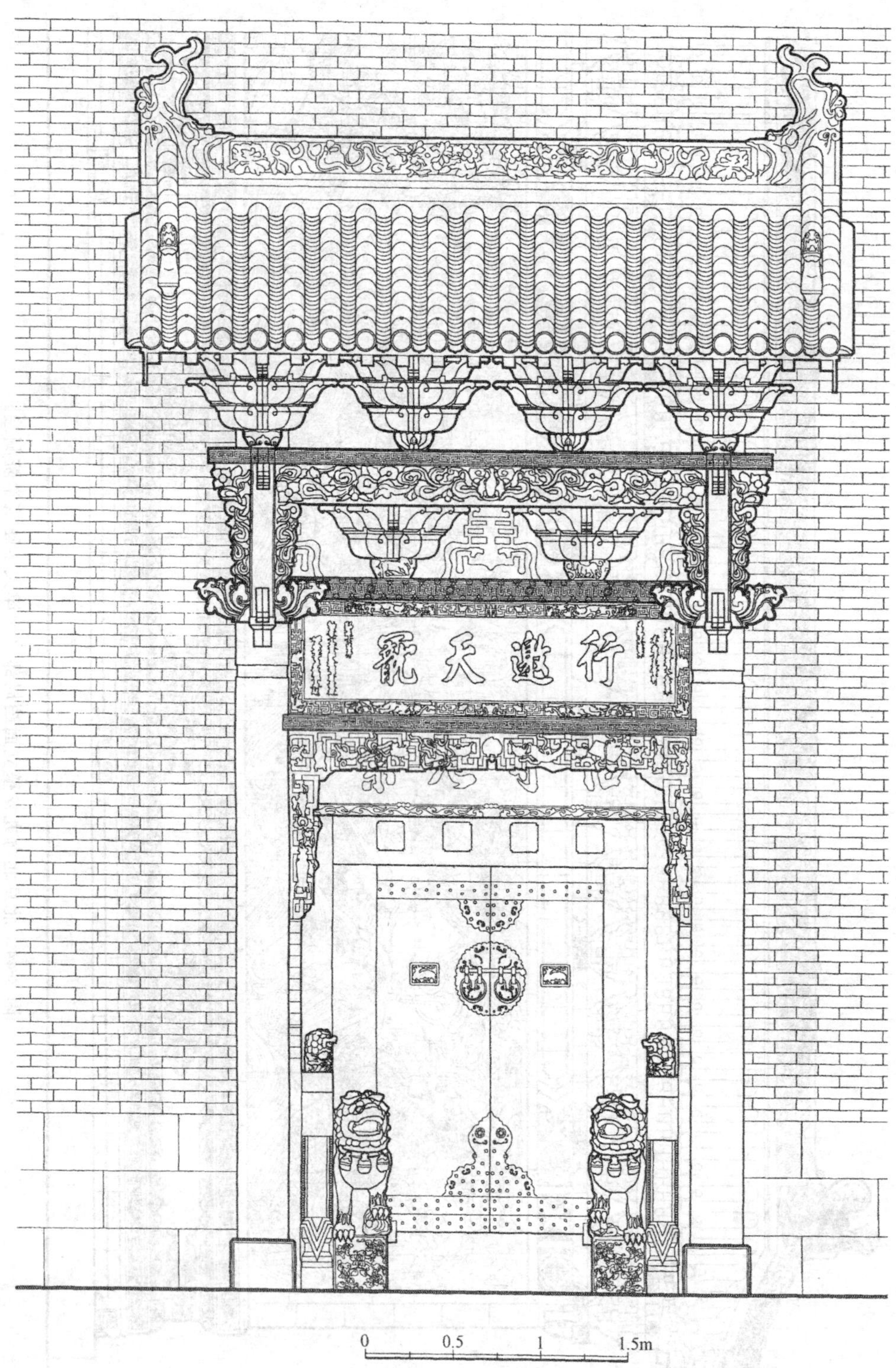

附 3-45　山西西文兴村住宅门（清华大学建筑学院测绘）

附录四　常见及典型错误速查表

1　一般性问题

序号	错误级别	错 误 表 现	相关内容所在页码	说　明
1	★★★	重要数据不完整或有严重错误以致不能完成全部图纸	—	
2	★★★	编造数据	—	
3	★★★	测量成果不做现场核对	122	
4	★★★	习惯于把最终的正式图纸当作测绘成果，轻视测稿的重要性	67	
5	★★★	认为草图只是自己的事，别人是否看懂无所谓，因而潦草从事	67	
6	★★★	杜撰、臆测暂未探明的部分 例如：在飞椽后尾未探明的情况下推测杜撰	55,71	暂未探明部分留白
7	★★★	在参阅范图时，不管范图所画的对象是否与当前对象相同，直接抄袭	69	

2　组织分工问题

序号	错误级别	错 误 表 现	相关内容所在页码	说　明
1	★★★	初学者在仪器草图阶段使用计算机	58	
2	★★★	测量开始时组内成员彼此之间分工不明确，导致制图阶段有些视图无人负责，或中途易人，造成混乱	62	
3	★★★	出现一人包揽所有平面图、另一人又负责所有立面图、而第三人负责所有剖面图等类似情形，既造成工作量不平均，又极易形成对建筑的片面印象	62	
4	★★★	作图时互不交流，不同视图由不同组员完成时，投影关系不一致	62	
5	★★★	组员之间画地为牢，出现负责平面的同学不积极参与梁架、屋面测量工作等类似现象	62	
6	★★★	将大样图的不同视图割裂，分人单画。如把门窗的平、立、剖面分别分给负责平面、立面和剖面的人，无端增加互相扯皮、数据不合的机会	85	

3　测量问题

序号	错误级别	错 误 表 现	相关内容所在页码	说　明
1	★★★	同一方向的成组数据能分段测量后叠加，作为总尺寸	89	可能的情况下，同一方向的成组数据必须一次连续读数
2	★★★	测量一组结构或某一构件时，随意测量不同位置的构件尺寸，"拼凑"成完整的尺寸	86	必须尽可能在这组结构内或针对这一组构件进行测量
3	★★★	误将双心券当作半圆券测量，造成偏差。实际上北方明清建筑上很少见到半圆券	92	

续表

序号	错误级别	错误表现	相关内容所在页码	说明
4	★★	拓样过程中为图省事，省略最后描画的步骤	93	拓取不太清楚的内容必须在现场用粗铅笔描画清楚
5	★★★	拓样时未分清可拓部分和不可拓部分，造成数据失准或漏量	116	不可拓的部分必须测量其尺寸，不可疏漏
6	★★★	未经测量就假定六角柱、八角柱断面为正六边形、正八边形，只测量一个边长就万事大吉	103	应使用连续读数法测出总尺寸及倒角尺寸
7	★★★	主观认为各桁(檩)的水平间距是均等的，可从总尺寸上均分得到，因而放弃测量	110	必须测量所有桁(檩)的水平距离
8	★★★	各桁(檩)只测量左右径或只测量上下径	112	必须同时测量上下径和左右径
9	★★★	未注意梁头、梁身尺寸上的变化，未能分别测量	112,113	
10	★★★	测量屋面曲线时忽视了曲线的起止点	118	必须交代清楚曲线起止点的定位尺寸
11	★★★	只量取的吻兽的轮廓尺寸而漏量了定位尺寸	118,120	
12	★★★	用简易方法进行总图测量时，默认院墙之间的平行或正交的关系，不进行基线控制，用碎部尺寸叠加成总尺寸或定位尺寸	135,136	必须使用基线控制

4 制图一般问题

序号	错误级别	错误表现	相关内容所在页码	说明
1	★★	草图按铅笔素描起稿的方法，试探性线条过多	69,70	应尽量使用清晰肯定的线条
2	★★	未在草图上标明图签等内容，造成辨识困难	68	必须在每一页草图(测稿)上写清必要的信息
3	★★★	认为门窗大样就是门扇、窗扇的大样图而忽略了其他部分	84	必须交代清楚门窗的槛框及与其相连的柱、枋、墙体，以及开启方式等

5 平面图相关问题

序号	错误级别	错误表现	相关内容所在页码	说明
1	★★★	无定位轴线或定位轴线尺寸有误	158	
2	★★	漏画指北针、剖切符号等	158	
3	★★	欠缺与相邻建筑的交接内容或交接关系有误	73	
4	★★	欠缺建筑周围道路、散水及重要附属文物	74	
5	★★	铺地漏画或未能准确反映其铺装规律	73	
6	★★	门窗未按投影画而误按图例画	51	按投影画
7	★★	漏画墙体下碱看线	73	剖切部位应为下碱以上
8	★★	柱础不完整，如未画古镜、鼓座等	72	
9	★	门未“打开”	73	按打开90°画

6 立面图相关问题

序号	错误级别	错误表现	相关内容所在页码	说明
10	★★★	无定位轴线或定位轴线与平面图不符	158	
11	★★★	数瓦垄时不看分布规律，只计总数，造成局部有误，关系失调	76	必须根据实际分布规律，分段数清
12	★★★	数椽子时不看分布规律(如未按间计数)，造成局部椽数有误，椽与柱中(梁头)关系失准	76	必须根据实际分布规律，分间计数
13	★★★	翼角端部瓦件交待不清或有误，例如： 1 瓦件不齐全，漏画线脚 2 水平线脚的正面投影误画成倾斜	75	空间中的水平线其正面投影亦为水平
14	★★★	翼角端部瓦件尺寸有误，例如： 1 总高比实际尺寸小 2 45°戗脊上的筒瓦比正常尺寸小	74	
15	★★★	屋脊上本应相互平行的线脚误画为不平行		
16	★★★	忽略正、斜当沟的高度		
17	★★	翼角椽、翘飞椽、角梁走向有误		
18		漏画墙体上的砖缝或所画有误	77	必须交代清楚摆砌方式及砖缝形式
19	★★★	虽然宏观上注意了砖缝形式，但忽略了转角、尽端的细部处理，导致上述部位失准	77	
20	★★★	漏画台帮上的阶条石、角柱、砖缝等内容	77	
21	★	外墙上的透风眼未对柱中	101	
22	★★★	歇山屋顶中戗脊、垂脊、山花、挂尖交接处有误，例如 正、斜当沟交界处不对筒瓦	75	
23	★★	搏风上的梅花钉或悬鱼、惹草等与檩子出头不对位	74,75	
24	★★★	排山沟滴有误，例如： 1 瓦垄倾斜误画为水平 2 正立面中筒瓦均匀分布 3 侧立面中筒瓦的投影有误	75	1 按实际坡度画出； 2 按侧立面求出正确投影； 3 筒瓦一般为竖直
25	★★★	吻座或兽座未画或草率了事	83	
26	★	垂兽前漏画托泥当沟或其他处理方式	76	
27	★★★	檐口曲线、屋脊曲线有误	73,107,119	
28	★	柱子与梁枋交接处相贯线有误，柱子与签尖、围脊等斜面的截交线有误。例如： 额枋本身有滚楞(倒角)，与柱子交接处又需做出回肩。若不加分析，极易画错	74	其他截交线、相贯线类同

7 剖面图相关问题

序号	错误级别	错误表现	相关内容所在页码	说明
1	★★★	无定位轴线或定位轴线与平面图不符	158	
2	★★★	檐口部分有误，例如： 1 苫背太薄或太厚 2 飞椽走向不对，造成椽尾过长或过短 3 误将檐椽画成弯曲或弯折的 4 画出飞椽后尾等未探明部分	 124 79,80 71 	
3	★	漏画闸挡板或相应部位填充的砖、泥等	—	见光盘游戏

续表

序号	错误级别	错误表现	相关内容所在页码	说明
4	★★	套兽、戗兽等画反(错误套用立面图形式)	见游戏内容	
5	★★★	角梁走向与翘、冲尺寸不符	见游戏内容	
6	★★★	角梁漏画或投影有误(包括后尾、梁身)	81	后尾应为45°投影,梁身应能看到底面
7	★★	漏画衬头木	82	
8	★★	误用梁身尺寸代替梁头尺寸	78	
9	★★★	梁上的桁(檩)碗弧线大于180°(半圆),使檩头难以放入	78	不可能大于半圆
10	★★	各椽交接处节点有误	79	应探明具体搭接方式
11	★★	翼角瓦垄有误,例如: 1　误画出沟头正面(椭圆) 2　瓦垄数目不对,起点有误 3　瓦垄不平行 4　斜当沟处高度不足	见游戏内容	1　应为圆面的积聚投影 2　按实际画 3　实际应为平行 4　按当沟实际高度画
12	★★	纵剖面中漏画椽子或椽子排列有误	见游戏内容	
13	★★	漏画墙面砖缝或砖缝形式有误	77	

8　梁架仰俯视图、屋顶平面图等相关问题

序号	错误级别	错误表现	相关内容所在页码	说明
1	★★★	无定位轴线或定位轴线与平面图不符	158	
2	★★★	仰视图未采用镜像投影	80	
3	★★★	仰视图角梁轴线与屋顶平面戗脊轴线不重合	—	
4	★★★	翼角椽、翘飞椽排列有误	81	
5	★★★	翼角椽、翘飞椽误画成“一头大、一头小”	81	
6	★	仰视图未注明“镜像”二字	80	

9　格式、标注、轮廓线等相关问题

序号	错误级别	错误表现	相关内容所在页码	说明
1	★★★	不理解三道尺寸线的层次递进关系,胡乱标注,例如: 1　中间尺寸线未标注轴线尺寸或下檐出尺寸而误标其他内容 2　总尺寸线未标注台基尺寸而误标墙体外包尺寸或散水尺寸(特殊情况者除外)	范围说明	
2	★★★	重要尺寸数字有误,例如: 相同部位在不同视图中的尺寸标注不一致	158	
3	★	标注文字大小不统一	范围说明	
4	★	尺寸界线漏画或方向不对,同一组标注中尺寸界线未对齐	范围说明	
5	★★	标高标注有误,例如: 1　误以毫米为单位 2　正数前误加“+”号 3　零值前未加任何符号 4　指示不明的情况下未加说明文字	范围说明	1　以米为单位 2　负数前加“-”号,但正数前不加任何符号 3　零值前加“±”号, 4　加必要的说明文字以免混淆
6	★★★	剖断部分的轮廓线不闭合	—	

续表

序号	错误级别	错误表现	相关内容所在页码	说明
7	★★★	剖面图或平面图中外轮廓线过粗	—	剖断线为粗实线（线宽 b），其他轮廓线不宜大于 $0.5b$
8	★	图签内容有误	—	
9	★★★	当所画内容与现状不符或有其他特殊情况时，未作必要的说明	55	

10　计算机制图相关问题

序号	错误级别	错误表现	相关内容所在页码	说明
1	★★★	计算机制图时只关心图面效果，忽视图层设置等内在信息的条理性，甚至出现图线定位存在微差、交点不实等在图面上很难察觉的错误	157	
2	★★★	未按要求统一图层设置	158	
3	★★★	误用修饰层代替实体层，当关闭修饰层时图线不完整	159	
4	★★	纹样线未按要求专设图层	161	
5	★★★	未按要求统一文件命名	158	
6	★★★	不能充分利用块的优越性。例如：将斗栱作为块插入后，为处理檐椽的遮挡效果，分解图块，并用trim命令修剪，失去了块的优越性	164,165	
7	★★	块的命名过于随意，由于重名几率大，可能造成意想不到的混乱	165	
8	★★★	不经预处理就直接插入AutoCAD中描画成矢量线划图，一旦画成矢量图，就很难像光栅图像一样方便地拉伸、矫正变形，所以结果往往欲速则不达	166	
9	★★★	不经摆平、缩放就直接描画成矢量线划图，一旦画成矢量图，若出现尺寸上的偏差就很难再改正编辑了	167	
10	★★★	在引用他人图样前不作任何核查，直接使用，往往造成错误的不断传播	162	

附录五　总图制图常用图例

本附录图例全部选自《总图制图标准》（GB/T 50103—2001）表3.0.1，是古建筑测绘总图制图中的常用图例。本表对规范原文和原有图样未作任何改动，仅对其中不完全适用古建筑测绘部分加以注释说明。

序号	名称	图例	备注
1	新建建筑物[1]		1. 需要时，可用▲表示出入口，可在图形内右上角用点数或数字表示层数 2. 建筑外形（一般以±0.00高度处的外墙定位轴线或外墙面线为准）用粗实线表示
2	铺砌场地	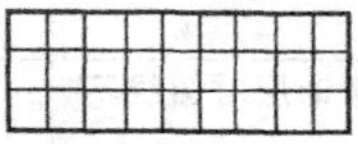	
3	敞棚或敞廊	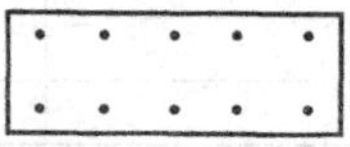	
4	水池、坑槽		也可以不涂黑
5	挡土墙		
6	挡土墙上设围墙		被挡土在"突出"的一侧
7	台阶		箭头指向表示向下
8	坐标	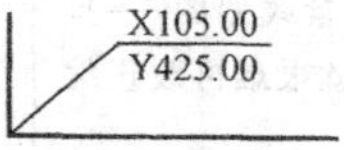 X105.00 Y425.00	上图表示测量坐标 下图表示建筑坐标
9		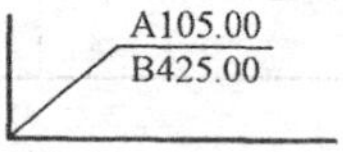 A105.00 B425.00	
10	分水脊线与谷线	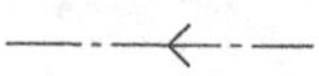	上图表示脊线 下图表示谷线
11			
12	地表排水方向		
13	截水沟或排水沟	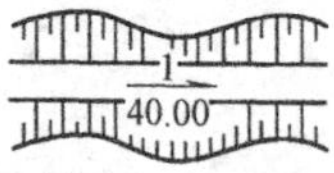 1 40.00	"1"表示1%的沟底纵向坡度，"40.00"表示变坡点间距离，箭头表示水流方向

1 古建筑测绘总图制图中，一般用±0.00高度完整平面图表示单体建筑，对场地中不属文物的建筑或构筑物则用图例表示。若采用图例表示所有建筑时，可用粗实线表示保护范围的古建筑，用细实线表示其他建筑物或构筑物。在古建筑测绘总图中一般并无所谓"新建建筑物"。

续表

序号	名　称	图　　例	备　　注
14	排水明沟	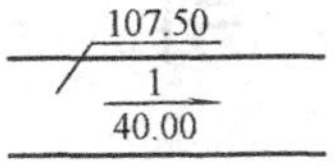 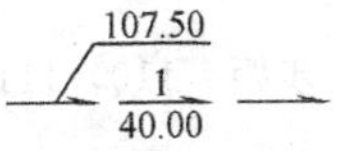 107.50 1 40.00 107.50 1 40.00	1. 上图用于比例较大的图面，下图用于比例较小的图面 2. "1"表示1%的沟底纵向坡度，"40.00"表示变坡点间距离，箭头表示水流方向 3. "107.50"表示沟底标高
15	砌筑的排水明沟	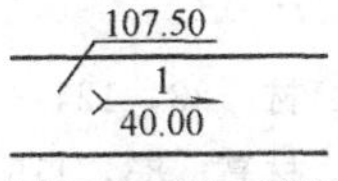 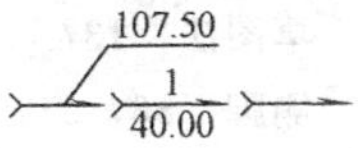 107.50 1 40.00 107.50 1 40.00	1. 上图用于比例较大的图面，下图用于比例较小的图面 2. "1"表示1%的沟底纵向坡度，"40.00"表示变坡点间距离，箭头表示水流方向 3. "107.50"表示沟底标高
16	有盖的排水沟	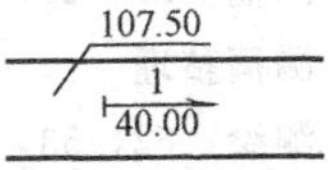 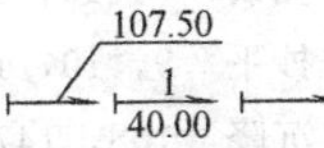 107.50 1 40.00 107.50 1 40.00	1. 上图用于比例较大的图面，下图用于比例较小的图面 2. "1"表示1%的沟底纵向坡度，"40.00"表示变坡点间距离，箭头表示水流方向 3. "107.50"表示沟底标高
17	雨水口		
18	消防栓井		
19	室内标高	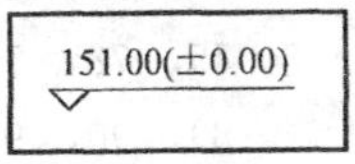 151.00(±0.00)	
20	室外标高	● 143.00　▼ 143.00	室外标高也可采用等高线表示

索　引

参 考 文 献

1 Burns, Jonh A. Recording Historic Structure, 2nd ed. Hoboken: John Wiley & Sons, 2004

2 Jokilehto J. A history of Architectural Conservation. [D. Phil Thesis] The University of York, England, 1986

3 Powell H, Leatherbarrow D. Masterpieces of architectural drawing. Edmonton: Hurtig Publishers Ltd, 1982

4 Swallow P, et al. Measurement and Recording of Historic Buildings, 2nd ed. Shaftesbury: Donhead Publishing, 2004

5 陈志华. 外国建筑史（19世纪末叶以前），第2版. 北京：中国建筑工业出版社，1997

6 冯建逵，杨令仪. 中国建筑设计参考资料图说. 天津：天津大学出版社，2003

7 冯立升. 中国古代测量学史. 呼和浩特：内蒙古大学出版社，1995

8 （日）海野一隆. 地图的文化史. 王妙发译. 北京：新星出版社，2005

9 《历史建筑测绘五校联展》编委会编. 上栋下宇：历史建筑测绘五校联展. 天津：天津大学出版社，2006

10 林洙. 叩开鲁班的大门：中国营造学社史略. 北京：中国建筑工业出版社，1995

11 刘大可. 中国古建筑瓦石营法. 北京：中国建筑工业出版社，1993

12 刘潞主编. 清宫西洋仪器. 上海：上海科学技术出版社，香港：商务印书馆（香港），1999

13 罗哲文主编. 中国古代建筑. 修订本. 上海：上海古籍出版社，2001

14 马炳坚. 中国古建筑木作营造技术. 北京：科学出版社，1991

15 马德编著. 敦煌工匠史料. 兰州：甘肃人民出版社出版，1997

16 宁津生，陈俊勇，李德仁，刘经南，张祖勋等编著. 测绘学概论. 武汉：武汉大学出版社，2004

17 唐锡仁，杨文衡主编. 中国科学技术史：地学卷. 北京：科学出版社，2000

18 温玉清. 中国建筑史学史初探. [博士学位论文]. 天津：天津大学建筑学院，2006